高等职业教育园林类专业系列教材

花卉生产技术 第4版

HUAHUI SHENGCHAN JISHU

主　编　张树宝　宋雪丽
副主编　郭淑英　黄红艳
　　　　王淑珍　石万方
主　审　陈　林

重庆大学出版社

内容提要

本教材是高等职业教育园林类专业系列教材之一,是根据高等职业院校园林类专业人才培养目标的要求,从生产实际角度构建内容体系,注重花卉生产技术的实用性和可操作性,注重技能的训练与培养而编写的。全书包括绪论、花卉分类、园林花卉生长发育的环境条件、花卉生产设施、花卉繁殖技术、花期调控技术、露地花卉生产技术、花卉盆栽技术、切花生产技术、花卉无土栽培技术、花卉工厂化生产技术、花卉应用技术、花卉的经营与管理、实训指导等内容。书中含46个二维码,内容包括花卉识别和花卉知识视频,可扫码学习。教材配有花卉识别光盘和电子教案,供教学和学生学习参考。

本教材可供高等职业院校园林类专业使用,也可供园艺、种植等相关专业及园林行业人员作参考书。

图书在版编目(CIP)数据

花卉生产技术/张树宝,宋雪丽主编. --4 版. --
重庆:重庆大学出版社,2022.8
高等职业教育园林类专业系列教材
ISBN 978-7-5624-3584-6

Ⅰ.①花… Ⅱ.①张… ②宋… Ⅲ.①花卉—观赏园
艺—高等职业教育—教材 Ⅳ.①S68

中国版本图书馆 CIP 数据核字(2022)第 117012 号

高等职业教育园林类专业系列教材
花卉生产技术
第 4 版

主 编 张树宝 宋雪丽
副主编 郭淑英 黄红艳 王淑珍 石万方
责任编辑:何 明 版式设计:何 明
责任校对:谢 芳 责任印制:赵 晟

*

重庆大学出版社出版发行
出版人:饶帮华
社址:重庆市沙坪坝区大学城西路 21 号
邮编:401331
电话:(023)88617190 88617185(中小学)
传真:(023)88617186 88617166
网址:http://www.cqup.com.cn
邮箱:fxk@cqup.com.cn(营销中心)
全国新华书店经销
重庆长虹印务有限公司印刷

*

开本:787mm×1092mm 1/16 印张:21.5 字数:537 千
2006 年 1 月第 1 版 2022 年 8 月第 4 版 2023 年 1 月第 12 次印刷
印数:27 001—28 000
ISBN 978-7-5624-3584-6 定价:49.00 元

编委会名单

编写人员名单

主　编　张树宝　黑龙江林业职业技术学院

　　　　宋雪丽　黑龙江林业职业技术学院

副主编　郭淑英　唐山职业技术学院

　　　　黄红艳　重庆艺术工程职业学院

　　　　王淑珍　河南农业职业学院

　　　　石万方　上海农林职业技术学院

参　编　周立君　黑龙江生物科技职业学院

　　　　杨云燕　广西职业技术学院

　　　　陈玉琴　三门峡职业技术学院

　　　　宋满坡　河南农业职业学院

　　　　曾端香　北京林业管理干部学院

主　审　陈　林　西南大学

总　序

　　改革开放以来,随着我国经济、社会的迅猛发展,对技能型人才特别是对高技能人才的需求在不断增加,促使我国高等教育的结构发生重大变化。据2004年统计数据显示,全国共有高校2 236所,在校生人数已经超过2 000万,其中高等职业院校1 047所,其数目已远远超过普通本科院校的684所;2004年全国招生人数为447.34万,其中高等职业院校招生237.43万,占全国高校招生人数的53%左右。可见,高等职业教育已占据了我国高等教育的"半壁江山"。近年来,高等职业教育逐渐成为社会关注的热点,特别是其人才培养目标。高等职业教育培养生产、建设、管理、服务第一线的高素质应用型技能人才和管理人才,强调以核心职业技能培养为中心,与普通高校的培养目标明显不同,这就要求高等职业教育要在教学内容和教学方法上进行大胆的探索和改革,在此基础上编写出版适合我国高等职业教育培养目标的系列配套教材已成为当务之急。

　　随着城市建设的发展,人们越来越重视环境,特别是环境的美化,园林建设已成为城市美化的一个重要组成部分。园林不仅在城市的景观方面发挥着重要功能,而且在生态和休闲方面也发挥着重要功能。城市园林的建设越来越受到人们重视,许多城市提出了要建设国际花园城市和生态园林城市的目标,加强了新城区的园林规划和老城区的绿地改造,促进了园林行业的蓬勃发展。与此相应,社会对园林类专业人才的需求也日益增加,特别是那些既懂得园林规划设计,又懂得园林工程施工,还能进行绿地养护的高技能人才成为园林行业的紧俏人才。为了满足各地城市建设发展对园林高技能人才的需要,全国的1 000多所高等职业院校中有相当一部分院校增设了园林类专业,其招生规模得到不断扩大,与园林行业的发展遥相呼应。但与此不相适应的是适合高等职业教育特色的园林类教材建设速度相对缓慢,与高职园林教育的迅速发展形成明显反差。因此,编写出版高等职业教育园林类专业系列教材显得极为迫切和必要。

　　通过对部分高等职业院校教学和教材的使用情况的了解,我们发现目前众多高等职业院校的园林类教材短缺,有些院校直接使用普通本科院校的教材,既不能满足高等职业教育培养目标的要求,也不能体现高等职业教育的特点。目前,高等职业教育园林类专业使用的教材较少,且就园林类专业而言,也只涉及部分课程,未能形成系列教材。重庆大学出版社在广泛调研的基础上,提出了出版一套高等职业教育园林类专业系列教材的计划,并得到了全国20多所高等职业院校的积极响应,60多位园林专业的教师和行业代表出席了由重庆大学出版社组织的高等职业教育园林类专业教材编写研讨会。会议上代表们充分认识到出版高等职业教育园林类专业系列教材的必要性和迫切性,并对该套教材的定位、特色、编写思路和编写大纲进行了认真、深入的研讨,最后决定首批启动《园林植物》、《园林植物栽培养护》、《园林植物病虫害防治》、《园林规划设计》、《园林工程施工与管理》等 20 本教材的编写,分春、秋两季完成该套教材的出版工作。主编、副主编和参加编写的作者,是全国有关高等职业院校具有该门课程丰富教学经验的专家和一线教师,且他们大多为"双师型"教师。

本套教材的编写是根据教育部对高等职业教育教材建设的要求,紧紧围绕以职业能力培养为核心设计的,包含了园林行业的基本技能、专业技能和综合技术应用能力三大能力模块所需要的各门课程。基本技能主要以专业基础课程作为支撑,包括有 8 门课程,可作为园林类专业必修的专业基础公共平台课程;专业技能主要以专业课程作为支撑,包括 12 门课程,各校可根据各自的培养方向和重点打包选用;综合技术应用能力主要以综合实训作为支撑,其中综合实训教材将作为本套教材的第二批启动编写。

本套教材的特点是教材内容紧密结合生产实际,理论基础重点突出实际技能所需要的内容,并与实训项目密切配合,同时也注重对当今发展迅速的先进技术的介绍和训练,具有较强的实用性、技术性和可操作性三大特点,具有明显的高职特色,可供培养从事园林规划设计、园林工程施工与管理、园林植物生产与养护、园林植物应用,以及园林企业经营管理等高级应用型人才的高等职业院校的园林技术、园林工程技术、观赏园艺等园林类相关专业和专业方向的学生使用。

本套教材课程设置齐全、实训配套,并配有电子教案,十分适合目前高等职业教育"弹性教学"的要求,方便各院校及时根据园林行业发展动向和企业的需求调整培养方向,并根据岗位核心能力的需要灵活构建课程体系和选用教材。

本套教材是根据园林行业不同岗位的核心能力设计的,其内容能够满足高职学生根据自己的专业方向参加相关岗位资格证书考试的要求,如花卉工、绿化工、园林工程施工员、园林工程预算员、插花员等,也可作为这些工种的培训教材。

高等职业教育方兴未艾。作为与普通高等教育不同类型的高等职业教育,培养目标已基本明确,我们在人才培养模式、教学内容和课程体系、教学方法与手段等诸多方面还要不断进行探索和改革,本套教材也将会随着高等职业教育教学改革的深入不断进行修订和完善。

编委会
2006 年 1 月

第4版前言

花卉生产技术是高等职业院校园林专业学生必须掌握的技能。本教材是根据高等职业院校园林专业人才培养目标的要求，从生产实际角度构建内容体系，注重花卉生产技术的实用性和可操作性，注重技能的训练与培养编写而成。全书分为12章，包括绪论、花卉分类、花卉生产设施、花卉繁殖技术、花期调控技术、露地花卉生产技术、花卉盆栽技术、切花生产技术、花卉无土栽培技术、花卉工厂化生产技术、花卉应用技术、花卉的经营与管理、实训指导等内容。本教材具有以下特色：

1. 根据花卉产业实际生产的需要，针对高等职业教育"培养实用型、应用型人才"的目标要求，重点介绍了花卉生产栽培及养护管理的新技术。

2. 教材编写过程中打破了以往《花卉学》教材的编写格局，大胆地调整了重点章节，从园林实际生产和应用为最终目的的角度构建教材内容和体系。

3. 关注园林事业的热点问题，与时俱进，以室内外绿化美化常用花卉为主要对象，突出园林花卉的生产特点，注重生产栽培与管理。

4. 本着理论够用，加强对实践技能培养的原则，立足当前园林事业的大背景，重点对实际操作部分进行阐述，删减了与其他学科重复的理论内容，如花卉生长发育与环境因子的关系；增加了新的知识，如增加了花卉无土栽培技术、花卉工厂化生产技术、切花生产技术及花卉生产经营和生产管理等内容。在花卉应用技术中，增加了花卉租摆业务等新内容。这些内容在以往的教材中或是不涉及，或即使涉及也是简单的介绍，目的是培养学生的实际生产技能、创新意识和创业能力。

5. 教材层次分明，条理清楚，文字规范，图表清晰、准确，符号、计算单位符合国家标准。

6. 本教材在编写的过程中，力求做到内容丰富，翔实，资料新，覆盖面广，兼顾南北方。书中介绍了144种常用花卉，同时在每章后面附有思考题，便于学生对章节内容很好地理解和掌握。

7. 为了帮助学生识别园林花卉种类，增加对花卉的感性认识，教材配备了园林花卉识别光盘，供教师教学和学生在学习花卉各论时使用。为了方便教师教学，教材还配有电子教案（可在重庆大学出版社教学资源网上下载）。

《花卉生产技术》（第1版）于2006年1月由重庆大学出版社出版，2008年、2013年对该教材进行了修订。该教材在广东、北京、上海、四川、重庆、广西、贵州、云南、山西、安徽、黑龙江、河南、吉林、辽宁、河北、甘肃等地的部分高职院校使用，深受教师和学生的好评，大家一致认为该教材是一本园林类专业优秀的花卉生产技术教材。

为了更好地满足目前教学的需要,本书在第 3 版的基础上进行了修订。

本教材由张树宝担任主编,负责全书的统稿工作。具体编写分工如下:绪论、第 1 章、第 4 章、第 5 章、6.6、7.6、第 12 章,王淑珍;第 2 章、第 3 章、第 13 章,张树宝、黄红艳;第 6—8 章图片、光盘,张树宝;6.1、6.2、6.3、6.4、7.1、7.2、7.3、第 11 章,郭淑英;6.5,周立君;7.4,杨云燕;7.5,陈玉琴;第 8 章,石万方;第 9 章,宋满坡;第 10 章,曾端香。

园林花卉识别光盘部分图片,选用广东省农科院花卉所徐晔春创建的中国花卉图片网,在此表示衷心感谢。

编　者

2022 年 1 月

第2版前言

花卉生产技术是高等职业院校园林专业学生必须掌握的技能。本教材是根据高等职业院校园林专业人才培养目标的要求,从生产实际角度构建内容体系,注重花卉生产技术的实用性和可操作性,注重技能的训练与培养编写而成。全书分为12章,包括绪论、花卉分类、花卉生产设施、花卉繁殖技术、花期调控技术、露地花卉生产技术、花卉盆栽技术、切花生产技术、花卉无土栽培技术、花卉工厂化生产技术、花卉应用技术、花卉的经营与管理、实训指导等内容。本教材具有以下特色:

1.根据花卉产业实际生产的需要,针对高等职业教育"培养实用型、应用型人才"的目标要求,重点介绍了花卉生产栽培及养护管理的新技术。

2.教材编写过程中打破了以往《花卉学》教材的编写格局,大胆地调整了重点章节,从园林实际生产和应用为最终目的的角度构建教材内容和体系。

3.关注园林事业的热点问题,与时俱进,以室内外绿化美化常用花卉为主要对象,突出园林花卉的生产特点,注重生产栽培与管理。

4.本着理论够用,加强对实践技能培养的原则,立足当前园林事业的大背景,重点对实际操作部分进行阐述,删减了与其他学科重复的理论内容,如花卉生长发育与环境因子的关系;增加了新的知识,如增加了花卉无土栽培技术、花卉工厂化生产技术、切花生产技术及花卉生产经营和生产管理等内容。在花卉应用技术中,增加了花卉租摆业务等新内容。这些内容在以往的教材中或是不涉及,或即使涉及也是简单的介绍,目的是培养学生的实际生产技能、创新意识和创业能力。

5.教材层次分明,条理清楚,文字规范,图表清晰、准确,符号、计算单位符合国家标准。

6.本教材在编写的过程中,力求做到内容丰富,翔实,资料新,覆盖面广,兼顾南北方。书中介绍了144种常用花卉,同时在每章后面附有思考题,便于学生对章节内容很好地理解和掌握。

7.为了帮助学生识别园林花卉种类,增加对花卉的感性认识,教材配备了园林花卉识别光盘,供教师教学和学生在学习花卉各论时使用。为了方便教师教学,教材还配有电子教案(可在重庆大学出版社教学资源网上下载)。

《花卉生产技术》(第1版)于2006年1月由重庆大学出版社出版。该教材在广东、北京、上海、四川、重庆、广西、贵州、云南、山西、安徽、黑龙江、河南、吉林、辽宁、河北、甘肃等地的部分高职院校使用,深受教师和学生的好评,大家一致认为该教材是一本园林类专业优秀的花卉生产技术教材。

为了更好地满足目前教学的需要,本书在第 1 版的基础上进行了以下修订:

增加教材中的插图,使教材更加生动,加强学生对花卉的感性认识,更有利于老师的教学。

强化实训指导内容,突出高职教育中花卉生产技术应该具备的应用性、技术性和可操作性。

本教材由张树宝担任主编,负责全书的统稿工作。具体编写分工如下:绪论、第 1 章、第 3 章、第 4 章、5.6、6.6、第 11 章,王淑珍;第 2 章、第 12 章、第 5—7 章图片、光盘,张树宝;5.1、5.2、5.3、5.4、6.1、6.2、6.3、第 10 章,郭淑英;5.5,周立君;6.4,杨云燕;6.5,陈玉琴;第 7 章,石万方;第 8 章,宋满坡;第 9 章,曾端香。

园林花卉识别光盘部分图片,选用广东省农科院花卉所徐晔春创建的中国花卉图片网,在此表示衷心感谢。

编　者

2008 年 4 月

第1版前言

园林花卉种类繁多，观赏性强，自古以来，中外园林无园不花。随着科技的进步，经济的发展，人们对生存环境质量的要求不断提高，花卉需求量迅速增长。花卉业作为一项新兴的"朝阳"产业也应运而生，花卉产品也正向着专业化、标准化、商品化的方向发展。花卉业对实用型、应用型技术人才的需求也快速增长。

花卉生产技术是高等职业院校园林类专业学生必须掌握的技能，它是根据花卉产业实际生产的需要，针对高等职业教育"培养实用型、应用型人才"的目标要求编写的。全书共分为12章，包括绪论、花卉分类、花卉生产设施、花卉繁殖技术、花期调控技术、露地花卉生产技术、花卉盆栽技术、切花生产技术、花卉无土栽培技术、花卉工厂化生产技术、花卉应用技术、花卉生产的经营与管理、实训指导等内容。重点介绍了花卉生产栽培及养护管理的新技术。从园林实际生产和应用为最终目的角度构建教材内容和体系。以室内外绿化美化常用花卉为主要对象，突出园林花卉的生产特点，注重生产栽培与管理。编写过程中打破了以往《花卉学》教材的编写格局，大胆地调整了重点章节。本着理论够用，加强对实践技能培养的原则，重点对实际操作部分进行阐述，删减了与其他学科重复的理论内容（如花卉生长发育与环境因子的关系），增加了新的知识。如增加了花卉无土栽培技术、花卉工厂化生产技术、切花生产技术及花卉生产经营和生产管理等内容。在花卉应用技术中，新增加了花卉租摆业务等新内容。而这些内容在以往的教材中或是不涉及或即使涉及也仅仅是简单的介绍。本教材的目的是培养学生的实际生产技能、创新意识和创业能力。

本教材在编写过程中，力求做到内容丰富、翔实，资料新，覆盖面广，兼顾南北方。书中介绍了144种常用花卉，同时在每章后面附有思考题，便于学生对章节内容更好地理解和掌握。为了帮助学生识别园林花卉种类，增加对花卉的感性认识，教材配备了园林花卉识别光盘，供教师教学和学生学习花卉各论时使用。

本教材供高等职业院校园林类专业学生《园林花卉学》或《花卉生产技术》课程教学使用。学时分配建议：总学时90～110学时。其中讲授50～60学时，实习40～50学时。相关专业和不同层次的教学，可酌情选择内容。也可供园艺、种植专业相关课程教学参考使用。

本教材由黑龙江林业职业技术学院张树宝老师担任主编；河南农业职业学院王淑珍老师、

唐山职业技术学院郭淑英老师、上海农林职业技术学院石万方老师担任副主编；黑龙江生物科技职业学院周立君老师、广西职业技术学院杨云燕老师、三门峡职业技术学院陈玉琴老师、河南农业职业学院宋满坡老师、北京林业管理干部学院曾端香老师参加编写，并经西南大学陈林老师主审。在编写过程中，自始至终得到同行及朋友们的大力支持和帮助，在此一并致谢。

编　者

2005 年 9 月

目 录

绪 论

0.1 花卉生产的含义及本课程的内容

花是被子植物的繁殖器官之一,卉是草的总称。狭义的花卉是指具有观赏价值的草本植物,如菊花、芍药、凤仙花、大丽花等。随着花卉生产的发展,花卉的范围不断扩大,凡是具有一定观赏价值,达到观花、观果、观叶、观茎和观姿的目的,并能美化环境,丰富人们文化生活的草本、木本、藤本等植物统称为花卉。花卉已是人类经济、科学文化的产物,随着21世纪科技、信息、经济的飞速发展,它所应用的范围将越来越广泛。

花卉生产是指以花卉为主要生产对象,以获取经济效益和美化环境为主要目的,所从事的育苗、栽培、养护管理、销售等一系列生产活动。花卉生产根据应用目的不同,分为生产栽培和观赏栽培两大类。

(1)生产栽培 它是以商品化生产为目的。如生产切花、盆花、种苗与种球等,是从栽培、采收到包装完全商品化,进入市场流通为社会提供消费的栽培方式,称为生产栽培。要求有规范的栽培技术和现代化的、完善的生产设施,有一定的生产规模,它所生产的产品必须标准化、商品化,能进入国内和国际市场的贸易流通,获取较高的经济效益。这是我国花卉产业的主流方向。

(2)观赏栽培 它是以观赏为目的。利用花卉的花色、花型进行园林绿化配置,美化、绿化环境的栽培方式,称为观赏栽培。它主要是露地花卉栽培,也包括盆花、鲜切花的观赏应用。其意义在于美化环境,丰富生活,净化空气,促进人们的身心健康。观赏栽培不仅在城市日益广泛深入,栽培技术和绿化、美化档次在不断提高,而且在农村也渐趋普及和重视。

本课程以草本花卉和部分花灌木为主要学习对象,主要介绍花卉的分类、生物学特性、花卉繁殖技术、花期调控技术、花卉栽培管理技术、花卉应用技术、切花生产技术、花卉无土栽培及工厂化生产技术等。

0.2　花卉生产的意义和作用

0.2.1　在园林绿化中的作用

随着社会的发展和人民生活水平的不断提高,尤其是生态园林城市的建设,绿色通道工程的实施以及人们对生态环境改善的日益重视,园林花卉发挥着越来越重要的作用。城市的美取代不了自然美,自然界中丰富多彩的植物,在不同的季节,不同的地域,表现出不同的形态,散发着各异的气息。花卉是众多植物里的佼佼者,是园林绿化、美化和香化的重要材料。尤其是草本花卉,繁殖系数高,生长快,花色艳丽,装饰效果强,美化速度快,所以在园林绿地中常用来布置花坛、花境、花台、花丛等,以创造优美的工作、休息环境,增进身心健康,提高人们的生活质量。特别是一些大型的节日和庆典活动,园林花卉的布置和装饰常为庆祝活动增添更加欢快和热烈的气氛。

人类生活离不开植物。花卉植物具有调节温度和湿度、防尘、防噪、吸收有害气体、净化空气、提高空气质量、防止水土流失和调节生态平衡等作用。

0.2.2　在社会经济中的作用

花卉产业是一项新兴产业,具有很大的发展潜力。花卉业的崛起,给国民生产创造了越来越重要的经济价值。据不完全统计,2002 年我国的花卉生产产值已达 130 亿元,一部分鲜切花、盆花供应国内宾馆、饭店、商店、写字楼、家庭的消费,一部分鲜切花、种苗、种球供出口创汇。如上海、山东潍坊、青岛等地生产大批量的菊花出口日本,昆明的鲜切花出口泰国、马来西亚、新加坡,漳州的水仙出口东南亚等。除此之外,花卉产业的开发,还带动了花卉容器(花盆、花瓶、花盘)、工具、肥料、农药、运输、保鲜、销售等行业的发展。

0.2.3　在文化生活中的作用

随着城市化的发展,人们亲近大自然的欲望越来越迫切。用花草树木美化环境、装点生活,已成为一种时尚。

除了公共绿地需要绿化、美化之外,随着人们生活水平的提高,对切花、盆花的需要也日益增加。居室的绿化与美化、会场的布置、亲朋交往、典礼剪彩、婚丧礼仪、外事活动等,无不需用大量的鲜花。花卉是最美丽的自然产物,不仅给人们以美的感受,也是精神文明的象征。

花卉栽培是普及科学知识的最佳形式。了解众多花卉种类,就是自然知识的开发;种花养花更是了解自然,增加科学知识的有效途径。四季演替,不同季节花卉的形、色、姿、韵变化丰富。春天嫩芽的萌发、花色的艳丽,夏天盛绿的欢快,秋天五彩的叶果,冬天枝条的蓄势待发,使人们回味无穷,无不惊叹大自然的神妙。人们置身于优美的环境中,耳濡目染,潜移默化,自然而然丰富了许多自然科学知识,是良好的精神文明建设形式。

0.3　国内外花卉产业发展现状及展望

0.3.1　我国花卉产业发展概况

近年来,我国花卉业发展非常迅速,年产值以 15% 左右的速度递增,种植面积、产值、出口额大幅度增加。截止到 2003 年,全国花卉种植面积已近 10 万公顷,产值近 60 亿元,创汇 1.5 亿美元,花店已达 6 300 多个,大型花卉交易市场近 700 个。

花卉产品结构得到进一步调整,20 世纪 80 年代至 90 年代初,基本上以盆花生产和园林苗木生产为主,而近年来适销对路、经济效益高的鲜切花、观叶植物、草坪等得到了迅速发展。在盆花方面,由中低档次的仙客来、瓜叶菊,向中高档次的比利时杜鹃、郁金香、牡丹、兰花、百合等发展;不仅从国外引进了一大批优良品种,而且开始大批量的国内生产,如江苏宜兴、山东万红每年生产的比利时杜鹃均在 30 万 ~40 万盆以上,天津每年生产的仙客来优质盆花在 40 万盆左右。

花卉销售渠道逐渐畅通,花卉市场不断完善。近年来,随着花卉消费水平的提高,除了花店数目迅速增加外,大型花卉交易市场也越来越多,特别是云南国际花卉拍卖中心的建成,使花卉市场由过去的传统经营方式逐步迈进了现代化管理轨道,从而使我国的花卉销售逐步走向规范化、国际化。

0.3.2　我国花卉产业的展望

1996 年,在国务院"八部委"联合下发的《全国花卉业"九五"计划》中,明确提出了花卉业发展的指导思想:"应进一步强调以市场为导向,以科技为动力,以质量为核心,以效益为目标"。继续坚持"稳步、调整、提高、增效"的方针。结合"九五"计划的有关精神和指导思想,我国花卉产业重点朝以下几方面发展:

(1)结合当地经济优势,合理调整花卉产业结构　我国土地辽阔,南北地跨热、温、寒 3 个气候带,大部分地区为热带、亚热带、温带地区。云南、广州、福建、广西、四川、江西、湖南、湖北、浙江、江苏等地都具有能在当地的自然气候条件下生产花卉的得天独厚的优势,宜瞄准国际、国内花卉市场,发展以生产周期短、产花量高、效益快的鲜切花为优势。河北、河南、山东、山西及西北、东北地区通过日光温室也能周年生产鲜切花,但投入较大,成本高。应结合自身优势,在正确预测市场发展趋势的前提下,稳妥发展,不可盲目。盆花生产是花卉产业的重要组成部分,虽然国际贸易有所限制,但国内花卉消费水平日益增长。应重视发展适宜进入千家万户的各类盆花,而盆景以生产有艺术造型的中小型商品盆景为主,恢复发展传统木本花卉,兼顾发展食用、药用、工业用花卉等。

(2)向生产专业化、管理现代化、产品系列化、供应周年化方向发展　随着花卉消费和欣赏水平的不断提高,花卉已进入人们日常生活,成为不可缺少的生活内容。花卉市场流通体系日臻完善,促进花卉产品质量的提高和新品种的更新换代,逐步实现花卉生产专业化、规模化、商品化;提高经营管理水平,加强流通体系的建设,做到花卉的周年均衡供应。

(3)加强科研攻关和人才培训 如何将我国丰富的植物资源合理地转化为花卉商品,是花卉科研工作者光荣而艰巨的使命。野生花卉资源的合理开发与利用、新品种的培育和引进、生物工程技术应用等科研攻关项目,要与生产栽培、市场流通形成一个良性循环。要普遍提高种植者、经营者及花卉爱好者的技术水平,宣传普及花卉栽培管理和经营的基本知识与方法,培养他们既有技术能力,又有生产经营管理能力,促进花卉的科研、生产、市场流通、花卉消费等各环节与国际接轨,参与国际市场的竞争,使我国尽快成为世界花卉大国。

0.3.3 国外花卉产业发展现状

花卉是世界各国农业中唯一不受农产品配额限制和21世纪最有希望的农业产业和环境产业之一,被誉为"朝阳产业"。花卉产品逐渐成为国际贸易的大宗商品。随着品种的改进,包装、保鲜技术的应用和交通运输条件的改善,花卉市场日趋国际化。花卉生产专业化、管理现代化、产品系列化、周年供应等已成为花卉生产发展的主要特色。在国际花卉出口贸易方面,发达国家占绝对优势,约占世界出口销售总额的80%,而发展中国家仅占据20%。世界最大的花卉出口国是荷兰,约占世界花卉市场出口额的59%;哥伦比亚位居第二,占10%左右;以色列占6%。其次是丹麦、比利时、意大利、美国等。盆花出口,荷兰占48%,丹麦占16%,法国占15%,比利时占10%,意大利占4%。在国际花卉进口贸易方面,主要也是发达国家领先。世界最大的花卉进口国是德国,其次是法国、英国、美国和日本。

世界花卉生产发展的趋势:

(1)扩大面积,向发展中国家转移 随着花卉需求量的增加,世界花卉种植面积在不断扩大。为了降低生产成本,花卉生产基地正向气候条件优越,有产业政策扶持的发展中国家和地区转移。如哥伦比亚、新加坡、泰国等已成为新兴花卉生产和出口大国。随着社会经济和文化水平的迅速提高,亚洲将成为花卉消费的巨大潜在市场,特别是中国,花卉的生产水平和消费水平都在不断提高。

(2)追求精品,创造品牌 由于消费水平的提高和全球花卉热的形成,特别是许多发展中国家花卉业的兴起,导致了花卉业的激烈竞争,这就迫使花卉业要充分发挥自身的优势,生产出精品和拳头产品,以使其在竞争中立于不败之地。

(3)鲜切花市场需求逐年增加,前景看好 鲜切花占世界花卉销售总额的60%,是花卉生产的主力军。国际市场对月季、菊花、香石竹、满天星、唐菖蒲、非洲菊、百合以及相应的配叶植物的需求量逐年增加。

(4)观叶植物发展迅速 随着城镇高层住宅的修建,室内装饰条件的提高,室内观叶植物普遍受到人们的喜爱。如一些喜阴或耐阴的万年青、豆瓣绿、秋海棠、花叶芋、龟背竹、花烛、观赏凤梨、绿萝、竹芋等越来越受到人们的青睐。

复习思考题

1. 名词解释:花卉、花卉生产、生产栽培、观赏栽培。
2. 花卉生产的意义有哪些?
3. 我国花卉产业的现状如何? 怎样才能使我国成为世界花卉大国?
4. 世界花卉生产发展的趋势如何?

1 花卉分类

她们的名字叫草，
但花儿好美！

[本章导读]

本章是花卉学习的入门，主要介绍花卉生产上常用的分类方法以及各类花卉的习性和特征等。在学习过程中可通过各种教学手段和形式，掌握各类花卉的特征、习性，并熟练识别常见花卉，为学习掌握花卉生产技术打下良好基础。

我国地域辽阔，气候复杂，南北地跨热、温、寒三带，花卉种类繁多，生态习性各异。为了便于学习掌握，现介绍常用的分类方法（自然科属分类见植物学）。

1.1 按生物学性状分类

1.1.1 草本花卉

草本花卉的茎为草质，木质化程度低，柔软多汁易折断。按其形态分为6种类型。

1）一、二年生花卉

（1）一年生花卉　它是指个体生长发育在一年内完成其生命周期的花卉。这类花卉在春天播种，当年夏秋季节开花、结果、种子成熟，入冬前植株枯死，如凤仙花、鸡冠花、孔雀草、半枝莲、紫茉莉等。

（2）二年生花卉　它是指个体生长发育需跨年度才能完成生命周期的花卉。这类花卉一般在秋季播种，第二年春季开花、结果、种子成熟，夏季植株死亡，如金鱼草、金盏菊等。

2）宿根花卉

植株入冬后，根系在土壤中宿存越冬，第二年春天萌芽生长开花或秋季开花的一类花卉，如菊花、芍药、荷兰菊、玉簪、蜀葵等。

3）球根花卉

花卉地下根或地下茎变态为肥大球状或块状等，以其贮藏水分、养分度过休眠期。球根花

卉按形态的不同分为5类:

(1)鳞茎类　地下茎极度短缩,呈扁平的鳞茎盘,其上有许多肉质鳞叶相互聚合或抱合成球的一类花卉,如水仙、风信子、郁金香、百合、朱顶红等。

(2)球茎类　地下茎膨大呈球形,表面有环状节痕,顶端有肥大的顶芽,侧芽不发达的一类花卉,如唐菖蒲、小苍兰、番红花、狒狒花、香雪兰等。

(3)块茎类　地下茎膨大呈块状,它的外形不规则,表面无环状节痕,块茎顶部有几个发芽点的花卉,如大岩桐、球根海棠、白头翁、马蹄莲、彩叶芋等。

(4)根茎类　地下茎膨大呈粗长的根状茎,外形具有分枝,有明显的节和节间,节上可发生侧芽的一类花卉,如美人蕉、蕉藕、荷花、睡莲等。

(5)块根类　地下根膨大呈块状,其芽仅生在块根的根茎处而其他处无芽,如大丽花、花毛茛等。这类球根花卉与宿根花卉的生长基本相似,地下变态根新老交替,呈多年生状。由于根上无芽,繁殖时必须保留原地上茎的基部(根茎)。

4)多年生常绿草本花卉

植株枝叶四季常绿,无落叶现象,地下根系发达。这类花卉在南方作露地多年生栽培,在北方作温室多年生栽培,如君子兰、吊兰、万年青、文竹等。

5)水生花卉

常年生长在水中或沼泽地中的多年生草本花卉。主要有以下几类:

(1)挺水植物　根生于泥水中,茎叶挺出水面,如荷花。

(2)浮水植物　根生于泥水中,叶片浮于水面或略高于水面,如睡莲、王莲等。

(3)漂浮植物　根伸展于水中,叶浮于水面,随水漂浮流动,在水浅处可生根于泥水中,如浮萍、凤眼莲(水葫芦)等。

(4)沉水植物　根或根状茎生于泥中,植物体生于水下,不露出水面,如苦草、茨藻等。

6)蕨类植物

指叶丛生状,叶片背面着生有孢子囊,可以依靠孢子繁殖的一类观叶花卉。蕨类植物作观叶盆栽或插花装饰,日益受到重视,如肾蕨、铁线蕨、鸟巢蕨、鹿角蕨等。

种会"飞"的树

1.1.2　木本花卉

木本花卉是指以观花为主的木本植物,根据形态分为3类。

(1)乔木类　地上部有明显的主干,主干与侧枝区别明显,如茶花、桂花、梅花、樱花等。

(2)灌木类　地上部无明显主干,由基部发生分枝,各分枝无明显区分呈丛生状枝条的花卉,如牡丹、月季、腊梅、栀子花、贴梗海棠等。

(3)藤木类　茎细长木质,不能直立,需缠绕或攀援在其他物体上生长的花卉,如紫藤、凌霄、络石等。

1.1.3　多肉、多浆植物

广义的多肉、多浆植物是仙人掌科及其他50余科多肉植物的总称。这些植物抗干旱、耐瘠薄能力强。常见的有仙人掌科的仙人球、昙花、令箭荷花，大戟科的虎刺梅，番杏科的松叶菊，景天科的燕子掌、毛叶景天，天门冬科的虎尾兰等。

1.2　按观赏部位分类

1.2.1　观花花卉

以观花为主的花卉，开花繁多，花色艳丽，花型奇特而美丽，如牡丹、月季、茶花、菊花、杜鹃花、郁金香、一串红、瓜叶菊、三色堇、大丽花等。

1.2.2　观叶花卉

以观叶为主的花卉，花形不美，颜色平淡或很少开花，但叶形奇特，挺拔直立，叶色翠绿，有较高观赏价值，如龟背叶、万年青、苏铁、变叶木、蕨类植物等。

1.2.3　观茎花卉

以观茎为主的花卉的茎、枝奇特，或变态为肥厚的掌状或节间极度短缩呈链珠状，如仙人掌、佛肚竹、光棍树、霸王鞭等。

1.2.4　观果花卉

以观果为主的花卉，果形奇特，果实鲜艳、繁茂，挂果时间长，如冬珊瑚、观赏辣椒、佛手、金橘、乳茄等。

1.2.5　芳香花卉

花卉香味浓郁，花期较长，如米兰、白兰花、茉莉花、栀子花、丁香、含笑、桂花等。

1.2.6 其他观赏类

如观赏银芽柳毛笔状、银白色的芽,观赏叶子花、象牙红、一品红鲜红色的苞片,观赏鸡冠花膨大的花托等。

1.3 按开花季节分类

1.3.1 春花类

春花类是在2—4月期间盛开的花卉,如郁金香、虞美人、金盏菊、山茶花、杜鹃花、牡丹花、芍药花、梅花、报春花等。

1.3.2 夏花类

夏花类是在5—7月期间盛开的花卉,如凤仙花、荷花、石榴花、月季花、紫茉莉等。

1.3.3 秋花类

秋花类是在8—10月期间盛开的花卉,如大丽花、菊花、桂花等。

1.3.4 冬花类

冬花类是在11月—次年1月期间盛开的花卉,如水仙花、蜡梅花、一品红、仙客来、蟹爪兰等。

1.4 按栽培方式分类

1.4.1 露地栽培

露地栽培是指在露地播种或在保护地育苗,但主要的生长开花阶段在露地栽培的一类花卉。

1.4.2 盆花栽培

盆花栽培是指花卉栽植于花盆或花钵的生产栽培方式。北方的冬季实行温室栽培生产,南方实行遮阳栽培生产,是国内花卉生产栽培的主要部分。

1.4.3　切花栽培

用于插花装饰的花卉称为切花,这类花卉的生产栽培称为切花栽培。切花生产一般采用保护地栽培,生产周期短,见效快,可规模生产,能周年供应鲜花,是国际花卉生产栽培的主要部分。

1.4.4　促成栽培

促成栽培是指为满足花卉观赏的需要,人为运用技术处理,使花卉提前开花的生产栽培方式。

1.4.5　抑制栽培

抑制栽培是指为满足花卉观赏的需要,人为运用技术处理,使花卉延迟开花的生产栽培方式。

1.4.6　无土栽培

无土栽培是指运用营养液、水、基质代替土壤栽培的生产方式,在现代化温室内进行规模化生产栽培。

复习思考题

1.什么是一、二年生花卉、宿根花卉、球根花卉、水生花卉、多肉多浆花卉? 各列举出 5 种以上。

2.球根类花卉按形态不同可分为哪几类? 举例说明。

3.木本花卉按形态不同可分为哪几类? 如何区分?

4.花卉按观赏部位不同可分哪几类? 举例说明。

5.花卉有哪些栽培方式?

2 园林花卉生长发育的环境条件

[本章导读]

园林花卉的遗传基因和生态环境共同决定了其生长发育过程。要想栽培好、应用好花卉，营造良好的园林景观，除选择正确的花卉种类外，最重要的是调控好花卉生长发育的环境条件。本章主要论述了6种生态因子(温度、光照、水分、土壤、养分、空气)对花卉生长发育的影响。

园林花卉应用的主要目的是营造花卉形成的各种园林景观，而美丽景观的形成首先要有生长健康的花卉，这样才能充分表达花卉固有的生物学特性和观赏特性。保证花卉健康生长有两个重要方面：一是选择适宜的花卉种类或品种；二是给予良好的栽培和养护管理。这两方面都要求充分了解花卉的生长发育过程和环境条件对其的影响。只有满足了花卉生长发育的环境条件，才能培育出健康的花卉，达到最佳的景观表达效果。

花卉的遗传基因和生态环境共同决定了花卉的生长发育过程。不同种或品种的花卉生物学特性和生态习性不同，如花色、花形、花期、株高、株型等各有特点，因此园林中才有万紫千红、千姿百态的花卉。由于生态习性的差异，不同种或品种的花卉在生长发育过程中对环境的要求也不同，即使同一种或同一品种的花卉在其不同的生长发育阶段对环境的要求也不相同。对环境条件要求严格的花卉，在不同的环境中，其生物学特性的表达会发生较大差异，如花期、株高等明显不同，严重时生长不良或不能开花直至死亡；而适应性较强的花卉，生长发育过程受环境影响较小，在多种环境中能够正常生长，即所谓的抗逆性强的一类花卉。因此，实践中会发现，一些花卉比较容易栽培而另外一些花卉相对比较困难。

影响花卉生长发育的环境条件又称环境因子，主要是指温度、光照、水分、土壤、营养及空气条件等。因此，充分了解不同花卉生长发育过程，总结其生长发育的规律，掌握花卉与这些环境条件的关系，合理进行调节和控制，才能达到科学栽培，创造最高的经济效益和最理想的园林景观效果。

2.1 温度条件

温度是影响花卉生长发育最重要的环境因子之一，它不仅影响花卉的分布，而且还影响花卉的生长发育和植物体内的生理代谢,如酶的活性、呼吸作用、光合作用、蒸腾作用等。因此,在花卉引种、栽培和应用时,首先要考虑的就是温度条件。

2.1.1 花卉生长发育对温度的要求

1)不同花卉生长发育对温度的要求

(1)花卉对温度"三基点"的要求　温度的"三基点"是指花卉生命活动中的最低温度、最适温度和最高温度。在最适温度下,花卉生长发育迅速良好,在最低温度和最高温度下,花卉生长发育十分迟缓或近于停滞,但仍能维持生命。如果低于最低温度或高于最高温度,超出花卉忍受的范围就会对花卉产生危害,甚至导致死亡。"南花北养"或"北花南种"时最易发生此类现象。由于原产地的不同,花卉生长的温度条件差异也很大。温带花卉,最适宜的温度为 15～25 ℃;原产热带的花卉,最适生长温度为 30～35 ℃。因此,温度也是影响花卉在自然界中分布的重要因素。

依据不同原产地花卉耐寒力的强弱,可将花卉划分为以下三种类型。

①耐寒性花卉:花卉抗寒性强,能耐 -5～-10 ℃低温,甚至在更低温度下也能安全越冬。能在北方寒冷地区露地栽培,无需特殊防护。包括原产于寒带和温带以北的许多花卉。如常见的木本花卉蔷薇、榆叶梅、丁香、连翘等;宿根花卉芍药、荷兰菊、大花萱草、玉簪等;球根花卉卷丹百合、桔梗等。

②不耐寒性花卉:不能忍受 0 ℃以下温度,甚至在 5 ℃或 10 ℃以下即停止生长或死亡,如三角梅、竹芋、绿巨人、龟背竹、吊兰、虎尾兰、一品红、红掌等。

这类花卉原产于热带或亚热带地区,包括一年生花卉、多年生常绿草本及木本花卉。其中多年生常绿草本及木本花卉,在北方不能露地越冬,仅限于室内栽培,称为室内花卉或温室花卉,如山茶、杜鹃、蝴蝶兰等。

③半耐寒性花卉:耐寒力介于耐寒性和不耐寒性花卉之间,生长期内能短期耐受 0 ℃左右的低温,通常越冬温度在 0 ℃以上。在北方地区冬季需加防寒保护才能安全越冬,如非洲菊、瓜叶菊、一叶兰、月季、石榴等。

(2)花卉对积温的要求　花卉的生长发育,不仅需要热量水平,还需要热量的积累。积温是指花卉完成某一发育阶段或全部的生育过程中的热量积累,即逐日平均气温之和。一般花卉,特别是感温性较强的花卉,在各个生育阶段要求的积温是比较稳定的。

温度总量包含着年平均温度、冬季最低温度和生长期的积温。各种花卉对积温要求有所不同,这是与它本身的生态习性、生长期长短、昼夜温差大小等密切相关的。例如月季从现蕾到开花需要积温 300～400 ℃,杜鹃则需要 600～750 ℃,这与原产地的温度情况相仿。

2)温度对花卉生长发育的影响

(1)温度影响花卉种子萌发　种子萌发是一个强烈的生理过程,包括一系列物质转化,除必需的水分和充足的空气条件外,还需要适宜的温度。温度可以影响花卉植物体内酶的活性,而种子萌发是在各种酶的催化作用下进行的一系列生化反应,在一定温度范围内,温度的升高可以提高酶的活性,从而提高催化效率;如果温度降低,酶的催化功能也随之降低;但温度过高会使酶蛋白失活,影响种子萌发。通常一年生花卉种子萌发温度在 20～25 ℃,如万寿菊、一串红、矮牵牛、百日草等;喜温花卉种子萌发温度在 25～30 ℃,如茉莉、苏铁;耐寒性花卉的种子萌发温度在 10～15 ℃,如花毛茛。

(2)温度影响花芽分化与成花　花芽分化是花卉生殖生长的重要环节,它决定着花卉能否形成花器官。不同种类的花卉受到原产地气候条件的影响,其花芽分化需要的温度也不同,因此会在不同季节进行花芽分化。

高温下进行花芽分化:一年生花卉、宿根花卉中夏秋开花的种类、球根花卉的大部分种类,在较高的温度条件下进行花芽分化,如美人蕉、唐菖蒲、一串红、矮牵牛、鸡冠花、金光菊、紫菀、醉蝶花、波斯菊、长春花等。还有很多木本花卉,均在 25 ℃ 以上高温时进行花芽分化,如山茶、杜鹃、桃花、梅花等。

低温下进行花芽分化:有些花卉在 20 ℃ 以下低温条件下进行花芽分化,如金盏菊、雏菊、小苍兰、卡特兰、石斛兰等。二年生花卉、宿根花卉中早春开花的种类,则需要经过一段时间的低温才能成花。这种低温对植物成花的促进作用称为春化作用。如月见草、毛地黄、罂粟、虞美人、紫罗兰等需 0～10 ℃ 低温持续一段时间才能形成花芽。

(3)温度影响花卉的生长　花卉生长的不同时期对温度的要求也不同。花卉幼苗生长前期要求较低的土壤温度,当进入旺盛生长高峰时,对土壤温度要求也提高,适当提高土壤温度可以使植物体内的各种酶类活化,生理反应速率提高,花卉进入最佳的生长状态。

温度的昼夜变化对花卉生长会产生明显的影响。一般适度的昼夜温差对花卉生长有利。白天温度高,花卉进行旺盛的光合作用,积累有机物质,夜晚温度降低,花卉的呼吸作用也减弱,从而减少能量的消耗,使得花卉净生长量增加,植株生长茂盛。

对于不同类型的花卉,低温和高温都可能诱导花卉进入休眠。对于多年生宿根花卉,秋季不断降低的温度使生长速度减缓,营养物质积累增加,伴随地上部分枯萎,花卉进入休眠。炎热的夏季气温和土温都很高,球根花卉生长缓慢,生理代谢减弱,多以休眠的方式度过高温季节,如仙客来、朱顶红、球根海棠等。

(4)温度影响花色与花期　温度对花色的影响,有些花卉表现明显,有些不明显。一般花青素系统的色素受温度影响较大,如大丽花、翠菊、百日草、月季在温暖地区栽培,即使夏季开花,花色也较暗淡,到秋季气温凉爽时,花色才艳丽。有些花卉在高温条件下,色彩艳丽,如荷花、矮牵牛、半枝莲等。

通常花期气温较高,高于最适温度,则花期缩短,花朵提前凋萎;较低的温度有利于已经盛开的花卉延长花期。

2.1.2　温度的调节

温度影响花卉的生长发育,为了满足花卉对温度的要求,创造最佳的生长发育温度,调节控制环境温度是十分必要的。

温度的调节措施包括防寒、保温、增温、降温等。在花卉生产中,现代化的栽培设施已经实现了对温度的自动调节,使花卉可以进行周年生产,随时供应市场。现代化栽培设施中主要通过安装加热设备和通风设备实现控温,安装空调和加湿设备的人工气候室,对温度的控制更加精确。

在花卉园林应用中,利用地面覆盖物、落叶等可以起到防寒作用。但最重要的应是根据花卉应用地区的温度变化特点,选择适宜的花卉。如一年生花卉不耐寒,整个生长发育过程都在无霜期内进行,选择适宜的播种、栽培时间,就可以灵活应用。喜欢冷凉的虞美人,在华北地区早春或秋播,在夏季到来时结束;在西北地区则可春播,利用其夏季凉爽的季节进行栽培应用。南方不耐寒的花卉引种到北方,可以变成室内观赏花卉。

2.2　光照条件

光是植物生存的必须条件。它不仅为光合作用提供能量,还作为外部信号调节花卉的生长发育。光影响花卉种子的萌发、营养器官的建成、花芽分化以及休眠等生理活动。光照对花卉生长发育的影响主要体现在三个方面:光照强度、光照长度和光质。

2.2.1　光照强度对花卉生长发育的影响

光照强度及其规律性变化(季节变化、日变化)对观赏植物的生长发育具有非常重要的影响。

大多数园林花卉需光量较大,喜欢阳光充足,在较高光照强度下生长健壮,花大色艳。如郁金香、香豌豆表现明显,它们大多原产于平原、高原的南坡、高山的阳面。有些花卉需光量较少,喜欢半荫的光照条件,过强的光照不利于其生长发育,如竹芋类、蕨类植物、玉簪、铃兰等。这些花卉主要来自于热带雨林、林下、阴坡。光照强度对花卉的影响主要体现在以下几个方面:

1)光照强度影响花卉种子的萌发

大多数花卉种子在光下和黑暗中都能萌发,但有些花卉种子还需要一定的光照刺激才能萌发,这类种子称为喜光种子,如毛地黄、非洲凤仙,种子埋在土里不见光则不能萌发;有的花卉在光照下萌发受到抑制,在黑暗中易发芽,这类种子称为嫌光性种子,如黑种草。

2)光照强度影响花卉的生长

不同种类的花卉对光照强度有不同的要求。花卉在不适宜个体生长所需要的光照条件下,生长不良。光线过弱,不能满足光合作用的需要,营养器官发育不良,瘦弱、徒长,易感染病虫害;光线过强,生长受到抑制,产生灼伤,严重时造成死亡。依据花卉对光照强度要求的不同,将花卉划分为三种类型。

(1)阳性花卉　阳性花卉又称喜光性花卉。原产于热带及温带高原地区,必须在全光照下生长,其光饱和点高,不能忍受蔽荫,否则生长不良。阳性花卉包括多数露地栽培的一、二年生花卉、宿根、球根、木本花卉、多肉多浆类植物等。如万寿菊、矮牵牛、鸡冠花、百日草、菊花、芍药、大丽花、郁金香、牡丹、石榴、月季、夹竹桃、扶桑、木槿、仙人掌类、景天类植物等。

(2)阴性花卉　阴性花卉又称耐阴花卉。这类花卉要求生长环境适度蔽荫,蔽荫度在50% ~80%,其光饱和点低,不能忍受强烈的直射光线,植株体内通常含水量较大,多生长在热

带雨林下或林下及阴坡,如蕨类、兰科花卉、竹芋类、天南星科花卉。

（3）中性花卉　这类花卉对光照要求不严格,介于阳性花卉和阴性花卉之间,它们在光充足和少量遮阴的环境下都能正常生长,对环境的适应能力更强,如紫罗兰、萱草、桔梗、紫茉莉、三色堇、香雪球、翠菊、忍冬、海桐、山茶、樱花、腊梅等。

3）光照强度影响花蕾的开放

光照强度对花卉花蕾的开放有影响。通常花卉都在光照下开放,有些花卉需在强光下开放,如半枝莲、酢浆草;有些是在弱光下开放,如紫茉莉、月见草、晚香玉等在傍晚开放,第二天日出后闭合;有些需在光线由弱到强的晨曦中开放,如牵牛花;有个别花卉需在夜间开放,如昙花。

4）光照强度影响花色

以花青素为主的花卉,在光照充足的条件下,花色艳丽。一般生长在高山上的花卉比低海拔的花卉花色艳丽;同一种花卉,在室外栽培比室内栽培开花艳丽。因为花青素在直射光、强光下易形成,而弱光、散射光下不易形成。

2.2.2　光照长度对花卉生长发育的影响

光照时间（光周期）是指一日中白昼与黑夜的交替时数,或指一天内的日照长度。光周期现象是指花卉的生长发育尤其是花芽的分化对日照长短的反应。光周期不仅可以控制某些花卉的花芽分化、发育和开放过程,而且还可以影响花卉的其他方面,如分枝、器官的衰老、脱落和休眠,球根类花卉地下器官的形成等。

不同种类的花卉都依赖于一定的日照长度和黑夜长度的相互交替,才能诱导花的发生和开放。依据花卉对日照时数的要求的不同,可以将花卉分为长日照花卉、短日照花卉和中性花卉。

（1）长日照花卉　日照长度在 14～16 h 促进成花或开花,短日照条件下不开花或延迟开花,如藿香蓟、福禄考、瓜叶菊、紫罗兰、金盏菊、天人菊。一般这类花卉原产于离赤道较远的高纬度地区和北温带地区。

（2）短日照花卉　日照长度在 8～12 h 促进成花或开花,长日照条件下不开花或延迟开花,如一品红、秋菊、蟹爪兰、长寿花、波斯菊、金光菊等。

（3）中性花卉　成花或开花过程不受日照长短的影响,只要在一定的温度和营养条件下即可开花。大多数花卉属于此类,如凤仙花、一串红、香石竹、牡丹、月季、栀子、木槿等。

日照长短还能影响某些花卉的营养繁殖。如某些落地生根属的花卉,其叶缘上的幼小植株体只能在长日照下产生;虎耳草腋芽只能在长日照条件下发育成匍匐茎。日照长短还能影响禾本科类花卉的分蘖,长日照下有利于形成分蘖。日照长短会影响球根类花卉地下部分的形成和生长,一般短日照能促进块根、块茎的形成和生长,如菊芋在长日照下只能产生匍匐茎,不能使之加粗,只有短日照条件下才能发育成块茎;大丽花的块根发育对日照长短也很敏感,在正常日照条件下不易产生块根,但经过短日照处理后就能诱导形成块根,并且在以后长日照中也能继续形成块根。

日照长短对温带花卉的休眠也有重要影响。通常短日照促进休眠,长日照促进生长。但有一部分花卉也有在长日照下进入休眠的,如水仙、仙客来、小苍兰、郁金香、石蒜等。

现代花卉培育技术中,已经广泛应用日照长短与花卉成花开花的关系,通过人为调节光照长短,达到调控花期的目的。

2.2.3 光质对花卉生长发育的影响

太阳光由不同波长的可见光谱与不可见光谱组成,波长范围在 150 ~ 4 000 nm。其中可见光(红、橙、黄、绿、青、蓝、紫)的波长为 400 ~ 760 nm,占全部太阳辐射的 52%;不可见光,即红外线波长大于 760 nm,占 43%,紫外线波长小于 400 nm,占 5%。不同波长的光会对花卉生长发育产生一定影响。

红橙光有利于碳水化合物的合成,加速长日照花卉的生长发育,延迟短日照花卉的发育。红橙光在散射光中所占比例较大,因此散射光对半阴性花卉及弱光下生长的花卉效用大于直射光。

蓝光有利于蛋白质的合成,蓝紫光可抑制茎的伸长,使植株矮小,同时促进花青素的形成。

紫外线还可促进发芽,抑制徒长,促进种子发芽和果实成熟,促进花青素的形成。在自然界中,高山花卉因受蓝、紫光及紫外线的辐射较多,花卉一般都具有节间缩短、植株矮小、花色艳丽的特点。红外线的主要功能是被花卉植物吸收转化为热能,使地面增温,影响花卉体温和蒸腾作用。

2.2.4 光照的调节

随着花卉栽培设施的不断发展,现在可以实现人工调节光照,来满足不同花卉种类的成花要求。对于需要长日照或强光照射才能成花的种类,在育苗期间可以使用白炽灯、荧光灯、高压钠灯等不同类型的光源在没有自然光的情况下进行补光。不同的光源可以满足花卉对光照强度和不同波长光线的需要。对于需要短日照长黑暗或弱光条件下的花卉,可以使用黑布、遮阴网或其他材料进行遮光处理,达到缩短光照时间,减弱光照强度的目的。通过人工调节光照可以有效控制花卉的生长,调控花期,实现花卉周年生产,提高花卉经济价值。

2.3 水分条件

水分是植物体的组成部分,草本植物体重的 70% ~ 90% 是水。环境中影响花卉生长发育的水分主要是土壤水分和空气湿度。花卉必须有适当的空气湿度和土壤水分才能正常地生长和发育。不同种类花卉需水量差别很大,这种差异与花卉原产地及分布地的降雨量和空气湿度有关。

2.3.1　花卉对水分的要求

　　水是植物体生命活动过程中不可缺少的物质,植物体的生理活动都必须有水的参与才能进行,细胞间代谢物质的传送,根系吸收的无机营养物质输送,光合作用形成的碳水化合物分配,都是以水为介质的。水对细胞产生膨胀压,使得植物体保持其结构状态,当水分缺乏时,枝叶发生萎蔫,如果缺水时间过长则导致器官或植株死亡。依据花卉对水分需求的差异将花卉划分为四种类型,即湿生性花卉、旱生型花卉、中生型花卉和水生型花卉。

　　(1)湿生型花卉　这类花卉对水分需求量大,原产地多为潮湿、雨量充沛、水源充足的环境,如热带沼泽或阴湿森林。它们为适应潮湿的环境在体内有发达的通气组织,可以保证与外界环境的气体交换。马蹄莲、龟背竹、黄菖蒲、海芋、再力花、蕨类、热带兰类和凤梨科的植物均属此类。

　　(2)旱生型花卉　这类花卉能够适应长期干旱的环境条件,耐寒性强。它们普遍具有发达的根系、叶小多毛、角质层厚、气孔少并下陷、细胞具有较高的渗透压等旱生性状。原产于沙漠地区的仙人掌类、景天类、龙舌兰均属旱生类型。

　　(3)中生型花卉　中生型花卉是介于湿生和旱生类型之间的花卉种类,它们对水分比较敏感,根系和传导组织发达,但没有完善的通气组织,不耐积水,浇水过多易出现烂根,在水分缺乏时容易出现萎蔫。此类花卉在栽培过程中浇水要适时、适量,同时要使用疏松、肥沃、通气良好的土壤。中生型花卉包括大多数木本花卉、一、二年生花卉、多年生宿根和球根花卉,如矮牵牛、菊花、月季、木槿、茉莉、石榴等。

　　(4)水生型花卉　这类花卉要求饱和的水分供应,一般通气组织非常发达,它们的根、茎、叶内多有通气组织的气腔与外界互相通气,吸收氧气以供给根的需要,植物体部分或整体没在水中时才可正常生长。此类花卉常见的有荷花、睡莲、凤眼莲、王莲、香蒲、金鱼藻、萍蓬草等。

2.3.2　水分对花卉生长发育的影响

1)土壤水分对花卉生长发育的影响

　　土壤水分是大多数花卉所需水分的主要来源,也是花卉根际环境的重要因子,它不仅本身提供花卉需要的水分,还影响土壤空气含量和土壤微生物活动,从而影响根系的发育、分布和代谢,健康苗壮的根系和正常的根系生理代谢是花卉地上部分生长发育的保证。

　　(1)对花卉生长的影响　花卉在整个生长发育过程中都需要一定的土壤水分,只是在不同生长发育阶段对土壤含水量要求不同。一般情况下,种子发芽需要的水分较多,幼苗需水量减少,随着生长,对水分的需求量逐渐减低。因此,花卉育苗多在花圃中进行,然后移栽到园林中应用的场所,以给花卉提供良好的生长发育环境。

　　不同的花卉对水分要求不同,园林花卉的耐旱性不同。一般宿根花卉较一、二年生耐旱,球根花卉又次之。虽然球根花卉膨大的球根是耐旱结构,但由于球根花卉的原产地有明确的雨季旱季之分,其旺盛生长的季节,雨水充足,因此大多不耐旱。

（2）对花卉发育的影响　土壤含水量影响花卉花芽的分化。花卉花芽分化要求有一定的水分供给,在此前提下,控制水分供给,可以控制一些花卉的营养生长,促进花芽分化,球根花卉表现明显。一般情况下。球根含水量少,花芽分化较早。因此,同一种球根花卉,生长在旱地,其球根含水量低,花芽分化早,开花就早。栽植在较湿润的土壤中则开花较晚。

（3）对花色的影响　形成花卉花色的各种色素中,除了不溶于水的类胡萝卜素以质体的形式存在于细胞质中,其他色素如类黄酮、花青素、甜菜红系色素都溶解在细胞的细胞液中。因此,花卉的花色与水分密切相关。花卉在适当的细胞含水量下才能呈现出各自应有的色彩。一般缺水时花色变浓,水分充足时花色正常。

2）空气湿度对花卉生长发育的影响

花卉可以通过气孔或气生根直接吸收空气中的水分,这对于原产于热带和亚热带雨林的花卉,尤其是一些附生花卉更为重要;对于大多数花卉而言,空气中的含水量主要影响花卉的蒸发,进而影响花卉从土壤中吸收水分,影响花卉生长。通常空气湿度过大,易使枝叶徒长、滋生病虫害,并常有落蕾、落花、落果或授粉不良,不结实;空气湿度过低,叶色变黄,叶缘干枯,花期缩短,叶色、花色变淡。

在室内花卉栽培养护中,特别是南花北养时,容易出现空气过分干燥的情况。根据不同花卉对空气湿度的不同要求,可采取往枝叶喷水、地面喷水或空气喷雾等方法增加空气湿度。

一般花卉需要的空气相对湿度在 $65\% \sim 70\%$,原产于热带雨林中的花卉对空气相对湿度较高,要求达到 80% ,如兰花、蕨类、龟背竹等湿生型花卉。

3）水质对花卉生长发育的影响

水质对花卉生长发育也有很大影响,特别是浇灌花卉用水的含盐量和酸碱度会产生明显的影响。水质不良容易导致产量下降、品质变劣和生理障碍。尤其是对盆栽花卉,对水质的要求更严格。优良的水质应达到:PH 值适当、含盐量低、水温适中、溶氧量高、不含有害物质和病原菌。

2.3.3　水分的调节

在园林中大面积的人工空气湿度的调节很难实现,主要是通过合理配置花卉和充分利用小气候来满足花卉的需要。室内和小环境中可以通过换气和喷水来降低或增加空气湿度。

依靠降雨和各种排灌设施来调节花卉的需水量,也可以通过改良土壤质地来调节土壤持水量。

可以使用酸对水进行酸化处理。有机酸中的柠檬酸、醋酸,无机酸中的磷酸,酸性化合物中的硫酸亚铁等都可以用来酸化水。对含盐量较高的水,需要特殊的水处理设备加以净化后再使用。

2.4　土壤条件

土壤不仅可以固定花卉,还是花卉赖以生存的物质基础,它既为花卉提供水分、养分、气、

热,又是各种物质和能量的转化场所。花卉生长发育所需的养分和水分绝大多数由根系从土壤和基质中吸收,因此,土壤的理化性状对花卉的生长发育及观赏品质有重要影响。

土壤的种类很多,理化特性不同,肥力状况、土壤微生物不同,形成了不同的地下环境。土壤的物理特性(土壤质地、土壤温度、土壤水分)和土壤的化学特性(pH 值、土壤氧化还原电位)及土壤有机质、土壤微生物等是花卉地下根系环境的主要因子,因此影响着花花卉的生长发育。

适宜花卉生长发育的栽培土壤应是:含有丰富的腐殖质、保水保肥能力强,排水好,通气性好,适宜的酸碱度的土壤。

2.4.1　土壤质地与花卉的关系

一般将土壤质地划分为砂质土、壤质土和黏质土三类。

(1)砂质土类　土壤中含沙粒多,黏粒少,孔隙大,通透性强,排水好,保水保肥性差;有机质分解快,供肥性能好,但腐殖质含量少,后劲不足;土壤升温快,昼夜温差大,土温变化幅度大。因此,砂质土容易出现缺水、脱肥、土温不稳的状态。这类土壤可以栽培一些耐干旱耐贫瘠的花卉,常用于配制培养土或改良黏质土,也可作为扦插用土或栽培不耐肥、需肥少的幼苗。

(2)壤质土类　壤质土中沙粒、黏粒适中,水气协调,通透性、保水保肥性及供肥性均好,有机质含量多,土温比较稳定,适宜大多数花卉的生长,是比较理想的园林用土。

(3)黏质土类　土壤中含沙粒少,黏粒多,孔隙小,有机质分解慢,易于积累贮存养分,保水保肥能力强,有后劲。但通透性差,昼夜温差小,早春土温上升慢,对幼苗生长不利。除适于少数喜黏质土壤的花卉外,对大多数花卉不适宜,主要用于和其他土类混合配制培养土。

2.4.2　土壤酸碱度与花卉的关系

不同种类的花卉有各自不同的土壤酸碱性适宜范围。当土壤的酸碱度超出适宜范围时,花卉就会生长不良甚至死亡。大多数花卉适宜在中性、微酸性或酸性土壤中生长。依据花卉对土壤酸碱度要求的不同,将花卉划分为喜酸性土壤花卉、喜中性土壤花卉、喜碱性土壤花卉三类。

(1)喜酸性土壤花卉　这类花卉要求土壤 pH 值在 4.0~6.5,如山茶、杜鹃、米兰、栀子、棕榈、秋海棠、大岩桐、百合、彩叶草、八仙花、凤梨科花卉、兰科花卉、蕨类植物。

(2)喜中性土壤花卉　这类花卉要求土壤 pH 值在 6.5~7.5,如金盏菊、郁金香、水仙、风信子、四季报春、瓜叶菊、天竺葵、矮牵牛、香豌豆等。

(3)喜碱性土壤花卉　这类花卉要求土壤 pH 值在 7 以上,如菊花、玫瑰、非洲菊、石竹、代代、香堇、天门冬、夹竹桃等。

2.4.3　露地花卉对土壤的要求

一般除砂质土和黏质土只限于栽培少数花卉外,其他土质大多适于栽培多种花卉。

（1）一、二年生花卉　这类花卉最适宜的土壤特征是表土层深厚,地下水位较高,干湿适中,有机质丰富。春播夏花的种类最喜水分充足,忌土壤干燥。秋播的种类喜表层深厚的黏质土,如金盏菊、矢车菊、羽扇豆等。

（2）宿根类花卉　这类花卉一般幼苗期喜腐殖质丰富的土壤,第二年以后喜黏质土壤。露地栽培宿根花卉时最好施入较多的有机肥料,维持良好的土壤结构,有利于达到一次性栽植多年持续开花。

（3）球根类花卉　这类花卉对土壤的要求严格。大多数适宜生长于富含腐殖质、排水良好的砂质土中。最为理想的类型是下层为排水良好的砂砾土,表层为深厚的砂质壤土。但水仙、百合、石蒜、晚香玉、风信子及郁金香等,则以黏质壤土最适宜。

2.4.4　室内盆栽花卉培养土的配制

室内花卉常局限于盆栽,所用土壤量有限,花卉根系只能在很小的范围内生长,如果土壤状况不良,就会明显影响花卉的生长发育,因此对土壤的要求比露地要高。因而室内栽培必须使用根据花卉对土壤要求而人工配制的培养土。理想的培养土应具备良好的理化性状,即富含腐殖质,土壤疏松,透水透气性好,保水保肥性好,能长久保持湿润状态,不易干燥,酸碱度适宜。不同种类花卉适宜的培养土配制如下:

（1）一、二年生花卉　通常这类花卉需要多次移栽,幼苗期所用培养土需要加入更多的腐叶土,定植成株所用培养土可适量降低腐叶土的比例。幼苗期培养土配方:腐叶土5份、园土3.5份、河沙1.5份。定植时培养土配方:腐叶土2~3份、壤土5~6份、河沙1~2份,如瓜叶菊、报春花、蒲包花等。

（2）宿根球根类花卉　室内宿根、球根类观赏花卉如仙客来、朱顶红、大岩桐、球根海棠等对腐叶土的需求量较少,其培养土配方:腐叶土3~4份、园土5~6份、河沙1~2份。

（3）木本观花类花卉　这类花卉常用黏性培养土。在播种及扦插育苗期间,要求较多的腐殖质,待成株长成后,腐叶土的量可适当减少,河沙应达到1~2份,如含笑、杜鹃、山茶、白兰花等。

（4）竹芋科、天南星科、棕榈科花卉　这类花卉培养土配方:腐叶土4份、园土4份、河沙2份,或腐叶土3份、园土4份、锯末3份。

（5）凤梨科、多肉多浆类　这类花卉培养土配方:腐叶土6份、园土2份、锯末2份,或腐叶土4份、园土4份、锯末2份。

（6）木本观叶类　这类花卉培养土配方:腐叶土2份、园土6份、河沙2份,或园土4份、黏土3份、锯末3份。如非洲茉莉、印度橡皮树、八角金盘、龙血树等。

配制培养土时还要注意测定和调节其酸碱度,使其符合栽培花卉的生长要求。具体方法:酸度过高,可在培养土中加入少量石灰粉或草木灰;碱性过高,可加入适量的硫酸铝、硫酸亚铁或硫磺粉。

现代花卉工厂化栽培中,还可以采用一些无机基质作为栽培基质。常见的如珍珠岩、蛭石、陶粒等。其中珍珠岩是一种酸性火山玻璃熔岩,经粉碎、筛分、预热、焙烧后成为多孔粒状物料。陶粒是由陶土焙烧获得的,其颗粒较大,空隙多,具有一定的保水能力,适于栽培肉质根系的花卉,如热带兰类。

2.5　养分条件

花卉生长发育需要一定的养分,只有满足养分的需求,花卉的生理活动才能完成。目前花卉生长发育所必需的营养元素为 16 种。根据其在花卉植物体内需要量的不同,又分为大量元素和微量元素两大类。

2.5.1　花卉生长发育所需的营养元素及生理作用

1)大量元素及生理作用

大量元素是指花卉植物生长发育需要量较多的元素,它们的含量能达到植物体干重的 0.1% ~10%,共有 9 种,为碳(C)、氢(H)、氧(O)、氮(N)、磷(P)、钾(K)、钙(Ca)、镁(Mg)、硫(S)。

(1)氮(N)　氮为生命元素。可促进花卉的营养生长;有利于叶绿素的合成,使植物叶色浓绿;使叶、花器官肥大。缺氮时,植株生长不良,瘦弱,枝条细长发硬,叶小花小,叶色从下部老叶到上部新叶由浓绿渐变为淡绿,继而出现红紫色,甚至萎黄脱落,严重时全株失去绿色。观花观果类花卉缺少氮素会使花果量减少且易脱落。

氮素过量也会产生一些不利影响,如植株延迟开花、茎叶徒长、降低对病虫害的抵抗力。

(2)磷(P)　植物体内的磷元素能促进种子发芽,使开花结实提前,还能使茎叶发育坚韧,不易倒伏;增强根系的发育,增强植株抗逆性和病虫害的能力。缺磷时,植株矮小,幼芽、幼叶生长停滞,叶片由深绿色转变为紫铜色,叶脉、叶柄呈黄带紫色。缺磷阻碍花芽的形成,导致花少、花小、花色淡,观果类还会导致果实发育不良,甚至提早枯萎脱落。

过量施用,其危害也不像氮肥,因此多雨的年份,寒冷的地区宜适当多施用,促进成熟。球根花卉一般喜磷肥,可适量多施用。

(3)钾(K)　钾能增强花卉的抗寒性和抗病性;使花卉生长健壮,增强茎的坚韧性,不易倒伏;可以促进叶绿素的合成而提高光合作用效率;能促进根系发育,使根系扩大,尤其对球根花卉的地下器官的发育有利。过量施用会使花卉节间缩短,叶子变黄;还会诱发缺镁、缺钙。

(4)钙(Ca)　钙可促进根的发育;可增加植株体的坚韧度;可以改进土壤的理化性状,黏质土壤施用后可以变得疏松,沙质土壤可以变得紧密;可以降低土壤的酸碱度。过量施用会诱发缺磷、缺锌。

(5)镁(Mg)　镁在叶绿素的形成过程中,镁是不可缺少的,同时镁对磷的可利用性有很大影响。缺镁时,表现为老叶的叶缘两侧开始向内黄化,叶脉保持绿色,可见到明显的绿色网络。严重缺乏时,叶片呈黄色条斑,皱缩、脱落;叶小花小花色淡,植株生长受抑制。

(6)硫(S)　硫促进根系的生长,影响叶绿素的形成;促进土壤中豆科根瘤菌的增殖,增加土壤中氮的含量。缺硫时,植株矮小、茎干细弱、生长缓慢,一般新叶均失绿,叶片细小,呈黄白色且易脱落,开花推迟,根部明显伸长。

2)微量元素及生理作用

微量元素是指花卉植物需要量较少的营养元素,一般占植物体干重的 0.0001% ~ 0.001%,共 7 种,包括铁(Fe)、锰(Mn)、铜(Cu)、锌(Zn)、硼(B)、钼(Mo)、氯(Cl)。

(1)铁(Fe) 铁对叶绿素的合成有重要作用。一般南方土壤不易缺铁,能满足花卉生长发育的需要。在北方石灰质或碱性土壤中,由于铁易转变成无效态,不被植物吸收利用,会出现缺铁现象。花卉植物缺铁时,新叶变黄,叶脉仍为绿色,但叶片会逐渐枯萎。

(2)锰(Mn) 锰对种子萌发和幼苗生长、结实都有良好作用。缺锰时,叶片失绿,出现杂色斑点,组织易坏死,但叶脉仍为绿色,花的色泽暗淡。

(3)铜(Cu) 铜元素参与植物体内酶的形成,是花卉必需的微量元素。花卉植物缺铜时,新生叶失绿发黄,叶尖发白卷曲、坏死,叶片畸形、枯萎发黑;植株生长瘦弱,种子发育不良。

(4)锌(Zn) 锌参与植物体生长素及蛋白质的合成,同时是许多重要酶的活化剂。缺锌时,植株叶小簇生,中下部叶片失绿,主脉两侧有不规则的棕色斑点,植株矮小,生长缓慢。

(5)硼(B) 硼元素与花粉形成、花粉管萌发和受精有密切关系。能改善氧的供应,促进根系发育和开花结实。缺硼时,嫩叶失绿,叶片肥厚皱缩,叶色变深,叶缘向上卷曲,根系不发达,枝条和根的顶端分生组织死亡。观花观果类植株受精不良,花器官发育不健全,籽粒减少,落花落果。

(6)钼(Mo) 钼是硝酸还原酶的组成成分,可将硝态氮还原成铵态氮;能改善物质运输的能量供应,能与有机物形成络合物,因此关系到碳水化合物的合成和运输;促进种子和生殖期的呼吸作用,降低早期呼吸强度;提高叶绿素的稳定性,减少叶绿素在黑暗中的破坏。缺少钼元素会使老叶叶脉间失绿,有时呈斑点状坏死;有时也会引起缺氮的症状。

2.5.2 花卉栽培常用的肥料

1)无机肥料

主要是指化学肥料。常见的有尿素、硫酸铵、硝酸铵、磷酸铵、过磷酸钙、磷酸二氢钾、硫酸亚铁等。其特点是养分单一,不含有机物;含量高、肥效快、易溶于水、无臭味、施用方便。长期施用会使土壤板结。

(1)尿素 尿素为中性肥料,含氮量高达 45% ~ 46%,可作基肥、追肥和叶面肥,一般不作种肥,因其对种子发芽不利。土壤施用浓度为 1%;根外追肥为 0.1% ~ 0.3%。花卉植物生长期可施用,观叶花卉施用量可稍大些。

(2)硫酸铵 硫酸铵为生理酸性肥料。含氮 20% ~ 21%;土壤施用浓度为 1%;根外追肥为 0.3% ~ 0.5%;基肥施用量 30 ~ 40 g/m² 基肥,适宜促进幼苗生长,但切花生产时,施用过量,会使茎叶柔软降低品质。

(3)硝酸铵 硝酸铵为中性肥。易燃易爆,不能与有机肥混合使用,含氮 32% ~ 35%;土壤施用浓度为 1%。

(4)过磷酸钙 过磷酸钙又称"普钙"。是目前常用的一种磷肥。长期施用会使土壤酸化。含磷 16% ~ 18%,易吸湿结块,不宜久放,一般作基肥施用,不能与草木灰、石灰同时施用。

(5)磷酸二氢钾　磷酸二氢钾是磷钾复合肥料。含磷53%、钾34%,易溶于水,速效,呈酸性反应,常用0.1%左右的溶液作根外追肥。在花蕾形成前施用,可促进开花,促使花大、色彩艳丽。

(6)磷酸铵　磷酸铵是磷酸二氢铵和磷酸氢铵的混合物,是氮磷复合肥。含氮12%~18%,含磷46%~52%。是高浓度速效肥,适合各种花卉植物,可作基肥和追肥,但不能与碱性肥料同时使用。

(7)硫酸亚铁　硫酸亚铁呈蓝绿色结晶,用0.1%~0.5%水溶液和0.05%柠檬酸水溶液一起喷于黄化植株上,可防止花卉缺铁性黄化症。也可与饼肥、硫酸亚铁和水按1:5:200的比例配制成"矾肥水"浇灌于杜鹃、山茶、栀子、玉兰等喜酸性花卉的盆栽土壤中,既可起到增肥作用,又可防止叶片黄化现象的发生。

2)有机肥料

凡是营养元素以有机化合物形式存在的肥料,均称为有机肥料,因含多种元素,故又称为完全肥料。其特点是种类多、来源广、养分完全,不仅含有氮、磷、钾三大营养元素,而且还含有其他微量元素和生长激素等;它能改善土壤的理化性质,肥效释放缓慢而持久。

花卉常用的有机肥料有家畜家禽粪肥、厩肥、饼肥、绿肥、骨粉、草木灰、米糠等。

(1)牛粪　牛粪是迟效肥,肥效持久。充分腐熟后混于土壤中或用其浸出液做追肥。

(2)鸡粪　鸡粪是完全肥,发酵时发散高热,充分腐熟后施用,不要接触花卉的根部。可加10倍水发酵,使用时稀释10~20倍追肥。

(3)厩肥及堆肥　厩肥及堆肥含有丰富的有机物,有改良土壤的物理性质的作用。是氮、磷、钾的全肥,主要用于花卉栽培的基肥。

(4)饼肥　饼肥是各种植物含油质的果实榨油后的剩余物。含氮量高,容易被植物吸收。既可作基肥,也可作追肥。作追肥时,应加10倍水经过2~3个月的发酵腐熟后,再取肥液稀释成稀薄肥液施用。

(5)骨粉　骨粉的主要成分是磷肥,肥效缓慢,多用作盆栽观叶植物的基肥。如果同腐殖土混合使用,还可加速其分解。

(6)草木灰　草木灰是植物的秸秆、柴草、枯枝落叶等经过燃烧后残留的灰分。含钾元素较多,同时含有磷、钙、镁、铁、铜等元素,不含氮素和有机物。它能中和基质中的有机酸,促进有益微生物的活动。草木灰呈碱性,不能与硫酸铵、硝酸铵等铵态氮肥混存、混用。一些常用有机肥料养分含量见表2.1。

表 2.1　常用有机肥料的主要养分含量

肥料种类	氮（N%）	磷（P_2O_5%）	钾（K_2O%）
人粪	0.80~1.00	0.30~0.40	0.25~0.45
人粪尿	0.50~0.70	0.10~0.30	0.20~0.35
厩肥	0.40~0.60	0.15~0.30	0.40~0.80
猪粪	0.45~0.60	0.20~0.40	0.45~0.60
牛粪	0.30~0.34	0.20~0.25	0.15~0.40
羊粪	0.35~0.50	0.15~0.25	0.15~0.30
鸡粪	1.5~1.7	1.4~1.6	0.80~0.95
鸭粪	1.0~1.1	1.3~1.5	0.60~0.65

续表

肥料种类	氮（N%）	磷（P_2O_5%）	钾（K_2O%）
马粪	0.45～0.55	0.20～0.40	0.20～0.30
鸽粪	1.5～1.7	1.7～1.8	0.90～1.1
骨粉	0.05～0.07	40.0～42.9	—
鸡毛	14.0～16.0	0.11～0.13	微量
城市垃圾	0.20～0.30	0.30～0.40	0.50～0.70
人发	13.0～15.0	0.07～0.09	0.07～0.10
塘泥	0.40～0.50	0.25～0.30	2.0～2.3
草木灰	—	1.6～2.5	4.6～7.5
谷壳灰	—	0.60～0.80	2.5～2.9
普通堆肥	0.40～0.60	0.20～0.30	0.30～0.60
菜子饼	4.50～6.20	2.4～2.9	1.4～1.6
花生饼	6.0～7.0	1.0～1.2	1.5～1.9
大豆饼	6.2～7.0	1.2～1.3	1.0～2.0
棉籽饼	3.0～3.6	1.5～1.7	0.90～1.10
茶籽饼	1.1～1.64	0.32～0.37	0.8～1.1
玉米秆	0.50～0.60	0.30～0.40	1.5～1.7
紫穗槐	3.1～3.0	0.60～0.73	1.7～1.8
紫云英	0.41～0.48	0.07～0.09	0.35～0.37
印度豇豆	2.3～2.6	0.40～0.482	2.4～2.6
肥田萝卜	0.25～0.30	0.05～0.09	0.35～0.40
箭舌豌豆	0.60～0.66	0.10～0.12	0.55～0.60
绿豆	0.52～0.56	0.09～0.12	0.70～0.90
木豆	0.60～0.67	0.10～0.13	0.25～0.30
蚕豆	0.50～0.60	0.10～0.12	0.45～0.50
大豆	0.55～0.60	0.08～0.10	0.60～0.70
花生	0.40～0.50	0.08～0.10	0.35～0.40
苜蓿	0.60～0.70	0.10～0.12	0.30～0.35
苕子	0.50～0.60	0.60～0.70	0.40～0.50

2.6　空气条件

空气也是花卉生长发育必不可缺少的生态因子。植物光合作用需要的二氧化碳,呼吸作用需要的氧气,根瘤固氮作用需要的氮素都来源于空气。

2.6.1　空气对花卉生长发育的影响

(1)氧气　空气中的含氧量约为21%,足够满足花卉呼吸作用的需要。在通常状况下,很少出现花卉地上部分缺氧的现象。但地下部分的根系常因土壤板结或浇水过多而缺氧,从而使根系呼吸困难、生长不良而影响整个植株的生长发育。种子萌发时如果氧气不足,会导致酒精发酵毒害种子使其发芽停止,甚至死亡。因此在栽培花卉过程中要经常保持土壤疏松,防治板结,影响通气。对质地黏重通气性差的土壤,应及时松土提高土壤的通气性,保证土壤中有足够的氧气含量,还应增施有机肥,改善土壤的物理性状,增强土壤通透性。

（2）二氧化碳　通常空气中二氧化碳仅占 0.03% 左右,二氧化碳是花卉光合作用必需的原料,因此其含量直接影响花卉的生长发育。温室栽培的花卉,二氧化碳的调节很重要。可以安置二氧化碳发生器或增施有机肥适当增加空气中二氧化碳的浓度,有效提高光合作用强度;但二氧化碳浓度达到 2% ~5% 时就会起抑制作用,如果土壤中二氧化碳浓度较高,花卉会生长不良甚至死亡。所以应避免使用新鲜厩肥或过多堆肥,注意及时松土和加强通风防止二氧化碳浓度过高的危害。

（3）氮气　氮气在空气中含量约为 78%,大多数花卉不能直接利用空气中的氮素,只有固氮微生物和蓝绿藻可以吸收固定空气中氮。固氮菌是一种固氮微生物,它们能将空气中的氮气固定成氨和铵盐,再经硝化细菌的作用转变成硝酸盐或亚硝酸盐,才能被花卉吸收利用。

2.6.2　空气污染对花卉生长发育的影响

随着全球工业化程度的提高,空气污染日益加重,空气中有害气体的种类和浓度不断增加,超出了自然界生态系统自然净化的能力,造成大气污染。有害气体不仅危害人类的健康,也危害花卉的生长。对花卉影响较大的有害气体主要有以下几种:

（1）二氧化硫　二氧化硫主要来源于燃煤的工厂、石油治炼厂、火力发电厂、有色金属冶炼厂、化肥厂等所排放的烟气及汽车尾气。

当空气中的二氧化硫浓度达到 0.001% 以上时,花卉就出现受害症状。二氧化硫从气孔进入叶片内,形成亚硫酸盐破坏叶绿素,光合作用受到抑制,首先表现叶片失去膨压,叶脉之间的叶片失绿,呈大小不等的点状、条状、块状的坏死区,为灰白色或黄褐色,严重时叶脉也变为白色,甚至整个叶片焦枯死亡。幼叶和老叶受害轻,而生理活动旺盛的功能叶受害较重。不同种类的花卉对二氧化硫的抗性也有所不同,见表 2.2。

表 2.2　花卉对二氧化硫的抗性分级

抗性分级	花卉名称
强	丁香、山茶、桂花、苏铁、海桐、鱼尾葵、散尾葵、夹竹桃、美人蕉、石竹、凤仙花、菊花、玉簪、唐菖蒲、君子兰、龟背竹、鸡冠花、大丽花、翠菊、万寿菊、金盏菊、晚香玉、醉蝶花、团草
中	白蜡树、女贞、榆叶梅、杜鹃、三角梅、茉莉花、一品红、旱金莲、百日草、蛇目菊、天人菊、鸢尾、四季秋海棠、波斯菊、荷兰菊、一串红、肥皂草、桔梗
弱	木棉、矮牵牛、向日葵、麦秆菊、美女樱、蜀葵、福禄考、金鱼草、月见草、倒挂金钟、瓜叶菊、滨菊、硫华菊

（2）氟化氢　氟化氢主要来源于农药厂、炼铝厂、搪瓷厂、玻璃厂、磷肥厂等。氟化氢首先危害花卉的幼芽和幼叶，急性危害症状与二氧化硫相似，即在叶缘和叶脉间出现水渍斑，以后逐渐干枯，呈棕色或淡黄色的斑块，严重时会出现萎蔫，同时绿色消失变成黄褐色；慢性伤害首先是叶尖和叶缘出现红棕色或黄褐色的坏死斑，在坏死区与健康组织之间有一条暗色狭带。不同种类的花卉对氟化氢的抗性也有所不同，见表2.3。

表2.3　花卉对氟化氢的抗性分级

抗性分级	花卉名称
强	丁香、连翘、棕榈、木槿、海桐、柑橘、大丽花、万寿菊、秋海棠、倒挂金钟、牵牛花、紫茉莉、天竺葵
中	桂花、紫藤、凌霄、美人蕉、水仙、百日草、醉蝶花、金鱼草、半枝莲
弱	杜鹃、唐菖蒲、玉簪、毛地黄、仙客来、萱草、郁金香、鸢尾、凤仙花、万年青、风信子、三色堇

（3）氯气　氯气主要来源于化工厂、农药厂、自来水厂。氯气对花卉的伤害比二氧化硫还要大，能很快破坏叶绿素，使叶片褪色脱落。有时在叶脉间产生不规则的白色或浅褐色的坏死斑点、斑块，有的花卉叶缘出现坏死斑，叶片卷缩，叶子逐渐脱落。不同种类的花卉对氯气的抗性也有所不同，见表2.4。

表2.4　花卉对氯气的抗性分级

抗性分级	花卉名称
强	桂花、丁香、夹竹桃、白兰花、杜鹃、海桐、鱼尾葵、山茶、苏铁、紫薇、千日红、一串红、蕉藕、紫茉莉、金盏菊、翠菊、鸡冠花、唐菖蒲、朱蕉、牵牛花、银边翠、万年青
中	三角梅、八仙花、金鱼草、夜来香、米兰、醉蝶花、一品红、凤仙花、晚香玉、矢车菊、长春花、荷兰菊、万寿菊、波斯菊、百日草
弱	一叶兰、倒挂金钟、茉莉、天竺葵、四季海棠、月见草、芍药、瓜叶菊、报春花、天竺葵、福禄考、蔷薇

（4）臭氧　臭氧是强氧化剂，当大气中的臭氧达到0.1 mg/kg，延续2～3 h，花卉就会出现受害症状。臭氧主要危害花卉植物栅栏组织细胞壁和表皮细胞，伤害症状一般出现在成熟叶片的上表面，在叶表面形成红棕色或白色斑点，叶变薄，或叶片褪绿，有黄斑，最终叶片卷曲甚至枯死。一般嫩叶不易出现症状。不同种类的花卉对臭氧的抗性也有所不同，见表2.5。

表2.5　花卉对氯气的抗性分级

抗性分级	花卉名称
强	圆柏、紫穗槐、五角枫
中	金银木、苹果、唐槭
弱	丁香、牡丹、菊花、矮牵牛、三色堇、万寿菊、藿香蓟、香石竹、紫菀、秋海棠

（5）氨气 在保护地栽培花卉时,大量施用肥料就会产生氨气,氨气含量过高会对花卉产生伤害。当空气中的氨气达到 0.1% ~ 0.5% 时就会发生叶缘灼伤的现象,严重时叶片呈煮绿色,干燥后保持绿色或转为棕色;含量达到 4% 时,24 h 即中毒死亡。施用尿素后也可产生氨气,最好施用后盖土或浇水,以免发生氨害。

此外,还有其他有害气体,如乙烯、乙炔、丙烯、硫化氢、一氧化碳、氯化氢等,即使空气中含量极为稀薄,也可使花卉植物受害。因此,在一些工厂附近,应选择抗性强的花卉进行种植。

复习思考题

1. 影响花卉生长发育的环境因子有哪些?
2. 根据不同花卉对温度的要求可将花卉分为哪几种类型? 分别举例。
3. 依据花卉对水分要求的不同可将花卉分为哪几种类型? 举例说明。
4. 依据花卉光照强度的要求不同可将花卉分为几种类型? 举例说明。
5. 如果你在火力发电厂厂区或附近进行园林绿化工程,在花卉应用方面需注意哪些问题?

3 花卉生产设施

温室大棚

[本章导读]

　　花卉生产设施主要有温室、大棚、荫棚、风障、温床、冷床、冷窖等,其中以温室最为重要。另外,还包括其他一些栽培设施,如机械化、自动化设备,各种机具和用具等。人们把以上栽培设施创造的栽培环境称为保护地,在保护地中进行的花卉栽培称为保护地栽培。通过本章的学习应掌握花卉主要生产设施的建造及使用。

3.1　温室与大棚

　　温室是以具有透光能力的材料作为全部或部分维护结构材料建成的一种特殊建筑,能够提供适宜植物生长发育的环境条件。温室是花卉栽培中最重要的栽培设施,对环境因子的调控能力较强。随着科技的发展温室朝着智能化的方向发展。温室大型化、温室现代化、花卉生产工厂化已成为当今国际花卉栽培生产的主流。

3.1.1　温室的种类及特点

1)依应用目的划分

　　(1)观赏温室　这种温室专供陈列观赏花卉之用,一般建于公园及植物园内。温室外观要求高大、美观。

　　(2)栽培温室　这种温室以花卉生产栽培为主。建筑形式以符合栽培需要和经济适用为原则,一般不注重外形美观与否。

　　(3)繁殖温室　这种温室专供大规模繁殖之用。温室建筑多采用半地下式,以便维持较高的温度和湿度。

　　(4)人工气候温室　这种温室可根据需要自动调控各项环境指标。现在的大型自动化温室在一定意义上已经是人工气候温室。

2) 依建筑形式划分

(1) 单屋面温室　温室屋顶只有一个向南倾斜的玻璃屋面,其北面为墙体。

(2) 双屋面温室　温室屋顶有两个相等的屋面,通常南北延长,屋面分向东西两方,偶尔也有东西延长的。

(3) 不等屋面温室　温室屋顶具有两个宽度不等的屋面,向南一面较宽,向北一面较窄,二者的比例为 4:3 或 3:2。

(4) 拱顶温室　温室屋顶呈均匀的弧形,通常为连栋温室。

由上述若干个双屋面或不等屋面温室,借助纵向侧柱或柱网连接起来,相互通连,可以连续搭接,形成室内串通的大型温室,称为连栋温室,又称为现代化温室。每栋温室可达数千至上万平方米,框架采用镀锌钢材,屋面用铝合金作桁条,覆盖物可采用玻璃、玻璃钢、塑料板或塑料薄膜。冬季通过暖气或热风炉加温,夏季采用通风与遮阳相结合的方法降温。连栋温室的加温、通风、遮阳和降温等工作可全部或部分由电脑控制。

这种温室层架结构简单,加温容易,湿度便于维持,便于机械化作业,利于温室内环境的自动化控制,适合于花卉的工厂化生产,特别是鲜切花生产以及名优特盆花的栽培养护。但此种温室造价高,能源消耗大,生产出的商品花卉成本高。

3) 依温室相对于地面的位置划分

(1) 地上式温室　这种温室室内与室外的地面在同一个水平面上。

(2) 半地下式温室　这种温室四周短墙深入地下,仅侧窗留于地面之上。这类温室保温好,室内又可维持较高的湿度。

(3) 地下式温室　这种温室仅屋顶凸出于地面,只由屋面采光。此类温室保温、保湿性能好,但采光不足,空气不流通,适于在北方严寒地区栽培湿度要求大及耐阴的花卉。

4) 依是否有人工热源划分

(1) 不加温温室　这种温室也称为日光温室,只利用太阳辐射来维持温室温度,一般为单屋面温室,东西走向,采光好,能充分利用太阳的辐射能,防寒保温性能好。在东北地区冬季可辅助以加温设施,但较其他类型的温室节省燃料;在华北地区一般夜间最低可保持 5 ℃ 以上,一般不需要人工加温,遇到特殊天气,气温过低时,可采用热风炉短时间内补充热量。

(2) 加温温室　这种温室除利用太阳辐射外,还用烟道、暖气、热风炉等人为加温的方法来提高温室温度。

5) 依建筑材料划分

(1) 土温室　这种温室墙壁用泥土筑成,屋顶上面主要材料也为泥土,其他各部分结构均为木材,采光面常用玻璃窗和塑料薄膜。

(2) 木结构温室　这种温室屋架及门窗框等都为木制。木结构温室造价低,但使用几年后温室密闭度常降低。使用年限一般为 15～20 年。

(3) 钢结构温室　这种温室柱、屋架、门窗框等结构均为钢材制成,可建成大型温室。钢材坚固耐久,强度大,用料较细,支撑结构少,遮光面积较小,能充分利用日光。但造价较高,容易生锈,由于热胀冷缩常使玻璃面破碎,一般可用 20～25 年。

(4) 钢木混合结构温室　这种温室除中柱、桁条及屋架用钢材外其他部分都为木制。由于温室主要结构应用钢材,可建较大的温室,使用年限也较久。

（5）铝合金结构温室　这种温室结构轻、强度大，门窗及温室的结合部分密闭度高，能建大型温室。使用年限长，可用 25～30 年，但造价高，是目前大型现代化温室的主要结构类型之一。

（6）钢铝混合结构温室　这种温室柱、屋架等采用钢制异形管材结构，门窗框等与外部接触部分是铝合金构件，具有钢结构和铝合金结构二者的长处，造价比铝合金结构的低，是大型现代化温室较理想的结构。

6）依温室覆盖材料划分

（1）玻璃温室　这种温室以玻璃为覆盖材料。为了防雹有用钢化玻璃的。玻璃透光度大，使用年限久。

（2）塑料薄膜温室　这种温室以各种塑料薄膜为覆盖材料，用于日光温室及其他简易结构的温室，造价低，也便于用作临时性温室。也可用于制作连栋式大型温室。形式多为半圆形或拱形，也有尖顶形的，单层或双层充气膜，后者的保温性能更好，但透光性能较差。常用的塑料薄膜有聚乙烯膜（PE）、多层编织聚乙烯膜、聚氯乙烯膜（PVC）等。

（3）硬质塑料板温室　这种温室多为大型连栋温室。常用的硬质塑料板材主要有丙烯酸塑料板（Acrylic）、聚碳酸酯板（PC）、聚酯纤维玻璃（玻璃钢，FRP）、聚乙烯波浪板（PVC）。聚碳酸酯板是当前温室建造应用最广泛的覆盖材料。

3.1.2　温室的作用

（1）引种栽培花卉　温带以北地区引种热带、亚热带花卉，都需要在温室中栽培，特别是在冬季创造出一个温暖、湿润的环境，使花卉正常生长或安全越冬，引种才能成功。

（2）切花生产的需要　随着社会物质文化生活的不断改善和提高，对鲜花的需要量也在不断增多并要求周年都有鲜花供应。为此，可以在温室创造一个适宜的环境，使花卉周年生长、开花，从而充分供应切花，满足市场的需要。当前，世界四大切花月季、菊花、香石竹、唐菖蒲，已经实现周年生产和供应的良好局面。

（3）促成栽培和抑制栽培　随着国际、国内交往的增多，各种节假日、花展等活动日益增多，随时随地都需要一定量的鲜花供应。所以，必须运用各种栽培技术措施，使花卉早于或晚于自然花期而根据需要适时开放。运用这些促成或抑制栽培技术措施，都需要在温室或其他特殊设备中进行。如在"五一"、"十一"、元旦等举办"百花齐放"的展览，将花卉通过控制环境条件的手段，达到催百花于片刻、聚四季于一时的目的，诸多花卉届时盛开，在展览时争红吐妍。

3.1.3　温室的设计与建造

1）温室设计的基本要求

（1）符合当地的气候条件　不同地区的气候条件差异很大，温室的性能只有符合使用的气候条件，才能充分发挥其作用。例如在我国南方地区夏季潮湿闷热，若温室设计成无侧窗，用水帘加风机降温，则白天温度会很高，难以保持适宜的温度，花卉生长不良。再如昆明地区，正常年份四季如春,只要简单的冷室设备即可进行花卉生产,若设计成具备完善加温设施的温室,则不经济适用。因此要根据当地的气候条件,设计建造温室。

(2)满足栽培花卉的生态要求　温室设计是否科学适用,主要看它能否最大限度地满足栽培花卉的生态要求。即要求温室内的主要环境因子,如温度、湿度、光照、水分、空气等,都要适合栽培花卉的生态要求。不同花卉的生态习性不同,如仙人掌及其他多浆植物,多原产沙漠地区,喜强光、耐干旱;而蕨类植物,多生于阴湿环境,要求空气湿度大有适度庇荫的环境。同时,花卉在不同生长发育阶段,对环境条件也有不同的要求。因此,设计温室,除了解温室设置地区的气候条件外,还应熟悉花卉的生长发育对环境的要求,以便充分运用建筑工程学原理和技术,设计出既科学合理又经济实用的温室。

(3)地点选择　温室通常是一次建造,多年使用。因此,必须选择比较适宜的场所。

①向阳避风,温室设置地点必须选择有充足的日光照射,不可有其他建筑物及树木遮光,以免室内光照不足。在温室或温室群的北面和西北面,最好有山或高大的建筑物及防风林,以防寒风侵袭,形成温暖小气候环境。

②地势高燥,土壤排水良好,无污染的地方。

③水源便利,水质优良,供电正常,交通方便之处,以便于管理和运输。

(4)场地规划　在进行大规模花卉生产的情况下,对温室的排列和荫棚、温床、冷床等附属设备的设置及道路,应有全面合理的规划布局。温室的排列,首先要考虑不可相互遮光,在此前提下,温室间距越近越有利。不仅可节省建筑投资,节省用地面积,降低能源消耗,而且还便于管理,提高温室防风、保温能力。温室的合理间距取决于温室设置地的纬度和温室高度,当温室为东西向延长时,南北两排温室的距离,通常为温室高度的 2 倍;当温室为南北向延长时,东西两排温室间的距离应为温室高度的 2/3;当温室的高度不等时,高的应设置在北面,矮的设置在南面。工作室及锅炉房设置在温室北面或东西两侧。若要求温室内部设施完善,可采用连栋式温室,内部可分成独立单元,分别栽培不同的花卉。

(5)温室屋面倾斜度和温室朝向　太阳辐射是温室的基本热量来源之一,能否充分利用太阳辐射热,是衡量温室保温性能的重要标志。太阳辐射主要通过南向倾斜的温室屋面获得。温室吸收太阳辐射能量的多少,取决于太阳的高度角和南向玻璃屋面的倾斜角度。太阳高度角一年之中是不断变化的,而温室的利用多以冬季为主,所以在北半球,通常以冬至中午太阳的高度角为确定南向玻璃屋面倾斜角度的依据。温室南向玻璃屋面的倾斜角度不同,太阳辐射强度有显著的差异,以太阳光投向玻璃屋面的投射角为 90° 时最大。在北京地区,为了既要便于在建筑结构上易于处理,又要尽可能多地吸收太阳辐射,透射到南向玻璃屋面的太阳光线投射角应不小于 60°,南向玻璃屋面的倾斜角应不小于 33.4°。其他纬度地区可依据此适当安排。

至于南北向延长的双屋面温室,屋面倾斜角度的大小在中午前后与太阳辐射强度关系不大,因为不论玻璃屋面的倾斜角度大小,都和太阳光线投射于水平面时相同。这正是东西向屋面温室白天温度比南北向屋面温室相对偏低的缘故。但为了上午和下午能更多地接受太阳的辐射能量,屋面倾斜角度不宜小于 30°。

温室内的连接结构影响温室内的光照条件,这些结构的投影大小取决于太阳高度角和季节变化。对于单栋温室,在北纬 40° 以南的地区,东西向屋脊的温室比南北向屋脊温室能够更有效地吸收冬季低高度角的太阳辐射,而南北向屋脊的温室的连接结构遮挡了较多的太阳辐射。在北纬 40° 以南的地区,由于太阳高度角较高,温室(屋脊)多南北延长。连栋型温室不论在什么纬度地区,均以南北延长者对太阳辐射的利用效率高。

2)温室的建造

(1)建筑材料　日光温室的建筑材料有筑墙材料、前屋面骨架材料和后屋面建筑材料。连栋式温室大多由工厂化配套生产,组装构成,施工简单。生产栽培温室一般讲求实用,不图美观,就地取材,尽量降低造价,以最少的投资,取得最大效益。

山墙后墙最好用红砖或空心砖筑墙。选择建筑材料,除了考虑墙体的强度及耐久性外,更重要的是保温性能。后屋面大多为木结构,也有用钢筋混凝土预制柱和背檩,后屋面盖预制板。前者保温性能好,后者坚固耐久。

前屋面骨架大多用钢筋或钢圆管构成骨架。近年来开发的抗碱玻璃纤维配低碱早强水泥复合制品(GRC),它的特点是容重较轻、强度高、抗腐蚀、经久耐用。用它制作的拱架,前后屋面可连成一体,直接架在墙上,下面无需再设支柱。GRC骨架截面积较大,遮光较严重,但对冬季盆花生长影响不大。

(2)覆盖材料　温室屋面常用塑料或玻璃覆盖。现大多采用塑料薄膜或塑料板材覆盖。

①聚乙烯(PE)普通薄膜　该类薄膜透光性好,无增塑剂污染,吸尘轻,透光率下降缓慢,耐低温性强,低温脆化温度为 −70 ℃,密度小;透光率较强,红外线透过率高达87%以上;其导热率较高,夜间保温性较差;透湿性差,易附着水滴;不耐日晒,高温软化温度为 50 ℃;延伸率达400%;弹性差,不耐老化,一般只能连续使用 4～6 个月。这种薄膜只适用于春季花卉提早栽培,日光温室不宜选用。

②聚氯乙烯(PVC)普通薄膜　这种薄膜新膜透光性好,但随时间的推移,增塑剂渗出,吸尘严重,且不易清洗,透光率锐减;红外线透过率比 PE 膜低10%,夜间保温性好;高温软化温度为100 ℃,耐高温日晒;弹性好,延伸率小(180%);耐老化,可连续使用 1 年左右,易粘补;透湿率比 PE 膜好,雾滴较轻;耐低温性差,低温脆化温度为 −50 ℃,硬化温度为 −30 ℃;密度大。这种薄膜适于长期覆盖栽培。

③聚乙烯(PE)长寿薄膜　该薄膜又称 PE 防老化薄膜。在生产原料中按一定比例加入紫外线吸收剂、抗氧化剂等防老化剂,以克服普通薄膜不耐高温日晒、不耐老化的缺点,延长使用寿命,可连续使用 2 年以上。其他特点与 PE 普通薄膜相同,可用于北方寒冷地区长期覆盖栽培,但应注意清扫膜面灰尘,以保持较好的透光性。

④聚氯乙烯(PVC)无滴膜　在 PVC 普通膜原料配方基础上,按一定比例加入表面活性剂(防雾剂),使薄膜的表面张力与水相同或接近,使薄膜下表面的凝聚水在膜面形成一层水膜,沿膜面流入低凹处不滞留在膜的表面形成露珠。由于薄膜下表面不结露,可降低温室内的空气湿度,减轻由水滴侵染的花卉病害。水滴和雾气的减少,还避免了对阳光的漫射和吸热蒸发的耗能。所以温室内光照增强,晴天升温快,对花卉的生长发育有利,最适于花卉的越冬栽培和鲜切花的周年生产。

⑤塑料板材　一般有聚乙烯塑料板和丙烯树脂板等类型,厚度 2～3 mm,有平板和波形板之分。丙烯树脂板具有优良的透光性,透光率高达92%,紫外线透过率高于普通玻璃,红外线透过率也很高,但大于 3 μm 以上的长波红外线几乎不能通过,因此保温性好。但耐冲击性和耐热性较差,使用寿命 5 年。除普通丙烯树脂板外,还有丙烯硬质塑料板、玻璃纤维增强树脂板等,它们都具有轻质、透光性好的特点,使用年限均在 7 年以上。

利用塑料板材作温室覆盖材料最大的优点是一次建造,多年使用,省工,寿命长,其透光、保温等性能亦优于塑料薄膜,抗风、雪、雹能力强,但其价格高,目前尚不能被普遍接受。

（3）保温材料　温室的保温材料一般是指不透光覆盖物。常用的保温材料有草苫、纸被、棉被等。

草苫多用稻草、蒲草或谷草编制而成。稻草苫应用最普遍,一般宽 1.5～2 m,厚度 5 cm,长度应超过前屋面 1 m 以上,用 5～8 道径打成。草苫材料来源方便,价格低廉,但保温性一般,寿命短,雨天易吸水变潮降低保温性能,并增大重量,增加卷放难度。

纸被是用 4 层牛皮纸缝制成与草苫大小相仿的一种保温覆盖材料。由于纸被有几个空气夹层而且牛皮纸本身导热率低,热传导慢,可明显滞缓室内温度下降,一般能保温 4～6.8 ℃,严寒季节纸被可弥补草苫保温能力的不足。

棉被是用棉布(或包装用布)和棉絮或防寒毡缝制而成,保温性能好,其保温能力在高寒地区约为 10 ℃,高于草苫、纸被的保温能力,但造价高,一次性投资大。

3.1.4　温室内的设施

1)花架

花架是放置盆花的台架,有平台和级台两种形式。平台常设于单屋面温室南侧或双屋面温室的两侧,在大型温室中也可设于温室中部。平台一般高 80 cm,宽 80～100 cm,若设于温室中部宽可扩大到 1.5～2 m。在单屋面温室常靠北墙,台面向南;在双屋面温室,常设于温室正中。级台可充分利用温室空间,通风良好,光照充足而均匀,适用于观赏温室,但管理不便,不适于大规模生产。

花架结构有木制、铁架木板及混凝土 3 种。前两种均由厚 3 cm,宽 6～15 cm 的木板铺成,两板间留 2～3 cm 的空隙以利于排水,其床面高度通常低于短墙,约为 20 cm。现代温室大多采用镀锌钢管制成活动的花架,可大大提高温室的有效面积,节省室内道路所占的空间,减轻劳动强度,但投资较大。花架间的道路一般宽 70～80 cm,观赏温室可略宽些。

2)栽培床

栽培床是温室内栽培花卉的设施。与温室地面相平的称为地床,高出地面的称为高床。高床四周由砖和混凝土筑成,其中填入培养土(或基质)。栽培床易于保持湿润,土壤不易干燥;土层深厚,花卉生长良好,更适于深根性及多年生花卉生长;设置简单,用材经济,投资少;管理简便。节省人力,但通风不良,日照差,难以严格控制土壤温度。

3)繁殖床

除繁殖温室外,在一些小规模生产栽培或教学科研栽培中,也常设置繁殖床。有的直接设置在加温管道上,有的采用电热线加温。以南向采光为主的温室,繁殖床多设于北墙,大小视需要而定,一般宽约 1 m,深 40～50 cm,其中填入基质即可。

4)给水排水设备

水分是花卉生长的必需条件,花卉灌溉用水的温度应与室温相近。在一般的栽培温室中,大多设置水池或水箱,事先将水注入池中,以提高温度,并可以增加温室内的空气湿度。水池大小视生产需要而定,可设于温室中间或两端。现代化温室多采用滴灌或喷灌,在计算机的控制下,定时定量地供应花卉生长发育所需要的水分,并保持室内的空气湿润度,尤其适用于对空气湿度要求大的蕨类、热带兰等专类温室,这样可增加温室利用面积,提高温室自动化程度,但需较高的智力和财力投入。温室的排水系统,除天沟落水槽外,可设立柱为排水管,室内设暗沟、暗井,以充分利用温室面积,并降低室内温度,减少病害的发生。

5)通风及降温设备

温室为了蓄热保温,均有良好的密闭条件,但密闭的同时造成高温、低二氧化碳浓度及有害气体的积累。因此,良好的温室应具有通风降温设备。

(1)自然通风　自然通风是利用温室内的门窗进行空气自然流通的一种通风形式。在温室设计时,一般能开启的门窗面积不应低于覆盖面积的 25%～30%。自然通风可手工操作和机械自动控制,一般适于春秋降温排湿之用。

(2)强制通风　它是用空气循环设备强制把温室内的空气排到室外的一种通风方式。大多应用于现代化温室内,由计算机自动控制。强制通风设备的配置,要根据室内的换气量和换气次数来确定。

(3)降温设备　降温设备一般用于现代化温室,除采用通风降温外,还装置喷雾、制冷设备进行降温。喷雾设备通常安装在温室上部,通过雾滴蒸发吸热降温。喷雾设备只适用于耐高空气湿度的花卉。制冷设备投资较高,一般用于人工气候室。

6)补光、遮光设备

温室大多以自然光作为主要光源。为使不同生态环境的奇花异草集于一地,如长日性花卉在短日照条件下生长,就需要在温室内设置灯源补光,以增强光照强度和延长光照时数;若短日性花卉在长日照条件下生长,则需要遮光设备,以缩短光照时数。遮光设备需要黑布、遮光墨、暗房和自动控光装置,暗房内最好设有便于移动的盆架。

7)加温设备

温室加温的主要方法有烟道、暖气、热风和电热等。

(1)热水加温　用锅炉加温使水达到一定的温度,然后经输水管道输入温室内的散热管,散发出热量,从而提高温室内的温度。热水加温一般将水加热至 80 ℃左右即可。

(2)热风加温　热风加温又称暖风加温,是用风机将燃料加热产生的热空气输入温室,达到升温的一种方式。热风加温的设备通常有燃油热风机和燃气热风机。

(3)烟道加温　此方法构置简单易行,投资较小,燃料消耗少。但供热力小,室内温度不宜调节均匀,空气较干燥,花卉生长不良,多用于较小的温室。

3.1.5　大棚的作用

塑料大棚是指用塑料薄膜覆盖的没有加温设备的棚状建筑,是花卉栽培及养护的主要设施。

塑料大棚内的温度源于太阳辐射能。白天,太阳能提高了棚内温度;夜晚,土壤将白天贮存的热能释放出来,由于塑料薄膜覆盖,散热较慢,从而保持了大棚内的温度。但塑料薄膜夜间长波辐射量大,热量散失较多,常致使棚内温度过低。塑料大棚的保温性与其面积密切相关。面积越小,夜间越易于变冷,日温差越大;面积越大,温度变化缓慢,日温差越小,保温效果越好。

3.1.6　大棚的建造

大棚建造的形式有多种,其中单栋大棚的形式有拱圆形和屋脊形两种。大棚一般南北延长,高度为 2.2~2.6 m,宽度(跨度)为 10~15 m,长度为 45~60 m,占地面积为 600 m² 左右,便于生产和管理。连栋大棚多由屋脊形大棚相连接而成,覆盖的面积大,土地利用充分,棚内温度高,温度稳定,缓冲力强,但因通风不好,往往造成棚内高温、高湿,易发生病害,因此连栋的数目不宜过多,跨度不宜太大。

为了加强防寒保温效果,提高大棚内夜间的温度,减少夜间的热辐射而采用多层薄膜覆盖。多层覆盖是在大棚内再覆盖一层或几层薄膜,进行内防寒,俗称二层幕。白天将二层幕拉开受光,夜间再覆盖严格保温。二层幕与大棚薄膜之间隔,一般为 30~50 cm。除二层幕外,大棚内还可覆盖小拱棚及地膜等,多层覆盖使用的薄膜为 0.1 mm 厚度的聚乙烯薄膜。

3.2　其他设施

3.2.1　温床和冷床

1)温床

温床除利用太阳辐射外,还需人为加热以维持较高温度,供花卉促成栽培或越冬之用,是北方地区常用的保护地类型之一。温床保温性能明显高于冷床,是不耐寒植物越冬、一年生花卉提早播种、花卉促成栽培的简易设施。温床建造宜选在背风向阳、排水良好的场地。

温床由床框、床孔及玻璃窗 3 部分组成。

(1)床框　宽 1.3~1.5 m,长约 4 m,前框高 20~25 cm,后框高 30~50 cm。

(2)床孔　床孔是床框下面挖出的空间,床孔大小与床框一致,其深度依床内所需温度及酿热物填充量而定。为使床内温度均匀,通常中部较浅,填入酿热物少;周围较深,填入酿热物较多。

(3)玻璃窗　玻璃窗用以覆盖床面,一般宽约 1 m,窗框宽 5 cm,厚 4 cm;窗框中部设橡木1~2条,宽 2 cm,厚 4 cm。上嵌玻璃,上下玻璃重叠约 1 cm,呈覆瓦状。为了便于调节,常用撑窗板调节开窗的大小。撑窗板长约 50 cm,宽约 10 cm。床框及窗框通常涂以油漆或桐油防腐。

温床加温可分为发酵热和电热两类。发酵床由于设置复杂,温度不易控制,现已很少采用。电热温床选用外包耐高温的绝缘塑料、耗电少、电阻适中的加热线作为热源,发热 50~60 ℃。在铺设线路前先垫以 10~15 cm 的煤渣等,再盖以 5 cm 厚的河沙,加热线以 15 cm 间隔平行铺设,最后覆土。温度可由控温仪来控制。电热温床具有可调温、发热快、可长时间加热,并且可以随时应用的等特点,因而采用较多。目前,电热温床常用于温室或塑料大棚中。

2)冷床

冷床是不需要人工加热而利用太阳辐射维持一定温度,使植物安全越冬或提早栽培繁殖的栽植床。它是介于温床和露地栽培之间的一种保护地类型,又称"阳畦"。冷床广泛用于冬春季节日光资源丰富而且多风的地区,主要用于二年生花卉的保护越冬及一、二年生草花的提前播种,耐寒花卉的促成栽培及温室种苗移栽露地前的炼苗期栽培。

冷床分为抢阳阳畦和改良阳畦两种类型。

(1)抢阳阳畦　它由风障、畦框及覆盖物3部分组成。风障的篱笆与地面夹角约70℃,向南倾斜,土背底宽50 cm、顶宽20 cm、高40 cm。畦框经过叠垒、夯实、铲削等工序,一般北框高35~50 cm,底宽30~40 cm,顶宽25 cm,形成南低北高的结构。畦宽一般为1.6 m,长5~6 m。覆盖物常用玻璃、塑料薄膜、蒲席等。白天接受日光照射,提高畦内温度;傍晚,透光覆盖材料上再加不透明的覆盖物,如蒲席、草苫等保温。

(2)改良阳畦　它由风障、土墙、棚架、棚顶及覆盖物组成。风障一般直立;墙高约1 m,厚50 cm;棚架由木质或钢质柱、柁构成,前柱长1.7 m,柁长1.7 m;棚顶由棚架和泥顶两部分组成,在棚架上铺芦苇、玉米秸等,上覆10 cm左右厚土,最后以草泥封裹。覆盖物以玻璃、塑料薄膜为主。建成后的改良阳畦前檐高1.5 m,前柱距土墙和南窗各为1.33 m,玻璃倾角45°,后墙高93 cm,跨度2.7 m。用塑料薄膜覆盖的改良畦不再设棚顶。

抢阳阳畦和改良阳畦均有降低风速、充分接受太阳辐射、减少蒸腾、降低热量损耗、提高畦内温度等作用。冬季晴天,抢阳阳畦内的旬平均温度要比露地高13~15.5℃,夜间最低温度为2~3℃;而改良阳畦较抢阳阳畦又高4~7℃,增温效果相当显著,而且日常可以进入畦内管理,应用时间较长,应用范围也比较广。但在春天气温上升时,为防止高温窝风,应在北墙开窗通风。阳畦内温度在晴天条件下可保持较高,但在阴天、雪天等没有热源的情况下,阳畦内的温度会很低。

3.2.2　荫棚

荫棚指用于遮阳栽培的设施,荫棚常用于夏季花卉栽培的遮阳降温。荫棚形式多样,可分为永久性和临时性两类。永久性荫棚多设于温室近旁,用于温室花卉的夏季遮阳;临时性荫棚多用于露地繁殖床和切花栽培。

永久性荫棚多设于温室近旁不积水又通风良好之处。一般高2~3 m,用钢管或水泥柱构成,棚架多采用遮阳网,遮光率视栽培花卉种类的需要而定。为避免晚上、下午阳光从东或西面透入,在荫棚东西两端设倾斜的遮阳帘,遮阳帘下缘要距地表50 cm以上,以利于通风。荫棚宽度一般为6~7 m,过窄遮阳效果不佳。盆花应置于花架或倒扣的花盆上,若放置于地面上,应铺以陶粒、炉渣或粗沙,以利排水,下雨时可免除污水溅污枝叶及花盆。

临时性荫棚较低矮,一般高度为50~100 cm,上覆遮阳网,可覆2~3层。也可根据生产需要,逐渐减至1层,直至全部除去,以增加光照,促进植物生长发育。

3.2.3　风障

风障指露地保护栽培防风屏障。风障是我国北方地区常用的简易保护设施之一,可用于耐寒的二年生花卉越冬,或一年生花卉露地栽种。也可对新栽植的园林植物设置风障,借以提高移栽成活率。

风障可降低风速,使风障前近地层气流比较稳定,一般能使风速降低 4 m/s,风速越大防风效果越明显。风障能充分利用太阳辐射能,增加风障前附近的地表温度和气温,并能比较容易保持风障前的温度。一般风障南面夜间温度比开阔地高 2~3 ℃,白天高 5~6 ℃,以有风晴天增温效果最显著,无风晴天次之,阴天不显著,距风障愈近,温度越高。风障还有减少水分蒸发和降低相对湿度的作用,从而相对改善植物的生长环境。

风障主要由基埝、篱笆、披风 3 部分组成。篱笆是风障的主要部分,一般高 2.5~3.5 m,通常用芦苇、高粱秆、玉米秸、细竹等材料,以芦苇最好。具体的设置方法是在地面东西向挖约 30 cm 的长沟,栽入篱笆,向南倾斜,与地面成 70°~80°,填土压实,在距地面 1.8 m 左右处扎一横杆,形成篱笆。基埝是风障北侧基部培起来的土埝,通常高约 20 cm,用于固定篱笆,又能增强保温效果。披风是附在篱笆北面的柴草层,用来增强防风、保温功能。披风材料常以稻草、玉米秸为宜,其基部与篱笆基部一并埋入土中,中部用横杆缚于篱笆上,高度 1.3~1.7 m。两风障间的距离以其高度的 2 倍为宜。

3.2.4 地窖

地窖又称冷窖,是不需人为加温的用来贮藏植物营养器官或植物防寒越冬的地下设施。冷窖具有保温性能较好、建造简便易行的特点。建造时,从地面挖掘至一定深度、大小,而后做顶,即形成完整的冷窖。冷窖通常用于北方地区贮藏不能露地越冬的宿根、球根、水生花卉及一些冬季落叶的半耐寒花木,如石榴、无花果、蜡梅等。也可用来贮藏球根,如大丽花块根、风信子鳞茎等。

冷窖依其与地表面的相对位置,可分为地下式和半地下式两类:地下式的窖顶与地表持平,半地下式窖顶高出地表面。地下式地窖保温良好,但在地下水位较高及过湿地区不宜采用。

不同的植物材料对冷窖的深度要求不同。一般用于贮藏花木植株的冷窖较浅,深度 1 m 左右;用于贮藏营养器官的较深,达 2~3 m。窖顶结构有人字式、单坡式和平顶式三类。人字式出入方便;单坡式保温性能较好。窖顶建好后,上铺以保温材料,如高粱秆、玉米秸、稻草等 10~15 cm,其上再覆土 30 cm 厚封盖。

冷窖在使用过程中,要注意开口通风。有出入口的活窖可打开出入口通气,无出入口的死窖应注意逐渐封口,天气转暖时要及时打开通气口。气温越高,通气次数应越多。另外,植物出入窖时,要锻炼几天再进行封顶或出窖,以免造成伤害。

3.3 灌溉、栽培容器与器具

3.3.1 灌溉设施

(1)自动喷灌系统 自动喷灌系统分移动式和固定式。这种喷灌系统可采用自动控制,无人化喷洒系统使操作人员远离现场,不致受到药物的伤害。同时在喷洒量、喷洒时间、喷洒途径均可由计算机来加以控制的情况下,大大提高其效率。缺点是容易造成室内湿度过大。

(2)滴灌系统 该系统通过在地面铺设滴灌管道,实现对土壤的灌溉。优点较多,省水、节能、省力,可实现自动控制。缺点是对水质要求较高,易堵塞,长期采用易造成土壤表层盐分积累。

(3)渗灌系统 该系统通过在地下40~60 cm埋设渗灌系统,实现灌溉。优点是更加节水、节能、省力,可实现自动控制,可非常有效地降低温室内湿度,而且不易造成盐分积累。缺点是对水质要求高,成本较高。

3.3.2 花盆与花钵

1)花盆

花盆是重要的花卉栽培容器,其种类很多,现就其中主要类别介绍如下:

(1)素烧盆 素烧盆又称瓦盆,黏土烧制,有红盆和灰盆两种。虽质地粗糙,但排水良好,空气流通,适于花卉生长;通常圆形,规格多样。价格低廉,但不利于长途运输,目前用量逐年减少。

(2)陶瓷盆 瓷盆为上釉盆,常有彩色绘画,外形美观,但通气性差不适宜植物栽培,只适合作套盆,供室内装饰之用。除圆形之外,也有方形、菱形、六角形等。

(3)木盆或木桶 需要用40 cm以上口径的盆时即采用木盆。木盆形状仍以圆形较多,但也有方形的。盆的两侧应设有把手,以便搬动。现在木盆正被塑料盆或玻璃钢盆所代替。

(4)水养盆 盆底无排水孔,盆面宽大而较浅,专用于水生花卉盆栽,其形状多为圆形。球根水养用盆多用陶瓷或瓷制的浅盆,如"水仙盆"。

(5)兰盆 兰盆专用于栽培气生兰及附生蕨类植物。盆壁有各种形状的气孔,以便流通空气。此外,也常用木条制成各种式样的兰筐代替兰盆。

(6)盆景用盆 其深浅不一,形式多样,常为陶盆或瓷盆。山水盆景用盆为特制的浅盆,以石盘为上品。

(7)塑料盆 此种盆质轻而坚固耐用,可制成各种形状,色彩也极为丰富,由于塑料盆的规格多、式样新、硬度大、美观大方、经久耐用及运输方便,目前已成为国内外大规模花卉生产及贸易流通中主要的容器,尤其在规模化盆花生产中应用更加广泛。虽然塑料盆透水,透气性较差,但只要注意培养土的物理性状,使之疏松透气,便可克服其缺点。

2)花钵

花钵多由玻璃钢材料制成,一般口径较大,可制成各种美观的形状,如高脚状、正六边形、圆形等,多摆放于公共场所。

3.3.3 育苗容器

花卉种苗生产中常用的育苗容器有穴盘、育苗盘、育苗钵等。

（1）穴盘　穴盘是用塑料制成的蜂窝状的有同样规格的小孔组成的育苗容器。盘的大小及每盘上的穴洞数目不等。一方面满足不同花卉种苗大小差异以及同一花卉种苗不断生长的要求；另一方面也与机械化操作相配套。一般规格128～800穴/盘。穴盘能保持花卉根系的完整性，节约生产时间，减少劳动力，提高生产的机械化程度，便于花卉种苗的大规模工厂化生产。

（2）育苗盘　育苗盘又称催芽盘，多由塑料铸成，也可以用木板自行制作。用育苗盘育苗有很多优点，如对水分、温度、光照容易调节，便于种苗贮藏、运输等。

（3）育苗钵　育苗钵是指培育小苗用的钵状容器，规格很多。按制作材料不同可划分为两类：一类是塑料育苗钵，由聚氯乙烯和聚乙烯制成，多为黑色，个别为其他颜色；另一类为有机质育苗钵，是以泥炭为主要原料制作的，还可用牛粪、锯末、黄泥土或草浆制作。这种容器质地疏松透气、透水，装满水后能在底部无孔情况下40～60 min内全部渗出。由于钵体会在土壤中迅速降解，不影响根系生长，移植时育苗钵可与种苗同时栽入土中，不会伤根，无缓苗期，成苗率高，生长快。

3.3.4　其他器具

（1）浇水壶　有喷壶和浇壶两种。喷壶用来为花卉枝叶淋水除去灰尘，增加空气湿度。喷嘴有粗、细之分，可根据植物种类及生长发育阶段、生活习性灵活取用。浇壶不带喷嘴，直接将水浇在盆内，一般用来浇肥水。

（2）喷雾器　防虫防病时喷洒农药用，或作温室小苗喷雾，以增加湿度，或作根外施肥，喷洒叶面等。

（3）修枝剪　用以整形修剪，以调整株形，或用作剪裁插穗、接穗、砧木等。

（4）嫁接刀　用于嫁接繁殖，有切接刀和芽接刀之分。切接刀选用硬质钢材，是一种有柄的单面快刃小刀；芽接刀薄，刀柄另一端带有一片树皮分离器。

（5）切花网　用于切花栽培防止花卉植株倒伏，通常用尼龙制成。

（6）遮阳网　又称寒冷纱，是高强度、耐老化的新型网状覆盖材料，具有遮光、降温、防雨、保湿、抗风及避虫防病等多种功能。生产中根据花卉种类选择不同规格的遮阳网，用于花卉覆盖栽培，借以调节、改善花卉的生长环境，实现优质花卉的生产目的。

（7）覆盖物　用于冬季防寒，如用草帘、无纺布制成的保温被等覆盖温室，与屋面之间形成防热层，有效地保持室内温度，亦可用来覆盖冷床、温床等。

（8）塑料薄膜　主要用来覆盖温室。塑料薄膜质轻、柔软、容易造型、价格低，适于大面积覆盖。其种类很多，生产中应根据不同的温室和花卉采用不同的薄膜。

此外，花卉栽培过程中还需要竹竿、棕丝、铅丝、铁丝、塑料绳等用于绑扎支柱，还有各种标牌、温度计与湿度计等材料。

复习思考题

1. 如何因地制宜设计温室、建造温室、利用温室？

2.利用所学知识,结合当地气候条件,设计一栋温室,配套设施齐全,并计算其成本。

3.常见花盆的种类有哪些?使用效果有何不同?

4.实地调查花卉生产场圃,观察并记录生产设施。各种设施使用情况如何?应做哪些改进?

4 花卉繁殖技术

[本章导读]

本章是花卉生产技术中的重点章节之一,主要介绍花卉各种繁殖技术的基本理论和方法技术。要求在掌握花卉繁殖理论知识的同时,重点应加强实践操作训练,从而熟练掌握花卉各种繁殖方法和技术。

花卉繁殖是花卉生产中的重要环节,是繁衍后代和保存种质资源的手段。由于花卉种类繁多,故繁殖方法和时期也各不相同。花卉生产中应用较多的繁殖方法有播种繁殖、扦插繁殖、分生繁殖、嫁接繁殖、压条繁殖及组织培养等。组织培养在《组织培养技术》一书中有详述,本章不再介绍。

4.1 播种繁殖

播种繁殖又称为种子繁殖,是花卉生产中最常用的繁殖方法之一。凡是能采收到种子的花卉均可进行播种繁殖,如一二年生草花、木本花卉以及能形成种子的盆栽花卉等。用种子繁殖生产的花卉苗称做实生苗或播种苗。

播种繁殖的特点是:繁殖量大,方法简便,便于迅速扩大生产量,满足市场需求;根系发达,适应性强,生长发育健壮,植株寿命长;种子便于携带、保存和流通;播种苗变异性大(许多品种为杂交种),常常不能保证品种原有的优良性状而产生劣变;一些木本花卉播种苗开花较迟。

4.1.1 种子的品质、采收及贮藏

1)种子的品质

优质种子是播种育苗成败的关键。可以通过以下几方面检验花卉种子的品质:

(1)品种纯正 花卉种子形状各异,通过种子的形状可以确认品种,如弯月形(金盏菊)、地

雷形(紫茉莉)、鼠粪形(一串红)、肾形(鸡冠花)、卵形(金鱼草)、椭圆形(四季秋海棠),等等。在种子采收、处理去杂、晾干、装袋贮存整个过程中,要标明品种、处理方法、采收日期、贮藏温度、贮藏地点等,以确保品种正确无误。

(2)发育充实,颗粒饱满　采收的种子要成熟,粒大而饱满,有光泽,种胚发育健全。种子大小按千粒重分级:大粒种子千粒重 10 g 左右,如牵牛花、紫茉莉、旱金莲等;中粒种子的千粒重约 3~5 g,如一串红、金盏菊、万寿菊等;小粒种子的千粒重 0.3~0.5 g,如鸡冠花、石竹、翠菊、金鸡菊等;微粒种子的千粒重约 0.1 g,如矮牵牛、虞美人、半枝莲、藿香蓟等。

(3)发芽率高,富有生活力　新采收的种子比陈旧的种子生活力强盛,发芽率高。贮藏条件适宜,种子的寿命长,生命力强。花卉种类不同,其种子寿命差别也较大。

(4)无病虫害　种子是传播病虫害的重要媒介。种子上常常带有各种病虫的孢子和虫卵,贮藏前要杀菌消毒,检验检疫,不能通过种子传播病虫害。

2)种子的采收与贮藏

(1)选择留种母株　要得到优质的花卉种子,一定要对留种的植株进行选优。留种母株必须选择生长健壮,能体现品种特性而无病虫害的植株。要在始花期开始选择,以后要精细栽培管理。大面积栽培,应选地势高燥、阳光充足的地方作留种地,并进行留种母株的专门培养,以保证种子粒大饱满。在种植时为了避免品种混杂,对一些近缘的异花授粉花卉要隔离种植。还要对母株进行严格的检查、鉴定,及时淘汰劣变、混杂的植株。同时还要注意一些优变植株,发现后立即标好标签,进行观察、记录,以便作为一个新品种收藏。

(2)采收　采收花卉的种子,一般应在其充分成熟后进行。采收时要考虑果实开裂方式、种子着生部位,以及种子发育顺序和成熟度。花卉种子很多都是陆续成熟,采收宜分批进行。对于翅果、荚果、角果、蒴果等易于开裂的花卉种类,为防止种子飞散,宜提早采收,或事先套上袋子,使种子成熟后落入袋内。采收的时间应在晴天的早晨进行,以减少种子落失。而对种子成熟后不易散落的花卉种类,可以一次性采收,当整个植株全部成熟后,连株拔起,晾干后脱粒。

(3)种子贮藏　种子采收后首先要进行整理。通常先晒干或阴干,脱粒后,放在通风阴凉处,使种子充分干燥,将含水量降到安全贮藏范围内。避免种子在阳光下曝晒,否则会使种子丧失发芽力。此后要去杂去壳,清除各种附着物。

种子处理好后即可贮藏。种子贮藏的原则是降低呼吸作用,减少养分消耗,保持活力,延长寿命。一般来说,干燥、密闭、低温的环境都可抑制呼吸作用,所以多数花卉种子适宜低温干藏。而有的花卉种子采收后需要进行砂藏,否则会降低发芽率,如牡丹、芍药、月季的种子等。有些花卉种子适宜贮藏于水中,如睡莲、王莲等。

种子是有生命的有机体,各种花卉种子都有一定的保存年限。在保存年限之内种子有生命力或生命力强盛,若超出了保存年限,种子生命力就会降低甚至失去生命力。花卉种子的保存年限见表4.1。

4.1.2　种子萌发的条件及种子处理

1)种子萌发的条件

(1)适宜的水分　种子萌发时,首先要吸足水分。种子吸水膨胀后,种皮破裂,细胞内酶的活性随之加强,呼吸作用也迅速增强,种子内贮藏的各种营养物质进行分解、转化,并被胚所吸收利用。随后胚根和胚芽突破种皮,形成幼苗。

表4.1　常见花卉种子的保存年限

花卉名称	保存时间/年	花卉名称	保存时间/年	花卉名称	保存时间/年
菊　花	3~5	凤仙花	5~8	百　合	1~3
蛇目菊	3~4	牵牛花	3	茑　萝	4~5
报春花	2~5	鸢尾	2	一串红	1~2
万寿菊	4~5	长春花	2~3	矢车菊	2~5
金莲花	2	鸡冠花	4~5	千日红	3~5
美女樱	2~3	波斯菊	3~4	大岩桐	2~3
三色堇	2~3	大丽花	5	麦秆菊	2~3
毛地黄	2~3	紫罗兰	4	薰衣草	2~3
花菱草	2~3	矮牵牛	3~5	耧斗菜	2
蕨类	3~4	福禄考	1	藏报春	2~3
天人菊	2~3	半枝莲	3~4	含羞草	2~3
天竺葵	3	百日草	2~3	勿忘我	2~3
彩叶草	5	藿香蓟	2~3	木槿草	3~4
仙客来	2~3	桂竹香	5	宿根羽扇豆	5
蜀葵	5	瓜叶菊	3~4	地肤	2
金鱼草	3~5	醉蝶花	2~3	五色梅	1~2
雏菊	2~3	石竹	3~5	观赏茄	4~5
翠菊	2	香石竹	4~5		
金盏菊	3~4	蒲包花	2~3		

(2)适宜的温度　花卉种子萌发需在适宜的温度条件下进行。各种花卉种子都有自己的发芽适温,一年生花卉种子,萌芽适温多数为20~25 ℃,适于春播;金鱼草和三色堇等二年生花卉种子,萌芽适温为15~20 ℃,适于秋播;萌芽适温较高的花卉如鸡冠花需25~30 ℃。

(3)充足的氧气　种子萌发需大量的能量,能量来源于呼吸作用。因此,种子萌发时呼吸强度会显著增加,这就需要有足够的氧气供应。所以,在播种、浸种和催芽过程中,要加强管理,调节氧气的供应,使种子顺利萌发。

(4)光照　多数花卉种子萌发不需要光照,但某些好光性种子,在发芽期间需要有一定的光照才能萌发,如报春花等。

2)种子处理

(1)浸种催芽　对于容易发芽的种子,播种前用30 ℃温水浸泡2~24 h,可直接播种,如一串红、翠菊、金莲花、紫荆、珍珠梅、锦带花等。

对于发芽迟缓的种子,播前需浸种催芽。用30~40 ℃的温水浸泡,待种子吸胀后捞出,用湿纱布包裹放入25 ℃的环境中催芽。催芽过程中需每天用清水冲洗1次,待种子露白后即可播种,如文竹、仙客来、君子兰、天门冬、冬珊瑚等。

(2)剥壳　对果壳坚硬不易发芽的种子,需剥去果壳后再播种,如黄花夹竹桃等。

(3)挫伤种皮　美人蕉、荷花等种子,种皮坚硬不易透水、透气,很难发芽。可在播种前在近脐处将种皮挫伤,再用温水浸泡,种子吸水膨胀,可促进发芽。

(4)药剂处理　用硫酸等药物浸泡种子,可软化种皮,改善种皮的通透性,再用清水洗净后播种。处理的时间视种皮质地而定,勿使药液透过种皮伤及胚芽。

(5)低温层积处理　对于要求低温和湿润条件下完成休眠的种子,如牡丹、鸢尾、蔷薇等,常用低温湿沙层积法来处理,第二年早春播种,发芽整齐迅速。

(6)拌种　对于小粒或微粒花卉种子,拌入"包衣剂",给种子包上一层外衣,主要起保持种子的水分和防治病虫害的作用,有利于种子发芽。

4.1.3　播种时期

(1)春播　露地一年生草花、宿根花卉、木本花卉适宜春播。南方地区约在 2 月下旬至 3 月上旬,华中地区约在 3 月中旬,北方地区约在 4 月或 5 月上旬。北京地区"五一"节花坛用花,可提前于 2—3 月在温室、温床或冷床中育苗。

(2)秋播　露地二年生草花和部分木本花卉适宜秋播。一般在 9—10 月间进行播种,冬季需在温床或冷床越冬。

(3)随采随播　有些花卉种子含水分多,生命力短,不耐贮藏,失水后易丧失发芽力,应随采随播,如君子兰、四季海棠等。

(4)周年播种　热带和亚热带花卉的种子及部分盆栽花卉的种子,常年处于恒温状态,种子随时成熟。如果温度合适,种子随时萌发,可周年播种,如中国兰花、热带兰花等。

4.1.4　播种方法

1)地播

(1)苗床整理　选择通风向阳、土壤肥沃、排水良好的圃地,施入基肥,整地作畦,浇足底水(同时采用杀菌剂作好苗土消毒),调节好苗床墒情,准备播种。

(2)播种方法　根据花卉种类、花卉种子的大小、花卉耐移栽程度以及园林应用等,可选择点播、条播或撒播等播种方式。

大粒种子一般采用点播。按一定的株行距,单粒点播或多粒点播,主要便于移栽,如紫茉莉、牡丹、芍药、紫荆、丁香、金莲花、君子兰等。

中粒种子一般采用条播,便于通风透光,如文竹、天门冬等。

小粒种子一般采用撒播。占地面积小,出苗量大,撒播均匀,但要及时间苗和蹲苗,如一串红、鸡冠花、翠菊、三色堇、石竹等。

微粒种子一般把种子混入少许细干土或细面沙后,再撒播到育苗床上,如矮牵牛、虞美人、半枝莲、藿香蓟等。

(3)播种深度及覆土　播种的深度也是覆土的厚度。一般覆土深度为种子直径的 2～3 倍,大粒种子可稍厚些,小粒种子宜薄,以不见种子为度,微粒种子也可不覆土,播后轻轻镇压即可。播种覆土后,稍压实,使种子与土壤紧密接触,便于吸收水分,有利于种子萌发。

(4)播种后的管理 播种后管理需注意以下几个问题：

①保持苗床的湿润，初期水分要充足，以保证种子充分吸水发芽的需要。发芽后适当减少水分，以土壤湿润为宜，不能使苗床有过干过湿现象。

②播种后，如果温度过高或光照过强，要适当遮阳，避免床面出现"封皮"现象，影响种子发芽出土。

③播种后期根据发芽情况，适当拆除遮阳物，逐步见阳光。

④当真叶出现后，根据苗的疏密程度及时"间苗"，去掉弱苗，留壮苗，充分见光"蹲苗"。

⑤间苗后需立即浇水，以免留苗因根部松动失水而死亡。

2）盆播

(1)苗盆准备 一般采用播种盘或盆口较大的浅盆，底部有排水孔，播种前洗刷消毒后待用。

(2)盆土准备 盆土要求疏松通气，排水保水性能好，腐殖质丰富，不含病虫卵和杂草的种子。一般用园土 5 份、草炭土或腐叶土 4 份、蛭石 1 份，混合均匀后过筛，消毒（用 5% 福尔马林或 5% 高锰酸钾溶液，将配好的土分层喷洒 1 遍，再用塑料薄膜盖严，密封 2 d 后晾开，气体挥发后再装土上盆）。然后装入盆内，填实，刮平，盆土距盆沿约 1 cm。

(3)播种 小粒、微粒种子（四季海棠、蒲包花、瓜叶菊、报春花等）掺土或细沙后均匀撒播，大、中粒种子和包衣种子可点播。播后用细筛视种子大小覆土，微粒和小粒种子覆土要薄，以不见种子为度。

(4)盆底浸水法 将播种盆底部浸到水里，至盆面刚刚湿润均匀后取出，忌喷水。

(5)覆盖 浸盆后将盆平放在庇荫处，用玻璃或报纸覆盖盆口，防止水分蒸发和阳光直射。夜间可将玻璃掀去，使之通风透气，白天再盖好。

(6)管理 种子出苗后立即揭去覆盖物，并移到通风处，逐步见光。可继续用盆底浸水法给水，当长出 1~2 片真叶时用细眼喷壶浇水，并视苗的密度及时间苗，当长出 3~4 片真叶时可分盆移栽。

4.2 分生繁殖

火龙果种子日记

分生繁殖是将植物体上分生出来的幼小植株（如萌蘖、珠芽、吸芽等）或变态根茎上产生的仔球等与母株切割分离后，另行栽植而形成独立的新植株的繁殖方法。分生繁殖是最简单、可靠的营养繁殖方法。此法的优点是成活率高，缺点是产苗量较低。

4.2.1 分株繁殖

多用于丛生类容易萌发根蘖的花灌木或宿根花卉。将这些花卉由根部分开，使之成为独立植株的方法。一般在春天植树期或分盆换土期或秋天进行。

(1)适合分株繁殖的花卉 易产生萌蘖的花卉，如木槿、紫荆、玫瑰、牡丹、大叶黄杨、月季、贴梗海棠等木本花卉；草本花卉，如菊花、芍药、玉簪、萱草、中国兰花、美女樱、蜀葵、非洲菊、石

图4.1　分株繁殖

竹等,都可采用分株的方法进行繁殖。

(2)分株方法　将整个植株连根挖出,脱去土团,然后用手或利刀将株丛顺势分割成数丛,使每丛都带有根系,根据需要和要求进行分栽,踏实浇水即可(图4.1)。

花卉分株时应注意以下问题:

①君子兰出现吸芽后,吸芽必须有了自己的根系以后才能分株,否则影响成活。

②中国兰分株时,切勿伤及假鳞茎,假鳞茎一旦受伤影响成活率。

③分株时要检查病虫害,一旦发现,立即销毁或彻底消毒后栽植。

④分株时根部的分切伤口在栽植前用草木灰消毒,栽后不易腐烂。

⑤春季分株注意土壤保墒,避免栽植后被风抽干;秋冬季分株时防冻害,可适当加以保护。

⑥匍匐茎的花卉,如虎耳草、吊兰、草莓、竹类等,分株时要掌握植株根、茎、叶的完整性。

4.2.2　分球繁殖

分球繁殖是将球根花卉的地下变态茎,如球茎、块茎、鳞茎、根茎和块根等产生的仔球,进行分级种植的繁殖方法。分球繁殖时期主要是春季和秋季。一般球根掘取后,将大、小球按级分开,置于通风处,使其经过休眠期后再进行种植。

分球繁殖需注意以下问题:

①凡球茎、鳞茎、块茎直径超过3 cm的大球才能开花,小仔球按大小分开种植,需经2~3年栽培后才能开花。

②鳞茎类花卉,如百合、水仙、郁金香等,在栽培中对母球采用割伤处理,使花芽受到损伤后产生不定芽形成小鳞茎,加大繁殖量。百合的叶腋间,可发生珠芽,这种珠芽取下后播种产生小鳞茎,经栽培2~3年可长成开花球。

③球茎类花卉,如唐菖蒲、香雪兰、番红花等栽培中的老球产生新球,新球旁侧产生仔球,仔球即可另行栽培。也可将大球切割几块,每块都具有芽,另行栽培成大球。

④美人蕉、鸢尾具肥大根茎,可按其上的芽眼数,适当分割成数段,切割时要保护芽体,伤口要用草木灰消毒防止腐烂。

⑤块茎花卉,如马蹄莲、花叶芋,分割时要注意不定芽的位置,切割时不能伤及芽,每块都要带芽,增加繁殖数量和繁殖效果。

⑥块根类花卉,如大丽花、小丽花、花毛茛等,由根茎处萌发芽,分割时注意保护芽眼,一旦破坏就不能发芽,达不到繁殖的目的。

4.3　扦插繁殖

扦插繁殖是指剪取花卉植物根、茎、叶的一部分,插入相应基质中,使之生根发芽成为独立植株的繁殖方法。特点是:生长快,开花早;繁殖系数较高,在短时间内能育成大量的幼苗;保持品种的优良性状,保存品种资源。

4.3.1 扦插成活的原理

扦插成活的原理主要基于植物营养器官具有再生能力,可发生不定芽和不定根,从而形成新植株。

当根、茎、叶脱离母体时,植物的再生能力就会充分表现出来。如枝条脱离母体后,枝条内的形成层、次生韧皮部和髓等幼嫩组织,在适宜的条件下,恢复分裂能力,形成不定根,从而长成独立的新植株。

4.3.2 扦插生根的环境条件

(1)温度 不同种类的花卉,要求不同的扦插温度。大多数种类花卉适宜扦插生根的温度为 15～20 ℃,嫩枝扦插的温度宜在 20～25 ℃,热带花卉可在 25～30 ℃。当插床基质的温度(或地温)高于气温 3～5 ℃时,可促进插条先生根后发芽,提高成活率。

(2)湿度 插穗在生根以前,保持插穗体内的水分平衡,插床环境要保持较高的空气湿度。一般插床基质含水量控制在 50%～60%,插床周围空气相对湿度应在 80%～90%。

(3)光照 绿枝扦插需带叶片,便于光合作用,提高生根率。由于叶片表面积大,阳光充足温度升高,蒸腾作用强会导致插条失水萎蔫。因此,在扦插初期要适当遮阳,当根系大量生出后,陆续给予光照。嫩枝扦插,可采用全光照喷雾扦插,以加速生根,提高成活率。

(4)空气 插条在生根过程中需进行呼吸作用,尤其是当插穗伤口愈合后,新根发生时呼吸作用增强,可适当降低插床中的含水量,保持湿润状态,并适当通风提高氧气的供应量。

(5)生根激素 花卉扦插繁殖中,合理使用生根激素促进剂,可有效地促进插穗早生根多生根。常见的生根促进剂有萘乙酸(NAA)、吲哚乙酸(IAA)、吲哚丁酸(IBA)等。吲哚丁酸效果最好,萘乙酸成本低。促根剂的应用浓度要准确,过高会抑制生根,过低不起作用。处理易生根插条时,生根激素配量为 500～2 000 μl/L,对生根较难的插条生根激素配量为 10 000～20 000 μl/L。

4.3.3 扦插床的类型与扦插基质

1)扦插床的类型

(1)温室插床 在温室内作地面插床或台面插床,有加温、通风、遮阳降温及喷水条件,可常年扦插使用。北方气候干燥可采用温室地面插床。根据温室面积以南北向作床面,床面长以温室大小定,一般 10 m 左右,宽 1.0～1.2 m,下挖深度 0.5 m,其上铺硬质网状支撑物及扦插基质,下面可通风。这种插床保温保湿效果好,生根快。南方气候湿润,采用台面插床,南北走向,离地面 0.5 m 处用砖砌成宽 1.2～1.5 m 培养槽状,床面留有排水孔,利于下部通风透气,生根快而多。

（2）全光喷雾扦插　这是一种自动控制扦插床。插床底装有电热线及自动控制仪器,使扦插床保持一定温度。插床上还装有自动喷雾的装置,由电磁阀控制,按要求进行间歇喷雾,增加叶面湿度,降低温度,降低蒸发和呼吸作用。插床上不加任何覆盖,充分利用太阳光照进行光合作用。利用这种设备可加速扦插生根,成活率大大提高。

2）扦插基质

扦插基质种类很多,作为扦插的材料,应具有保温、保湿、疏松、透气、洁净、酸碱度适中、成本低、便于运输等特点。

（1）蛭石　蛭石是一种云母矿物质,经高温制成,黄褐色片状,疏松透气,保水性好,酸碱度呈微酸性。适宜木本、草本花卉扦插。

（2）珍珠岩　珍珠岩由火山岩的铝硅化合物加热到 870~2 000 ℃ 形成的膨胀白色颗粒,疏松透气质地轻,保温保水性好。一次使用为宜,长时间使用易滋生病菌,颗粒变小,透气差。酸碱度呈中性。适宜木本花卉扦插。

（3）砻糠灰　砻糠灰由稻壳炭化而成,疏松透气,保湿性好,黑灰色吸热性好,经高温炭化不含病菌,新炭化材料酸碱度呈碱性。适宜草本花卉扦插。

（4）砂　以取河床中的冲积砂为宜。其质地重,疏松透气,不含病虫杂菌,酸碱度呈中性,成本低。适宜草本与木本花卉扦插。

4.3.4　扦插技术

1）枝插

采用花卉植物枝条作插穗的扦插方法称为枝插。根据生长季节分为硬枝插、绿枝插和嫩枝插。

（1）硬枝插　在休眠期用完全木质化的一二年生枝条作插穗的扦插方法。

在秋季落叶后或者翌年萌芽前采集生长充实健壮(节间短而粗壮)、无病虫害的枝条,选中段有饱满芽部分,剪成约 15 cm 的小段,每段 3~5 个芽。上剪口在芽上方 1 cm 左右,下剪口在基部芽下约 0.3 cm,下剪口削成斜面。插床基质为壤土或砂壤土。开沟将插穗斜埋于基质中成垄形,覆盖顶部芽,喷水压实(图 4.2)。

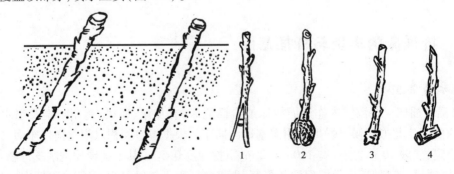

图 4.2　硬枝插
1.加石插　2.泥球插　3.带踵插　4.锤形插

有些难以扦插成活的花卉可采用加石插、泥球插、带踵插和锤形插等。多应用于木本花卉紫薇、海棠类(图4.2)。

(2)绿枝插 在生长期用半木质化带叶片的绿枝作插穗的扦插方法。

花谢1周左右,选取腋芽饱满、叶片发育正常、无病虫害的枝条,剪成10~15 cm的枝段,每段3~5个芽,上剪口在芽上方1 cm左右,下剪口在基部芽下0.3 cm左右,切面要平滑。枝条上部保留2~3枚叶片,以利光合作用,叶片较大的可适当剪去一半。基质可用蛭石、砻糠或砂。插穗插入前可先用与插条相当粗细的木棒插一孔洞,避免插穗基部插入时磨破皮层。插穗插入基质约1/2或2/3,喷水压实(图4.3),如月季、大叶黄杨、小叶黄杨、女贞、桂花等。

仙人掌及多肉多浆植物,剪枝后应放在阴凉通风处干燥几天,待伤口稍愈合后再扦插,否则易引起腐烂。

(3)嫩枝插 在生长期采用枝条端部的嫩枝作插穗的扦插方法。

在生长旺盛期,大多数的草本花卉生长快,剪取5~10 cm长度的幼嫩茎,基部削面平滑,插入用木棒插过有孔洞的蛭石或河沙基质中,喷水压实。亦可采用全光照喷雾扦插,如菊花(采用抱头芽进行扦插)、一串红、石竹等草本花卉(图4.4)。

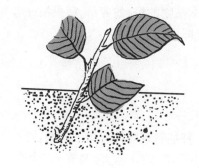

图4.3 绿枝插

图4.4 嫩枝插

2)叶插

采用花卉的叶片或者叶柄作插穗的扦插方法(图4.5)。

(1)叶片插 用于叶脉发达、切伤后易生根的花卉叶作全叶插或片叶插。蟆叶秋海棠扦插时,先剪除叶柄,叶片边缘过薄处亦可适当剪去一部分,以减少水分蒸发。将叶片上的主脉和较大的支脉,每间隔约2 cm长切断一处,切口深为叶脉的2/3或深达上皮处,平铺在插床面上,使叶片与基质密切接触。可用竹枝或透光玻璃固定,一段时间后,可在主脉、支脉切伤处生根。有的花卉(如落地生根)可在叶缘处生根发芽,可将叶缘与基质紧密接触,促使生根发芽。将虎尾兰一个叶片切成数块(每块上应具有一段主脉和侧脉)分别进行扦插,使每块叶片基部形成愈伤组织,再长成一个新植株。

(2)叶柄插 用易发根的叶柄作插穗。将带叶的叶柄插入基质中,由叶柄基部发根;也可将半张叶片剪除,将叶柄斜插于基质中;橡皮树叶柄插时,将肥厚叶片卷成筒状,减少水分蒸发;大岩桐叶柄插时,叶柄基部先发生小球茎,再形成新个体。

3)芽插

利用芽作插穗的扦插方法(图4.6)。

取2 cm长、枝上有较成熟芽(带叶片)的枝条作插穗,芽的对面略削去皮层,将插穗的枝条露出基质面,可在茎部表皮破损处愈合生根,腋芽萌发成为新植株,如橡皮树、天竺葵等。

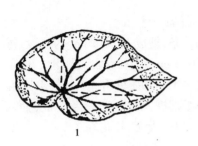

图4.5 叶插

1.叶片插　2.叶柄插

图4.6 芽插

4)根插

用根作插穗的扦插方法。适于用带根芽的肉质根花卉。

结合分株将粗壮的根剪成10 cm左右1段,全部埋入插床基质或顶梢露出土面,注意上下方向不可颠倒,如牡丹、芍药、月季、补血草等。某些小草本植物的根,如菁草、宿根福禄考等,可剪成3～5 cm的小段,然后用撒播的方法撒于床面后覆土即可。

4.3.5 扦插后的管理

扦插后的管理较为重要,它是扦插成活的关键之一。扦插管理需注意以下问题:

(1)土温要高于气温　北方的硬枝插在室外要搭盖小拱棚,防止冻害;调节土壤墒情,提高土温,促进插穗基部愈伤组织的形成,土温高于气温3～5 ℃最适宜。

(2)保持较高的空气湿度　扦插初期,硬枝插、嫩枝插和叶插的插穗无根,靠自身平衡水分,需90%左右的相对空气湿度。气温上升后,及时遮阳防止插穗蒸发失水,影响成活。

(3)由弱到强的光照　扦插后,逐渐增加光照,加强叶片的光合作用,尽快产生愈伤组织而生根。

(4)及时通风透气　随着根的发生,应及时通风透气,以增加根部的氧气,促使生根快、生根多。

4.4 嫁接繁殖

嫁接是把需要繁殖的植物的枝或芽移接到另一植株上,使之形成新的植株的繁殖方法。用于嫁接的枝条或芽称接穗或接芽,被嫁接的植株称砧木,接活后的苗称嫁接苗。嫁接繁殖是获得优良花卉品种的好方法。其特点是:能保持品种的优良性状,提高接穗品种的抗逆性和适应能力,提早开花结果,提高观赏价值,如使花木一株多色、矮化株高、改变花卉株形等。但产苗量少,操作与管理繁琐且技术要求高。

4.4.1 嫁接成活的原理与主要因素

1)细胞的再生能力

嫁接成活的生理基础是植物细胞具有再生能力。嫁接成活的技术关键是砧木与接穗的形成层相互密接。形成层是植物再生能力最旺盛的地方。嫁接后接穗和砧木伤口处的形成层、髓射线以及次生韧皮部的薄壁细胞恢复分裂能力,形成愈伤组织,愈伤组织进一步分化出新的输导组织,使砧木与接穗之间的输导系统互相沟通成为一体。因此,形成层细胞和薄壁细胞的再生能力强弱是嫁接成活的关键因素。

2)砧木与接穗的亲和力

砧木与接穗能否愈合,还要看二者的亲和力。嫁接亲和力是指砧木与接穗在内部组织结构、生理、遗传上彼此相同或相近,能通过嫁接相互结合在一起并正常生长的能力。亲缘关系近的亲和力强,嫁接成活率高。同科、属植物嫁接愈合快,成活率高。不同科的植物亲和力弱,嫁接难以成活或不能成活。所以,选择接穗和砧木多数在同属、同种或同品种的不同植株间进行。

3)嫁接物候期

(1)休眠期嫁接 休眠期采集接穗,并在低温下贮藏,在春季3月上、中旬砧木树液流动后进行嫁接。此时砧木的形成层已开始活动,接穗的芽也即将萌动,嫁接成活率最高。秋季嫁接在10—12月初进行,嫁接后当年愈合,明春接穗再抽枝。故休眠季嫁接可分为春接和秋接两种。

(2)生长期嫁接 生长期嫁接主要为芽接,多在树液流动旺盛之夏季进行。此时枝条腋芽发育充实饱满,树皮易剥离。7—8月是芽接的最适期,故又称为夏接。夏接也在生长季进行。

嫁接成活还与操作技术及嫁接后的管理有很大关系。接穗要用快刀稳削,使削面平滑,不能有凹陷和毛糙现象;形成层对准密接;绑缚正确牢固等。

4.4.2 砧木和接穗的选择

(1)砧木的选择 砧木与接穗有良好的亲和力;砧木适应本地区的气候、土壤条件,根系发达,生长健壮;对接穗的生长、开花、寿命有良好的基础;对病虫害、旱涝、地温、大气污染等有较好的抗性;能满足生产上的需要,如矮化、乔化、无刺等;以一二年生实生苗为好。

(2)接穗的采集 接穗应从优良品种植株上采取;枝条生长充实、色泽鲜亮光洁、芽体饱满,取枝条的中间部分,过嫩不成熟,过老基部芽体不饱满;春季嫁接采用去年生枝,生长期芽接和嫩枝接采用当年生枝。

4.4.3 嫁接技术

嫁接的方法很多,可根据花卉种类、嫁接时期、气候条件选择不同的嫁接方法。花卉栽培中常用的是枝接、芽接、髓心接和根接等。

1)枝接

枝接是以枝条为接穗的嫁接方法。

（1）切接　一般在春季3—4月间进行。选定砧木，离地约10 cm处，水平截去上部，在横切面一侧用嫁接刀纵向下切约2 cm，稍带木质部，露出形成层。将选定的接穗，截取5～8 cm的枝段，其上具2～3个芽，将枝段下端一侧削成约2 cm长的面。再在其背侧末端0.5～1 cm处斜削一刀，让长削面朝内插入砧木，使它们的形成层相互对齐，用塑料膜带扎紧不能松动（图4.7）。碧桃、红叶桃等可用此方法嫁接。

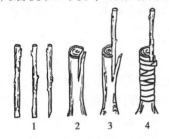

图4.7　切接
1.接穗　2.砧木　3.嵌合　4.绑缚

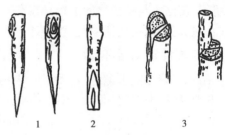

图4.8　劈接
1.接穗　2.砧木　3.嵌合

图4.9　靠接

（2）劈接　一般在春季3—4月间进行。砧木离地10 cm左右处，截去上部，然后在砧木横切面中央，用嫁接刀垂直下切3 cm。剪取接穗枝条5～8 cm，保留2～3个芽，接穗下端削成约2 cm长的楔形，两面削口的长度一致，插入切口，对准形成层，用塑料膜带扎紧即可。菊花中大立菊嫁接，杜鹃花、榕树、金橘的高头换接可用此嫁接方法（图4.8）。

（3）靠接　用于其他嫁接不易成活的花卉。靠接在温度适宜的生长季节进行，在高温期最好。先将靠接的两植株移置一处，各选定一个粗细相当的枝条，在靠近部位相对削去等长的削面。削面要平整，深至近中部，使两枝条的削面形成层紧密结合，至少对准一侧形成层。然后用塑料膜带扎紧，待愈合成活后，将接穗自接口下方剪离母体，并截去砧木接口以上的部分，则成一株新苗（图4.9）。如用小叶女贞作砧木靠接桂花、大叶榕树靠接小叶榕树、代代花靠接佛手等。

2)芽接

芽接是以芽为接穗的嫁接方法。在夏秋季皮层易剥离时进行。

（1）T字形芽接　选枝条中部饱满的侧芽作接芽，剪去叶片，保留叶柄，在接芽上方0.5～0.7 cm处横切一刀深达木质部；再从接芽下方约1 cm处向上削去芽片，芽片呈盾形，长2 cm左右，连同叶柄一起取下（一般不带木质部）。在砧木嫁接部位光滑处横切一刀，深达木质部；再从切口中间向下纵切一刀长约3 cm，使其呈T字形，用芽接刀轻轻把皮剥开，将盾形芽片插入T字口内，紧贴形成层，用剥开的皮层合拢包住芽片，用塑料膜带扎紧，露出芽及叶柄（图4.10）。

（2）嵌芽接　在砧、穗不易离皮时用此方法。先从芽的上方0.5～0.7 cm处下刀，斜切入木质部少许，向下切过芽眼至芽下0.5 cm处，再在此处（芽下方0.5～0.7 cm处）向内横切一刀取下芽片,含入口中。接着在砧木嫁接部位切一与芽片大小相应的切口,并将切开部分切取上端 1/3～1/2,用留下部分夹合芽片,将芽片插入切口,对齐形成层,并使芽片上端露一点砧木皮层,最后用塑料膜带扎紧(图4.11)。

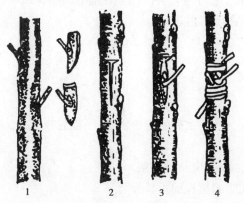

图4.10　T字形芽接
1. 自接穗上削取接芽　2. 将砧木皮层割开
3. 将芽片插入T字形切口内　4. 用塑料膜带扎紧

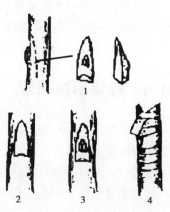

图4.11　嵌芽接
1. 削接芽　2. 削砧木切口
3. 插好接芽　4. 绑缚

3)髓心接

髓心接是接穗和砧木切口处的髓心(维管束)相互密接愈合而成的嫁接方法。这是一种常用于仙人掌类花卉的园艺技术,主要是为了加快一些仙人掌类的生长速度和提高它们的观赏效果。在温室内一年四季均可进行。

(1)仙人球嫁接　以仙人球或三棱箭为砧木,观赏价值高的仙人球为接穗。先用利刀在砧木上端适当高度切平,露出髓心。把仙人球接穗基部用利刀也削成一个平面,露出髓心。然后把接穗和砧木的髓心(维管束)对准后,牢牢按压对接在一起。最后用细绳绑扎固定(图4.12)。放置半阴处3～4 d后松绑,植入盆中,保持盆土湿润,1周内不浇水,半月后恢复正常管理。

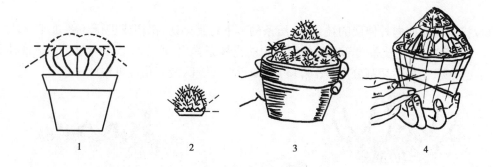

图4.12　仙人球平接法
1. 切削砧木　2. 切接穗　3. 砧木与接穗对合　4. 绑扎固定

(2)蟹爪莲嫁接　以仙人掌或三棱箭为砧木,蟹爪莲为接穗。将培养好的砧木在其适当高度平削一刀,露出髓心部分。采集生长成熟、色泽鲜绿肥厚的蟹爪莲2～3节,在基部1 cm处两面都削去外皮,露出髓心。在砧木切面中心的髓心部位切一深度1.5～2.0 cm的楔形切口,立即将接穗插入挤紧,用仙人掌针刺将髓心穿透固定。还可根据需要在仙人掌四周或三棱箭的3个棱角处刺座上再接上4个或3个接穗,提高观赏价值。1周内不浇水,保持一定的空气湿度,当蟹爪莲嫁接成活后移到阳光下进行正常管理。

4)根接

根接是以根为砧木的嫁接方法。如牡丹的根接,用芍药充实的肉质根作砧木,以牡丹枝为接穗,采用劈接法将两者嫁接在一起。一般于秋季在温室内进行。

4.4.4　嫁接后的管理

①各种嫁接方法嫁接后都应有温度、空气湿度、光照、水分的正常管理,不能忽视某一方面,保证花卉嫁接的成活率。

②嫁接后要及时检查成活程度,如果没有嫁接成活,应及时补接。

③嫁接成活后及时松绑塑料膜带,长时期缢扎影响植株的生长发育。

④对已接活的苗木应及时抹除砧木上的萌芽和剪除根蘖,可多次进行。

4.5　压条繁殖

压条繁殖是将母株的部分枝条或茎蔓压埋在土中,待其生根后切离,成为独立植株的繁殖方法。它是一种枝条不切离母体的繁殖方法,一般用于扦插难以生根的木本花卉或一些根蘖丛生的花灌木。其优点是成活率高,开花早;操作简便,不需要特殊的养护条件;能保存母株的优良性状。缺点是繁殖量不大。

4.5.1　单枝压条

选取接近地面而向外伸展的枝条,在压条的节下将其刻伤、扭伤或进行环剥处理后,弯入土中,覆土 10～20 cm,使枝条端部露出地面。为防止枝条弹出,可在枝条下弯部分插入小木叉固定,再盖土压实,生根后切割分离(图 4.13)。如石榴、玫瑰、金莲花等可用此法。

　　　　图 4.13　单枝压条

　　图 4.14　波状压条

4.5.2　波状压条

波状压条适合于枝条长而容易弯曲的花卉。将枝条弯曲牵引到地面,在枝条上刻伤数处,将每一刻伤处弯曲后埋入土中,用小木叉固定。待其生根后,分别切断移植,即成为数个独立的植株(图4.14)。如美女樱、葡萄、地锦、迎春等可用此法。

4.5.3 壅土压条

壅土压条适合于根蘖多、丛生、枝条硬直的花灌木。将母株先重剪,促使根部萌发分蘖。当萌蘖枝条长至一定粗度时,在枝条基部近地面处刻伤,然后在其周围堆土呈馒头状。待枝条基部根系完全生长后分割切离,分别栽植(图4.15)。常用于牡丹、木槿、紫荆、大叶黄杨、锦带花、贴梗海棠等。

4.5.4 高空压条

高空压条适合于小乔木状枝条硬直花卉。在生长季,选成熟健壮、芽饱满的当年生枝条,在适当部位进行环剥处理后,外套塑料袋或容器(竹筒、瓦盆等),在环剥口的下部将套塑料袋的一头用绳子扎紧,内装湿润的苔藓土;然后将上口也扎紧,并保持内部湿润,30~40 d 即可生出新根。生根后剪离母株,解除包扎物另行栽植即可(图4.16)。如米兰、杜鹃、月季、栀子、佛手、金橘、叶子花、变叶木、扶桑、龙血树、白兰花、山茶花等常用此法。

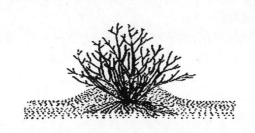

图4.15 壅土压条

图4.16 高空压条

复习思考题

1. 优质的花卉种子应具备怎样的品质?
2. 简述花卉种子的地播与盆播技术。
3. 分株和分球繁殖有何不同?分株和分球时应注意哪些问题?
4. 试述枝插的方法、硬枝插、绿枝插、嫩枝插三者的区别?扦插生根的环境条件有哪些?
5. 嫁接成活的原理及影响因素有哪些?简述切接的方法技术?它与劈接有何不同?
6. 试述仙人球、蟹爪莲髓心嫁接的方法技术。
7. 压条繁殖的类型有哪些?试述高空压条的方法技术。
8. 试述 T 字形芽接的方法技术。它与嵌芽接有何不同?

5 花期调控技术

[本章导读]

花期控制是当前花卉生产中的一项重要技术。本章主要介绍花期调控的基本理论以及花期调控的主要方法,了解花期调控的基本原理,掌握花期调控的主要方法,特别是常见花卉的花期调控方法。

自然界中各种植物,都有各自的开花期。通过人为的改变环境条件和采取特殊的栽培方法,使花卉提早或延迟开花的技术措施,称为花期调控技术。使花卉提前开放的栽培方式称为促成栽培,使花卉延后开放的栽培方式称为抑制栽培。

现代花卉业对花卉的花期控制有了更高的要求,根据市场或应用需求,尤其是元旦、春节、清明节、国庆节、"五一"劳动节、母亲节、情人节等节日用花,需求量大、种类多、质量高,按时提供花卉产品,具有显著的社会效益和经济效益。

5.1 花期调控的基本原理

5.1.1 光照与花期

1)光周期对开花的影响

一天内白昼和黑夜的时数交替,称为光周期。光周期对花诱导,有着极为显著的影响。有些花卉必须接受到一定的短日照后才能开花,如秋菊、一品红、叶子花、波斯菊等,通常需要每日光照在 12 h 以内,以 10~12 h 最多。我们把这类花卉称为短日照花卉。有些花卉则不同,只有在较长的日照条件下才能开花,如金光菊、紫罗兰、三色堇、福禄考、景天、郁金香、百合、唐菖蒲、杜鹃等。我们把这类花卉称为长日照花卉。也有一些花卉对日照的长度不敏感,在任何长度的日照条件下都能开花,如香石竹、长春花、百日菊、鸡冠花等。

试验证明,植物开花对暗期的反应比对光期更明显,即短日花卉是在超过一定暗期时才开花,而长日照花卉是在短于一定暗期时开花。因而又把长日照花卉称为短夜花卉,把短日花卉称为长夜花卉。所以,诱导植物开花的关键在于暗期的作用。

在进行光周期诱导的过程中,各种植物的反应是不一样的。有些种类只需一个诱导周期(1 d)的处理,如牵牛花等;而有些植物(如高雪轮)则需要几个诱导周期才能够分化花芽。

通常植物必须长到一定大小,才能接受光周期诱导。如蟹爪莲是典型的短日照植物,它在长日照条件下主要进行营养生长,而在短日照的条件下才能形成花芽,其花芽主要生于先端茎节上,通常可着花1~2朵,但是并非每个先端茎节都能开花,这要取决于其发育程度,营养状况,只有生长充实的蟹爪莲茎节才能分化出花芽。

植物接受的光照度与光源安置位置有关。100 W白炽灯相距1.5~1.8 m时,其交界处的光照强度在50 lx以上。生产上常用的方式是100 W白炽灯,相距1.8~2.0 m,距植株高度为1~1.2 m。如果灯距过远,交界处光照度不足,对长日照植物会出现开花少、花期延迟或不开花现象,对短日照植物则出现提前开花、开花不整齐等弊病。

2)光度对开花的影响

光度的强弱对花卉的生长发育有密切关系。花在光照条件下进行发育,光照强,促进器官(花)的分化,但会制约器官的生长和发育速度,使植株矮化健壮,促进花青素的形成使花色鲜艳等;光照不足常会促进茎叶旺盛生长而有碍花的发育,甚至落蕾等。

不同花卉花芽分化及开花对光照强度的要求不同。原产热带、亚热带地区的花卉,适应光照较弱的环境;原产热带干旱地区的花卉,则适应光照较强的环境。

5.1.2 温度与花期

1)低温与花诱导

自然界的温度随季节而变化,植物的生长发育进程与温度的季节变化相适应。一些秋播的花卉植物,冬前经过一定的营养生长,度过寒冷的冬季后,在第二年春季再开始生长,继而开花结实。但如果将它们春播,即使生长茂盛,也不能正常开花。这种低温促使植物开花的作用,称为春化作用。

一些二年生花卉植物成花受低温的影响较为显著(即春化作用明显),一些多年生草本花卉也需要低温春化。这些花卉通过低温春化后,还要在较高温度下,并且许多花卉还要求在长日照条件下才能开花。因此春化过程只是对开花起诱导作用。

2)春化作用对开花的影响

根据花卉植物感受春化的状态,通常将其分为种子春化、器官春化和植物体整株春化3种类型。这种分类的方式主要是根据在感受春化作用时植物体的状态而言。一般认为,秋播一年生草花有种子春化现象,二年生草花无种子春化现象,多年生草花没有种子春化现象。但是这种情况也有例外,譬如勿忘我虽是多年生草本植物,但也有种子春化现象。种子春化的花卉有香豌豆等,器官春化的花卉有郁金香等,整株春化的花卉有榆叶梅等。

花卉通过春化作用的温度范围因种类不同而有所不同,通常春化的温度范围在0~17 ℃间。一般认为,0~5 ℃是适合绝大多数植物完成春化过程的温度范围,春化所必须的低温因植物种类、品种而异,通常在-5~10 ℃的范围内。研究结果表明,3~8 ℃的温度范围对春化作用的效果最佳。

春化作用完成的时间因具体温度而不同,当然不同的植物,即使在同一温度条件下,所完成的春化时间也不尽相同。

当植株的春化过程还没有完全结束前,就将其放到常温下,则会导致春化效应被减弱或完全消失,这种现象称为脱春化。

春化和光周期理论在花期控制方面有重要的实践应用。

5.1.3　生长调节剂与花期

植物激素是由植物自身产生的,其含量甚微,但对植物生长发育起着极其重要的调节作用。由于激素的人工提取、分离困难,也很不经济,使用也有许多不便等,人工就模拟植物激素的结构,合成了一些激素类似物,即植物生长调节剂。如赤霉素、萘乙酸、2.4-D、B_9 等,它们与植物激素有着许多相似的作用,生产上已广泛应用。

植物的花芽分化与其激素的水平关系密切。在花芽分化前植物体内的生长素含量较低,当植株开始花芽分化后,其体内的生长素水平明显提高。

植物激素对植物开花有较为明显的刺激作用。例如赤霉素可以代替一些需要低温春化的二年生花卉植物的低温要求,也可以促使一些莲座状生长的长日照植物开花。

细胞分裂素对很多植物的开花均有促进作用。

5.2　花期调控的主要方法

5.2.1　调节光照

长日照花卉在日照短的季节,用人工补充光照能提早开花,若给予短日照处理,即抑制开花;短日照花卉在日照长的季节,进行遮光短日照处理,能促进开花,若长期给予长日照处理,就抑制开花。但光照调节,应辅之以其他措施,才能达到预期的目的。如花卉的营养生长必须充实,枝条应接近开花的长度,腋芽和顶芽应充实饱满,在养护管理中应加强磷、钾肥的施用,防止徒长等。否则,对花芽的分化和花蕾的形成不利,难以成功。

1)光周期处理的日长时数计算

植物光周期处理中,计算日长时数的方法与自然日长有所不同。每日日长的小时数应从日出前 20 min 至日落后 20 min 计算。例如北京 3 月 9 日,日出至日落的自然日长为 11 h 20 min,加日出前和日落后各 20 min,共为 12 h。即当做光周期处理时,北京 3 月 9 日的日长应为 12 h。

2)长日照处理(延长明期法)

用加补人工光照的方法,延长每日连续光照的时数达到 12 h 以上,可使长日照花卉在短日照季节开花。一般在日落后或日出前给以一定时间照明,但较多采用的是日落前做初夜照明。如冬季栽培的唐菖蒲,在日落之前加光,使每日有 16 h 的光照,并结合加温,可使其在冬季或早春开花。用 14 ~ 15 h 的光照,蒲包花也能提前开花。人工补光可采用荧光灯,悬挂在植株上方 20 cm 处。30 ~ 50 lx 的光照强度就有日照效果,100 lx 有完全的日照作用。一般光照强度能够充分满足。

(1)唐菖蒲的长日照处理促成栽培技术 种球定植前,必须先打破休眠。其方法有两种:一种是低温处理,用 3 ~ 5 ℃低温贮藏 3 ~ 4 周,然后移到 20 ℃的条件下促根催芽;第二种是变温处理,先将种球置入 35 ℃高温环境处理 15 d,再移入 2 ~ 3 ℃低温环境处理 20 d 即可定植。如需 11—12 月开花,8 月上中旬排球定植,至 11 月应加盖塑料薄膜保温,并补充光照。如需春节供花,于 9 月份定植,11 月进行加温补光处理。通常种球贮藏在冷库之中,贮藏温度为 1 ~ 5 ℃,周年生产可随用随取。每隔 15 ~ 20 d 分批栽种,以保证周年均衡供花。唐菖蒲是典型的阳性花卉,只有在较强的光照条件下,才能健壮生长正常开花。但冬季在温室、大棚内栽植易受光照不足的影响,如果在 3 叶期出现光照不足,就会导致花萎缩,产生盲花;如在 5 ~ 7 叶期发生光照不足,则少数花蕾萎缩,花朵数会减少。唐菖蒲属于长日照植物,秋冬栽培需要进行人工补光,通常要求每日光照时数 14 h 以上。补光强度要求达到 50 ~ 100 lx,一个 100 W 的白炽灯(加反射罩)具有光照显著效果的有效半径为 2.23 m。故补光时可按每 5 ~ 6 m² 设一盏 100 W 白炽灯,光源距植株顶部 60 ~ 80 cm,或设 40 W 荧光灯,距植株顶部 45 cm。夜间 21 时至凌晨 3 时加光,每天补光 5 h,即可取得较好效果。

(2)使蒲包花在春节开花的促成栽培技术 8 月间播种育苗,在预定开花日期之前约 100 ~ 120 d 定植。为了使其能在春节开花,从 11 月起每天太阳即将落山时就要进行人工照明,直至 22 时左右,补光处理大约要经过 6 周。在促成栽培过程中,环境温度不宜超过 25 ℃,当花芽分化后,应该使气温保持在 10 ℃左右,经过 4 周,能够使植株花朵开得更好。

3)短日照处理

在日出之后至日落之前利用黑色遮光物,如黑布、黑色塑料膜等对植物遮光处理,使白昼缩短、黑夜加长的方法称为短日照处理。主要用于短日照花卉在长日条件下开花。

通常下午 5 时至翌日上午 8 时为遮光时间,使花卉接受日照的时数控制在 9 ~ 10 h。一般遮光处理为 40 ~ 70 d。遮光材料要密闭,不透光,防止低照度散光产生的破坏作用。短日照处理超过临界夜长小时数不宜过多,否则会影响植物正常光合作用,从而影响开花质量。

短日照处理以春季及早夏为宜。夏季做短日照处理,在覆盖下易出现高温危害或降低产花品质。为减轻短日照处理可能带来的高温危害,应采用透气性覆盖材料;在日出前和日落前覆盖,夜间揭开覆盖物使之与自然夜温相近。

(1)使菊花在国庆节开花的促成栽培技术 要使秋菊提前至国庆节开花,宜选用早花或中花品种进行遮光处理。一般在 7 月底当植株长到一定高度(25 ~ 30 cm)时,用黑色塑料薄膜覆盖,每天日照 9 ~ 10 h,以下午 5 时到第二天早上 8 时 30 分效果为佳。早花品种需遮光 50 d 左右可见花蕾露色,中花品种约 60 d,在花蕾接近开放现色时停止遮光。处理时温度不宜超过 30 ℃,否则开花不整齐,甚至不能形成花芽。

(2)使九重葛(叶子花)在国庆节开花的促成栽培技术 九重葛是典型的短日照植物,自然花期为 11 月至翌年 6 月,其花期控制主要通过遮光处理予以实现。通常在中秋节前 70 ~ 75 d 对植株进行遮光,具体时间是每天 16 时至次日早上 8 时,大约处理 60 d 后,九重葛的花期诱导基本完成。如果其苞片已变色,即使停止遮光也不会影响其正常开花。在遮光处理过程中,要注意通风,尽量降低环境温度,防止温度过高给植株的发育造成不良影响。

4)暗中断法

暗中断法也称"夜中断法"或"午夜照明法",在自然长夜的中期(午夜)给予一定时间的照明。将长夜隔断,使连续的暗期短于该植物的临界暗期小时数。通常晚夏、初秋和早春夜中断,照明小时数为1~2 h;冬季照明小时数为3~4 h。如短日照植物在短日照季节,形成花蕾开花,但在午夜1—2时给以加光2 h,把一个长夜分开成两个短夜,破坏了短日照的作用,就能阻止短日照植物开花。用作中断黑夜的光照,以具有红光的白炽灯为好。

5)光暗颠倒处理

采用白天遮光、夜间光照的方法,可使在夜间开花的花卉在白天开放,并可使花期延长2~3 d。如昙花的花期控制,主要通过颠倒昼夜的光周期来进行处理,在昙花的花蕾长约5 cm的时候,每天早上6时至晚上8时用遮光罩把阳光遮住,从晚上8时至第二天早上6时,用白炽灯进行照明,经过1周左右的处理后,昙花已基本适应了人工改变的光照环境,就能使之在白天开花,并且可以延长花期。

6)全黑暗处理

一些球根花卉要提早开花,除其他条件必须符合其开花要求外,还可将球根盆栽后,在将要萌动时,进行全黑暗处理40~50 d,然后进行正常栽培养护。此法多于冬季在温室进行,解除黑暗后,很快就可以开花,如朱顶红可做这样的处理。

5.2.2　调节温度

1)增温处理

(1)促进开花　多数花卉在冬季加温后都能提前开花,如温室花卉中的瓜叶菊、大岩桐等。对花芽已经形成而正在越冬休眠的种类,如春季开花的露地木本花卉杜鹃、牡丹等,以及一些春季开花的秋播草本花卉和宿根花卉,由于冬季温度较低而处于休眠状态,自然开花需待来年春季。若移入温室给予较高的温度(20~25 ℃),并经常喷雾,增加湿度(空气相对湿度在80%以上),就能提前开花。

(2)延长花期　有些花卉在适合的温度下,有不断生长、连续开花的习性。但在秋、冬季节气温降低时,就要停止生长和开花。若在停止生长之前及时地移进温室,使其不受低温影响,提供继续生长发育的条件,常可使它连续不断地开花。例如,要使非洲菊、茉莉花、大丽花、美人蕉等在秋、初冬期间连续开花就要早做准备,在温度下降之前,及时加温、施肥、修剪,否则一旦气温降低影响生长后,再增加温度就来不及了。

2)降温处理

(1)延长休眠期以推迟开花　耐寒花木在早春气温上升之前,趁还在休眠状态时,将其移入冷室中,使之继续休眠而延迟开花。冷室温度一般以1~3 ℃为宜,不耐寒花卉可略高一些。品种以晚花种为好,送冷室前要施足肥料。这种处理适于耐寒、耐阴的宿根花卉、球根花卉及木本花卉,但因留在冷室的时间较长,因而植物的种类、自身健壮程度、室内的温度和光照及土壤的干湿度都是成败的重要问题。在处理期间土壤水分管理要得当,不能忽干忽湿,每隔几天要检查干湿度；室内要有适度的光照，每天开灯几个小时。至于花卉贮藏在冷室中的时间，要根据计划开花的日期、植物的种类与气候条件，推算出低温后培养至开花所需的天数，从而决定停止低温处理的日期。处理完毕出室的管理也很重要，要放在避风、蔽日、凉爽的地方，逐步增温、加光、浇水、施肥、细心养护，使之渐渐复苏。

（2）减缓生长以延迟开花　较低的温度能延缓植物的新陈代谢，延迟开花。这种处理大多用在含苞待放或初开的花卉上，如菊花、天竺葵、八仙花、瓜叶菊、唐菖蒲、月季、水仙等。处理的温度也因植物种类而异。例如家庭水养水仙花，人们往往想让其在元旦、春节盛开，以增添节日的气氛。虽然可以凭经验分别提前 40 ~ 50 d 处理水仙，但是一般都不易恰好在适时盛开。为了让水仙能在预定的日子准时开花，可在计划前 5 ~ 7 d 仔细观察水仙花蕾总苞片内的顶花，如已膨大欲顶破总苞，就应把它放在 1 ~ 4 ℃的冷凉地方，一直到节日前 1 ~ 2 d 再放回室温 15 ~ 18 ℃的环境中，就能使其适时开放。如发现花蕾较小，估计到节日开不了，可以放在温度 20 ℃以上的地方，盆内浇 15 ~ 20 ℃的温水，夜间补以 60 ~ 100 W 灯泡的光照，就能准时开花。

（3）降温避暑　很多原产于夏季凉爽地区的花卉，在适当的温度下，能不断地生长、开花，但遇到酷暑，就停止生长，不再开花。例如，仙客来和倒挂金钟在适于开花的季节花期很长，如能在 6—9 月间降低温度，使温度在 28 ℃以下，植株继续处于生长状态，也会不停地开花。

（4）模拟春化作用而提早开花　改秋播为春播的草花，欲使其在当年开花，可用低温处理萌动的种子或幼苗，使之通过春化作用在当年就可开花，适宜的温度为 0 ~ 5 ℃。

此外秋植球根花卉若提前开花，也需要先经过低温处理；桃花等花木需要经过 0 ℃的人为低温，强迫其经过休眠阶段后才能开花。

3）变温法

变温法催延花期，一般可以控制较长的时期。此方法多用于在一年中的"元旦"、"春节"、"五一"、"十一"等重大节日的用花上，具体做法是将已形成花芽的花木先用低温使其休眠，原则上要求既不让花芽萌动，又不使花芽受冻。如果是热带、亚热带花卉，给予 2 ~ 5 ℃的温度，温带木本落叶花卉则给予 -2 ~ 0 ℃的温度。到计划开花日期前 1 个月左右，放到（逐渐增温）15 ~ 25 ℃的室温条件下养护管理。花蕾含苞待放时，为了加速开花，可将温度增至 25 ℃左右。如此管理，一般花卉都能预期开花。

梅花元旦、春节开花的控温处理，可在元旦前 1 个月移入到 4 ℃的室内养护，到节前 10 ~ 15 d 再移到阳光充足、室内温度 10 ℃左右的温室，然后根据花蕾绽放的程度决定加温与否。如果估计赶不上节日开花，可逐渐加温至 20 ℃来促花。牡丹的催花稍复杂些，因牡丹的品种很多，一般春节用花，应选择容易催花的品种来催花，其加温促花需经 3 ~ 4 个变温阶段，约需 50 ~ 60 d。促花前先将盆栽牡丹浇一次透水，然后移入 15 ~ 25 ℃的中温温室，至花蕾长到 2 cm 左右时，加温至 17 ~ 18 ℃，此时应控制浇水，并给予较好的光照。第三次加温是在花蕾继续膨大呈现出绿色时，温度增加到 20 ℃以上，此时因室温较高，可浇一次透水以促进叶片生长，为了防止叶片徒长和盆土过湿，应勤观察花与叶的生长情况，注意控水。最后一个阶段是在节前 5 ~ 6 d。主要是看花蕾绽蕾程度，如估计开花时间拖后，可再增温至 25 ~ 35 ℃促其开花。如果花期提前，可将初开盆花移入 15 ℃左右的中低温弱光照的地方暂存。

在自然界生长的花木，大多是春华秋实，要想让花木改变花期，推迟到国庆节开放，也需要采用改变温度的方法来控制花期。具体做法是将已形成花芽的花木，在 2 月下旬至 3 月上旬，在叶、花芽萌动前就放到低温环境中，强制其进行较长时间的休眠。具体温度一般原产于热带、亚热带的花木控制在 2~5 ℃,原产于温带、寒带的花木控制在 -2~0 ℃。到计划开花日期前 1 个月左右,移到 15~25 ℃的环境中栽培管理,很多种花卉都能在国庆节时开放。如草本花卉中的芍药、荷包牡丹,木本花卉中的樱花、榆叶梅、丁香、连翘、锦带、碧桃、金银花等都能这样处理。

5.2.3 利用植物生长激素

花卉生产中使用一些植物生长激素和调节剂如赤霉素、萘乙酸、2.4-D、B₉等,对花卉进行处理,并配合其他养护管理措施,可促进提早开花,也可使花期延迟。

(1)解除休眠促进开花 不少花卉通过应用赤霉素打破休眠从而达到提早开花的目的。用密度为 500~1 000 mg/L 的赤霉素点在芍药、牡丹的休眠芽上,4~7 d 内萌动。蛇鞭菊在夏末秋初休眠期,用 100 mg/L 的赤霉素处理,经贮藏后分期种植分批开花。当 10 月以后进入深休眠时处理则效果不佳,开花少或不开花。桔梗在 10—12 月为深休眠期,在此之前于初休眠期用 100 mg/L 的赤霉素处理可打破休眠、提高发芽率,促进伸长,提早开花。

(2)代替低温促进开花 夏季休眠的球根花卉,花芽形成后需要低温使花茎完成伸长准备。赤霉素常用作部分代替低温的生长调节剂。

郁金香需在雌蕊分化后经过低温诱导方可伸长开花。促成栽培时栽种已经过低温冷藏的鳞茎,待株高达 7~10 cm 时,由叶丛中心滴入 400 mg/L 的赤霉素液 0.5~1 mL,这种处理对需低温期长的品种,以及在低温处理不充分的情况下效果更为明显,赤霉素起了弥补低温量不足的作用。

(3)加速生长促进开花 山茶花在初夏停止生长,进行花芽分化,其花芽分化非常缓慢,持续时间长。如用 500~1 000 mg/L 的赤霉素点涂花蕾,每周 2 次,半个月后即可看出花芽快速生长,同时结合喷雾增加空气湿度,可很快开花。蟹爪莲花芽分化后,用 20~50 mg/L 的赤霉素喷射能促进开花。用 100~500 mg/L 的赤霉素涂在君子兰、仙客来、水仙的花茎上,能加速花茎伸长。

(4)延迟开花 2.4-D 对花芽分化和花蕾的发育有抑制作用。菊花在花蕾期喷 0.01 mg/L 的 2.4-D 可保持初开状态,喷 0.1 mg/L 的花蕾膨大,不开放,而对照不喷的菊花已开花。

(5)加速发育 用 100 mg/L 的乙烯利 30 mL 浇于凤梨的株心,能使其提早开花。天竺葵生根后,用 500 mg/L 的乙烯利喷 2 次,第 5 周喷 100 mg/L 的赤霉素,可使提前开花并增加花朵数。

(6)调节衰老延长寿命 切花离开母体后由于水分、养分和其他必要物质失去平衡而加速衰老与凋萎。在含有糖、杀菌剂等的保鲜液中,加入适宜的生长调节剂,有增进水分平衡、抑制乙烯释放等作用,可延长切花的寿命。例如 6-苄基腺嘌呤(BA)、激动素(KT)应用于月季花、球根鸢尾、郁金香、花烛、非洲菊保鲜液;赤霉素(GA₃)可延长紫罗兰切花寿命;B₉对金鱼草、香石竹、月季花均有效;矮壮素(CCC)对唐菖蒲、郁金香、香豌豆、金鱼草、香石竹、非洲菊等也可延长切花寿命。

5.2.4　利用修剪技术

（1）剪截　剪截主要是指用于促使开花,或以再度开花为目的。在当年生枝条上开花的花木用剪截法控制花期,在生长季节内,早剪截使早长新枝的早开花,晚剪截则晚开花。月季、大丽花、丝兰、盆栽金盏菊等都可以在开花后剪去残花,再给以水肥,加强养护,使其重新抽枝、发芽开花。

（2）摘心　摘心主要用于延迟开花。延迟的日数依植物种类、摘取量的多少、季节而有不同。常用摘心方法控制花期的有一串红、康乃馨、大丽花等。如一串红在国庆节开花的修剪技术。一串红可于4—5月播种繁殖,在预定开花期前100~120 d定植。当小苗高约6 cm时进行摘心,以后可根据植株的生长情况陆续摘心2~3次。在预定开花前25 d左右进行最后一次摘心,到"十一"会如期开花。荷兰菊在9月10日左右进行摘心,"十一"即能开花。

（3）摘叶　摘叶是促其进入休眠,或促使其重新抽枝,以提前或延迟开花。如白玉兰在初秋进行摘叶迫使其休眠,然后再进行低温、加温处理,促使其提早开花。紫茉莉花在春发后,可将叶摘去,促使其抽生新枝,以延迟开花。此外,剥去侧芽、侧蕾,有利于主芽开花;摘除顶芽、顶蕾,有利于侧芽、侧蕾生长开花等。

5.2.5　控制育苗时间

不需要特殊环境诱导,在适宜的环境条件下,只要生长到一定大小就可开花的种类,可以通过改变育苗期或播种期来调节开花期。多数一年生草本花卉属于日中性花卉,对光周期时数没有严格要求,在温度适宜生长的地区或季节采用分期播种、育苗,可在不同时期开花。如果在温室提前育苗,可提前开花,秋季盆栽后移入温室保护,也可延迟开花。翠菊的矮生品种于春季露地播种,6—7月开花;7月播种,9—10月开花;温室2—3月播种,则5—6月开花等。一串红的生育期较长,春季晚霜后播种,可于9—10月开花;2—3月在温室育苗,可于8—9月开花;8月播种,入冬后上盆,移入温室,可于次年4—5月开花。

二年生草本花卉需要在低温下形成花芽和开花。在温度适宜的季节或冬季在温室保护下,也可调节播种期在不同时期开花。金盏菊自然花期4—6月,但春化作用不明显,可秋播、春播、夏播。从播种至开花约需60~80 d,生产上可根据气温及需要,推算播期。如自7—9月陆续播种,可于12月至次年5月先后开花。紫罗兰12月播种,5月开花;2—5月播种,则6—8月开花;7月播种,次年2—3月开花。

复习思考题

1.花期控制的意义有哪些?

2.花期调节需要掌握哪些基本理论知识? 光周期与花期控制有何关系?

3. 花期调控的主要方法有哪些？怎样进行调控？

4. 简述唐菖蒲、蒲包花在春节开花的促成栽培技术。

5. 简述菊花、九重葛在"十一"开花的促成栽培技术。

6. 简述牡丹在春节开花的花期调控技术。

7. 哪些激素对植物开花有调控作用？怎样调控？

8. 花期调控常用的修剪措施有哪些？

9. 如何通过调节育苗时间来调节花期？举例说明。

6 露地花卉生产技术

[本章导读]

　　露地花卉是园林中应用最广泛的花卉,它以其丰富的色彩,繁多的种类成为园林中重要的植物材料,常布置成花丛、花带、花坛、花境等多种形式。本章介绍了露地花卉生产的特点及露地花卉的栽培管理技术;主要介绍了20种常用露地一、二年生花卉、15种常用宿根花卉、8种常用球根花卉、12种露地木本花卉、4种常用水生花卉,掌握这些花卉的形态特点和生产栽培技术及园林应用。

6.1　露地花卉生产概述

　　露地花卉又称地栽花卉,是指在自然条件下,不需保护设施,即可完成全部生长过程的花卉。通常指一、二年生草花、宿根花卉、球根花卉及园林绿地栽植的各类木本花卉。花卉露地栽培是指将花卉直播或移栽到露地栽培的方式。

6.1.1　露地花卉生产的特点

　　(1)种类繁多,群体功能强　我国的自然气候分热带、亚热带、温带、寒带,所形成的露地栽培花卉种类繁多。在色彩上更是多种多样,可以满足多种要求。既可单株观赏,又可作为群体,成丛、成片种植,是布置花钵、花丛、花带、花坛、花境的良好材料。

　　(2)栽培容易,养护简单　露地花卉的繁殖、栽培大多没有特殊的要求,只要掌握好栽培季节和方法,均能成活。露地花卉对栽培条件适应性强,能自行调节水、肥、温、气栽培条件,依季节和天气的变化,对其进行必要的肥水管理即可正常生长和开花结果。但若要求定期开花或二次开花,则必须进行科学的修剪与抹芽,并配合适当的肥水措施,才能收到预期效果。

　　(3)成本低,收效快　露地花卉中的宿根花卉和球根花卉一次种植,可以连年多次开花,能长期展示观赏效果。成本低,收效快。一、二年生草本花卉春季播种,夏、秋季即可开花,一般种植后 2~3 个月即可收效。

6.1.2　露地花卉生产方式

露地花卉根据应用目的有两种生产方式：一种是按园林绿地的要求，在花坛、花池、花台、花境和花丛等地直播生产方式；另一种是圃地育苗生产方式。

（1）直播生产方式　将种子直接播种于花坛或花池内使其生长发育至开花的过程称直播生产方式。适用于主根明显、须根少、不耐移植的花卉。如虞美人、香豌豆、飞燕草、矢车菊、茑萝、凤仙花、花菱草等。

（2）育苗移栽方式　先在育苗圃地播种培育花卉幼苗，长至成苗后，按要求定植到花坛、花池或各种园林绿地中的过程，称育苗移栽方式。育苗移栽方式要选择主根、须根发达而且耐移栽的花卉种类，如万寿菊、一串红、孔雀草、三色堇、金盏菊、金鱼草等。近年来，人们在园林绿化种植中普遍采用穴盘育苗。穴盘苗移栽，成活率高，见效快，应用广泛。

6.1.3　露地花卉的栽培管理

1）整地作畦

播种或移植前，做好整地工作。整地深度视花卉种类及土壤状况而定。一、二年生花卉生长期短，根系较浅，为了充分利用表土的优越性，一般翻 20 cm 左右；球根花卉需要疏松的土壤条件，需翻 30 cm 左右。多年生露地木本花卉在栽植时，除应将表土深耕整平外，还需要开挖定植穴。大苗的穴深为 80~100 cm，中型苗木为 60~80 cm，小型苗木为 30~40 cm。

作畦方式，依地区及地势不同而有差别，通常有高畦和低畦之分。高畦多用于南方多雨地区及低湿之处，其畦面高于地面 20~30 cm，畦面两侧为排水沟，便于排水；低畦多用于北方干旱地区，畦两面有畦埂高出，能保留雨水及便于灌溉。

2）间苗

在育苗过程中，将过密苗拔去称为间苗，也称疏苗。种子撒播于苗床出苗后，幼苗密生、拥挤，茎叶细长、瘦弱，不耐移栽。所以当幼苗出芽、子叶展开后，根据苗的大小和生长速度进行间苗。

间苗时应去密留稀，去弱留壮，使幼苗之间有一定距离，分布均匀。间苗常在土壤干湿适度时进行，并注意不要牵动留下幼苗的根系。露地培育的花苗一般多间苗 2 次。第一次在花苗出齐后进行，每墩留苗 2~3 株，按已定好的株行距把多余的苗木拔掉；第二次间苗称定苗，在幼苗长出 3~4 片真叶时进行，除准备成丛培养的花苗外，一般均留一株壮苗，间下的花苗可以补栽缺株。对于一些耐移植的花卉，还可移植到其他圃地继续栽植。间苗后需对畦面进行一次浇水，使幼苗根系与土壤密接。

间苗后使得空气流通，光照充足，改善了苗木生长的环境条件，并可预防病虫害的发生；同时也扩大了幼苗的营养面积，使幼苗生长健壮。

3）移植与定植

露地花卉栽培中，除不宜移植而进行直播的种类外，大部分花卉均应先育苗，经几次移植，最后定植于花坛或绿地，包括一、二年生草花、宿根花卉以及木本花卉。

（1）移植　移植包括起苗和栽植两个过程。由苗床挖苗称起苗。若是幼苗和易移植成活的大苗可以不带土；若是较大花苗和移植难以成活而又必须移植的花苗须带土移植。移植时可在幼苗长出4～5枚真叶或苗高5 cm时进行，栽植时要使根系舒展，不卷曲，防止伤根。不带土的应将土壤压紧，带土的压时不要压碎土团。种植深度可与原种植深度一致或再深1～2 cm。移植时要掌握土壤不干不湿。避开烈日、大风天气，尽量选择阴天或下雨前进行。若晴天可在傍晚进行，移植后需遮阳管理，减少蒸发，以缩短缓苗期，提高成活率。

（2）定植　将幼苗或宿根花卉、木本花卉，按绿化设计要求栽植到花坛、花境或其他绿地称为定植。定植前要根据花卉的要求施入肥料。一、二年生草花生长期短，根系分布浅，以壤土为宜。宿根花卉和木本花卉要施入有机肥，可供花卉生长发育吸收。定植时要掌握好苗木的株行距，不能过密，也不能过稀，按花冠幅度大小配置，以达到成龄花株的冠幅互相能衔接又不挤压为度。

4）水肥管理

（1）灌溉与排水　灌溉用水以清洁的河水、塘水、湖水为好。井水和自来水可以贮存1～2 d后再用。新打的井，用水之前应经过水样化验，水质呈碱性或含盐质，已被污染的水不宜应用。

灌溉的次数、水量及时间主要根据季节、天气、土质、花卉种类及生长期等不同而异。春、夏季气温渐高，蒸发量大，北方雨量比较稀少，植物在生长季节，灌水要勤，且量要大，尤其对刚移植后的幼苗和一、二年生草花及球根花卉，灌溉次数应较非移植的和宿根花卉为多。就宿根花卉而言，幼苗期要多浇水，但定植后管理可较粗放，肥水要减少。立秋后，气温渐低，蒸发量小，露地花卉的生长多已停止，应减少灌水量，如天气不太干旱，一般不再灌水。冬季除一次冬灌外，一般不再进行灌溉。同一种花卉不同的生长发育阶段，对水分的需求量也不同，种子发芽前后浇水要适中；进入幼苗生长期，应适度减少浇水量，进行扣水蹲苗，利于孕蕾并防止徒长；生长盛期和开花盛期要浇足水；花前应适当控水；种子形成期，应适当减少浇水量，以利于种子成熟。

灌溉时间因季节而异。夏季为防止因灌溉而引起土壤温度骤降，伤害苗木的根系，常在早晚进行，此时水温与土温相近。冬季宜在中午前后。春、秋季视天气和气温的高低，选择中午和早晚。如遇阴天则全天都可以进行灌溉。

灌溉方法因花株大小而异。播种出土的幼苗，一般采用小水漫灌法，使耕作层吸足水分；也可用细孔喷水壶浇灌，要避免水的冲击力过大，冲倒苗株或溅起泥浆玷污叶片。对夏季花圃的灌溉，有条件的可采用漫灌法，灌一次透水，可保持园地湿润3～5 d。也可用胶管、塑料管引水灌溉。大面积的圃地与园地的灌溉，需用灌溉机械进行沟灌、漫灌、喷灌或滴灌。

（2）施肥　花卉在生长发育过程中，植株从周围环境吸收大量水分和养分，所以必须向土壤施入氮、磷、钾等肥料来补充养料，满足花卉的需要。施肥的方法、时期、种类、数量与花卉种类、花卉所处的生长发育阶段、土质等有关。通常施肥分为以下几种。

①基肥：基肥也称底肥。选用厩肥、堆肥、饼肥、河泥等有机肥料加入骨粉或过磷酸钙作基肥，整地时翻入土中。有的肥料如饼肥、粪干有时也可进行沟施或穴施。这类肥料肥效较长，还

能改善土壤的物理和化学性能。

②追肥：追肥是补充基肥的不足，在花卉的生长、开花、结果期，定期追施充分腐熟的肥料，及时有效地补给花卉所需养分，满足花卉不同生长、发育时期的特殊要求。追肥的肥料可以是固态的，也可以是液态的。追施液肥，常在土壤干燥时，结合浇水一起进行。一、二年生花卉所需追肥次数较多，可 10 ~ 15 d/次。

③根外追肥：根外追肥即对花卉枝、叶喷施营养液，也称叶面喷肥。当花卉急需养分补给或遇上土壤过湿时，可采用根外追肥。营养液中，养分的含量极微，很易被枝、叶吸收，此法见效快，肥料利用率高。将尿素、过磷酸钙、硫酸亚铁、硫酸钾等，配成 0.1% ~ 0.2% 的水溶液，在无风或微风的清晨、傍晚或阴天喷施于叶面。要将叶的正反两面全喷到，雨前不能喷施。一般每隔 5 ~ 7 d 喷 1 次。根外追肥与根部施肥相结合，才能获得理想的效果。

一般花卉在幼苗期吸收量少，在中期茎叶大量生长至开花前吸收量呈直线上升，一直到开花后才逐渐减少。准确施肥还取决于气候、管理水平等。施用时不能玷污枝叶，要贯彻"薄肥勤施"的原则，切忌施浓肥。

水、肥管理对花卉的生长发育影响很大，只有合理地进行浇水、施肥，做到适时、适量，才能保证花卉健壮地生长。

5) 中耕除草

中耕除草的作用在于疏松表土，减少水分蒸发，增加土温，增强土壤的通透性，促进土壤中养分的分解，以及减少花、草争肥而有利于花卉的正常生长。雨后和灌溉之后，没有杂草也需要及时进行中耕。苗小中耕宜浅，以后可随着苗木的生长而逐渐增加中耕深度。

6) 修剪与整形

通过修剪与整形可使花卉植株枝叶生长均衡，协调丰满，花繁果硕，有良好的观赏效果。修剪包括摘心、抹芽、剥蕾、折枝捻梢、曲枝、短截、疏剪等。

(1)摘心　摘心是指摘除正在生长的嫩枝顶端。摘心可以促使侧枝萌发，增加开花枝数，使植株矮化，株形圆整，开花整齐。摘心也有抑制生长，推迟开花的作用。需要进行摘心的花卉有一串红、万寿菊、千日红等。但以下几种情况不宜摘心，如植株矮小、分枝又多的三色堇、石竹等，主茎上着花多且朵大的球头鸡冠花、凤仙花等，以及要求尽早开花的花卉。

(2)抹芽　抹芽是指剥去过多的腋芽或挖掉脚芽，限制枝数的增加或过多花朵的发生，使营养相对集中，花朵充实，花朵大，如菊花、牡丹等。

(3)剥蕾　剥蕾是指剥去侧蕾和副蕾，使营养集中供主蕾开花，保证花朵的质量，如芍药、牡丹、菊花等。

(4)折枝捻梢　折枝是将新梢折曲，但仍连而不断；捻梢指将梢捻转。折枝和捻梢均可抑制新梢徒长，促进花芽分化。一些蔓生藤本花卉常采用这种作法，如牵牛、茑萝等常用此方法修剪。

(5)曲枝　曲枝是指为使枝条生长均衡，将生长势过旺的枝条向侧方压曲，将长势弱的枝条顺直，可得抑强扶弱的效果，如大立菊、一品红等。木本花卉用细绳将枝条拉直、向左或向右方向拉平，使枝条分布均匀，如金橘、代代、佛手等。

(6)疏剪　疏剪是指剪除枯枝、病弱枝、交叉枝、过密枝、徒长枝等，以利通风透光，且使树体造型更加完美。

（7）短截　短剪分重剪和轻剪。重剪是剪去枝条的2/3,轻剪是将枝条剪去1/3。月季、牡丹冬剪时常用重剪方法,生长期的修剪多采用轻剪。

7) 越冬防寒

我国北方冬季寒冷,冰冻期又长,露地生长的花卉采取防寒措施才能安全越冬。

（1）覆盖法　霜冻到来之前,在畦面上覆盖干草、落叶、马粪、草帘等,直到翌年春季。

（2）培土法　冬季将地上部分枯萎的宿根、球根花卉或部分木本花卉,壅土压埋或开沟压埋待春暖后,将土扒开,使其继续生长。

（3）灌水法　冬灌能减少或防止冻害,春灌有保温、增温效果。由于水的热容量大,灌水后能提高土的导热量,使深土层的热量容易传导到土面,从而提高近地表空气温度。

（4）包扎法　一些大型露地木本花卉常用草或薄膜包扎防寒。

（5）浅耕法　浅耕可降低因水分蒸发而产生的冷却作用,同时因土壤疏松,有利于太阳热的导入,对保温和增温有一定效果。

6.2　一、二年生花卉生产

在露地花卉中,一、二年生花卉对栽培管理条件要求比较严格,在花圃中要选择土壤、灌溉和管理条件最优越的地段。

1) 一、二年生露地花卉的分类

通常在栽培中所说的一、二年生露地花卉包括三大类:一类是一年生花卉,这类花卉一般在一个生长季内完成其生活史,通常在春天播种,夏秋开花结实,然后枯死,如鸡冠花、百日草等;一类是二年生花卉,在两个生长季内完成其生活史,通常在秋季播种,次年春夏开花,如须苞石竹、紫罗兰等;还有一类是多年生作一、二年生栽培的花卉,其个体寿命超过2年,能多次开花结实,但在人工栽培的条件下,第二次开花时株形不整齐,开花不繁茂,因此常作一、二年生花卉栽培,如一串红、金鱼草、矮牵牛等。

2) 一、二年生花卉的播种时期

一、二年生花卉,以播种繁殖为主,播种时期因地而异。一年生花卉,又名春播花卉,多原产热带和亚热带,耐寒力不强,遇霜即枯死,通常于春季晚霜后播种。我国南方一般在2月下旬到3月上旬播种,北方则在4月上、中旬播种。此外,为提早开花,往往在温室或冷床中提前播种,晚霜过后再移植于露地。二年生花卉耐寒力较强,华东地区不加防寒保护即可越冬,北方华北地区多在冷床中越冬。二年生花卉秋播,要求在严冬到来之前,在冷凉、短日照气候条件下,形成强健的营养器官,次年春天开花。二年生花卉秋播时间因南北地区不同而异,南方较迟,约在9月下旬到10月上旬;北方早些,约在9月上旬至中旬。而在一些冬季特别寒冷的地区,二年生花卉皆春播。另外,一些露地二年生花卉在冬季严寒到来之前,地尚未封冻时进行播种,华北地区一般在11月下旬进行,使种子在休眠状态下越冬,并经冬春低温完成春化阶段,如锦团石竹、福禄考等。还有一些直根性的二年生花卉亦属此类,如飞燕草、虞美人、矢车菊等。初冬直播在观赏地段,不用移植,如冬季未能播种,也可在早春地面解冻约10 cm时进行播种,早春的低温尚可满足其春化的要求,但不如冬播生长良好。

3) 栽培过程

一年生花卉:整地作床→播种→间苗→移植→(摘心)→定植→管理(同露地花卉管理)

二年生花卉:整地作床→播种→间苗→移植→越冬→移植→(摘心)→定植→管理(同露地花卉管理)

一二年生草花 1

6.2.1 矮牵牛 *Petunia hybrida Vilm* (图 6.1)

图 6.1 矮牵牛

别名:碧冬茄、番薯花。茄科,矮牵牛属。

1) 形态特征

株高 30~60 cm,茎稍直立或匍地生长,全身被短毛。上部叶对生,中下部互生,卵圆形,先端尖,全缘。花单生于枝顶或叶腋,花冠喇叭状,花径 5~6 cm,花筒长 6~7 cm,花色丰富,有白、粉、红、雪青等;有一花一色的,也有一花双色或三色的。花萼 5 深裂,雄蕊 5 枚。蒴果卵形,成熟后呈两瓣裂。种子细小,千粒重 0.16 g,种子寿命 3~5 年。花期长,北方可从 4 月开到 10 月,南方冬季亦可开花。

2) 类型及品种

常见栽培品种有:单瓣大花类,如苹果花(*Appleblossom*)、蓝霜(*Blue Frost*)、红瀑布(*Red Cascade*)、狂欢之光(*Razzle Dazzle*);单瓣多花种,如夏季之光(*Summer Sun*);重瓣多花种,如蓝色多瑙河(*Blue Danube*);矮生种,如超红(*Ultra Red*)、超粉(*Ultra Pink*)。

株型有高(40 cm 以上)、中(20~30 cm)、矮丛(低矮多分枝)、垂枝型,花色有白、粉、红、紫、堇至近黑色以及各种斑纹。

3) 产地与生态习性

原产南美,是由南美的野生种经杂交培育而成。性喜温暖怕寒,耐暑热,在干热的夏季也能正常开花。最适生长温度,白天 27~28 ℃,夜间 15~17 ℃,喜阳光充足,耐半荫,忌雨涝,需疏松肥沃的微酸性土壤。

4) 生产栽培技术

(1) 繁殖技术 有播种和扦插两种方法。以播种繁殖为主,可春播也可秋播。露地春播在 4 月下旬进行,如欲提早开花需提前在温室内盆播。秋播通常于 9 月进行。矮牵牛种子细小,播种应精细,用育苗盘播种,应先将床土稍压实刮平,用喷壶浇足底水,播后覆细土 0.2~0.3 cm,并覆盖地膜,一般播种量 1.5~2 g/m²。地温控制在 20~24 ℃,白天气温 25~30 ℃,5 d 左右齐苗,出苗后及时揭去地膜,当有 1 片真叶时就应移植。终霜后定植露地或上盆。

重瓣或大花不易结实品种采用扦插繁殖,5—6 月和 8—9 月扦插成活率较高。采插条的母株应将老枝剪掉,利用根际处新萌出来的嫩枝作插穗较好。在 20~23 ℃,15~20 d 即可生根。扦插繁殖还利于保持优良品种特性。为保存大花重瓣优良品种的繁殖材料,每年秋季花谢后,应挖一部分老株放入温室贮存越冬。

（2）栽培管理技术 矮牵牛根系受伤后恢复较慢,故在移苗定植时应多带土团,最好采用营养袋育苗,脱袋定植。露地定植株距为 30～40 cm,对主茎应进行摘心,促使侧枝萌发,增加着花部位。矮牵牛常见病害有白霉病、叶斑病、病毒病等,白霉病和叶斑病可用 75% 百菌清 700～800 倍水溶液喷洒防治,及时清除发病严重的病株。病毒病主要由于媒介昆虫(蚜虫)、汁液接触、种子或土壤传毒。高温干旱利于发病,要及时消灭媒介昆虫(蚜虫),可在蚜虫发生期喷洒 10% 吡虫啉可湿性粉剂 1 000 倍液。另外预防人为接触传播,加强栽培管理,促进植株生长健壮,减少发病和降低传病率,减轻危害。

5）园林应用

矮牵牛花大,色彩丰富,花期长,夏季仍开花不断,是目前最为流行的花坛和种植钵花卉之一。目前流行的品种一般均为 F_1 代杂交种,品种极为丰富。大花重瓣品种多用作盆栽造型。长枝种还可作为窗台、门廊的垂直美化材料。种子入药,有驱虫之功效。

6.2.2 一串红 Salvia splendens Ker-Gawl.（图 6.2）

别名:墙下红、撒尔维亚、爆竹红。唇形科、鼠尾草属。

1）形态特征

在华南露地栽培的可多年栽培和生长,呈亚灌木状。生产栽培多进行一年生栽培。全株光滑,株高 30～80 cm,茎四棱形,幼时绿色,后期呈紫褐色,基部半木质化。叶卵形或三角状卵形,对生,有长柄。轮伞状花序,密集成串着生,每序着花 4～6 朵。花冠唇形,伸出萼外,花萼钟状,和花冠同为红色。小坚果卵形,似鼠粪,黑褐色,千粒重 2.8 g,种子寿命 1～4 年。

图6.2 一串红

2）类型及品种

同属常见栽培的还有以下几种:

（1）朱唇（*S. coccinea*） 别名红花鼠尾草。原产北美南部,多作一年生栽培。花萼绿色,花冠鲜红色,下唇长于上唇两倍,自播繁衍,栽培容易。

（2）一串紫（*S. horminum*） 原产南欧,一年生草本。具长穗状花序,花小,紫、雪青等色。

（3）一串蓝（*S. farinacea*） 别名粉萼鼠尾草。原产北美南部,在华东地区多作多年生栽培,华北作一年生栽培。花冠青蓝色,被柔毛。此外还有一串粉、一串白。

3）产地与生态习性

原产于南美巴西。性喜温暖湿润气候,不耐寒,怕霜冻。最适生长温度 20～25 ℃。喜阳光充足环境,但也能耐半荫。幼苗忌干旱又怕水涝。对土壤要求不严,在疏松而肥沃的土壤上生长良好。

4）生产栽培技术

（1）繁殖技术 采用播种、扦插和分株等方法繁殖。分批播种可分期开花,北京地区"五一"用花需秋播,10月上旬假植在温室内,不断摘心,抑制开花,于"五一"前25～30 d,停止摘心,"五一"繁花盛开。"十一"用花,早春2月下旬或3月上旬在温室或阳畦播种,冬季温室播种育苗,4月栽入花坛,5月可开花;3月露地播种,可供夏末开花。播种量15～20 g/m²,播后覆细土1 cm。

　　为加大花苗繁殖量,从4—9月可结合摘心剪取枝条先端5～6 cm的枝段进行嫩枝扦插,10 d左右生根,30 d就可分栽。

　　(2)栽培管理技术　　一串红对水分要求较为严格,苗期不能过分控水,不然容易形成小老苗,水分也不宜过多,否则会导致叶片脱落。育苗移栽的需带土球,无论地栽或盆栽,当幼苗高10 cm时留2片叶摘心,促使萌发侧枝。以后再长出4枚叶片再行摘心,反复摘心,摘心约25 d后即可开花,故可通过摘心控制花期。生长期施用1 500倍的硫酸铵以改变叶色。花前追施磷肥,开花尤佳。一串红苗期易得猝倒病,育苗时应注意预防。育苗前用50%多菌灵或50%福美双可湿性粉剂500倍液对土壤进行浇灌灭菌,出苗后,向苗床喷施50%多菌灵可湿性粉剂800倍液,每隔7～10 d喷1次,连喷2～3次。

5)园林应用

　　一串红可单一布置花坛、花境或花台,也可作花丛和花群的镶边。盆栽后是组设盆花群不可缺少的材料,可与其他盆花形成鲜明的色彩对比。全株均可入药,有凉血消肿的功效。还是一种很好的抗污花卉,对硫、氯的吸收能力较强,但抗性弱,所以既是硫和氯的抗性植物,又是二氧化硫、氯气的监测植物。

6.2.3　万寿菊 Tagetes erecta L.（图6.3）

　　别名:臭芙蓉、蜂窝菊、臭菊。菊科、万寿菊属。

图6.3　万寿菊

1)形态特征

　　茎粗壮而光滑,株高30～60 cm,全株具异味,叶对生或互生,单叶羽状全裂。裂片披针形,具锯齿,裂片边缘有油腺点,有强臭味,因此无病虫。头状花序着生枝顶,黄或橘黄色。舌状花有长爪,边缘皱曲。总花梗肿大,瘦果线性,种子千粒重3 g。

2)类型及品种

　　目前市场流行的万寿菊品种多为 F_1 代杂交种,包括两大类:一类为植株低矮的花坛用品种;一类为切花品种。花坛用品种植株高度通常在40 cm以下,株形紧密,既有长日照条件下开花的品种,如万夏系列、四季系列、丽金系列;也有短日照品种,如虚无系列。切花品种一般植株高大,株高60 cm以上,茎杆粗壮有力,花径10 cm以上,多为短日照品种,如欢呼系列、英雄系列、明星系列、丰富系列等。

3）产地与生态习性

原产墨西哥,我国南北均可栽培。喜温暖,稍耐早霜,要求阳光充足,在半荫处也可开花。抗性强,对土壤要求不严,适宜 pH 值为 5.5～6.5。耐移植,生长迅速,病虫害少。

4）生产栽培技术

(1)繁殖技术　采用播种和扦插法繁殖。万寿菊一般春播 70～80 d 即可开花,夏播 50～60 d 即可开花。可根据需要选择合适的播种日期。早春在温室中育苗可用于"五一"花坛,夏播可供"十一"用花。播种量 15～20 g/m²,覆土 0.8～1.0 cm,温度控制在 20 ℃左右。真叶 2～3 枚时,经一次移植,具 5～6 对叶片时可定植。扦插繁殖,在 6—7 月采取嫩枝长 5～7 cm 扦插,略遮阳,极易成活。2 周生根,1 个月可开花。

(2)栽培管理技术　万寿菊适应性强,在一般园地上均能生长良好,极易栽培。苗高 15 cm 可摘心促分枝。对土壤要求不严,栽植前结合整地可少施一些薄肥,以后不必追肥。开花期每月追肥可延长花期,但注意氮肥不可过多。常有蚜虫为害,可用烟草水 50～100 倍液或抗蚜威 2 000～3 000 倍液防治。

5）园林应用

万寿菊花大色美,花期长,其中矮生品种最适宜布置花坛或花丛、花境,还可作吊篮、种植钵;高生品种花梗长,切花水养持久。抗二氧化硫及氟化氢性能强,同时也能抗氮氧化物、氯气等有害气体,也能吸收一定量的铝蒸气,是工厂抗污染花卉。

6.2.4　大花三色堇 Viola tricolor L. var.hortensis DC. (图 6.4)

别名:蝴蝶花、猫儿脸、鬼脸花。堇菜科、堇菜属。

1）形态特征

株高 15～25 cm,全株光滑,分枝多。叶互生,基生叶卵圆形,有叶柄;茎生叶披针形,具钝圆状锯齿。花顶生或腋生,挺立于叶丛之上;花瓣 5 片,上面 1 片先端短钝,下面的花瓣有腺形附属体,并向后伸展,状似蝴蝶,花色绚丽,每花有黄、白、蓝三色,花瓣中央还有一个深色的"眼"状斑纹。除一花三色外,还有纯黄、纯蓝、纯白、褐、红色。蒴果椭圆形,呈三瓣裂。种子倒卵形,果熟期 5—7 月,千粒重 1.16 g,种子寿命 2 年。花期通常为 4—6 月,南方可在 1—2 月开花。

2）类型及品种

目前常见栽培的有杂种 1 代和杂种 2 代品种。同属种类有香堇菜(*V. odorata*),花有深紫、淡紫、粉红和白色,有芳香;乌足堇菜(*V. pedata*),矮生,花紫色。

图 6.4　大花三色堇

3）产地及生态习性

原产南欧,喜冷凉气候条件,较耐寒而不耐暑热,为二年生花卉中最为耐寒的品种之一。要求适度阳光照晒,略耐半荫。要求肥沃湿润的沙质土壤,在瘠薄的土壤上生长发育不良。

4)生产栽培技术

(1)繁殖技术　通常进行秋播,8—9月间播种育苗,可供春季花坛栽植,南方可供春节观花,目前多采用温室育苗。温室中用育苗盘播种,覆土0.6~1 cm,控制地温18 ℃左右,7 d左右出苗。3~4枚真叶时移栽。北京地区秋播后可在阳畦越冬,供"五一"花坛用花。夏初也可剪取嫩枝扦插,供秋季花坛用花。夏季凉爽的地区老株如能安全度夏,秋后可分株移栽于温室,越冬后再栽入花坛。

(2)栽培管理技术　三色堇喜肥,种植前需精细整地并施入大量有机肥料作基肥,生长期间则应做到薄肥勤施。起苗移植多带土团,南方于11月上旬移植,做好越冬保护工作,可望2—3月开花;北方3—4月间定植,4月中、下旬即可开花。栽植后经常保持土壤湿润,但要注意排水防涝。

三色堇耐半荫,在北方炎夏干燥的气候和烈日下往往开花不良,为此常栽植于有疏荫花境或花带中,或植入树坛和林间隙地。

三色堇生长期间,有时会发生蚜虫危害,可喷施10%吡虫林2 000~3 000倍的溶液防治。

5)园林应用

三色堇花期长,色彩丰富,株型矮,常用于花坛、花境及镶边,或用不同花色品种组成图案式花坛。可以和其他开花较晚的花卉间种套作,如与大花美人蕉套作,可提高绿化效果。也可盆栽及作切花。

6.2.5　鸡冠花 Celosia cristata L. (图6.5)

别名:红鸡冠、鸡冠苋。苋科、青葙属。

图6.5　鸡冠花

1)形态特征

株高30~50 cm,茎直立,上部有棱状纵沟,少分枝;单叶互生,卵形或线状披针形,全缘,有红、红绿、黄、黄绿等色,叶色与花色常有相关性。穗状花序单生茎顶,花序梗扁平肉质似鸡冠,中下部集生小花;花萼膜质,5片,上部花退化,但密被羽状苞片;花萼及苞片有白、黄、红黄、橙、淡红、红和玫瑰紫等色。胞果卵形,种子细小,亮黑色,千粒重0.85 g。

2)类型及品种

鸡冠花园艺变种、变型很多。按花型分为头状和羽状,按高矮分为高型鸡冠(80~120 cm)、中型鸡冠(40~60 cm)、矮型鸡冠(15~30 cm)。同属常见栽培的有青葙(C. argentea):高60~100 cm,茎紫色,叶晕紫,花序火焰状,紫红色。性极强健,适宜任何土壤。

3)产地及生态习性

原产印度,我国广泛栽培。喜光,喜炎热干燥的气候,不耐寒,不耐涝,喜肥沃湿润的沙质壤土,可自播繁衍。

4)生产栽培技术

(1)繁殖技术 均采用播种繁殖。露地播种期为4—5月,3月可播于温床。因种子细小,覆土宜薄,白天保持21 ℃以上,夜间不低于12 ℃,约10 d出苗。直根性,4～5枚叶时即可移植。

(2)栽培管理技术 鸡冠花忌水涝,但在生长期间特别是炎热夏季,需充分灌水。常用草木灰、油粕、厩肥作基肥。苗期不宜施肥,因为多数品种腋芽易萌发侧枝,一经施肥,侧枝生长苗壮,会影响主枝发育。到鸡冠形成后,可施薄肥,促其生长。如要欣赏主枝花序,则要摘除全部腋芽;如要欣赏丛株,则要保留腋芽,不能摘心。苗期极易感染猝倒病,播前用40%福尔马林200倍液处理土壤,发病期喷施和浇灌50%福美双500倍液可抑制此病发生。

鸡冠花为异花授粉植物,品种及各种之间极易天然杂交,而致性状混杂,留种栽培必须重视隔离工作。种子品质以中央花序的中下部为佳。

5)园林应用

鸡冠花花序形状奇特,色彩丰富,花期长,植株又耐旱,适用于布置秋季花坛、花池和花境,也可盆栽或作切花,水养持久,制成干花,经久不凋。对二氧化硫抗性强。鸡冠花的花序、种子都可入药,茎叶可作蔬菜。

6.2.6 百日草 Zinnia elegans Jecq. (图6.6)

别名:百日菊、步步高、对叶梅、节节高。菊科、百日草属。

1)形态特征

茎直立,株高40～120 cm,茎杆有毛,侧枝呈杈状分枝。叶无柄、卵形至椭圆形,抱茎对生。夏秋开花,头状花序单生枝顶,花径约10 cm,花梗甚长;舌状雌花倒卵形,顶端稍向后翻转,管状两性花上端有5浅裂;花有白、黄、红、紫等色。瘦果,种子千粒重7.3 g。

2)类型及品种

常见栽培品种多为 F_1 代,花有钮扣、鸵羽、大丽花等不同花型;有高、中、矮株型,有斑纹等各种花色。园林中栽培的同属花卉有:

(1)小百日草(*Z. haageana*) 一年生,高20～30 cm,多分枝。枝叶均极细致,叶阔披针形。头状花序小,径2.5～4.0 cm;舌状花单轮,黄橙色,瓣端及基部色略深,中盘花突起,花开后转暗褐色。株型散,不整齐。温度22 ℃生长极快,45 d可开花。适宜大面积种植。

(2)细叶百日草(*Z. linearis*) 一年生,高30～40 cm,多分枝。叶线状披针形。花径4～5 cm,舌状花单轮,浓黄色,瓣端带桔黄色,中盘花不突起,也为黄色。其枝叶纤细,紧密丛生,尤

图6.6 百日草

其在生长后期,仍保持整齐的株型和繁茂的花朵。是优美的花坛、花境材料,可作小面积的地被植物。

3)产地及生态习性

百日草原产墨西哥,性强健,耐干旱喜阳光,喜肥沃深厚的土壤,忌酷暑。在夏季阴雨、排水不良的情况下生长不良。

4)生产栽培技术

（1）繁殖技术　以播种繁殖为主,华北地区多在4月中旬于露地苗床播种,播后7 d可出齐。若用于"五一"布置花坛,可在温室育苗。播后覆盖地膜,控制地温20 ℃左右,出苗后及时揭去地膜,白天气温控制25～30 ℃,夜间12～15 ℃。2～3片真叶时即可移植。百日草也可利用夏季侧枝扦插繁殖,但因气温过高,且多阵雨,应注意防护遮荫。

（2）栽培管理技术　百日草温室育苗时,在幼苗生长后期,为防止徒长,一是适当降低温度,加大通风量;二是保证有足够的营养面积;三是摘心,促使腋芽生长,一般在株高10 cm时,留下2～4对真叶摘心。要想使植株低矮而开花,常在摘心后腋芽长至3 cm左右时喷矮化剂,进而提高观赏价值。定植前5～7 d放大风炼苗以适应露地环境条件。百日草侧根少,移植后恢复慢,应于苗小时定植。若大苗时再行移植,常导致下部枝叶干枯而影响观赏。百日草虽花期长,但后期植株生长势衰退,茎叶杂乱,花径小而瓣小,故欲供秋季花坛布置,常作夏播,并摘心1～2次。花后剪去残花,可减少养分消耗,促使多抽花蕾,且枝叶整齐,利于观赏。百日草易患黑斑病,栽植时密度要适当,避免连作;播前要进行种子消毒;发病初期用50%代森锌500倍液或80%万生可湿性粉剂600倍液喷雾。喷药时,要特别注意叶背面喷匀。

5)园林应用

百日草生长迅速,花色繁多艳丽,是炎夏园林中的优良花卉,可布置花坛、花境。百日草也是优良的切花材料。对二氧化硫的抗性强,对氯气、氟化物、氮氧化物等也有一定抗性。

6.2.7　翠菊 Callistephus chinensis Nees.（图6.7）

别名:江西腊、蓝菊、七月菊。菊科、翠菊属。

1)形态特征

茎直立,株高30～90 cm,茎有白色糙毛。叶互生,广卵形至三角状卵圆形。中部叶卵形或匙形,具不规则粗钝锯齿,头状花序单生枝顶,花径3～15 cm。总苞片多层,苞片叶状;盘缘舌状花,色彩丰富,盘心筒状花黄色。花期7—10月。瘦果,种子楔形,浅褐色,种子千粒重3.4～4.4 g。

2)类型及品种

翠菊栽培品种丰富,花型有平瓣类和卷瓣类,有多个花型:单瓣型、芍药型、菊花型、放射型、托桂型、驼羽型等。花色分为:绯红、桃红、橙红、粉红、浅红、紫、黑紫、蓝、白、乳白、乳黄、浅黄等。

图6.7　翠菊

株型有:直立型、半直立型、分枝型和散枝型等。株高有矮型(30 cm 以下)、中型(30~50 cm)、高型(50 cm 以上)。花期 8—11 月,分为早花、中花和晚花 3 种类型。

3)产地及生态习性

翠菊原产我国东北、华北以及四川、云南各地。喜凉爽气候,但不耐寒,怕高温。白天最适宜生长温度 20~23 ℃,夜间 14~17 ℃。要求光照充足。喜适度肥沃、潮湿而又疏松的沙质土壤。忌涝,浅根性,不宜连作。

4)生产栽培技术

(1)繁殖技术 采用播种繁殖,出苗容易。春、夏、秋均可播种,播种期因品种和应用的目的而不同。2—3 月在温室播种,5—6 月开花;4—5 月在露地播种,6—7 月开花;7 月上旬播种,可在"十一"开花;8 月上中旬播种,冷床越冬,翌年"五一"开花。播种覆土 0.5~1.0 cm,温度控制在 18~21 ℃,3~6 d 发芽。

(2)栽培管理技术 幼苗有 2~3 片真叶时移植,有条件的应早移植以减少伤根,当有 8~10 片真叶时定植。翠菊为浅根性植物,生长期应经常灌溉。喜肥,栽植地应施足基肥,生长期半月追肥 1 次。忌连作,需隔 4~5 年才能再栽,也不宜与其他菊科花卉连作。翠菊一般不需要摘心。为了使主枝上的花序充分表现出品种特征,应适当疏剪一部分侧枝,每株保留花枝 5~7 个。忌涝,如栽培场所湿度过大,通风较差,易患锈病、斑枯病和立枯病等。可用 10% 抗菌剂 401 醋酸溶液 1 000 倍液喷洒防治。

5)园林应用

翠菊品种多,花色鲜艳多样,花型多变,姿色美,观赏效果可与菊花媲美。矮生种用于花坛、盆栽,中高型品种适于各种类型的园林布置。翠菊是很好的切花材料,花梗长且坚挺,水养时间长,是氯气、氟化氢和二氧化硫的监测植物。

6.2.8 千日红 Gomphrena globosa L.(图 6.8)

别名:火球花、红光球、千年红。苋科、千日红属。

1)形态特征

一年生直立草本,株高 20~60 cm。全株密被灰白色柔毛。茎粗壮,有沟纹,节膨大,多分枝,单叶互生,椭圆或倒卵形,全缘,有柄;头状花序单生或 2~3 个着生枝顶,花小,每朵小花外有 2 个腊质苞片,并具有光泽,颜色有粉红,红、白等色,观赏期 8—11 月,胞果近球形,种子细小橙黄色。

2)类型及品种

栽培中常有白花变种:千日白(*Var. alba Hort*),小苞片白色;千日粉:小苞片粉红;此外,还有近淡黄和近红色的变种。

图 6.8 千日红

3)产地及生态习性

原产亚洲热带。现各地均有栽培,喜温暖,喜光,喜炎热干燥气候和疏松肥沃土壤,不耐寒。要求肥沃而排水良好的土壤。

4)生产栽培技术

(1)繁殖技术　常用种子繁殖。春季播种,因种子外密被纤毛,易相互粘连,一般用冷水浸种1～2 d后挤出水分;然后用草木灰拌种,或用粗砂揉搓使其松散便于播种。发芽温度21～24 ℃,播后10～14 d发芽。矮生品种发芽率低。出苗后9～10周开花。

(2)栽培管理技术　如苗期需移栽,栽后需遮荫,保持湿润,否则易倒苗。幼苗具3～4枚真叶时移植一次,生长旺盛期及时追肥,6月底定植园地,株距30 cm。花谢后可整枝施肥,重新萌发新枝,再次开花。常见病害有千日红病毒病,发现病株应及时拔除销毁;农事操作中减少植株之间的相互摩擦;及时防治蚜虫,清洁田园,减少农田杂草与CMV传染源。

5)园林应用

植株低矮,花繁色浓,是布置夏秋季花坛的好材料。也适宜于花境应用。球状花主要是由膜质苞片组成,干后不凋,是优良的自然干花材料,也可作切花材料。对氟化氢敏感,是氟化氢的监测植物。

6.2.9　凤仙花 Impatiens balsamina L.(图6.9)

图6.9　凤仙花

别名:指甲花、急性子、透骨草。凤仙花科、凤仙花属。

1)形态特征

株高20～60 cm。茎表面光滑,节部明显膨大,呈肉质状而多汁,颜色因花色不同而不同,茎呈青绿、红褐和深褐色。单叶互生,呈披针形至宽披针形,先端锐尖,叶缘有小锯齿,叶柄肉质多汁。花两性,多朵或单朵着生于叶腋间。总状花序,花冠侧垂生长,具短梗。花瓣5枚,花萼3片,左右对称,雄蕊5枚。花色有白、水红、粉、玫瑰红、洋红、大红、紫、雪青等色。蒴果呈纺锤形,上面密被白色茸毛。种子球形,褐色,6—10月陆续成熟,千粒重9.5 g,种子寿命5～6年。花期5—9月。

2)类型及品种

凤仙花栽培品种繁多,有爱神系列、俏佳人系列、邓波尔系列、精华系列;按株型可分为直立型、开展型、龙爪型;按花型可分为单瓣型、玫瑰型、山茶型、顶花型;按株高可分为高型、中型、矮型。有高达1.5 m的品种,冠幅可达1 m。同属种类有苏丹凤仙(*I. sultanii*)、何氏凤仙(*I. holstii*)等。

3)产地及生态习性

凤仙花原产于我国南方及印度、马来西亚一带,我国南北各地均有栽培。喜温暖,不耐寒,怕霜冻。喜阳光充足,喜湿润而排水良好的土壤,不耐干旱,遇缺水会凋萎造成叶片脱落。对土壤质地要求不严,表现适应性强,但如肥水条件良好则能更繁茂生长。能自播繁衍。

4)生产栽培技术

(1)繁殖技术　采用播种繁殖。播种期为3—4月,可先在露地苗床育苗,也可在花坛内直播。在22～25 ℃下,4～6 d即可发芽,能自播繁衍。上年栽过凤仙花的花坛,次年4—5月会陆续长出幼苗,可选苗移植。播种到开花需7～8周,可调节播种期以调节花期。

(2)栽培管理技术　幼苗期需间苗2～3次,3～4片真叶时移栽定植。全株水分含量高,因此不耐干燥和干旱,水分不足时,易落花落叶,影响生长。定植后应注意灌水,雨水过多应注意排涝,否则根、茎易腐烂。耐移植,盛开时仍可移植,恢复容易。苗期应勤施追肥,可10～15 d追施1次氮肥为主,或氮、磷、钾结合的液肥。依花期迟早需要进行1～3次摘心。采收种子应在果皮开始发白时即行摘果,避免碰裂果皮,弹失种子。夏季高温干旱时,应及时浇水,并注意通风,否则易受白粉病危害。可用50%托布津可湿性粉剂1 000倍液喷洒防治。

5)园林应用

凤仙花很早就受到我国人民的喜爱,妇女和儿童常用花瓣来涂染指甲。因其花色品种极为丰富,是花坛、花境中的优良用花,也可栽植花丛和花群,是氟化氢的监测植物。种子在中药中称"急性子",可活血、消积。

6.2.10　金盏菊 Calendula officinalis L.（图6.10）

别名:金盏花、长春花、长生花。菊科、金盏菊属。

1)形态特征

株高50～60 cm,全株被白色茸毛。单叶互生,椭圆形或椭圆状倒卵形,全缘,基生叶有柄,上部叶基抱茎。头状花序单生茎顶,花径4～10 cm,舌状花一轮,或多轮平展,金黄或橘黄色,筒状花,黄色或褐色,盛花期3—6月。瘦果,呈船形,种子千粒重11 g。果熟期5—7月。

2)类型及品种

园艺品种多为重瓣,重瓣品种有平瓣型和卷瓣型。美国还选育出不少单瓣、重瓣的种间杂交种。有托桂型变种和株高20～30 cm的矮生种。

图6.10　金盏菊

3)原产地与习性

原产南欧,我国各地均有栽培。喜光,耐寒,适应性较强,不择土壤,忌酷暑,炎热天气通常停止生长,喜疏松肥沃土壤,幼苗在含石灰质的土壤上生长较好,适宜的pH值为6.5～7.5,能自播。

4)生产栽培技术

(1)繁殖技术　一般用种子繁殖,优良品种也可用扦插扩繁。9月初将种子播于露地苗床,因金盏菊的发芽率相对较低,播种时注意两点:一是覆土宜薄;二是播种量要大。保持床面湿润,7~10 d 发芽。也可于春季进行播种,但形成的花常较小且不结实。

(2)栽培管理技术　幼苗生长迅速,应抓紧间苗、定苗,2~3 片叶时移植于冷床越冬,冬季加强覆盖越冬,防止幼苗受冻。金盏菊 5~6 片真叶时进行摘心,促使分枝。生长期每半月施肥一次,并保持土壤湿润。在第一茬花谢之后立即抹头,能促发侧枝再度开花。盆栽时,要选择肥沃、疏松的盆土,若上盆后在温室越冬,则花期提早,整个冬春季开花不绝。

金盏菊在 5—6 月份易遭蚜虫、红蜘蛛的危害,在 5 月中旬用 2 500 倍的一遍净粉剂连续喷2~3 次,每次间隔 1 周。喷药时一定要喷到顶部的叶背,才能除去红蜘蛛。

5)园林应用

金盏菊多为黄色,适合与其他颜色的花配置,花梗直立挺拔。每朵花的花期长,适合作切花和室内早春盆栽。开花较早,是良好的春季花坛、花境材料。对二氧化硫、氟化物、硫化氢等有毒气体均有一定的抗性,也可作切花或盆花观赏。全草入药,性辛凉,微苦。

6.2.11　藿香蓟 Ageratum conyzoides L.（图 6.11）

别名:胜红蓟、蓝绒球、蓝翠球、咸虾花。菊科、藿香蓟属。

图 6.11　藿香蓟

1)形态特征

株高 40~60 cm。茎披散,节间生根,被白色柔毛。叶对生或顶部互生,卵圆形或卵圆状三角形,基部圆钝,少数呈心形,有钝圆锯齿,叶皱有柄,叶脉明显。株丛紧密。头状花序呈聚伞状着生枝顶,无舌状花,全为筒状花,呈浓缨状,直径 0.5~1 cm,花色有蓝、天蓝、淡紫、粉红或白色,花冠先端 5 裂。花期 5 月至霜降。瘦果,易脱落。种子千粒重 0.15 g。

2)类型及品种

常见栽培为 F_1 代杂种,有株高 1 m 的切花品种,也可用于园林背景花卉;另有矮生种(高 15~20 cm)和斑叶种。同属栽培种有大花藿香蓟(A. houstonianuma):又名四倍体藿香蓟,多年生草本,作一、二年生栽培,株高 30~50 cm,整株披毛,茎松散,直立性不强,叶对生,卵圆形,有锯齿,叶面皱折,头状花序,花径可达 5 cm,花为粉红色。

3)产地及生态习性

藿香蓟原产墨西哥。喜光,不耐寒,喜温暖气候,怕酷热。对土壤要求不严,耐修剪。

4)生产栽培技术

(1)繁殖技术　藿香蓟可用播种和扦插法繁殖。以播种繁殖为主,3—4 月将种子播于露地苗床。种子发芽适温 22 ℃,要求充足的阳光,床土过湿易得病。因种子细小,为播种均匀,应将种子拌沙,撒播于露地苗床。也可在冬、春季节于温室内进行扦插繁殖,室温保持在 10 ℃,极易生根。藿香蓟的花期控制可通过播种期和扦插时间来调控。一般藿香蓟播种到开花需 60 d 左右,可根据需要调整播种期。也可以根据需要确定具体扦插时间,1—2 月扦插供春季花坛,5—

6 月扦插供夏秋花坛。

（2）栽培管理技术　苗期由于发芽率高,生长迅速,需及时间苗,经一次移植,苗高达 10 cm 时定植,株距 30～50 cm。喜日照充足的环境,光照是其开花的重要因子,栽培中应保持不少于 4 h/d 的直射光照射。过分湿润和氮肥过多则开花不良。栽培时可视需要进行修剪。因种子极易脱落,故需分批及时采收。藿香蓟易感染白粉病,栽植时密度要适当,保持通风透光良好;发病初期喷洒 20% 粉锈宁乳油 1 200 倍液。

5）园林应用

藿香蓟色彩淡雅,花朵繁多,株丛有良好的覆盖效果。可用于布置花坛、花境,还可作地被植物。高生种可以作切花、盆花等,又可在花丛、花群或小径沿边种植,还能点缀岩石园。修剪后能迅速开花。

6.2.12　波斯菊 Cosmos bipinnatus Cav.（图 6.12）

别名:秋英、扫帚梅、大波斯菊。菊科、秋英属。

1）形态特征

株高 1～2 m,茎纤细而直立,有纵向沟槽,幼茎光滑,多分枝。单叶对生,呈二回羽状全裂,裂片线形,较稀疏。头状花序顶生或腋生,有长总梗,总苞片二层,内层边缘膜质,花盘边缘具舌状花 1 轮,花瓣 7～8 枚,有白、粉、红等不同花色,中心花筒状黄色,花期 7—10 月。瘦果线形,千粒重 6 g。

2）类型及品种

变种有白花波斯菊:花纯白色;大花波斯菊:花较大,有白、粉红、紫诸色;紫花波斯菊:花紫红色。有重瓣、半重瓣和托桂种。

同属常见的有硫磺菊（c. sulphureus）:又名硫华菊、黄波斯菊,

图 6.12　波斯菊

一年生草本,株高 60～90 cm,全株有较明显的毛,茎较细,上部分枝较多,叶对生,二回羽状深裂,裂片全缘,较宽,头状花序顶生或腋生,梗细长,花黄色或橙黄色,花期 6—10 月。

3）产地及生态习性

原产墨西哥。喜光,耐贫瘠土壤,忌肥,土壤过分肥沃,常引起徒长,开花少且易倒伏。性强健,忌炎热,对夏季高温不适应,不耐寒。忌大风,宜种背风处。具有极强的自播繁衍能力。

4）生产栽培技术

（1）繁殖技术　以播种繁殖为主,也可扦插繁殖。4 月露地播种,18～25 ℃下,播后 6 d 发芽,生长迅速,播种至开花 10～11 周。须及时间苗。也可于 7—8 月用扦插法繁殖,生根容易。

（2）栽培管理技术　幼苗发生 4 片真叶后摘心,同时移植。6 月初定植;株距 50 cm。管理粗放。常在夏季枝叶过高时修剪数次,促使矮化,增多开花数。为防止倒伏,肥水不宜过大。各变种间容易杂交、劣变,因而在栽植时应保持一定距离。波斯菊在夏末秋初,易感染白粉病,发病初期可喷施 25% 的粉锈宁可湿性粉剂 1 500 倍液。

5)园林应用

植株高大,花朵轻盈艳丽,开花繁茂自然,有较强的自播能力,成片栽植有野生自然情趣,可成片配置于路边或草坪边及林缘。是良好的花境和花坛的背景材料,也可杂植于树坛、疏林下增加色彩,还可作切花。可入药,有清热解毒;明目化湿之用。种子可榨油。

一二年生草花2

6.2.13 雏菊 Bellis perennis L. (图 6.13)

别名:春菊、延命菊。菊科、雏菊属。

图 6.13 雏菊

1)形态特征

株高 15 ~ 30 cm。基生叶丛生呈莲座状,叶匙形或倒卵形,先端钝圆,边缘有圆状钝锯齿,叶柄上有翼。花序从叶丛中抽出,头状花序辐射状顶生,舌状花为单性花,为雌花,有平瓣与管瓣二种,盘心花为两性花,花有黄、白、红等色,花期3—5月。瘦果扁平,较小,果熟期5—7月。

2)类型及品种

有单瓣和重瓣品种,园艺品种多为重瓣类型。有各种花型:蝶形、球形、扁球形。

3)原产地与习性

原产西欧,我国各地均有栽培。喜光,喜凉爽气候,较耐寒,寒冷地区需稍加保护越冬,怕炎热;喜肥沃、湿润、排水良好的沙质土壤;忌涝;浅根性。

4)生产栽培技术

(1)繁殖技术 可播种、扦插、分株繁殖。9月初将种子播于露地苗床,种子细小,略覆盖即可,发芽适温20 ℃,约7 d可出苗。扦插在2—6月,剪取根部萌发的芽插于备好的沙土中,浇水遮荫。分株繁殖,在夏季到来前将宿根挖出栽入盆内,荫棚越夏,秋季再分株种植。

(2)栽培管理技术 幼苗经间苗、移植一次后,北方于10月下旬移至阳畦中过冬,翌年4月初即可定植露地。雏菊耐移植,即使在花期移植也不影响开花。生长期间保证充足的水分供应,薄肥勤施,每周追肥1次。夏季花后,老株分株,加强肥水管理,秋季又可开花。雏菊易感染白粉病,发病初期喷洒25% 粉锈宁可湿性粉剂1 500 倍液,每隔7 ~ 10 d 喷洒1 次,连续3 ~ 4次。

5)园林应用

植株娇小玲珑,花色丰富,为春季花坛常用花材,是优良的种植钵和边缘花卉,还可用于岩石园。

6.2.14 羽衣甘蓝 Brassica oleracea var.acephala DC.（图6.14）

别名：叶牡丹、花菜、花甘蓝。十字花科、甘蓝属。

1）形态特征

茎基部木质化，直立无分枝；叶互生，倒卵形，宽大，集生茎基部，被有白粉。叶缘皱缩，不包心结球，内叶颜色有紫红、红、淡绿、白等色，细圆柱形。总状花序顶生，花淡黄色。长角果。

2）类型及品种

栽培品种很多，以高度来分，有矮型和高型品种，从叶态可分为皱叶、不皱叶和深裂叶等品种。常见栽培的有两大类：一类心部呈紫红、淡紫或血青色，茎紫红色，种子红褐色；另一类心部呈白色或淡黄色，茎部绿色，种子黄褐色。目前一般分为切花用品种和盆花、花坛用品种。

图6.14　羽衣甘蓝

3）产地和生态习性

原产西欧，我国中、南部广泛栽培。喜冷凉，较耐寒，幼苗经过锻炼能忍受短期 -3~8 ℃低温，甚至更低；对光要求不严，我国各地均能良好生长；喜湿，有一定的耐旱性；喜疏松肥沃的沙质土壤。

4）生产栽培技术

（1）繁殖方法　常用播种繁殖，播种时间7~8月。不要用种过十字花科植物的土壤配制床土。羽衣甘蓝需肥多，配制的床土应肥沃。播种盘应放在露地的半遮荫防雨棚中，4 d出苗整齐。播后3个月即可观赏。

（2）栽培管理技术　有3~4片真叶时开始分苗，7~8片真叶时，再移植1次，11月定植。9—10月天气渐渐凉爽，其生长很快，此时应供应充足的水肥，促进植物旺盛生长，地栽每月施粪肥2~3次；盆栽7~10 d施肥1次。叶片生长过分拥挤，通风不良时，可适度剥离外部叶片，以利生长。在此期间，要特别注意蚜虫及菜青虫的防治工作。幼虫危害期喷施青虫菌6号或Bt乳剂600倍液防治。

5）园林应用

羽衣甘蓝叶色鲜艳美丽，是著名的冬季露地草本观叶植物。用于布置冬季城市中的大型花坛，也是中心广场和商业、交通绿地的盆栽摆花材料。亦可盆栽观赏。

6.2.15 五色草 Alternanthera bettzickiana Nichols.（图6.15）

别名：模样苋、红绿草。苋科、虾钳菜属。

1）形态特征

匍匐多年生草本，分枝多呈密丛状；单叶对生，形小，披针形或椭圆形，常具彩斑或色晕，叶柄极短,头状花序,着生于叶腋,花白色。花期12月至翌年2月。胞果,含种子1粒,北方通常不结种子。

2)类型及品种

五色苋常见品种主要有小叶绿:茎斜出,叶片狭,嫩绿色或具黄斑。小叶黑:茎直立,叶片三角状卵形,茶褐色至绿褐色。小叶红:茎平卧,叶狭,基部下延,叶暗紫红色。

3)原产地与习性

原产南美巴西一带,我国南北各地有栽培,喜光,喜温暖湿润的环境,不耐旱、不耐寒,也忌酷热。要求土壤通透性好,喜排水好的沙质土。

图6.15　五色草

4)生产栽培技术

(1)繁殖技术　一般用扦插繁殖为主。留种植株于秋季入温室越冬,3月中旬将母株自温室移植至温床,4月就可剪枝在温床扦插,5—6月视气温变化可扩大到露地扦插,当土温到达20℃左右时,扦插苗经5 d左右即可生根。

(2)栽培管理技术　扦插苗长出分枝后即可定植,生长期及时修剪,天旱时及时浇水。对母株要细致培育,选枝壮叶茂的植株作母株,开花时及时摘除花朵,每半月施肥1次,可用2%的硫酸铵液作追肥,越冬温度保持在13℃以上,为了在短期内能获得较多的扦插苗用于布置花坛,常对成龄植株修剪,把剪下的枝条收集起来再扦插。用于模纹花坛布置,350~500株/m²,一般保持在10 cm高,为保持清晰花纹,须经常予以修剪。

5)园林应用

五色草植株低矮,分枝性强,耐修剪,最适用于模纹花坛。可用不同色彩配置成各种花纹、图案、文字等平面或立体的形象。也可用于花坛和花境边缘及岩石园。

6.2.16　孔雀草 Tagetes patula.(图6.16)

别名:红黄草、小万寿菊。菊科、万寿菊属。

1)形态特征

植株较矮,20~40 cm,株型紧凑,多分枝呈丛生状。茎带紫色。叶对生,羽状复叶,小叶披针形,叶缘有明显的油腺点。头状花序单生,有总花梗。花序直径有3~3.5 cm。舌状花黄色,茎部或边缘红褐色,亦有金黄或全红褐色而边缘为黄色的,有单瓣、半重瓣、重瓣等变化。花较万寿菊小而多,花期5—9月。

2)产地和生态习性

孔雀草原产墨西哥。孔雀草适应性强,喜温暖和阳光充足的环境;对土壤和肥料要求不严格,喜中等肥沃疏松土壤。孔雀草较耐寒。能稍忍耐轻霜和稍阴的环境。

图6.16　孔雀草

3）生产栽培技术

（1）繁殖技术　孔雀草播种、扦插繁殖均可。春播，4 月播种于露地苗床，发芽迅速。苗高 5 cm 即可移栽，播种后 70～80 d 开花。若需提早花期，也可于早春在温室或拱棚育苗，可望 5 月前开花。也可夏播。孔雀草也可用嫩枝扦插繁殖，插穗长 10 cm，两周后生根，可用于花坛布置或盆栽。采种应优选。孔雀草的花期调控可采用控制播种期和扦插时间来控制，根据用花时间不同，推算播种和扦插时间。

（2）栽培管理技术　孔雀草适应性强，极易栽培。苗高 15 cm 可摘心促分枝。对肥水要求不严，在土壤过分干旱时适当灌水。夏季开花所结种子发芽率低，应采用 9 月以后开花所结果实，选新鲜有光泽的留种。病虫害较少，有时会发生叶斑病，一般危害不大，发病严重时可喷洒 50% 多菌灵 800 倍液。

4）园林用途

孔雀草花期长，适宜布置花坛或花丛、花境，还可作吊篮、种植钵。

6.2.17　醉蝶花 Cleome spinosa L.（图 6.17）

别名：西洋白花菜、凤蝶草、紫龙须。白花菜科、醉蝶花属。

1）形态特征

株高 80～100 cm，全株被粘毛；叶互生，5～7 裂掌状复叶，小叶长椭圆状披针形；小叶柄短，总叶柄细长，基部具刺状托叶一对。总状花序顶生，花多数，白色到淡紫色，花瓣 4 枚，有长爪，淡红、紫或白色。雄蕊 6 枚，蓝紫色，伸出花冠外 2～3 倍，状如蜘蛛，颇为显著。花期 7 月至降霜。蒴果圆柱形；种子小，千粒重 1.5 g。

图 6.17　醉蝶花

2）产地和生态习性

原产美洲热带西印度群岛。我国各地均有栽培。不耐寒，喜通风向阳的环境，在富含腐殖质、排水良好的沙质壤土上生长良好。

3）生产栽培技术

（1）繁殖技术　播种繁殖。春 4 月初播于露地苗床，覆土后保持湿润即可，发芽整齐。

（2）栽培管理技术　幼苗生长较慢，宜及时间苗，2 枚后可移植一次，5 月下旬可定植园地，株距 30～40 cm；生长期间，控制施肥，以免植株长得过于高大。在开花前可追肥 2～3 次。蒴果成熟时能自行开裂散落种子，故采种应在蒴果绿中发黄时，逐荚采收，晾干脱粒。

4）园林用途

醉蝶花为优良的蜜源植物，是盆花和花境材料，也可丛植于树坛空隙地。如于秋季播种，可在冬春于室内开花。是一种很好的抗污花卉，对二氧化硫、氯气抗性均强。种子入药。

6.2.18　牵牛花类 Pharbitis.（图 6.18）

科属:旋花科、牵牛花属。栽培类型:一年生花卉。

图 6.18　牵牛花

1)形态特征

茎蔓生,长可达 3 m,全株被粗硬毛。单叶互生,近卵状心形,浅裂。聚伞花序腋生,花大,径达 10 cm,花冠漏斗状,顶端 5 浅裂,呈红、紫红、蓝、白等色,还有红或蓝色花冠镶以白色边缘的。蒴果球形。

2)类型及品种

园林中常见种类:裂叶牵牛(*P. hederacea*)、圆叶牵牛(*P. purpurea*)、大花牵牛(*p. nil*)。

3)产地和生态习性

原产亚洲热带,现各地有栽培。性强健,喜温暖,不耐寒;喜阳光充足;耐贫瘠及干旱,忌水涝。但栽培品种也喜肥。直根性,直播或尽早移植。短日照花卉。花朵通常只清晨开放。

4)生产栽培技术

(1)繁殖技术　播种繁殖。播前最好先用温水浸种。5 月上旬播种,7 月下旬开花;即使 8 月播种,因在短日条件下,9 月也可开花,但植株纤细而花少,结实不良。

(2)栽培管理技术　本类地栽容易,适时设架使其爬蔓于上,光照不足则开花差。喜肥,生长季半个月施一次肥。种子成熟期不一,应随时注意采收。盆栽多用名贵的观赏品种。为整形促使矮化,用径 20 ~ 25 cm 的盆栽植,每盆 1 株。当主蔓具 7 ~ 8 枚真叶时,留 5 ~ 6 叶摘心,并追肥。长出腋芽后,全株留壮芽 3 个,其余除出。这样每盆着花 10 余朵,如再出腋芽,随时摘除,约经 3 周开花。其间每周可追肥 1 次,用量渐减,至花前 4 ~ 5 d 停施。牵牛花易患白锈病,重发生区应避免连作,栽前对栽植地喷洒 50% 甲基托布津可湿性粉剂 800 倍液可抑制此病发生。

5)园林应用

牵牛花类为夏秋常见的蔓性草花,花朵迎朝阳而放,宜植于游人早晨活动之处,也可作小庭院及居室窗前遮荫和小型棚架、篱垣的美化。不设支架可作地被。圆叶牵牛种子入药,称"白丑、黑丑"。

6.2.19　金鱼草 Antirrhinum majus.

详见第 8 章主要切花栽培技术,金鱼草。

6.2.20 彩叶草 Coleus blumei. (图6.19)

别名:五色草、洋紫苏、锦紫苏。唇形科、彩叶草属。

1) 形态特征

株高 30~50 cm,少分枝,茎四棱。叶对生,菱状卵形,先端长渐尖或锐尖,缘具钝齿牙,常有深缺刻。表面绿色而有紫红色斑纹。顶生总状花序,一般花上唇白色,下唇蓝色。花期夏、秋。小坚果平滑,种子千粒重 0.15 g。

图6.19 彩叶草

2) 类型及品种

彩叶草常见的园艺变种有五色彩叶草(*ver. verschaffeltii Lem*):又名皱叶彩叶草。叶片上有淡黄、桃红、朱红、暗红等色斑纹。生长势强健,叶边缘锯齿较深,还有细裂品种。

3) 产地和生态习性

原产印度尼西亚,在我国南北各地均作盆花培养。喜温暖湿润的气候条件,在强光照射下叶面粗糙,叶色发暗而失去光泽,但在蔽荫处夜色又不鲜艳,故以疏荫环境为好。不耐寒,当气温接近 12 ℃时叶片开始脱落,其中皱叶彩叶草的耐寒力稍强。对土壤要求不严,以疏松、肥沃而排水良好的沙质壤土为宜。彩叶草叶大质薄,应注意经常性的水分供应,但切忌积水,以免引起根系腐烂。

4) 生产栽培技术

(1) 繁殖技术 播种或扦插繁殖。播种可于 2—3 月室内盆播,按照小粒种子的播种方法下种、给水和养护,发芽适温 25~30 ℃,10 d 左右发芽。出苗后间苗 1~2 次,再分苗上盆。扦插一年四季均可进行,切去枝端 5 cm 左右为插穗,扦于室内沙床,保持湿度及温度。约 1 周发根。也可用叶插繁殖。

(2) 栽培管理技术 播种苗抽出真叶后,以 3~4 cm 株行距进行分苗,然后上 10 cm 盆。盆土用 3 份壤土,1 份腐叶土,适量加沙。用有机肥及骨粉作基肥。生长期要经常浇水和叶面喷水,但水量要控制,以不使叶片失水而凋萎为度,以防苗株徒长和感染苗腐病。小苗应摘心,促使分枝,养成丛株。如果要养成圆锥形的株型,则主枝不能摘心,并应用竹枝固定,只对侧枝进行多次摘心。留种植株,夏季不能放在室外,以免暴雨强风危害,并应于日照强烈时荫蔽。若不采种,为避免养分消耗,最好在花穗形成初期把它摘掉。花后老株修剪可促生新枝,但老株株型难看,杂乱无章,下部叶片又常常脱落,因此,观赏价值会大大降低,故常作一、二年生栽培。栽培过程中,如果浇水过多,湿度过大,易感染灰霉病,可用65%甲霜灵可湿性粉剂 1 500 倍液或60%防霉宝超微粉剂 600 倍液防治。

5) 园林用途

彩叶草为优良盆栽观叶植物,也可供夏秋花坛用,色彩鲜艳,非常美观。尤适用于毛毡式花坛。此外,还可剪取枝叶作为切花或镶配花篮用。

宿根花卉1

6.3　宿根花卉生产

宿根花卉是指植株地下部分宿存越冬而不膨大,次年仍能继续萌芽开花,并可持续多年的草本花卉。宿根花卉由于具有种类繁多,适应环境能力强,耐寒、耐旱、耐瘠薄土壤,病虫害少,繁殖容易,栽培简单,管理较粗放,成本低,见效快,群体功能强等优点,近年来在园林中得到了广泛应用。

宿根花卉繁殖以营养繁殖为主,包括分株、扦插等。最普遍、简单的方法是分株。为了不影响开花,春季开花的种类应在秋季或初冬进行分株,如芍药、荷包牡丹;而夏秋开花的种类宜在早春萌芽前分株,如桔梗、萱草、宿根福禄考。还可以用根蘖、吸芽、走茎、匍匐茎繁殖。此外,有些花卉也可以采用扦插繁殖,如荷兰菊、紫菀等。还可采用播种繁殖,播种期因种而异,可秋播或春播。

宿根花卉的栽培管理与一、二年生花卉的栽培管理有相似的地方,但由于其自身的特点,应注重以下几方面:

宿根花卉根系强大,入土较深,种植前应深翻土壤。整地深度一般为 40～50 cm。当土壤下层混有砂砾,且表土为富含腐殖质的黏质土壤时花朵开得更大。种植宿根花卉应选排水良好之处,株行距 40～50 cm。若播种繁殖,其幼苗喜腐殖质丰富的沙质土壤,而在第二年以后以黏质土壤为佳。因其一次种植后不用移植,可多年生长,因此在整地时应大量施入有机质肥料,以维持较长期的良好的土壤结构,以利宿根花卉的正常生长。

播种繁殖的宿根花卉,其育苗期应注意浇水、施肥、中耕除草等工作,定植后一般管理比较简单、粗放,施肥也可减少。但要使其生长茂盛,花多花大,最好在春季新芽抽出时施以追肥,花前、花后可再追肥一次。秋季叶枯时可在植株四周施以腐熟厩肥或堆肥。

宿根花卉与一、二年生花卉相比,能耐干旱,适应环境的能力较强,浇水次数可少于一、二年生花卉。但在其旺盛的生长期,仍需按照各种花卉的习性,给予适当的水分,在休眠前则应逐渐减少浇水。

宿根花卉修剪整形常用的措施有:除芽,多用于花卉生长旺盛季节,将枝条上不需要的侧芽于基部摘除,如在培育标本菊时;剥蕾,剥除侧蕾或过早发生之花蕾,如芍药、菊花的栽培过程中;绑扎、立支柱、支架,此为防止倒伏或使株型美观所采取的措施,如栽培标本菊、悬崖菊、大立菊等时常用。大株的宿根花卉定植时,要进行根部修剪,将伤根、烂根和枯根剪去。

宿根花卉的耐寒性较一、二年生花卉强,无论冬季地上部分落叶的,还是常绿的,均处于休眠、半休眠状态。常绿宿根花卉,在南方可露地越冬,在北方应温室越冬。落叶宿根花卉大多可露地越冬,其通常采用的措施有:培土法,花卉的地上部分用土掩埋,翌春再清除泥土。灌水法,如芍药。利用水有较大热容量的性能,将需要保温的园地漫灌,而达到保温增湿的效果。大多数宿根花卉入冬前都可采用这种方法。除此之外,宿根花卉也可以采用覆盖法保护越冬。

6.3.1　菊花 Dendranthema ×grandiflorum（图 6.20）

别名:黄花、节花、秋菊、金蕊。菊科、菊属。

1) 形态特征

多年生草本花卉,株高 60 ~ 150 cm,茎直立多分枝,小枝绿色或带灰褐,被灰色柔毛。单叶互生,有柄,边缘有缺刻状锯齿,托叶有或无,叶表有腺毛,分泌一种菊叶香气,叶形变化较大,常为识别品种的依据之一。头状花序单生或数个聚生茎顶,花序直径 2 ~ 30 cm,花序边缘为舌状花,俗称"花瓣",多为不孕花,中心为筒状花,俗称"花心"。花色丰富,有黄、白、红、紫、灰、绿等色,浓淡皆备。花期一般在 10—12 月,也有夏季、冬季及四季开花等不同生态型。瘦果细小褐色。

图 6.20 菊花

2) 类型及品种

中国菊花是种间天然杂交而成的多倍体,经历代园艺学家精心选育而成,传至日本后,又掺入了日本若干野菊血统。我国目前栽培的有观赏菊和药用菊两大类。药用菊有杭白菊、徽菊等。

菊花经长期栽培,品种十分丰富,园艺上的分类习惯,常按开花季节、花茎大小和花型变化等进行。

(1)按开花季节分类

夏菊:花期 6—9 月。中性日照。10 ℃左右花芽分化。

秋菊:花期 10 月中旬至 11 月下旬。花芽分化、花蕾生长、开花都要求短日照条件。15 ℃以上进行花芽分化。

寒菊:花期 12 月至翌年 1 月。花芽分化、花蕾生长、开花都要求短日照条件。15 ℃以上进行花芽分化,高于 25 ℃,花芽分化缓慢,花蕾生长、开花受抑制。

四季菊:四季开花。花芽分化、花蕾生长,中性日照,对温度要求不严。

(2)按花茎大小分类

大菊系:花序直径 10 cm 以上,一般用于标本菊的培养。

中菊系:花序直径 6 ~ 10 cm,多供花坛作切花及大立菊栽培。

小菊系:花序直径 6 cm 以下,多用于悬崖菊、塔菊和露地栽培。

也有将花径 6 cm 以上称为大菊系,6 cm 以下均称为小菊系,而不另立中菊系统。

(3)按花型变化分类 在大菊系统中基本有 5 个瓣类,即平瓣、匙瓣、管瓣、桂瓣和畸瓣,瓣类下又进一步分为花型和亚型。如 1982 年 11 月在上海召开的全国菊花品种分类学术讨论会上,曾在 5 个瓣型下又分为 30 个花型和 13 个亚型。在小菊系统中基本有单瓣、复瓣(半重瓣)、龙眼(重瓣或蜂窝)和托桂几个类型。

(4)依整枝方式和应用分类

独本菊:一株一本一花。

立菊:一株多干数花。

大立菊:一株数百至数千朵花。

悬崖菊:通过整枝修剪,整个植株体成悬垂式。

嫁接菊:在一株的主干上嫁接各种花色的菊花。

案头菊:与独本菊相似但低矮,株高 20 cm 左右,花朵硕大。

菊艺盆景:由菊花制作的桩景或盆景。

3)原产地与习性

菊花原产我国,至今已有2 500年以上的栽培历史。适应性很强,喜凉,较耐寒,生长适温18~21 ℃,最高32 ℃,最低10 ℃,地下根茎耐低温极限一般为-10 ℃。喜充足阳光,但也稍耐阴。较耐干,最忌积涝。喜地势高燥、土层深厚、富含腐殖质、轻松肥沃而排水良好的沙壤土,在微酸性到中性的土壤中均能生长。忌连作。菊花为短日照花卉。

4)生产栽培技术

(1)繁殖技术　以扦插为主,也可用播种、嫁接、分株的方法繁殖。

①扦插繁殖

嫩枝扦插:为常用的繁殖方法。每年春季4—6月,取宿根萌芽条具3~4个节的嫩梢,长8~10 cm作插穗,仅顶段留2~3叶片,如叶片过大可剪去一半插入已准备好的苗床或盆内。扦插株距3~5 cm,行距10 cm。插时用竹扦开洞,深度为插条的1/3~1/2,将周围泥土压紧,立即浇透水,保持湿润即可,3周即可生根,生根1周后可以移植。

芽插:通常用根际萌发的脚芽进行扦插。在冬季11—12月菊花开花时,挖取长8 cm左右的脚芽,要选芽头丰满、距植株较远的脚芽。选好后,剥去下部叶片,按株距3~4 cm,行距4~5 cm,保持7~8 ℃室温,至次年3月中下旬移栽,此法多用于大立菊、悬崖菊的培育。

若遇开花时缺乏脚芽,又需引种繁殖,则可用腋芽插,即用茎上叶腋处长出的芽带一叶片作插条,此芽形小细弱,养分不足,插后应精细管理。腋芽插后易生花蕾,故应用不多。

②嫁接繁殖:菊花嫁接多采用黄蒿(*Artemisia annua*)和青蒿(*A. apiacea*)作砧木。黄蒿的抗性比青蒿强,生长强健,而青蒿茎较高大,最宜嫁接塔菊。每年于11—12月从野外选取色质鲜嫩的健壮植株,挖回上盆,放在温室越冬或栽于露地苗床内,加强肥水管理,使其生长健壮,根系发达。嫁接时间为3—6月,多采用劈接法。砧木在离地面7 cm处切断(也可以进行高接),切断处不宜太老。如发现髓心发白,表明已老化,不能用。接穗采用充实的顶梢,粗细最好与砧木相似,长5~6 cm,只留顶上没有开展的顶叶1~2枚,茎部两边斜削成楔形,再将砧木在剪断处劈开相应的长度,然后嵌入接穗,用塑料薄膜绑住接口,松紧要适当。接后置于阴凉处,2~3周后可除去缚扎物,并逐渐增加光照。

③播种繁殖:一般用于培养新品种。将种子掺沙撒播于盆内,然后覆土、浸水。播后盆面盖上玻璃或塑料薄膜,放于较暗处,晚上需揭开玻璃,以通空气,4~5 d后开始发芽,但出芽不整齐,全部出齐需1个月左右。发芽后要逐渐见阳光,并减少灌水。幼苗出现2~4片真叶时,即可移植。

④分株繁殖:菊花开花后根际发出多数蘖芽,每年11—12月或次年清明前将母株掘起,分成若干小株,适当修除基部老根,即可移栽。

(2)栽培管理技术　菊花的栽培因园艺菊造型不同、栽培目的不同,差别很大。现分述如下:

①标本菊的栽培:一株只开一朵花,又称独本菊或品种菊。由于全株只开1朵花,花朵无论在色泽、瓣形及花型上都能充分表现出该品种的优良特性,因此在菊花品种展览中采用独本菊形式。独本菊有多种整枝及栽培方法。现以北京地区为例,介绍如下。

冬存:秋末冬初时,在盆栽母株周围选健壮脚芽扦插育苗。多置于低温温室内,温度维持在

0~10 ℃,作保养性养护。

春种:清明节前后分苗上盆,盆土用普通腐叶土,不加肥料。

夏定:7 月中旬左右通过摘心、剥侧芽,促进脚芽生长。再从盆边生出的脚芽苗中选留一个发育健全、芽头丰满的苗,其余的除掉,待新芽长至 10 cm 高时,换盆定植。定植时用加肥腐叶土换入口径 20~24 cm 的盆中,并施入基肥。上盆时将新芽栽在花盆中央,老株斜在一旁,不需剪掉。新上盆的夏定苗第 1 次填土只填到花盆的 1/2 处。注意夏定不可过早或过晚,否则发育不良。

秋养:8 月上旬以后,夏定的新株已经长成,可将老株齐土面剪掉,松土后,进行第 2 次填土,使新株再度发根,形成新老三段根。9 月中旬花芽已全部形成并进入孕蕾阶段,此时秋风阵起,需架设支架。秋养过程中要经常追肥,每 7 d 追施一次稀薄液肥,至花蕾透色前为止。10 月上旬起要及时进行剥蕾,防止养分分散。为延长花期,可放入疏荫下,减少浇水,掌握干透浇透的原则。

②大立菊的栽培:一株着花可达数百朵乃至数千朵以上的巨型菊花。大菊和中菊中有些品种,不仅生长健壮、分枝性强,且根系发达、枝条软硬适中、易于整形,适于培养大立菊。培养一株大立菊要 1~2 年的时间,可用扦插法栽培。特大立菊则常用蒿苗嫁接。

通常于 11 月挖取菊花根部萌发的健壮脚芽,插于浅盆中,生根后移入口径 25 cm 的花盆中,冬季在低温温室中培养。多施基肥,待苗高 20 cm 左右,有四五片叶时,开始摘心。摘心工作可以陆续进行 5~7 次,直至 7 月中下旬为止。逐渐换入大盆。每次摘心后要养成 3~5 个分枝,这样就可以养成数百个至上千个花头。为了便于造型,植株下部外围的花枝要少摘心 1 次,使枝展开阔。一般每次摘心后,可施用微量速效化肥催芽。夏季可在 10 d 左右施用 1 次氮磷钾复合肥。7 月下旬最后一次摘心后,施用充分腐熟的饼肥,间隔 15 d 再施 1 次,9 月中旬第二次追肥,9 月下旬以后,每周追液肥 1 次,直至花蕾露色为止。

9 月上旬移入缸盆或木盆中。立秋后加强水肥管理,经常除芽、剥蕾。为了使花朵分布均匀,要套上预制的竹箍,并用竹竿作支架,用细铅丝将蕾逐个进行缚扎固定,形成一个微凸的球面。当花蕾发育定型后,即开始标扎,使花朵整齐、均匀地排列在圆圈上。花蕾上架标扎时,盆土稍带干燥,不使枝叶水分过多,以免上架折断花枝。花蕾上架标扎工作最好在午后进行,此时枝叶含水少,柔软,易弯曲,易牵引。

③悬崖菊培育:小菊的一种整枝形式,仿效山野中野生小菊悬垂的自然姿态,经过人工栽培而固定下来。通常选用单瓣品种及分枝多、枝条细软、开花繁密的小花品种。

11 月在室内扦插,生根后上盆。悬崖菊主枝不摘心。苗高 40~50 cm 时,要用细竹竿绑扎主干,将主干作水平诱引。植株主干不断向前生长,逐级绑于竹竿上。侧枝长出时,依不同部位进行不同长度的摘心。基部侧枝要稍长,有 9~10 片叶时,留 5~6 片叶摘心。中部侧枝稍短,留 3~4 片叶摘心。顶部侧枝更短,仅留 2~3 片叶摘心。以后侧枝又生侧枝时,均在生出 4~5 片叶后留 2~3 片叶摘心。如此进行多次,以促进多分枝。最后一次摘心的时间在 9 月上、中旬。小菊有顶端花朵先开的习性,顺次向下部开放。上、下部位花蕾开花期相差10 d,欲使花期一致,下部要先摘心 10 d,然后中部,再后上部。

小菊花花蕾形成在 10 月上旬,若为地栽悬崖菊,应在此时带土坨移入大龙盆中种植。掘起时不要碰碎土球。上盆后置荫处 2~3 d,每天喷水 2 次,可防止叶片萎蔫。花蕾显色后不能喷水,免使花朵腐烂。因为悬崖菊是用竹竿作水平诱引,主干横卧,所以在布置观赏时,宜在高处放置。拨掉竹竿后,主干成自然下垂之姿,甚为雄壮秀丽。

④塔菊("十样锦")培育:通常以黄蒿和白蒿为砧木嫁接的菊花。北京地区约在6月下旬至7月上旬进行。砧木主枝不截顶,养至3~5 m高,并形成多数侧枝。将花期相近、大小相同的各不同花型、花色的菊花在侧枝上分层嫁接,均匀分布。开花时,五彩缤纷,因其愈往高处,花数愈少,层层上升如同宝塔,故称塔菊。

⑤案头菊:实际上是一种矮化的独本菊,高仅20 cm,可置于案头、厅堂,颇受人们喜爱。在培养过程中,需用矮壮素B_9(N-2甲胺基丁二酰胺酸)2%水溶液喷4~5次,以实现矮化。注意选择品种,宜选花大、花型丰满、叶片肥大舒展的矮形品种。

在7月底至8月25日前后选择嫩绿、茎粗壮、无腋芽萌发迹象、无病虫害侵染、长6~8 cm的嫩梢。除去基部1~2片叶,插穗蘸取萘乙酸或吲哚丁酸粉剂后,扦插于沙或珍珠岩加草炭土的介质中,插后采用高湿全光育苗,生根后立即移栽,定植于小花盆中,栽后放在荫棚下,每天喷2~3次水,10 d左右移至阳光充足、通风透光之地。此时或开始施用较淡的液肥,同时施用0.2%的尿素,隔天和水混合浇施1次,促使长叶。20 d后,加入0.1%的磷酸二氢钾。同时可用同等浓度的磷酸二氢钾进行叶面喷肥。待现蕾后,加大肥水用量,追肥可用充分腐熟的花生麸,少量多次。

为了避免菊苗徒长,案头菊浇水不宜过多,保持表土湿润即可,浇水应在午前进行。午后菊花如出现略萎蔫不要着急,但要防止过度萎蔫,此时可进行叶面喷雾。案头菊一盆只开1朵花,因此只留主蕾,侧蕾全部摘除。要使菊花矮化,扦插成活后,即用激素进行处理,可用2% B_9水溶液,第一次在扦插成活后喷在顶部生长点;第二次在上盆1周后全株喷洒,以后每10 d喷洒1次,至现蕾为止,喷洒时间以傍晚为好,以免产生药害。

菊花常见的病害有:菊花叶斑病和菊花白粉病。菊花叶斑病防治可在夏末开始每隔7~10 d喷洒1次0.5%的波尔多液或70%代森锰锌400倍液。菊花白粉病防治,初病期喷洒36%甲基硫菌灵悬浮剂500倍液,严重时用25%敌力脱乳油4 000倍液防治。

5)园林用途

菊花是我国的传统名花,花文化丰富,被赋予高洁品性,为世人称颂。它品种繁多,色彩丰富,花形各异,每年深秋,很多地方都要举办菊花展览会,供人观赏。盆栽标本菊可供人们欣赏品评,进行室内布置。菊花造型多种多样,可制作成大立菊、悬崖菊、塔菊、盆景等。切花可瓶插或制成花束、花篮等。近年来,开始发展地被菊,作开花地被使用。菊花还可食用及药用。菊花具有抗二氧化硫、氟化氢、氯化氢等有毒气体的功能,也是厂矿绿化的好材料。

6.3.2 芍药 Paeonia lactiflora Pall.(图6.21)

别名:将离、婪尾春、白芍、没骨花、余容。毛莨科、芍药属。

1)形态特征

根肉质、粗壮、纺锤形或长柱形;茎簇生,高60~80 cm,初生茎叶褐红色,二回三出复叶,小叶通常三深裂;花单花,具长梗,着生于茎顶或近顶端叶腋处。花单瓣或重瓣,原种花外轮萼片5片,绿色;花瓣5~10片,花色有白、黄、粉红、紫红等。蓇葖果2~8枚离生,每枚内有种子1~5

粒。种子球形,黑褐色。

2)类型及品种

目前世界上芍药栽培品种已达千个。按花色分为黄色类、红色类、紫色类、绿色类和混色类。按开花早迟分为早花类和迟花类。按花型常分为单瓣类、千层类、楼子类和台阁类。

图6.21　芍药

(1)单瓣类　花瓣1~3轮,宽大,多圆形或长椭圆形,正常雄雌蕊,如紫玉奴、紫蝶等。

(2)千层类　花瓣多轮,层层排列渐变小,无内外瓣,雄蕊仅生于雌蕊周围,不散生于花瓣之间,雌蕊正常或瓣化,全花扁平。

(3)台阁型　全花可区分为上方、下方两花,在两花之间可见到明显着色的雌蕊瓣花瓣或退化雌蕊,有时也出现完全雄蕊或退化雄蕊。

3)产地与生态习性

原产我国北部、日本和西伯利亚地区。耐寒、健壮、适应性强,我国北方大部分为露地越冬;喜阳光充足,光线不足也可开花,但生长不良。忌夏季酷热,好肥,忌积水,要求土层深厚、湿润而排水良好的壤土;尤喜富含磷质有机肥的土壤。黏土、盐碱土都不宜栽种。开花期在4月下旬至6月上旬,因地区不同略有差异。

4)生产栽培技术

(1)繁殖技术　以分株为主,也可以播种和根插繁殖。分株法即分根繁殖,此法可以保持品种特性,分根时间以秋季9月至10月上旬进行,若分株过迟,地温低会影响须根的生长。切忌春季分根,我国花农有"春分分芍药,到老不开花"的谚语。

分株时将全株掘起,震落附土,根据新芽分布状况,切分成数份,每份需带新芽3~4个及粗根数条,切口涂以硫磺粉。芍药的粗根脆嫩易折断,新芽也易碰伤,要特别小心。一般花坛栽植,可3~5年分株1次。

播种繁殖:种子成熟后要随采随播,播种愈迟,发芽率愈低。也可与湿沙混匀,储藏于阴凉处,保持湿润,9月中下旬播种,秋季萌发幼根,翌年发芽,4~5年后开花。芍药有上胚轴休眠的习性,经低温可以打破休眠。播前可进行催芽。最适生根温度20 ℃,待胚根长出1~3 cm时,放在4 ℃条件下处理40 d,再将发芽的种子转到11 ℃条件下培养,子叶迅速伸长,长成正常的幼苗。

根插繁殖:秋季分株时,收集断根,切成5~10 cm长的小段作为插条,插在已深翻平整好的苗床内,开沟深10~15 cm,插后覆土5~10 cm,浇透水。次年春季可生根,生长发育成新株。

(2)栽培管理技术　芍药根系较深,栽培前土地应深耕,并充分施以基肥,如腐熟堆肥、厩肥、油粕及骨粉等。筑畦后栽植,株行距为花坛70 cm×90 cm,花圃45 cm×60 cm。注意根系舒展,栽植深度要合适,过深芽不易出土,过浅植株根颈露出地面,不易成活。根颈覆土2~4 cm为宜,覆土时应适当压实。

芍药喜湿润土壤,又稍耐干旱,但在花前保持湿润可使花大而色艳。此外早春出芽前后结合施肥浇一次透水;在11月中、下旬浇一次"冻水",有利于越冬及保墒。芍药喜肥,除栽前充分施基肥外,根据芍药不同时期的需要,施肥期可分为 3 次。花显蕾后,绿叶全面展开,花蕾发育旺盛,此时需肥量大;花刚开过,花后孕芽,消耗养料很多,是整个生育过程中需要肥料最迫切的时期;为促进萌芽,需要在霜降后,结合封土施一次冬肥。施用肥料时,应注意氮、磷、钾三要素的结合,特别对含有丰富磷质的有机肥料,尤为重要。

开花前除去所有侧蕾,对于开花时易倒伏的品种应设立支柱,开花后及时剪去残枝。

此外,在施肥、浇水后,应及时中耕除草,尤其在幼苗生长期更需要适时除草,加强管理,适度遮荫,幼苗才能健壮生长。

芍药生长过程中,易遭受红斑病、白绢病、白粉病及蛴螬、蚜虫、红蜘蛛等危害,必须注意病虫害的防治。

芍药红斑病的防治:及时清理并烧毁枯枝落叶。及时摘除病叶,注意通风透光,增施磷钾肥。发病初期喷洒 0.5% ~1% 等量式波尔多液或 70% 代森锰锌可湿性粉剂 400 倍液。

芍药白粉病的防治:秋季及时清除地面枯病枝叶,彻底销毁。防止栽植过密,以利通风;从芍药盛花期开始,每隔 10 ~15 d 叶面喷洒 25% 粉锈宁可湿性粉剂 1 000 倍液或 75% 百菌清可湿性粉剂 800 倍液或腈菌唑可湿性粉剂 3 000 倍液,连续用药 2 ~3 次。

红蜘蛛防治:螨体侵叶盛期喷洒 1.8% 爱福丁乳油 3 000 倍液,1 次/周,连续 3 ~4 次。

5)园林应用

芍药为我国传统名花,因其与牡丹外形相似而被称为"花相"。其适应性强,花期长。品种丰富,观赏效果胜于牡丹,是重要的露地宿根花卉。可布置芍药专类园,可筑台展现芍药色、香、韵特色,可作花境、花带。我国古典园林中常置于假山湖畔来点缀景色。除地栽外,芍药还可盆栽或用作切花材料。芍药根经加工后即为"白芍",为药材之成品。

6.3.3　萱草类 Hemerocallis（图 6.22）

别名:忘忧草、黄花菜。百合科、萱草属。

图 6.22　萱草

1)形态特征

根肥大呈肉质纺锤形。叶基生成丛,二列状,带状披针形,花茎高出叶丛,上部有分枝。花大,花冠呈长漏斗形,花被 6 片,长椭圆形,先端尖,分成内外两轮,每轮 3 片。花色橘红至橘黄色。蒴果背裂,内含少数黑色种子。原种单花期一天,花朵开放时间不同,有的朝开夕凋谢,有的夕开次日清晨凋谢,有的夕开次日午后凋谢。

2)常见栽培种

园林中常用种类如下:

(1)萱草(H. fulva)　别名忘忧草,株高 60 cm,花茎高可达 120 cm,具短根状茎及纺锤形膨大的肉质根;叶基生,长带形;花茎粗壮,着花 6 ~12 朵,盛开时花瓣裂片反卷。变种很多,千叶萱草(var. kwanso):花半重瓣,桔红色。长筒萱草(var. disticha):花被管较细长,花色桔红色至淡粉红。玫瑰萱草(var. rosra),斑花萱草(var. maculata):花瓣内部有红紫色条纹。栽培广泛。

多倍体萱草是国外引进的园艺品种,花大,花径可达 19 cm,1 个花葶上可开花 40 余朵。茎粗,叶宽,花色丰富。每朵花可开 24 h,整株花期达 20 ~ 30 d。生长健壮,病虫害少,栽培容易,对土壤要求不严,北京地区可露地越冬。

(2)大花萱草(*H. middendorfii*)　原产中国东北、日本及西伯利亚地区。株丛低矮,花期早。叶较短、窄,花茎高于叶丛,花梗短,2 ~ 4 朵簇生顶端;花被管 1/3 ~ 2/3 被大三角形苞片包裹。

(3)小黄花菜(*H. minor*)　原产中国北部、朝鲜及西伯利亚地区。植株小巧,根细索状。叶纤细,二列状基生。花茎高出叶丛,着花 2 ~ 6 朵;小花芳香,傍晚开放,次日中午凋谢。干花蕾可食。

(4)黄花菜(*H. citrina*)　别名黄花、金针菜、柠檬萱草。原产中国长江及黄河流域。具纺锤形膨大的肉质根。叶二列状基生,带状。花茎稍长于叶,有分枝,着花可达 30 朵;花被淡黄色;花芳香,夜间开放,次日中午闭合。干花蕾可食。

3)产地与生态习性

萱草原产我国中南部,各地园林多栽培,欧美近年栽培颇盛。性强健,耐寒力强,宿根在华北大部分地区可露地越冬,东北寒冷地区需埋土防寒。喜阳光,也耐半荫。对土壤要求不严,但以富含腐殖质、排水良好的沙质壤土为好。耐瘠薄和盐碱,也较耐旱。

4)生产栽培技术

(1)繁殖技术　以分株繁殖为主,春、秋两季均可进行。在秋季落叶后或早春萌芽前将老株挖起分栽,每丛带 2 ~ 3 个芽。栽植在施入堆肥的土壤中,次年夏季开花。一般 3 ~ 5 年分株 1 次。

扦插繁殖可剪取花茎上萌发的腋芽,按嫩枝扦插的方法繁殖。夏季在蔽荫的环境下,2 周即可生根。

播种繁殖春、秋均可。春播时,头一年秋季将种子沙藏,播后发芽迅速而整齐;秋播时,9—10 月露地播种,翌春发芽,实生苗一般 2 年开花。宜秋播,约 1 个月可出苗,冬季幼苗需覆盖防寒。播种苗培育 2 年后可开花。多倍体萱草可用播种、分根、扦插等方法繁殖,以播种最好,但需经人工授粉才结种子。人工授粉前,先要选好采种母株,并选择 1/3 的花朵授粉,授粉时间以每天 10 ~ 14 h 为好,一般需要连续授粉 3 次,3 个月后,方可收到饱满种子。采种后,立即播于浅盆中,遮荫保持一定湿度,40 ~ 60 d 出芽,待小苗长出几片叶子后,大约 6 月份,即可栽于露地,次年 7—8 月开花。

(2)栽培管理技术　萱草适应性强,在定植的 3 ~ 5 年内不需特殊管理,我国南北地区均可露地栽培。栽前要施入堆肥作基肥,栽植株行距 50 cm × 50 cm 左右,每穴 3 ~ 5 株,并经常浇水,以保持湿润。在雨季应注意排水;每年施肥数次,入冬前施 1 次腐熟堆肥是十分必要的。要及时防治病虫,特别是蚜虫,危害较多,蚜虫发生期喷施 25% 灭蚜灵乳油 500 倍液,保护蚜茧蜂、食蚜蝇、草蛉、瓢虫等天敌。

如欲使其在国庆节仍能保持株形美观,枝叶碧绿,以提高观赏效果,可在 7—8 月加强肥水管理,并追施 1:4 的黑矾水,可收到显著效果。

5)园林应用

萱草春天萌芽,叶丛美丽,花茎高出叶丛,花色艳丽,是优良的夏季园林花卉。可作花丛、花境或花坛边缘栽植。也可丛植于路旁、篱缘、树林边,能够很好地体现田野风光,同时还可作为切花。萱草的花蕾可食,采收后经蒸熟,干制,即为著名的"金针菜"。

6.3.4　鸢尾类 Iris（图 6.23）

别名:蝴蝶花、扁竹叶。鸢尾科、鸢尾属。

图 6.23　鸢尾

1)形态特征

地下具短而粗的根状茎,坚硬匍匐多节,节间短,浅黄色。叶剑形,基部重叠互抱成 2 列,长 30～50 cm,宽 3～4 cm,革质,花梗从叶丛中抽出,单一或二分枝,高与叶等长,每梗顶部着花 1～4 朵,花构造独特,花从两个苞片组成的佛苞内抽出;花被片 6,外 3 片大,外弯或下垂,称为"垂瓣",内 3 片较小,直立或呈拱形,称为"旗瓣",是高度发达的虫媒花。蒴果长椭圆形,具 6 棱,花期 5 月。

2)类型及品种

本属植物约 200 种以上,我国野生分布约 45 种,其生物学特性、生态要求也各有不同。

同属常见栽培种有:

(1)德国鸢尾(I. germanica)　花大,径约 14 cm,园艺品种很多,有白、黄、淡红、紫等色,花期 5—6 月。喜阳光充足、排水良好而适度湿润的土壤,黏性石灰质土壤亦可栽培。根茎可提供芳香油。原产欧洲中南部,我国广泛栽培。

(2)香根鸢尾(I. pallida)　花大,淡紫色,尚有白花品种,花期 5 月。根状茎可提取优质芳香油。原产南欧及西亚。

(3)蝴蝶花(I. japonica)　花中等,径约 6 cm,花色淡紫,花期 4—5 月。喜阳湿环境,常群生于林缘。原产我国中部及日本。

(4)花菖蒲(I. kaempferi)　又名玉蝉花,花大,径可达 15 cm,花色丰富,有黄、白、红、堇、紫等色,花期 6—7 月。耐寒,要求光照充足,喜湿,可栽培于浅水池,宜富含腐殖质丰富的酸性土。原产我国东北、日本及朝鲜,野生多分布于草甸沼泽。

(5)黄菖蒲(I. pseudacorus)　花中大,鲜黄色,花期 5—6 月。喜水湿,腐殖质丰富的酸性土。原产欧洲及亚洲西部。

(6)溪荪(I. orientalis)　花径中等,紫蓝、白或暗黄色,花期 5 月。喜湿,是常见的丛生性沼生鸢尾。原产于中国、日本及欧洲。

(7)马蔺(I. eusata)　植株基部有红褐色的枯死纤维状叶鞘残留物。花小,淡蓝紫色,瓣窄。生沟边、草地,耐践踏。可作路旁,沙地地被植物,减少水土流失。原产我国东北及日本、朝鲜。

3)产地与生态习性

原产我国西南地区及陕西、江西、浙江各地,日本、缅甸皆有分布,园林广泛栽培。耐寒力强,根状茎在我国大部分地区可安全越冬。要求阳光充足,但也耐阴。3 月新芽萌发,开花期 5

月。花芽分化在秋季进行。春季根茎先端顶芽生长开花,在顶芽两侧常发生数个侧芽,侧芽在春季生长后,形成新的根茎,并在秋季重新分化花芽,花芽开花后则顶芽死亡,侧芽继续形成花芽。

4)生产栽培技术

(1)繁殖技术 多采用分株繁殖。当根状茎长大时就可进行分株繁殖,可每隔 2～4 年进行 1 次,于春、秋两季或花后进行。分割根茎时,应使每块至少具有 1 芽,最好有芽 2～3 个。大量繁殖时,可将分割的根茎扦插于 20 ℃的湿沙中,促进根茎萌发不定芽。也可采用播种的方法繁殖。播种在种子成熟后立刻进行,播种后 2～3 年可开花。若种子成熟后(9 月上旬)浸水 24 h,再冷藏 10 d,播于冷床中,10 月间即可发芽。

(2)栽培管理技术 分根后及时栽植,注意将根茎平放在土内,原来向下颜色发白的一面仍需向下,颜色发灰的一面向上,深度以原来深度为准,一般不超过 5 cm,覆土浇水即可。3 月中旬浇返青水,同时进行土壤消毒和施基肥,以促进植株生长和新芽分化。生长期内需追肥二三次,特别八九月形成花芽时,更要适当追肥,还要注意排水。花谢后及时剪掉花葶。鸢尾类花卉种类繁多,管理上要注意区别对待。在管理过程中注意防治鸢尾叶枯病,及时清除病残体,增加环境湿度,减少土壤含水量;发病初期喷洒 70% 代森锰锌可湿性粉剂 400 倍液防治。

5)园林应用

鸢尾类植物种类丰富,品种繁多,株型高矮大小差异显著,花姿花色多变,生态适应性各异,是园林中的重要宿根花卉。主要应用于鸢尾专类园,也可在园林中丛植,布置花境、花坛镶边,点缀于水边溪流、池边湖畔,也可点缀岩石园。还是重要的地被植物与切花材料。

6.3.5 宿根福禄考类 Phlox(图 6.24)

别名:天蓝绣球、锥花福禄考。花荵科,福禄考属。

1)形态特征

茎直立或匍匐。叶全缘,对生或上部互生。聚伞花序或圆锥花序;花冠基部紧收成细管样喉部,端部平展;开花整齐一致。

2)类型及品种

园林中常用种类:

(1)宿根福禄考(*P. paniculata*) 别名锥花福禄考、天蓝绣球。株高 60～120 cm,茎直立,不分枝。叶交互对生或上部叶子轮生,先端尖,边缘具硬毛。圆锥花序顶生,花朵密集;花冠高脚碟状,先端 5 裂,粉紫色;萼片狭细,裂片刺毛状。花色鲜艳具有很好的观赏性。园艺品种很多,花色有白、红紫、浅蓝。

图 6.24 宿根福禄考

(2)丛生福禄考(*P. subulata*) 植株成垫状,常绿。茎密集匍匐,基部稍木质化。叶锥形簇生,质硬。花具梗,花瓣倒心形,有深缺刻。耐热、耐寒、耐干燥。有很多变种,花色不同。适于作地被植株和模纹花坛。近年来,园林应用十分广泛。

（3）福禄考（*P. nivalis*）　株被茸毛。茎低矮,匍匐呈垫状。叶锥状,长2 cm。花径约25 cm,花冠裂片全缘或有不整齐齿牙缘。外形与丛生福禄考相似,适用于模纹花坛。

3）产地与生态习性

福禄考属植物约有70种,仅一种产自西伯利亚地区,其余均产自北美洲。性强健,耐寒;喜阳光充足;忌炎热多雨。喜石灰质壤土,但一般土壤也能生长。匍匐类福禄考尤其抗旱。

4）生产栽培技术

（1）繁殖技术　分株、扦插、播种均可。以早春或秋季分株繁殖为主。也可以春季扦插繁殖,新梢6~9 cm时,取3~6 cm作插穗,易生根。种子可以随采随播。实生苗花期、高矮差异大。

（2）栽培管理技术　春、秋皆可栽植,株距因品种而异,一般40 cm左右。可摘心促分枝。生长期要保持土壤湿润,夏季不可积水。生长期可施1~3次追肥。花后适当修剪,促发新枝,可以再次开花。宿根类3~4年进行分株更新,匍匐类5~6年分株更新。管理过程中注意防治福禄考斑枯病、福禄考白粉病、福禄考病毒病等。福禄考斑枯病防治:浇水时,尽量减少水飞溅到植株叶片上,春雨之前用40%多硫胶悬剂800倍液、50%多菌灵可湿性粉剂1 000倍液,夏季梅雨季节要重点防治,每隔10~15 d喷药1次。白粉病防治:适当增施磷、钾肥,6—8月喷施2次0.5%~1.0%的磷酸二氢钾溶液,发病初期,每隔7~10 d,喷施25%粉锈宁可湿性粉剂1 000倍液,连续喷2~3次。病毒病防治,及时消灭蚜虫,选用无病毒苗木,植物生长季节喷施植病灵等药剂2次,以提高植株抗病毒能力。

5）园林应用

开花紧密,花色鲜艳,是优良的园林夏季花卉。宿根类可用于花境,成片种植可以形成良好的水平线条;一些种类扦插的整齐苗可用于花坛。匍匐类福禄考植株低矮,花大色艳,是优良的岩石园和毛毡花坛材料,在阳光充足处也可大面积丛植作地被,在林缘、草坪等处丛植或片植也很美丽。可作切花栽培。

6.3.6　荷包牡丹 *Dicentra spectabilis Lem*（图6.25）

别名:铃儿草、兔儿牡丹。罂粟科、荷包牡丹属。

1）形态特征

地下茎水平生长,稍肉质;株高30~60 cm,茎带红紫色;叶有长柄,一至数回三出复叶,以叶形略似牡丹而得名。花序顶生或与叶对生,呈下垂的总状花序,小花具短梗,向一侧下垂,每序着花10朵左右。花形奇特,萼2片,较小而早落,花瓣4枚,分内外两层,外层2片茎部联合呈荷包形,先端外卷,粉红至鲜红色;内层2片瘦长外伸,白色至粉红色。果实为蒴果,种子细长,先端有冠毛。开花期4—6月。

图6.25　荷包牡丹

2)**类型及品种**

同属常见的栽培种有:大花荷包牡丹(*D. macrantha*)、美丽荷包牡丹(*D. formosa*)、加拿大荷包牡丹(*D. canadensis*)。

3)**产地与生态习性**

原产我国东北和日本,耐寒性强,宿根在北方也可露地越冬。忌暑热,喜侧方蔽荫,忌烈日直射。要求肥沃湿润的土壤,在黏土和沙土中明显生长不良。4—6月开花,花后至夏季茎叶渐黄而休眠。

4)**生产栽培技术**

(1)繁殖技术　以分株繁殖为主,也可采用扦插和种子繁殖。春季当新芽开始萌动时进行最宜,也可在秋季进行。把地下部分挖出,将根茎按自然段顺势分开,每段根茎需带3~5个芽,分别栽植。也可夏季扦插,茎插或根插,成活率高,次年可开花。采用种子繁殖,春、秋播均可,实生苗3年可以开花。

(2)栽培管理技术　春季浇足、浇透返青水,同时喷1%的敌百虫液,进行土壤消毒。生长期要及时浇水,保证土壤有充足的水分,孕蕾期间,施1~2次磷酸二氢钾或过磷酸钙液肥,可使花大色艳。若栽植于树下等有侧方遮阴的地方,可以推迟休眠期。7月至翌年2月是休眠期,要注意雨季排水,以免植株地下部分腐烂。11月份除浇防冻水外,还要在近根处施以油粕或堆肥。盆栽时一定要使用桶状深盆,盆底多垫一些碎瓦片以利排水。

欲使其春节开花,可于7月花后地上部分枯萎时,将植株掘起,栽于盆中,放入冷室至12月中旬,然后移入12~13 ℃的温室内,经常保持湿润,春节即可开花。花后再放回冷室,待早春重新栽植露地。

5)**园林应用**

植株丛生而开展,叶翠绿色,形似牡丹,但小而质细。花似小荷包,悬挂在花梗上优雅别致。是花境和丛植的好材料,片植则具自然之趣。也可盆栽供室内、廊下等陈放,还可剪取切花。

6.3.7　金光菊类 Rudbeckia(图6.26)

科属:菊科、金光菊属。栽培类型:多年生宿根花卉。

1)**形态特征**

茎直立,单叶或复叶,互生。头状花序顶生。外围舌状花瓣6~10枚,金黄色,有时基部带褐色。花心部分的筒状花呈黄绿至黑紫色,顶端有冠毛,果为瘦果。

2)**类型及品种**

园林中常用种类:

(1)金光菊(*R. laciniata*)　又名太阳菊、裂叶金光菊。原产加拿大及美国。株高1.2~2.4 m,茎多分枝,无毛或稍被短粗毛。基生叶呈羽状深裂,共有裂片5~7枚,茎上叶片互生,具3~5片深裂。边缘具稀锯齿。头状花序顶生,有长梗,着花一至数朵。外围舌状花瓣6~10枚,倒披针形,长约3 cm,金黄色,花心部分的筒状花呈黄绿色。果为瘦果,花期7—10月。主要

图 6.26 金光菊

变种有重瓣金光菊(*var. hortensis*)，花重瓣，开花极为繁茂。

（2）黑心菊(*R. hybrida*)　园艺杂种。全株被粗糙硬毛。基生叶3～5浅裂，茎生叶互生，无柄，长椭圆形。舌状花单轮，黄色，管状花深褐色，半球形。瘦果细柱状，有光泽。是花境、花带、树群边缘的极好绿化材料。

（3）毛叶金光菊(*R. hirta*)　原产北美。全株被粗毛。下部叶近匙形，叶柄有翼；上部叶披针形，全缘无柄。舌状花单轮，黄色，基部色深为褐红色，管状花紫黑色。

3）产地与生态习性

原产于北美，在我国北方园林中栽培较多。耐寒性强，在我国北方入冬后宿根可在露地越冬。喜充足的阳光，也较耐阴，对土壤要求不严，但在疏松而排水良好的土壤上生长良好。

4）生产栽培技术

（1）繁殖技术　播种、扦插或分株繁殖。春、秋均可播种，可根据花期需要确定播种期。如要求6月开花，则应于前一年8月播种。发芽适温10～15 ℃，2周发芽。花坛用花，可用营养钵育苗，于花前定植即可。也可进行分株繁殖，春、秋皆可。多于早春掘出地下宿根分根繁殖，每株需带有顶芽3～4个，温暖地区也可在10—11月分根。还可自播繁衍。

（2）栽培管理技术　可利用播种期的不同控制花期，如秋季播种，翌年6月开花。4月播种，7月开花；6月播种，8月开花；7月播种，10月可开花。地栽的株行距保持80 cm左右，3月上旬，及时浇返青水。生长期适当追肥1～2次。也可盆栽，但需用加肥培养土上入大盆。夏季开花后可将花枝剪掉，秋季还可长出新的花枝再次开花。管理过程中注意防治白粉病。在发病前喷洒保护性杀菌剂，如75％白菌清可湿性粉剂800倍液。发病初期喷洒25％粉锈宁可湿性粉剂1 500倍液，每隔7～10 d喷洒1次，连续3～4次。

5）园林应用

金光菊类风格粗放，耐炎热，花期长，株高不同，是夏季园林中常用花卉。可用于花境、花坛或自然式栽植，又可作切花。叶可入药。

6.3.8　玉簪 Hosta plantaginea Aschers（图 6.27）

别名：玉春棒、白萼、白鹤花。百合科、玉簪属，多年生宿根花卉。

1）形态特征

玉簪地下茎粗壮。叶基生成丛，卵形至心状卵形，长15～30 cm，宽10～15 cm，具长柄及明显的平行叶脉。花葶高出叶片，为顶生总状花序，着花9～15朵；花白色，管状漏斗形。因其花蕾如我国古代妇女插在发髻上的玉簪而得名。花期夏至秋，花极芳香，夜间开花。

图 6.27　玉簪

2）类型及品种

同属常见的栽培种有：

（1）狭叶玉簪（*H. lancifolia*） 又名水紫萼、日本玉簪。叶卵状披针形至披针形，花淡紫色，形较小。有白边和斑纹的变种。

（2）波叶玉簪（*H. undulata*） 又名皱叶玉簪、白萼、花叶玉簪。叶卵形，叶缘微波状，叶面有乳白色或白色纵纹。花淡紫色。

（3）紫萼（*H. ventricosa*） 又名紫花玉簪。叶阔卵形，叶柄边缘常下延呈翅状，花淡紫色。

3）产地与生态习性

玉簪原产我国及日本。耐寒，耐旱。喜湿，耐阴，忌强烈日光照晒。最适于种在建筑物的墙边，大树浓荫下。土壤以肥沃湿润、排水良好为宜。

4）生产栽培技术

（1）繁殖技术 玉簪一般采用分株法繁殖。春季3—4月或秋季10—11月均可进行。全部分株或局部分株均可。连根带芽分离，去除老根，栽于盆中或露地。适量浇水，也可播种繁殖。秋季果实成熟后趁爆裂之前采收种子，晒干后贮藏，到次年2—3月播于露地或盆中。实生苗3年后才能开花。近年来从国外引进了一些新的园艺品种，采用组织培养法繁殖，取花器、叶片作外植体均能获得成功，幼苗不仅生长快，并比播种苗开花提前。

（2）栽培管理技术 玉簪生性强健，栽培容易，不需要特殊管理。栽种前施足基肥。选蔽阴之地种植。生长期间应经常保持土壤湿润，在春季或开花前施1~2次追肥，叶浓绿并且夏季抽出的花葶较多且花大。夏季要多浇水并避免阳光直射，否则叶片发黄，叶缘焦枯。家庭盆栽玉簪，栽植不要过深，分株后缓苗期浇水不宜太多，否则烂根。一般每隔2~3年翻盆换土结合分株1次。玉簪易患叶斑病，夏末开始每隔7~10 d喷洒1次0.5%波尔多液或70%代森锰锌400倍液防治。

5）园林应用

玉簪花洁白如玉，晶莹素雅。喜荫，可在林下片植作地被应用；无花时宽大的叶子有很高的观赏价值。建筑北面种植，可以软化墙角的硬质感。近年已选育出矮生及观叶品种，多用于盆栽观赏或切花、切叶。嫩芽可食，全草入药，鲜花可提取芳香浸膏。

宿根花卉2

6.3.9 景天类 Sedum（图6.28）

科属：景天科、景天属，多年生宿根花卉。

1）形态特征

茎直立，斜上或下垂。叶对生至轮生，伞房花序密集，萼片5枚，绿色；花瓣4~5枚，雄蕊与花瓣同数或2倍。花朵为黄色、白色，还有粉、红、紫等色。

2）类型及品种

（1）景天（*S. spectabile*） 又名八宝、蝎子草。原产中国，全国各地均有栽培。多年生肉质草本，株高30~50 cm，地下茎肥厚。茎圆柱形而粗壮，稍木质化，直立而稍被白粉，全株呈淡绿

图 6.28　景天类

色。叶对生至轮生,倒卵形,肉质扁平,中脉明显,上缘稍有波状齿。伞房花序密集,萼片 5 枚,绿色;花瓣 5 枚,披针形,花瓣淡红色。雄蕊 10 枚,排列为两轮,高出花瓣;蓇葖果,直立且靠拢。秋季开花,极繁茂。另种白花蝎子草(*S. alborseum*):亦称"景天",花瓣白色,雌蕊淡红色,雄蕊与花瓣略等长,作盆栽观赏。

景天性耐寒,在华东及华北露地均可越冬,喜阳光及干燥通风处,忌水湿,对土壤要求不严。春季分株或生长季扦插繁殖,也可播种繁殖。勿使水肥过大,以免徒长,引起倒伏。常盆栽,供观赏。也可布置花坛、花境及用于镶边和岩石园。

(2)费菜(*S. kamtschaticum*)　又名金不换。多年生肉质草本,根状茎粗而木质。茎斜伸,簇生,稍有棱,高 15 ~ 40 cm。叶互生,间或对生。倒披针形至狭匙形,长 2.5 ~ 5 cm,端钝而基部渐狭,近上部边缘有钝锯齿,无柄。聚伞花序顶生,萼片 5 枚,披针形;花瓣 5 枚,橙黄色披针形;雄蕊 10 枚。我国河北、山西、陕西、内蒙等地均有分布。

费菜有较强的耐寒力;喜阳光充足,稍耐阴;宜排水良好的土壤;耐干旱。以分株、扦插繁殖为主,也可播种繁殖。春季发叶时呈球形,整齐美观,但长大后遇雨易倒伏,需及时修剪。全草入药。适宜丛植、花坛栽植及岩石园应用。

(3)景天三七(*S. aizoon*)　多年生草木,茎高 30 ~ 80 cm,直立,不分枝或少分枝,全株无毛。根状茎粗,近木质化。单叶互生,无柄,叶片广卵形至窄倒披针形,上缘具粗齿,下部全缘或带有乳头状物。聚伞花序密生,花瓣 5 枚,黄色;雄蕊 10 枚。蓇葖果:呈星芒状排列,黄色至红色。我国东北、西北、华北及长江流域均有分布。耐寒性强,华北地区可露地越冬。全草入药。园林中作花坛及切花应用。

(4)垂盆草(*S. sarmentosum*)　又名爬景天。多年生肉质草本,高 10 ~ 30 cm,茎纤细,匍匐或倾斜,整株植物光滑无毛,近地面部分的节容易生根。叶 3 片轮生,倒披针形至长圆形,先端尖。夏季开花,花小,黄色,无柄,疏松地排列在顶端呈二歧分出的聚伞花序。种子细小,卵圆形,有细乳头状突起,生长于山坡或岩石上。

垂盆草原产长江流域各省,广布于我国东北、华北以及日本和朝鲜。喜生于山坡潮湿处或路边、沟边。3—4 月分根移植,适宜阴湿环境,土壤以肥沃的黑沙土最好。为预防夏季高温日晒,宜选适当的树行空间培育。是园林中较好的耐阴地被植物。全草入药。

3)产地与生态习性

景天类以北温带为分布中心,因而多数种类具有一定耐寒性。喜光照,部分种类耐阴,对土质要求不严。中国有 100 多种,南北各省都有分布。本属主要野生于岩石地带,因此岩石的间断会影响其分布的连续性。同时由于地理条件的不同,形态和习性也有变化。

4)生产栽培技术

(1)繁殖技术　以扦插、分株为主,也可于早春进行播种。分株法于早春 3 月上旬,掘出老根切成数丛,另行栽植即可。

(2)栽培管理技术　露地栽培者,在春季 3—4 月间除去覆土,充分灌水即可萌发。生长期间适当追以液肥。盆栽者,在每年早春进行分盆,用肥沃的沙质壤土拌以粗沙,以利排水。雨季注意排水,以防植株倒伏。

5)园林应用

株形丰满,叶色葱绿,可布置花坛、花境,用于岩石园或作镶边植物及地被植物应用。盆栽可供室内观赏,矮小种类供盆景中点缀用。可作切花,多数种类可入药。

6.3.10　紫菀类 Aster (图 6.29)

科属:菊科、紫菀属。

1)形态特征

茎直立,多分枝;叶窄小,互生,全缘或有不规则锯齿;头状花序,呈伞房状或圆锥状着生,稀单生;总苞数层,外层常较短。舌状花呈白色、蓝色、红色、紫色;管状花黄色、间有变紫或粉红色者;花期夏秋。

图 6.29　紫菀

2)类型及品种

(1)紫菀(*A. tataricus*)　茎直立,粗壮,具粗毛。基部叶大,上部叶狭小,厚纸质,两面有粗短毛,叶缘有粗锯齿。头状花序排成复伞房状,总苞半球形。舌状花蓝或紫色;管状花黄色。原产中国、日本及西伯利亚地区。

(2)荷兰菊(*A. novi-belgii*)　茎直立,多分枝。叶线状披针形,近全缘,光滑,无黏性茸毛。头状花序伞房状着生,花较小,淡紫色、紫色或紫红色。品种很多。原产北美洲。

(3)高山紫菀(*A. alpinus*)　植株低矮,全株被柔毛,呈灰白色。叶匙形。花浅蓝色或蓝紫色。园艺种类很多,适宜在岩石园应用。原产欧洲、亚洲、美洲西北部。中国中部山区和华北有分布。

3)产地与生态习性

喜阳光充足、通风良好的环境;耐寒、耐旱、耐瘠薄。对土壤要求不严,一般园土即可生长良好。

4)生产栽培技术

(1)繁殖技术　分株或扦插繁殖为主,也可播种繁殖。分株法多在3—5月进行,萌蘖多,分株易成活。也可在7—8月或秋季进行。扦插于5—6月进行,取幼枝作插穗,18 ℃条件下,两周可以生根移栽。播种发芽温度18～22 ℃,1周可以发芽。

(2)栽培管理技术　苗高6～8 cm时移栽。定植株距30～50 cm。适当摘心以促分枝。可调节扦插、摘心期调节花期。如荷兰菊要使其国庆节开花,7月中旬到8月下旬扦插,9月10日左右摘心,即花前20 d左右摘心,即可布置"十一"花坛。3—6月是生长发育期,每月浇水3～4次,每次要浇足、浇透。冬初,要注意清理园地,及时浇足防冻水。每3～4年分株更新。栽培过程中注意防治紫菀白粉病,栽植勿过密,注意通风透光,发病初期喷洒20%三唑酮1 500倍液或

47%加瑞农700~800倍液。发病严重时用25%敌力脱4 000倍液。

5)园林应用

　　紫菀枝繁叶茂,开花整齐,是重要的园林秋季花卉,是"十一"花坛的好材料,高型类可布置在花坛的后部作背景。花朵清秀,花色淡雅,生长强健,是花境的常用花卉。美国紫菀叶、茎均有粗毛,在路旁丛植可以体现出野趣之美,也可盆栽观赏和作切花。

6.3.11　宿根石竹类 Dianthus(图6.30)

　　科属:石竹科、石竹属。

图6.30　宿根石竹

1)形态特征

　　植株直立或呈垫状;茎节膨大,叶对生。花单生或为顶生聚伞花序及圆锥花序;萼管状,5齿裂,下有苞片2至多枚,苞片成为分类学上的特征;花瓣5、具爪。蒴果圆筒形至长椭圆形。

2)类型及品种

　　本属中园艺化水平最高的是香石竹(*D. caryophyllus*)(见切花生产),原产南欧及印度。

　　主要种类及品种:

　　(1)高山石竹(*D. alpinus*)　矮生多年生草本,高5~10 cm。叶绿色、具光泽、钝头;基生叶线状披针形,基部狭、有细齿牙;茎生叶2~5对。花单生,径5~6 cm,粉红色,喉部紫色具白色斑及环纹,无香气;花期7—9月。原产前苏联至地中海沿岸的欧洲高山地带,多用于花坛。

　　(2)常夏石竹(*D. plumarius*)　宿根草本高30 cm,茎蔓状簇生,上部有分枝,光滑而被白粉。叶厚,灰绿色,长线形。花2~3朵顶生枝端,喉部多具暗紫色斑纹,有芳香。本种极富变化,花色有紫、粉红至白色。有单瓣、重瓣及高极型品种。原产奥地利至西伯利亚地区。多用于花境、切花及岩石园。

　　(3)奥尔沃德氏石竹(*D. allwoodii* Hort)　高30~40 cm,叶硬,丛生,叶面较宽。花色多样,花瓣全缘或有齿牙,有单瓣、重瓣等多数品种。多用于岩石园。

　　(4)瞿麦(*D. superbus*)　高60 cm,光滑而有分枝。叶对生,质软,线形至线状披针形,全缘,具3~5脉。花淡红或堇紫色、具芳香;花瓣具长爪,边缘丝状深裂;萼细长,圆筒状,萼筒基部有2对苞片;花期7—8月。原产欧洲及亚洲,我国多数省区均有分布。花坛及切花应用。

　　(5)少女石竹(*D. deltoides*)　又名西洋石竹,宿根草本,株高约25 cm。着花的茎直立、稍被毛;营养茎匍匐丛生。茎生叶密而簇生,线状披针形;基生叶倒卵状披针形。花茎上部分枝,花单生于茎端,具长梗;有紫、红、白等色,瓣缘呈齿状,有簇毛,喉部常有"V"形斑,具芳香,花期6—9月。原产英国、挪威及日本,园林中多栽培。

3）产地与生态习性

本属植物约 300 种,分布于欧洲、亚洲、北非、美洲;我国约产 16 种,南北均产之。宿根石竹类喜凉爽,不耐炎热。喜光,喜肥沃、排水良好的土壤,喜高燥、通风,忌湿涝。

4）生产栽培技术

(1)繁殖技术　繁殖可用播种、分株及扦插法。春播或秋播于露地,寒冷地区可于春秋播于冷床或温床,大多数发芽适温 15～18 ℃,温度过高抑制萌发。幼苗通常经过二次移植后定植。分株繁殖多在 4 月进行。扦插法生根较好,可于春秋插于沙床中。

(2)栽培管理技术　栽植地以沙质土为好,排水不良则易生白绢病及立枯病。3 月上旬浇足返青水,同时进行土壤消毒,并施基肥。3—6 月为石竹生长期,每月应浇水 3～4 次,并及时中耕、除草和防治病虫害,如用 25% 灭芽灵乳油 500 倍液防治蚜虫,效果很好,并适时进行花后修剪。7—8 月正值雨季,应注意排水,防止植株倒伏。

采用不同的播种期来调控花期,如欲使其"五一"节开花,应于前一年 8 月底播种,次年 4 月定植。欲使其"十一"开花,应于 4—5 月播种,出芽后,抹掉顶梢,加强管理,可于 9 月上蕾,国庆节开花。还可利用修剪,加强肥水管理,控制花期,如栽植的两年生石竹,5 月中旬开花后,进行修剪,去掉地上部,7—8 月注意排水,8 月 20 号左右加强肥水管理,国庆节期间可开花。

5）园林应用

宿根类石竹可用于花坛、花境栽培,也可做切花;低矮型及簇生性种又是布置岩石园及镶边用的适宜材料。

6.3.12　射干 Belamcanda chinensis（图 6.31 ）

别名:扁竹兰、蚂螂花。鸢尾科、射干属。

1）形态特征

株高 50～100 cm,具粗壮的根状茎。叶剑形,扁平而扇状互生,被白粉。二歧状伞房花序顶生;花橙色至橘黄色。花被 6 片,基部合生成短筒。外轮花瓣有深紫红色斑点;花谢后,花被片呈旋转状。蒴果椭圆形,具多数有光泽的黑色种子。

2）类型及品种

同属常见栽培种有射干（*B. chinensis*）、矮射干（*B. flabellata*）。

3）产地与生态习性

原产中国、日本及朝鲜,全国各地均有栽培。性强健,耐寒性强,喜阳光充足,喜干燥。对土壤要求不严,以沙质壤土为好。自然界多野生于山坡、田边、疏林之下乃至石缝间。

图 6.31　射干

4）生产栽培技术

(1)繁殖技术　分株繁殖,也可播种繁殖。春天分株,每段根茎带少量根系及 1～2 个幼芽,待切口稍干后即可种植,约 10 d 出苗,苗高 3～4 cm 时,即可进入正常养护管理。播种繁殖也很适宜。春播或秋播,春播在3月,秋播在8月进行。播种后约2周才能发芽,幼苗达到3~4片真叶后再行定植,2年可开花。

(2)栽培管理技术　栽培管理简便,3月上旬浇返青水,用1%的敌百虫液给土壤进行消毒。3—6月春季干旱,每月浇3次水,浇后立即中耕。春季萌动后及花期前后略施薄肥,以利开花。7—8月,注意排水,防止雨后倒伏现象,花后要及时采种。10月把地上部剪掉。11月上旬,浇冻水。注意防治射干斑枯病和射干叶枯病。斑枯病于发病前期喷洒75%百菌清可湿性粉剂800倍液防治。叶枯病防治,注意进行土壤消毒,发病初期喷洒25%瑞毒霉可湿性粉剂1 200倍液。

5)园林应用

生长健壮,花姿轻盈,叶形优美,可作基础栽植,或在坡地、草坪上片植或丛植,或作小路镶边,是花境的优良材料,也是切花、切叶的好材料。根茎入药,具有清热解毒、消肿止痛功效。茎叶为造纸原料。

6.3.13　耧斗菜类 Aquilegia (图6.32)

科属:毛茛科、耧斗菜属。

图6.32　耧斗菜

1)形态特征

多年生草本,茎直立,多分枝。整个植株具细柔毛,二至三回三出复叶,具长柄,花顶生或腋生,花形独特,花梗细弱,一茎多花,花朵下垂,花萼5片形如花瓣,花瓣基部呈长距,直生或弯曲,从花萼间伸向后方。花通常紫色,有时蓝白色,花期5—6月。

2)类型及品种

目前栽培的多为园艺品种,如耧斗菜(*A. vulgaris*)、长距耧斗菜(*A. Longissima*)。

3)产地与生态习性

原产欧洲。性强健,耐寒性强,华北及华东等地区均可露地越冬。不耐高温酷暑,若在林下半荫处生长良好,喜富含腐殖质、湿润和排水良好的沙壤土。在冬季最低气温不低于5 ℃的地方,四季常青。

4)生产栽培技术

(1)繁殖方法　分株和播种繁殖。分株繁殖可在春、秋季萌芽前或落叶后进行,每株需带有新芽3~5枚。也可用播种繁殖,春、秋季均能进行,播后要始终保持土壤湿润,1个月左右可出苗。一般栽培种,其种子发芽温度适应性较强,20 d后出芽;而加拿大耧斗菜发芽适温为15~20 ℃,温度过高则不发芽。发芽前应注意保持土壤湿润。

(2)栽培管理技术　幼苗经一次移栽后,10月左右定植,株行距30 cm×40 cm,栽植前整地施基肥。3月上旬浇返青水,并浇灌1%敌百虫液进行土壤消毒。忌涝,在排水良好的土壤中生长良好。春天可在全光条件下生长开花,夏季最好遮荫,否则叶色不好,呈半休眠状态。每年追肥1~2次。6—7月种子成熟,注意及时采收。老株3~4年挖出分株1次,否则生长衰退。也可进行盆栽,但每年需翻盆换土1次。管理过程中注意预防耧斗菜花叶病,重视科学施肥,重施有机肥,增施磷钾肥,忌偏施氮肥,以改善植株营养条件,提高其抗病性。播种前要进行土壤消毒,及时铲除田间杂草,清除传染源,及时消灭蚜虫,消灭传毒媒介。

5)园林应用

耧斗菜类品种繁多,是重要的春季园林花卉。植株高矮适中,叶形美丽,花形奇特,是花境的好材料。丛植、片植在林缘和疏林下,可以形成美丽的自然景观,表现群体美。可用于岩石园,也是切花材料。

6.3.14　剪秋罗类 Lychnis（图6.33）

科属:石竹科、剪秋罗属。

1)形态特征

茎直立,具绵毛或伏毛。叶无柄,抱茎,全缘,对生。花单生或成簇;花萼稍膨大,有10条脉,10齿裂。花瓣5,原种主要是红色。杂交种有白、粉色。具狭爪,全缘或缺刻,具副花冠(或称鳞片)。

2)类型及品种

大花剪秋罗(*L. fulgens*)、剪秋罗(*L. senno*)。

3)产地与生态习性

原产北温带至寒带。性强健,耐寒;喜凉爽而湿润气候,要求日光充足又稍耐阴;忌土壤湿涝积水,在富含腐殖质的石灰质或石砾的土壤中生长更好。

图6.33　剪秋罗

4)生产栽培技术

(1)繁殖技术　播种或分株繁殖。春播或秋播都可,但以秋播为好,种子发芽适温为18~20 ℃,2~3周发芽,次年可开花。春、秋均可分株繁殖。分株时根系易断,为加速繁殖也可将断根收集起来进行根插。

(2)栽培管理技术　生长期待植株7~8对叶时,留下3~4节摘心。可促分枝。生长期应保持水分充足。早春或花前适当追肥,花叶更茂盛。可采用调节播种期来控制花期,一般情况下,秋播的5月开花,春播的6月开花。利用花后修剪,可使植株二次开花。3~4年分株更新。注意防治剪秋罗叶斑病和剪秋罗锈病。叶斑病可用波尔多液防治,锈病可用50%多菌灵可湿性粉剂500倍液或25%粉锈宁可湿性粉剂2 000倍液防治。

5)园林应用

该类花卉花色鲜艳醒目,仪态出众,花序密集的种类可以用于花坛,也可在花境中独立欣赏。宜在石灰质沙壤土中生长,是岩石园的优良花卉,同时也是切花中的优良材料。

6.3.15　银叶菊 Senecio cineraria（图6.34）

别名:白妙菊、雪叶菊、雪叶莲。菊科、千里光属。

图6.34　银叶菊

1)形态特征

植株多分枝,高度一般在 50~80 cm。全株具白色绒毛,呈银灰色。叶质厚,羽状深裂。头状花序成紧密的伞房状,花黄色,花期夏秋。

2)类型及品种

常见栽培的品种有细裂银叶菊(Silver Dust):叶质较薄,叶裂图案如雪花,极雅致美丽,观赏价值更高。

3)产地与生态习性

原产地中海沿岸。较耐寒,在长江流域能露地越冬。不耐酷暑,高温高湿时易死亡。喜凉爽湿润、阳光充足的气候和疏松肥沃的沙质壤土或富含有机质的黏质壤土。生长最适宜温度为 20~25 ℃,在 25 ℃时,萌枝力最强。

4)生产栽培技术

(1)繁殖技术　以扦插繁殖为主,也可以分株、播种繁殖。取带顶芽的嫩茎作插穗,去除基部的 2 片叶子,插入珍珠岩与蛭石混合的扦插床中,20 d 左右形成良好根系。需注意的是,在高温高湿时扦插不易成活。通过比较发现,扦插苗长势不如播种苗。银叶菊常用种子繁殖。一般在 8 月底 9 月初播于露地苗床,种子发芽适温 15~20 ℃,半个月左右出芽整齐。

(2)栽培管理技术　苗期生长缓慢。待长有 4 片真叶时移植 1 次,翌年开春后再定植上盆。生长适温 15~25 ℃,栽培中有时需利用保护地。幼苗可摘心促分枝。银叶菊为喜肥型植物,上盆 1~2 个星期后,应施稀薄粪肥或用 0.1% 的尿素和磷酸二氢钾喷洒叶面,以后每星期需施 1 次肥。施肥要均衡,氮肥过多,叶片生长过大,白色毛会减少,影响美观。生长期间温度过高呈半休眠状,栽培环境力求通风凉爽,使其顺利越夏。秋季转凉后修剪,肥水管理,促其生长。气候适宜地可做多年生栽培,栽培中发现银叶菊无病虫害发生。

5)园林应用

全株覆盖白毛,犹如被白雪。在欧美称其银叶植物,是观叶花卉中观赏价值很高的花卉。与其他色彩的纯色花卉配置栽植,效果极佳,是重要的花坛观叶植物。用不同时期的扦插苗,保证植株低矮,是花坛中难得的银色色彩。丛植及布置花境也很美观。

6.4　球根花卉生产

球根花卉为多年生花卉中地下部分变态(包括根和地下茎),膨大成块状、根状、球状的这类花卉的总称。其种类丰富,花色艳丽,花期较长,栽培容易,适应性强,是园林布置中较理想的植物材料之一。

球根花卉按地下变态器官的结构,可分为鳞茎(如水仙、郁金香、百合等)、球茎(如唐菖蒲、小苍兰等)、块茎(如马蹄莲、仙客来、大岩桐等)、根茎(如大花美人蕉、荷花等)、块根(如大丽花、花毛莨等)。按栽培季节,球根花卉可分为春植球根花卉和秋植球根花卉。春植球根花卉在春季植球,夏秋开花,秋季起球,冬天休眠,如大丽花、唐菖蒲、美人蕉、晚香玉等。秋植球根花卉在秋季植球,经冬季后春季开花,夏季来临之前起球,夏季休眠,如水仙、郁金香、风信子等。

球根花卉主要采用分球繁殖。可以采用分栽自然增殖球,或利用人工增殖的球。自然增殖力差的块茎类花卉主要是播种繁殖。还可依花卉种类不同,采用鳞片扦插、分株芽等方法繁殖。

一般在采收后,把自然产生的新球依球的大小分开贮存,在适宜种植时间种植即可。也有个别种类需要在种植前再分开老球与新球,以防伤口感染。

园林中一般球根花卉栽培过程为:整地→施肥→种植球根→生长期管理→采收→贮存。

(1)整地　整地深度可为40~50 cm,在土壤中施足基肥。磷肥对球根的充实及开花极为重要,常用骨粉配合作基肥。有机肥必须充分腐熟,否则导致球根腐烂。球根花卉对土壤要求较严,大多数的球根花卉喜富含有机质的沙壤土或壤土,尤以下层土为排水好的砂砾土,而表土为深厚的沙质壤土最理想。排水差的地段,在30 cm土层下加粗砂砾或用抬高种植床的方法提高排水力。

(2)施肥　球根花卉喜磷肥,对钾肥要求量中等,对氮肥要求较少,追肥注意肥料比例。

(3)栽植　球根栽植的深浅,因种类和栽培目的而异。一般为球高的3倍左右。但晚香玉、葱兰以覆土至球根顶部为宜;而百合类中,多数种类要求深度为球高的4倍以上。球根较大或数量较少时常穴栽,球小而量多时常开沟栽植。株行距也应视植株大小而定,一般大丽花为60~100 cm,风信子、水仙为20~30 cm,葱兰为5~8 cm。在栽植时,还应注意分离小球,以免分散养分而开花不良。最好大、小球分开栽植。球根花卉种植初期,一般不需浇水,如果过于干旱则应浇1次透水。

(4)生长期管理　球根花卉大多根少而脆,断后不能再生新根,因此栽后于生长期间绝不可移植。其叶片大多数少或有定数,栽培中应注意保护,避免损伤。否则影响养分合成,不利于新球的生长,也影响开花和观赏。花后正值新球成熟、充实之际,为了节省养分使球长好,应剪去残花和果实。球根花卉中除大丽花等少数几种花卉,根据需要进行除芽、剥蕾等修剪整形外,其他花卉基本不需要进行此项工作。但生产球根栽培时,为了使地下部分的球根迅速肥大且充实,也要尽早剥蕾以节省养分。此外中耕除草时注意别损伤球根。球根花卉大多不耐水涝,应做好排水工作,尤其在雨季。花后仍需加强水肥管理。春植球根花卉,秋季掘出贮藏越冬。秋植球根花卉,冬季在南方有的可以露地越冬,在北方常在冷床或保护越冬。

(5)球根的采收　球根花卉在停止生长,进入休眠后,大部分种类的球根需要采收并进行贮藏。春植球根花卉在寒地为防冬季冻害,常于秋季采收贮藏越冬。秋植球根夏季休眠时,如留在土中,易因多雨湿热而腐烂。球根采收后,便于分大小、优劣,合理繁殖和培育或供布置观赏、出售等用。在新球或子球增殖较多时,如不采收分离,会因拥挤而生长不良。发育不够充实的球根,采后置于较干燥、通风条件下,能促进后熟,否则在土中易腐烂、死亡。同时,采收后可将土地翻耕,加施基肥,有利于下一季的栽培。或在球根休眠期间栽种其他花卉。因此,在大规模的专业生产中,即使采收球根的工作量较大,仍每年进行采收。在园林应用中,如地被覆盖、嵌花草坪、多年生花境及其他自然式布置时,有些适应性较强的球根花卉,可隔数年掘起和分栽1次。

采收应于生长停止,茎叶枯黄未脱落,土壤略湿润时进行。采收过早,养分尚未充分积聚于球根中,球根不够充实;采收过晚,茎叶枯萎脱落,不易确定土中球根的位置,采收时易受损伤且子球易散失。以叶变黄1/2～2/3为采收适期。

采收时可掘起球根,除去过多的附土,并适当剪去地上部分。春植球根中的唐菖蒲、晚香玉可翻晒数天,使其充分干燥;大丽花、美人蕉等可阴干至外皮干燥,勿过干,勿使球根表面皱缩。大多数秋植球根,采收后不可置于炎日下曝晒,晾至外皮干燥即可。经晾晒或阴干的球根就可进行贮藏。

(6)球根的贮藏　贮藏前应剔去病残球根。数量少而又名贵的球根,病斑不大时,可用刀将病部刮去,并涂上防腐剂或草木灰等。易受病害感染者,贮藏时最好混入药剂或先用硫酸铜等药液浸洗,消毒后再贮藏。

贮藏方法,对于通风要求不高,球根需保持一定湿度的种类,可用微湿的锯末、细沙等,将球根堆藏或埋藏起来。量少可用盆、箱贮藏,量大可堆于室内地上或挖窖贮藏。块根、根茎、块茎类球根花卉中许多种类需要这样贮存,如美人蕉、大丽花、蕉藕、大岩桐等。无皮鳞茎,如百合类,少数有皮鳞茎,如玉帘属、雪滴花属,也要这样贮存。对于要求通风良好,充分干燥的球根,可于室内设架,铺以细铁丝网、苇帘等,还可以使用网兜悬挂,置于通风处。球茎花卉一般都可采用此法,如唐菖蒲、小苍兰。鳞茎类的大多数花卉也可以这样贮存,如水仙、风信子、郁金香、晚香玉、球根鸢尾等。少数块根,如花毛茛、银莲花以及块茎,如马蹄莲也需要干存。

贮藏的环境条件,春植球根应保持室温4～5℃,不可低于0℃或高于10℃。秋植球根花卉于夏季贮藏时,应使环境干燥和凉爽,室温在20～25℃,切忌闷热潮湿。在贮藏过程中,必须防止鼠害及球根病虫害的传播,应经常检查。

球根花卉1

6.4.1　大丽花 Dahlia pinnata Cav.（图6.35）

图6.35　大丽花

别名:大理花、天竺牡丹、西番莲、地瓜花。菊科、大丽花属。多年生球根花卉,春植球根。

1)形态特征

地下部分具肥大纺锤形肉质块根,形似地瓜,故名地瓜花;茎中空,高50～100 cm;叶对生,1～2回羽状分裂,裂片卵形或椭圆形,边缘具粗钝锯齿;头状花序顶生,其大小、色彩、形状因品种而异,花序由外围舌状花与中部管状花组成,舌状花单性或中性,管状花两性;花期6—10月;瘦果黑色,长椭圆形或倒卵形,扁平状。

2)类型及品种

大丽花全世界有3万个品种,植株高矮、花朵、花型、花色变化多端。下面介绍国内常用的几种分类方案。

（1）按植株高度分类

高型：植株粗壮，高 2 m 左右，分枝较少。

中型：株高 1.0～1.5 m，花型及品种最多。

矮型：株高 0.6～0.9 m，菊型及半重瓣品种较多，花较少。

极矮型：株高 20～40 cm，单瓣型较多，花色丰富。常用播种繁殖。

（2）依花色分类　有白、粉、黄、橙、红、紫红、堇、紫及复色等。同属中还有小丽花，株型矮小，花色五彩缤纷，盛花期正值国庆节，最适合家庭盆栽。

目前世界上栽培的品种有 7 000 多种，我国有 500 种以上。

3）产地与生态习性

原产墨西哥高原海拔 1 500 m 以上地带。不耐寒，又畏酷暑，生长适温 10～25 ℃。在夏季气候凉爽、昼夜温差大的地区，生长开花更好。生育期对水分要求比较严格，不耐干旱又忌积水，喜排水及保水性能好、腐殖质较丰富的沙壤土。喜阳光，但阳光过强对开花不利，一般应早晨给予充足阳光，午后略加遮荫。大丽花为短日照春植球根花卉，春天萌芽生长，夏末秋初气候凉爽，日照渐短时进行花芽分化并开花。秋天经霜后，枝叶停止生长而枯萎，进入休眠。

4）生产栽培技术

（1）繁殖方法　通常以分根、扦插繁殖为主，也可用播种和块根嫁接。

分根法：常用分割块根法。大丽花仅块根的根颈部有芽，故要求分割后的块根上必须带有芽的根颈。通常于每年 2—3 月间将贮藏的块根取出先行催芽。选带有发芽点的块根排列于温床内，然后壅土、浇水，白天室温保持 18～20 ℃，夜间 15～18 ℃，14 d 发芽，即可取出分割，每块根带 1～2 个芽，每墩块根可分割 5～6 株，在切口处涂抹草木灰以防腐烂，然后分栽。

扦插法：大丽花的扦插在春、夏、秋三季均可进行。一般是春季当新芽长至 6～7 cm 时，留基部一对芽切取插穗扦插，保持室温 15～22 ℃，插后约 10 d 即可生根，当年秋可以开花。如为了多获得幼苗，还可以继续截取新梢扦插，直到 6 月，如管理得当，成活率可达 100%。夏季扦插因气温高，光照强，9—10 月扦插因气温低，生根慢，成活率不如春季。

块根嫁接：春季取无芽的块根作砧木，以大丽花的嫩梢作接穗，进行劈接。接后埋入土中，待愈合后抽枝发芽形成新植株。嫁接法由于用块根作砧木，养分足，苗壮，对开花有利，但不如扦插简便。

播种繁殖：播种适宜于矮生花坛品种及培育新品种。春季将种子在露地或温床条播，也可在温室盆播，当盆播苗长至 4～5 cm 时，需分苗移栽到花盆或花槽中。播种可迅速获得大批实生苗，且生长势比扦插苗和分株苗生长健壮，但大丽花为多源杂种，遗传基因复杂，播后性状易发生变异。

（2）栽培管理技术　地栽大丽花应选择背风向阳、排水良好的高燥地（高床）栽培。大丽花喜肥，宜于秋季深翻，施足基肥。春季晚霜后栽植，深度为根颈低于土面 5 cm 左右，株距视品种而异，一般 1 m 左右，矮小者 40～50 cm。苗高 15 cm 左右即可开始打顶摘心，使植株矮壮。生长期间应注意整枝修剪及摘蕾等工作。孕蕾时要抹去侧蕾使顶蕾健壮，要及时设立支柱，以防风折。花凋后及时剪去残花，减少养分消耗。生长期间，每 10 d 施追肥 1 次，夏季植株处于半休眠状态，要防暑、防晒、防涝，不需施肥。霜后剪去枯枝，留下 10～15 cm 的根颈，并掘起块根，晾 1～2 d，沙藏于 5 ℃左右的冷室越冬。

盆栽大丽花多选用扦插苗,以低矮中、小花品种为好。栽培中除按一般盆花养护外,应严格控制浇水,以防徒长与烂根。应掌握的原则是:不干不浇,间干间湿。幼苗到开花之前须换盆3~4次,不可等须根满盆再换盆,否则影响生长。最后定植,以高脚盆为宜。

大丽花常见病虫害有枯萎病、花叶病、金龟子类等。枯萎病常因土壤过湿,排水不良或空气湿度过大引起。防治方法是栽植前对土壤消毒,以溴甲烷封闭式消毒为主,及时清除、销毁病残体,定期喷洒64%杀毒矾可湿性粉剂1 000倍液、70%代森锰锌可湿性粉剂400倍液,或用五氯硝基苯500倍液浇灌。大丽花花叶病是由蚜虫或其他害虫传播而由病毒引起,故要及时用1.2%烟参碱或10%吡虫啉消灭蚜虫。发现病株应及时拔除销毁。金龟子类主要危害嫩芽、嫩叶及花朵,严重时可将上述器官全部吃光,可在清晨人工捕杀。

5)园林应用

大丽花以富丽华贵取胜,花色艳丽,花型多变,品种极为丰富,是重要的夏秋季园林花卉,尤其适用于花境或庭前丛植。矮生品种最适宜盆栽观赏或花坛使用,高型品种宜作切花。

6.4.2　美人蕉类 Canna(图6.36)

别名:红蕉、苞米花、宽心姜。美人蕉科、美人蕉属。多年生球根花卉,春植球根。

图6.36　美人蕉

1)形态特征

具粗壮肉质根状茎,地上茎肉质,不分枝,叶片宽大,广椭圆形,绿色或红褐色,互生,全缘。总状花序,自茎顶抽出,每花序有花10余朵。两性,花萼3枚,苞片状;花瓣3片,绿色或红色,萼片状。雄蕊5枚瓣化,为主要观赏部分,其中3枚呈卵状披针形,一枚翻卷为唇瓣,另一枚具单室的花药。雌蕊亦瓣化形似扁棒状。瓣化雄蕊的颜色有鲜红、橙黄或有橘黄色斑点等。蒴果球形,种子黑色,种皮坚硬。

2)类型及品种

美人蕉科仅有美人蕉属一属,约50种,目前园艺上栽培的美人蕉绝大多数为杂交种及混交群体。主要种类有:

(1)大花美人蕉(*C. generalis*)　别名法国美人蕉、红艳蕉。为法国美人蕉系统的总称,主要由美人蕉杂交改良而来。为目前广泛栽培种,也是最艳丽的一类。株高约1.5 m,一般茎叶均被白粉;叶大,阔椭圆形。瓣化瓣5枚,圆形,直立而不反卷,花较大,有深红、橙红、黄、乳白色等。

(2)蕉藕(*C. edulis*)　别名食用美人蕉、姜芋。植株粗壮高大,2~3 m,茎紫红色;叶背及叶缘晕紫色;花期8—10月,但在我国大部分地区不见开花。原产印度和南美洲。

(3)美人蕉(*C. indica*)　别名小花美人蕉、小芭蕉,株高1~1.3 m,茎叶绿而光滑。花小,着花少,红色。原产热带美洲。

(4)黄花美人蕉(*C. var. flaccida*)　别名柔瓣美人蕉。株高1.2~1.5 m,茎绿色;叶片长圆状披针形,花序单生而稀疏,着花少,苞片极小;花大而柔软。向下反曲,淡黄色。原产美国佛罗里达州至南卡罗来纳州。

（5）紫叶美人蕉（*C. warscewiezii*）　别名红叶美人蕉。株高 1~1.2 m，茎叶均紫褐色并具白粉；总苞褐色，花大，红色。原产哥斯达黎加和巴西。

3）产地与生态习性

原产热带美洲，我国各地普遍栽培。生长健壮，性喜温暖向阳，不耐寒，早霜开始地上部即枯萎。在华北、东北地区不能露地越冬。畏强风。喜肥沃土壤，耐湿但忌积水。花期长，从 6 月可延续到 11 月。

4）生产栽培技术

（1）繁殖技术　多用分株法繁殖。将根茎切离，每丛保留 2~3 个芽就可栽植，切口处涂抹草木灰防腐。也可用种子繁殖。美人蕉种皮坚硬，播前应将种皮刻伤或开水浸泡，温度保持 25 ℃，2~3 周即可发芽，定植后当年便可开花。

（2）栽培管理技术　美人蕉适应性强，管理粗放。每年 3—4 月挖穴栽植，内可施腐熟基肥，覆土 8~10 cm。开花前要施 2~3 次追肥，经常保持土壤湿润。花后要及时剪去花葶，有利于继续抽出花枝。长江以南，根茎可以露地越冬，霜后剪去地上部枯萎枝叶，在植株周围穴施基肥并壅土防寒。但经 2~3 年需挖出重新栽植。长江以北在秋季经霜后，茎叶大部分枯黄时将地下茎掘起，适当干燥后，沙藏于冷室内或埋藏于高燥向阳不结冰之处，翌年春暖挖出分栽。栽培时注意防治美人蕉花叶病，发现病株及时拔除并销毁；及时防治蚜虫，消灭传毒介体；定期采用 83 增抗剂，提高植物抗病毒能力。

5）园林应用

美人蕉茎叶繁茂，花期长且花大色艳，是园林绿化的好材料。宜作花境背景或花坛中心栽植，也可丛植于草坪边缘或绿篱前，展现群体美。还可用于基础栽植，遮挡建筑死角。柔化钢硬的建筑线条。可成片作自然式栽植或作室内盆栽装饰。它还是净化空气的好材料，对有害气体如二氧化硫、氯气、氟等具有良好的抗性。其根茎和花均可入药，有清热利湿、安神降压的功效。

6.4.3　百合类 Lilium（图 6.37）

详见第 8 章主要切花栽培技术，百合。

6.4.4　水仙(中国水仙)Narcissus tazetta L. var.（图 6.38）

别名：水仙花、金盏银台、天蒜、雅蒜。石蒜科、水仙属。

1）形态特征

鳞茎卵圆形。叶丛生于鳞茎顶端，狭长，扁平，先端钝，全缘，粉绿色，花茎直立，不分枝，略高于叶片。伞形花序，有花 4~8 朵，花被 6 片，高脚碟状花冠，芳香，白色，副冠黄色，杯状。花期 1—2 月。

图6.37　百合

图6.38　水仙

2）类型及品种

中国水仙尽管有近千年的栽培历史，但品种只有两个。

金盏银台：花被纯白色，平展开放，副花冠金黄色，浅杯状，花期2—3月。产于浙江沿海岛屿和福建沿海。现福建漳州和上海崇明有大量栽培，远销国内外。

玉玲珑：花变态，重瓣，花瓣褶皱，无杯状副冠。花姿美丽，但香味稍逊于单瓣。产地同金盏银台。

水仙属植物有40个原生种，园林中常见栽培的同属种类有：

（1）喇叭水仙（*N. pseudo-narcissus*）　别名洋水仙、漏斗水仙。鳞茎球形，叶扁平线形，长20～30 cm，宽1.4～1.6 cm，灰绿色，光滑。花单生，大型，淡黄色，径约5 cm；副冠约与花被片等长，花期2—3月。本种有许多园艺品种，有宽叶和窄叶品种，有花被白色、副冠黄色或花被副冠全为黄色的。

（2）仙客来水仙（*N. cyclamineus*）　叶狭线性，背隆起呈龙骨状，植株矮小。花2～3朵聚生，形小而下垂或侧生；花黄色，花被片自基部极度向后卷曲。副花冠与花被片等长，鲜黄色，边缘具不规则锯齿。

3）产地与生态习性

水仙属植物主要原产北非、中欧及地中海沿岸，其中法国水仙分布最广，自地中海沿岸一直延伸至亚洲，有许多变种和亚种。中国水仙是法国水仙的主要变种之一，主要集中于中国东南沿海一带。水仙是秋植球根植物，秋冬为生长期，夏季为休眠期，鳞茎球在春天膨大，其内花芽分化在高温中（26 ℃以上）进行，温度高时可以长根，随温度下降才发叶，至6～10 ℃时抽花等。适于冬季温暖，夏季凉爽，在生长期有充足阳光的气候环境。但多数种类也耐寒，在我国华北地区不需保护即可露地越冬。对土壤要求不严，但以土层深厚肥沃、湿润而排水良好的黏质土壤最好。水仙耐湿，生长期需水量大，耐肥，需充足的畜禽厩肥作底肥。

4）生产栽培技术

（1）繁殖技术　以分球繁殖为主，将母株自然分生的小鳞茎分离下来作种球，另行栽植培养。为培育新品种可采用播种繁殖，种子成熟后于秋季播种，翌春出苗，待夏季叶片枯黄后挖出小球，秋季再栽植。另外也可用组织培养法获得大量种苗和无菌球。

（2）栽培管理技术　生产栽培有旱地栽培法与灌水栽培法两种。

上海崇明采用旱地栽培法。选背风向阳的地方在立秋后施足基肥，深耕耙平后作出高垄，在垄上开沟种植。生长期追施 1~2 次液肥,养护管理粗放。夏季叶片枯黄后将球茎挖出,贮藏于通风阴凉处。

福建漳州采用灌水栽培法。9 月下旬到 10 月上旬先在溶耕后的田面上作出高 40 cm、宽 120 cm 的高畦。多施基肥,畦四周挖深 30 cm 的灌水沟。一年生小鳞茎可用撒播法,2~3 年生鳞茎用开沟条植法。由于水仙的叶片是向两侧伸展的,注重排球时鳞茎上芽的扁平面与沟平行,采用的株距较小,10~20 cm,行距较大,30~40 cm,以便有充足空间,沟深 10 cm 左右,顶部向上摆入沟内,覆土不要太深,栽后浇液肥,肥干后浸水灌溉,使水分自底部渗透畦面。隔 1~2 个月再于床面覆稻草,草的两端垂入水沟,保持床面经常湿润。一般 1~2 年生球 10~15 d 施肥 1 次,3 年生球每周施追肥 1 次。

漳州水仙主要是培养大球,每球有 4~7 个花芽。为使球大花多,第三年栽培前数日要先行种球阉割。水仙的侧芽均在主芽的两侧,呈一直线排列。阉割时将球两侧割开,挖去侧芽,勿伤茎盘,保留主芽,使养分集中。再经 1 年的栽培,形成以主芽为中心的膨大鳞茎和数个侧生的小鳞茎,构成笔架形姿态,花多,叶厚。

二、三年生鳞茎栽培后,当年冬季主芽常开花,可留下花基 1/3 处剪下作切花,避免鳞茎养分消耗,继续培养大球。

6 月以后,待地上部分枯萎后掘起。鳞茎掘起后去掉叶片和须根。在鳞茎盘处抹上护根泥,保护脚芽不脱落,晒到贮藏所需的干燥程度后,即可贮藏。

10 月份进入分级包装上市销售阶段,用竹篓包装。1 篓装进 20 只球的,为 20 庄;另外还有 30 庄、40 庄、50 庄。

室内观赏栽培常用水养法,多于 10 月下旬选大而饱满的鳞茎,将水仙球的外皮和干枯的根去掉。先将鳞茎放入清水中浸泡一夜,洗去黏液,然后用小石子固定,水养于浅盆中,置于阳光充足,室温 12~20 ℃条件下,4~5 周即可开花。水养期间,每隔 1~2 d 换清水 1 次,换水冲洗时注意不要伤根。开花后最好放在室温 10~12 ℃的地方,花期可延长半个月,如果室温超过 20 ℃,水仙花开放时间会缩短,而且叶片会徒长、倒伏。

水仙鳞茎球经雕刻等艺术加工,可产生各种生动的造型,提高观赏价值,并能使开花期提早。雕刻形式多样,基本分为笔架水仙和蟹爪水仙两种。笔架水仙即将球纵切,使鳞茎内排列的花芽利于抽生。而蟹爪水仙,则雕刻时刻伤叶或花梗的一侧,未受伤部位与受伤部位生长不平衡,即形成卷曲。不管是笔架水仙或蟹爪水仙刻伤后,均需浸水 1~2 d。将其黏液浸泡干净,以免凝固在球体上,使球变黑、腐烂,然后进行水养。

水仙病虫害有大褐斑病、病毒病、基腐病、线虫病、刺足根螨、蓟马及灰条球根蝇等。大褐斑病发生在叶片中部和边缘,病重时叶片像火烧似的,漳州花农称为"火团病"。用 0.5% 甲醛浸泡 30 min 或用 65% 代森锰锌 300 倍浸泡 15 min,可减初次侵染菌源。从水仙萌发到开花期末,用 75% 百菌清 600 倍液或 50% 克菌丹 500 倍液,每 10 d 1 次,交替使用。水仙茎线虫病,危害叶及鳞茎。要加强检疫,种球可用 40% 甲醛 120 倍液浸蘸。还可用热处理除线虫,45 ℃温水浸泡 10~15 min,55~57 ℃温水处理 3~5 min。

5) 园林应用

水仙是我国十大传统名花之一,有"凌波仙子"之称。植株低矮,花姿雅致,芳香,叶清秀,是早春重要的园林植物。散植于庭院一角,或布置于花台、草地,清雅宜人。水仙也可以水养,将其摆放在书房或几案上,严冬中散发淡淡清香,令人心旷神怡。水仙也可作切花供应。鳞茎可入药,捣烂敷治痈肿。其花可提取香精,为高级香精原料。漳州水仙球大花多,闻名世界,崇明水仙开花适时,可加工造型,销售均遍及全国,并行销国际市场。

球根花卉2

6.4.5　郁金香 Tulipa gesneriana L(图6.39)

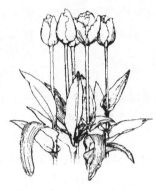

图6.39　郁金香

别名:洋荷花、草麝香。百合科、郁金香属。

1)形态特征

多年生草本,株高 20~80 cm,整株被白粉。鳞茎卵圆形,被棕褐色皮膜,高 3~4.5 cm,径 3~6 cm,茎光滑。叶着生基部,阔披针形或卵状披针形,通常 3~5 枚,全缘并为波缘。花茎高20~40 cm,顶生 1 花,稀有 2 花,花直立,花被 6,抱合呈杯形、碗形、卵形、百合花形或重瓣,花瓣有全缘、锯齿、平正、皱边等变化,花有红、橙、黄、紫、白等色或复色,并有条纹,基部常黑紫色,花白天开放,夜间及阴雨天闭合。花期 3 月下旬至 5 月下旬,视品种而异,单花开 10~15 d。蒴果,种子扁平。

2)类型及品种

郁金香属植物约 150 种,其栽培品种已达 10 000 多个。这些品种的亲缘关系极为复杂,是由许多原种经过多次杂交培育而成,也有通过芽变选育的,所以在花期、花型、花色及株型上变化很大。主要种类有:

(1)克氏郁金香(T. clusiana)　鳞茎外皮褐色革质,具有匍匐枝。叶 2~5 枚,灰绿色,无毛,狭线形;花茎高约 30 cm;花冠漏斗状,先端尖,有芳香,白色带柠檬黄晕,基部紫黑色;花期 4—5 月。不结实,为异源多倍体。分布于葡萄牙经地中海至希腊、伊朗一带。

(2)福氏郁金香(T. fosteriana)　本种茎叶具二型性,高型种株高 20~25 cm,叶 3 片,少数 4 片,宽广平滑,缘具明显的紫红色线,直立性。矮型种高 15~18 cm,有白粉。两者花形相同。花冠杯状,径 15 cm,星形;花被片长而宽阔,端部圆形略尖,常有黑斑,斑纹有黄色边缘。凡具黑斑的植株,其花药、花丝均为黑色,花粉紫色。也有无黑斑者,其花药为黄色,花色鲜绯红色。本种原产中亚细亚,具美丽的花朵,为本属中花色最美的种类。对病毒抵抗力强,因此近年来常用作培育抗病品种的材料。但其鳞茎产生仔球数量少,并且需培养 2~3 年才能开花。

(3)香郁金香(T. suaveolens)　株高 7~15 cm,叶 3~4 枚,多生茎的基部,最下部叶呈带状披针形。花冠钟状,长 3~7 cm;花被片长椭圆形,鲜红色,边缘黄色有芳香。本种原产南俄罗斯至伊拉克。

3)产地与生态习性

原产地中海沿岸及中亚细亚、土耳其等地,荷兰栽培茂盛,形成了适应冬季寒冷和夏季干热的特点。喜冬季温暖湿润、夏季凉爽的条件。生长开花的适温为 15~20 ℃,花芽分化的适温为 20~25 ℃,最高不能超过 28 ℃。一般可耐 -30 ℃ 的低温,忌酷热,夏季休眠。需水较少,耐干旱,栽后浇足水,以喷水保持土壤湿度即可,水多鳞茎易烂。喜欢阳光充足和通风良好的环境。早春出芽后,应放置阳光下,以利于早开花。要求土壤为富含腐殖质和排水良好的沙壤土,忌碱土及连作。

4）生产管理技术

（1）繁殖技术　通常采用分球繁殖,若大量繁殖或育种也可采用播种法。秋季9—10月分栽小球,母球为一年生,每年更新,即开花后干枯死亡,在旁边长出和它同样大小的新鳞茎1～3个,来年可开花。在新鳞茎的下面还能长出许多小鳞茎,秋季分离新球及子球栽种,子球需培养3～4年才能开花。新球与子球的膨大生长,常在开花后1个月的时间完成。在栽种小子球前,应施足基肥,应以有机肥料为主。深翻土壤,作畦,栽种前几天,浇透水。下种之后,不要马上灌水,这样才能诱导鳞茎向深处扎根,有利于来年更好地生长发育。

（2）栽培管理技术　郁金香属秋植球根,可地栽和盆栽,华东及华北地区以9月下旬至10月上旬为宜,暖地可延至10月末至11月初。栽前要深耕施足基肥,栽植深度为球高的3倍,不可过深或过浅。株行距10 cm×20 cm。栽后浇水。北方寒冷地区应适当覆盖。来年早春化冻前及时将覆盖物除去同时灌水,生长期内追肥2～3次,花后应及时剪掉残花不使其结实,这样可保证地下鳞茎充分发育。入夏前茎叶开始变黄时及时挖出鳞茎,放在阴凉通风干燥的室内贮藏过夏休眠,贮藏期间鳞茎内进行花芽分化。

郁金香还可盆栽促成栽培。秋季选充实肥大适宜促成栽培的中早花品种的鳞茎作为种球。种球需提前进行低温处理,具体办法是把经过干燥的种球先在气温17～20 ℃,相对湿度65%～70%的环境中贮藏,促使其花芽分化,然后在进入温室前,经过9～12周(因品种而异)的5 ℃低温处理,即可进行栽植。用口径17～20 cm的深筒盆栽植,盆土用园土3份、厩肥2份、砻糠灰1份或腐叶土6份、沙土3份、厩肥1份混匀配制而成。每盆3球,种球一定要摆正,顶部与土面平齐,不可过深,土不必压实,盆土及容器均要进行充分消毒。定植后新根尚未长出前,浇水不宜过多,否则植株萌芽过快容易导致徒长。当植株现蕾后,可适当加大浇水量,以促使花梗抽生。在郁金香整个栽培管理中,应掌握气温低少浇水,气温高多浇水的原则,浇水后要及时通风。施肥可在其长出2～3枚叶片时,花葶抽生后,分别追施富含磷、钾的稀液体肥料1次。

温度是影响郁金香开花的重要限制因子。上盆后土温要求9～10 ℃,并保持10～15 d后开始生根,在此期间光照要求不严,不见光利于生根。种球长好根系,开始冒芽展叶,应将环境温度控制在10～15 ℃,这样才能保证郁金香正常开花。如果环境温度过高,则植株常常出现哑蕾。郁金香开花后,保持土壤湿润,温度8～12 ℃,湿度不大于80%,环境明亮无强光直射,可保证有1个月的观赏期。

郁金香易感染病害,有郁金香碎色病、基腐病、郁金香火疫病等。主要以预防为主,避免连作;严格进行土壤及种球消毒,及时清理病株,定期喷浇杀菌剂,在挖取及栽植鳞茎时避免损伤,土壤勿过湿。蛴螬易危害鳞茎和根,施用基肥应充分腐熟,可用75%锌硫磷1 000倍液灌根,蚜虫用40%速果乳油2 000倍液或25%灭蚜灵乳油500倍液防治。

5）园林应用

郁金香是世界著名花卉。刚劲挺拔的花茎从秀丽素雅的叶丛中伸出,顶托着一个酒杯似的花朵,花大而色繁,如成片栽植,花开时绚丽夺目,呈现一片春光明媚的景象。近年我国各大城市纷纷引种栽培,是春季园林中的重要球根花卉,宜作花境丛植及带状布置,也可作花坛群植,同二年生草花配置。高型品种是重要切花。中型品种常盆栽或促成栽培,供冬季、早春欣赏。

6.4.6　风信子 Hyacinthus orientalis L（图 6.40）

别名：洋水仙、五色水仙。百合科、风信子属。

1）形态特征

鳞茎球形或扁球形，外被皮膜具光泽，颜色常与花色有关，呈紫蓝色、粉红或白色等。叶 4～6 枚，基生，肥厚，带状披针形，具浅纵沟。花葶高 15～45 cm，中空，顶端着生总状花序；小花 10～20 余朵密生上部，多横向生长，少有下垂。花冠漏斗状，基部花筒较长，裂片 5 枚，向外侧下方反卷。花期早春，花色有白、黄、红、蓝、雪青等。原种为浅紫色，具芳香。

2）类型及品种

风信子栽培品种极多，具各种颜色及重瓣品种，亦有大花和小花品种、早花和晚花品种等。

图 6.40　风信子

3）产地与生态习性

风信子原产南欧、地中海东部沿岸及小亚细亚一带。较耐寒，在我国长江流域冬季不需防寒保护。喜凉爽、空气湿润、阳光充足的环境。要求排水良好的沙质土，低湿黏重土壤生长极差。6 月上旬地上部分枯黄进入休眠，在休眠期进行花芽分化，分化的温度是 25 ℃左右，分化过程需 1 个月左右。在花芽伸长前需经过 2 个月的低温环境，气温不能超过 13 ℃。

4）生产管理技术

（1）繁殖技术　风信子以分球繁殖为主，夏季地上部枯死后，挖出鳞茎，将大球和子球分开，贮于通风的地方。大球秋植后第二年春季可开花，子球需培养 3 年后才开花。

为了扩大繁殖量，可在每年夏季休眠期间对大球采用阉割手术，刺激其长出更多的子球，操作方法是：于 8 月上、中旬将大球的底部茎盘先均匀地挖掉一部分，使茎盘处的伤口呈凹形，再自下向上纵横各切一刀，呈十字形切口，深度达鳞茎内的芽心为止。切口用 0.1% 的升汞涂抹，然后在烈日下将伤口暴晒 1～2 h，平摊在室内，室温保持在 21 ℃左右，使其产生愈伤组织，再将室温提高到 30 ℃，保持 85% 的空气湿度，3 个月左右即可长出许多小鳞茎。

播种繁殖多在培育新品种时使用，秋季将种子播于冷床中，培养土与沙混合成沙质壤土，种子播后覆土 1 cm，第二年 1 月底至 2 月初萌芽，入夏前长成小鳞芽，4～5 年可开花。

（2）栽培管理技术　风信子在每年 9—10 月间栽种，不宜种得太迟，否则发育不良，影响第二年开花。选择土层深厚，排水良好的沙质壤土，先挖 20 cm 深的穴，穴内施入腐熟的堆肥，堆肥上盖一层土再栽入球根，上面覆土。冬季寒冷的地区，地面还要覆草防冻，长江流域以南温暖地区可自然越冬。春天施追肥 1～2 次，花后须将花茎剪除，勿使结籽，以利于养球。栽培后期应节制肥水，避免鳞茎腐烂。采收鳞茎应及时，采收过早鳞茎不充实，反之则鳞茎不能充分阴干而不耐贮藏。鳞茎不宜留在土中越夏，每年必须挖出贮藏，贮藏环境必须干燥凉爽，将鳞茎分层摊放以利通风。

盆栽风信子，选口径 15 cm 的花盆，盆土以泥炭和河沙等量混合配制而成。种植深度以土层高出球茎 2 cm 左右为宜，种植后，浇透水，放入冷室催根；冷室温度 9 ℃左右，根系充分发育后移入栽培室,环境温度控制在 8 ~ 18 ℃,不宜低于 0 ℃,给予充足的光照,平时浇水不要过多,保持微潮的土壤环境。因风信子商品鳞茎中贮藏了大量的营养物质,可不另行施肥,也可在旺盛生长期半个月施一次稀薄液肥。花朵开放后,将风信子置于无日光直射的明亮之处,保持环境通风。温度 10 ℃左右,可延长观赏期。

风信子常见病害有:黄腐病、软腐病、病毒病等。防治方法首先应选健壮的鳞茎,已发病地区避免连作,用福尔马林进行土壤消毒,生长期可喷洒 72% 农用链霉素可溶性粉剂 1 000 倍液。

5)园林应用

风信子为著名的秋植球根花卉,株丛低矮,花丛紧密而繁茂,最适合布置早春花坛、花境、林缘,也可盆栽、水养或做切花观赏。

6.4.7　花毛茛 Ranunculus asiaticus L.（图 6.41）

别名:芹菜花、波斯毛茛、陆莲花。毛茛科、毛茛属。

1)形态特征

地下部分具纺锤状小块根,常数个聚生在根茎处。地上茎细而长,单生或少有分枝,具短刚毛,基生叶椭圆形,多为三裂,有粗钝锯齿,具长柄。茎生叶羽状细裂,几无柄。花单生枝顶,花瓣平展,多为上下两层,每层 8 枚。花色丰富,有白、黄、橙、水红、大红、紫、褐等。

2)类型及品种

园艺品种较多,花常高度瓣化为重瓣型,色彩极丰富,有黄、白、橙、水红、大红、紫以及栗色等。

图 6.41　花毛茛

3)产地与生态习性

花毛茛原产欧洲东南部和亚洲西南部,喜凉爽和半荫的环境。较耐寒,在我国长江以南可露地越冬;不耐酷暑,怕阳光暴晒,在我国大部分地区夏季进入休眠。要求含腐殖质丰富、排水良好的肥沃沙质土或略黏质土,pH 值以中性或微碱性为宜。

4)生产管理技术

(1)繁殖技术　繁殖方法以分株繁殖为主。多在秋季 9—10 月栽植,将块根自根颈部顺自然分离状态用手掰开,每部分带有一段根茎即可。种子繁殖常在培育新品种时应用。在秋季盆播育苗,利用人工催芽,将种子浸湿后置于 7 ~ 10 ℃下,经 20 d 便可发芽。若盆播育苗放入温室越冬生长,翌年 3 月下旬出室定植,入夏可开花。

(2)栽培管理技术　无论地栽或盆栽应选择无阳光直射,通风良好和半荫环境。秋季块根栽植前最好用福尔马林进行消毒。地栽株行距 20 cm × 20 cm,覆土约 3 cm。初期浇水不宜过多,以免腐烂。早春萌芽前要注意浇水防干旱,开花前追施液肥 1 ~ 2 次。入夏后枝叶干枯将块根挖起,放室内阴凉处贮藏,立秋后再种植。管理过程中如浇水过多,土壤排水不良易发生白绢病和灰霉病。要及时摘除病叶,清除病株,保持通风透光,及时排灌,合理施用氮、磷、钾肥。白绢病可采用70%代森锰锌或土菌清对土壤进行消毒;灰霉病可喷施50%速克灵可湿性粉剂1 000倍液或50%多菌灵可湿性粉剂1 000倍液,连续用药2~3次。

5)园林应用

花毛茛花大色艳,是园林蔽荫环境下优良的美化材料,多配植于林下树坛之中、建筑物的北侧或丛植于草坪的一角。可盆栽布置室内,也可剪取切花瓶插水养。

6.4.8　白头翁 Pulsatilla chinensis（图6.42）

别名:老公花、毛姑朵花。毛茛科、白头翁属。

图6.42　白头翁

1)形态特征

多年生草本。株高20~40 cm,地下茎肥厚,根圆锥形,有纵纹。全株密被白色长柔毛。叶基生,三出复叶4~5片,具长柄,叶缘有锯齿。花单生,萼片花瓣状,6片成2轮,蓝紫色,外被白色柔毛,花期4—5月。瘦果宿存,瘦果顶部有羽毛状宿存花柱,银丝状花柱在阳光下闪闪发光,十分美丽。

2)类型及品种

日本白头翁（*P. cernua*）、欧洲白头翁（*P. vulgaris*）。

3)产地与生态习性

原产中国,除华南外各地均有分布。性耐寒,喜凉爽气候,要求向阳、干燥的环境,喜肥沃及排水良好的沙质土壤,忌低洼、湿涝,不耐移植。

4)生产栽培技术

（1）繁殖方法　播种或分割块茎繁殖。播种繁殖,多采用直播,种子成熟后立即播种即可。分割块茎法,可在秋末掘起地下块茎,用湿沙堆积于室内,翌年3月上旬在冷床内栽植催芽,萌芽后将块茎用刀切开,每块要带有萌发的顶芽,栽于露地或盆内。

（2）栽培管理技术　幼苗期生长缓慢,需加强管理,及时浇水、除草、间苗和防治病虫害,实生苗2~3年开花。生长期主要是肥水管理,花后注意防虫,以免花梗早枯,影响种子发育、成熟。

5)园林应用

白头翁全株被毛,十分奇特,适于野生花卉园自然式栽植,亦可盆栽,其根可入药。

6.5　露地木本花卉生产

露地花卉——牡丹

6.5.1　牡丹 Paeonia suffruticosa Andr（图6.43）

别名:富贵花、洛阳花、花王、木芍药。芍药科,芍药属。

1)形态特征

落叶灌木,株高1~3 m,肉质直根系,枝干丛生。茎枝粗壮且脆,表皮灰褐色,常开裂脱落。叶呈二回三出羽状复叶,小叶阔卵状或长卵形等,顶生小叶常先端3裂,基部全缘,基部小叶先端常2裂。叶面绿色或深绿色,叶背灰绿或有白粉。叶柄长7~20 cm。花单生于当年生枝顶部,大型两性花。花径10~30 cm,花萼5瓣。原种花瓣多5~11片,离生心皮5枚,多为紫红花色。现栽培品种花色极为丰富,按花色可分为白、黄、粉红、紫、墨紫、雪青及绿等花色,有单瓣、半重瓣及重瓣等品种及多种花型。果为蓇葖果,外皮革质,外部密布黄色绒毛,成熟时开裂,种子大,圆形或长圆形,黑色,花期4—5月。

图6.43 牡丹

2)产地与生态习性

原产于我国西北部,野生种分布于甘肃、陕西、山西、河南、安徽等省的山地及高原。喜凉恶热,喜燥怕湿,可耐-30 ℃的低温,在年平均相对湿度45%左右的地区可正常生长。喜阳光,适合于露地栽培。栽培场地要求地下水位低、土层深厚、肥沃、排水良好的沙质壤土。怕水涝,土壤黏重,通气不良,易引起根系腐烂,造成整株死亡。因此地势高燥、土层深厚、肥沃疏松是牡丹栽植的必备条件。

3)繁殖方法

常用分株和嫁接法繁殖,也可播种、扦插和压条。

(1)分株繁殖 秋季选4~5年生的植株,挖出去土,晾1~2 d,顺根系缝隙处分开,据株丛大小可分成数株另栽,并剪去老根、死根和病根。分株早些可多生新根,分株太晚,新根长不出来易造成冬季死亡。

(2)嫁接繁殖 在生产中多采用根接法,选择2~3年生芍药根作砧木,在立秋前后先把芍药根挖掘出来,阴干2~3 d。稍微变软后取下带有须根的一段剪成长10~15 cm,随即采生长充实、表皮光滑而又节间短的当年生牡丹枝条作接穗,剪成长6~10 cm一段,每段接穗上要有1~2个充实饱满的侧芽,并带有顶芽。用劈接法或切接法嫁接在芍药的根段上,接后用胶泥将接口包住即可。接好后立即栽植在苗床上,栽时将接口栽入土内6~10 cm,然后再轻轻培土,使之呈屋脊状。培土要高于接穗顶端10 cm以上,以便防寒越冬。寒冷地方要进行盖草防寒,来年春暖后除去覆盖物和培土,露出接穗让其萌芽生长。

4)栽培管理要点

以地栽为主,少量盆栽只作短期观赏。栽植时期为9—10月,不可过早或过迟。

(1)浇水 牡丹虽耐旱,但在干旱季节,仍需供应水分。春季要充分浇水;夏季要注意雨后排水,勿使受涝;秋季适当控制浇水。

(2)施肥 牡丹喜肥,一年至少施用3次。

①"花肥"春天结合浇返青水施入,宜用速效肥。

②"芽肥"于花后追肥,补充开花的消耗和为花芽分化供应充足养分,除氮肥外可增加磷、钾肥。

③"冬肥"结合浇封冻水进行,利于植株安全越冬。

（3）中耕除草　从春天起按照"除小、除净"的原则及时松土除草，尤其七八月，天热雨多，杂草滋生迅速，更要勤除，除净。

（4）整形修剪　栽培2～3年后要进行定枝，生长势旺、发枝力强的品种，可留3～5枝；生长势弱、发枝力差的品种，只剪除细弱枝，保留强枝。观赏用植株，应尽量去掉基部的萌生枝，以尽快形成美观的株形；繁殖用的植株，则萌生枝可适当多留。

（5）摘芽　为使植株花繁叶茂，应进行摘芽，一般5～6年生，可留3～5个花芽。新栽的植株，第二年不使开花，应去除全部花蕾。当花芽分化基本完成后，加以特殊的栽培措施催（延）花期，可使牡丹在元旦、春节、"十一"、"五一"等节日，应节而开。

5）园林品种

牡丹在我国栽培历史悠久，栽培品种繁多，有多种分类方法。按花色可分为红、黄、紫、白花系；按花期早晚可分为早、中、晚花3种，相差时间10～15 d；按花瓣的多少和层数分为单瓣类、复瓣类、千瓣类和楼子类；按用途分为观赏种和药用种。在栽培中主要按花型分类。主要花型有单瓣型、荷花型、千瓣型、金环型、托桂型、楼子型和绣球型。较常见的名品花有姚黄、魏紫、墨魁、豆绿、二乔、白玉、状元红、洛阳紫、天女散花等。

6）园林用途

牡丹雍容华贵，国色天香，花大色艳，自古尊为"花王"，称为"富贵花"，象征着我国的繁荣昌盛，幸福吉祥，是我国传统名花之一。多植于公园、庭院、花坛、草地中心及建筑物旁，为专类花园和重点美化用，也可与假山、湖石等配置成景，亦可作盆花室内观赏或切花之用。牡丹的根皮叫"丹皮"，可供药用。

7）常见病虫害防治

牡丹锈病，发病时喷50%代森锰锌500倍液，敌锈钠300倍液，15%粉锈宁1 000倍液。每隔5～7 d喷1次。

白粉虱防治方法：及时修剪、疏枝，去掉带虫叶，加强管理、保持通风透光，可减少发生危害；40%氧化乐果、80%敌敌畏、50%马拉松乳油对成虫、若虫有良好的防治效果；20%杀灭菊酯2 500倍液对各种虫态都有效果；利用天敌丽蚜小蜂防治。

露地花卉——桃梅

6.5.2　桃花 Prunus persica（图6.44）

别名：花桃、碧桃、观赏桃。蔷薇科，李属。

1）形态特征

落叶小乔木，高2～8 m，树冠开张。小枝褐色，光滑，芽并生，中间多为叶芽，两旁为花芽。叶椭圆状披针形，先端渐长尖，边缘有粗锯齿，花侧生，多单朵，先叶开放，通常粉红色单瓣。观赏桃色彩变化多，且多重瓣。品种繁多。花期3—4月，果6—9月成熟。

2）产地与生态习性

原产我国西北、西南等地，现世界各国多栽培。喜光，耐旱，喜高温，较耐寒，怕水涝。要求肥沃、排水良好的沙壤土及通风良好的环境条件，若缺铁则易发生黄叶病。

3）繁殖方法

以嫁接为主,也可压条。用毛桃、山桃为砧木,嫁接方法通常采用切接和芽接法。

4）栽培管理要点

移植或定植可在落叶后至翌春芽萌动前进行,幼苗裸根或打泥浆,大苗及大树则应带土球。定植穴内应施有机肥作基肥,以满足其生长发育的需要。

修剪以自然开心型为主,要注意控制内部枝条,以改善通风透光条件,夏季对生长旺盛的枝条摘心,春季对长枝适当缩剪,能促使多生花枝,并保持树冠整齐。秋季施基肥1次,花前及5—6月分别施肥,以利开花和花芽的形成。

5）园林品种

图6.44 桃花

常见栽培品种有碧桃(*var. duplex*),花粉红,重瓣;白花碧桃(*F. alba-plena*),花白色,重瓣;红花碧桃(*F. camelliaeflora*),花深红色,重瓣;撒金碧桃(*var. versicolor*),同一株上有红、白花朵及1个花朵有红、白相间的花瓣或条纹;紫叶桃(*F. atropurpurea*),叶紫红,花深红色;垂枝碧桃(*var. pendula*),枝下垂,花重瓣,有白、淡红、深红、洋红等色;寿星桃(*var. densa*),又名矮脚桃,树形矮小,花多重瓣,花白或红,宜盆栽。

6）园林用途

桃花芳菲烂漫,妩媚动人,可植于路旁、园隅,或成丛成片植于山坡、溪畔,形成佳景,有桃园、桃溪、桃花峰、桃花源等美称。桃花与柳树配植,可形成桃红柳绿的佳景。桃花还宜作盆栽、催花、桩景及切花等用。

7）常见病虫害防治

有桃蚜、桃粉蚜,可用3%莫比朗乳油2 000倍液,或32%杀蚜净乳油1 000~2 500倍液防治。春季越冬卵孵化后尚未进入繁殖阶段和秋季蚜虫产卵前分别喷施1次10%吡虫啉2 000~3 000倍液防治,利用黄色粘胶板诱粘有翅蚜虫。在天敌发生较多情况下尽量不使用农药,以充分发挥瓢虫、草蛉、食蚜蝇、蚜茧蜂、蚜小蜂等天敌的控制作用。

桃小食心虫、天牛、缩叶病等,应注意防治。

6.5.3 梅花 Prunus mume sieb.et Zucc（图6.45）

别名:春梅、红梅、干枝梅。蔷薇科,李属。

1）形态特征

落叶小乔木或灌木,高可达10 m,树干灰褐色或褐紫色,小枝多绿色,叶椭圆或卵圆形,长4~10 cm,先端长渐尖,边缘具细锯齿,花芽生于叶腋间,1~2朵,具短梗,花5瓣,花型有单瓣、复瓣或重瓣;花色有红、粉、白、绿等色,先花后叶,花期从南向北从12月份开始到第二年4月,果球形,黄色或绿色,密被短毛,核面有凹点甚多,5—6月成熟。

2)产地与生态习性

原产我国江南及西南地区,在南方成片地栽,北方多为盆栽。性喜温暖而湿润的气候,具有一定的耐寒性,在华北地区栽植多选择抗寒性强的品种,并植于背风向阳面。要求有充足的光照和通风良好的条件,对土壤要求不严,耐瘠薄,以深厚、疏松、肥沃的壤土为好。不耐积水,以免造成烂根。

图6.45　梅花

3)繁殖方法

可用嫁接、扦插、压条、播种等法,以嫁接为主。砧木在南方多用梅或桃,北方常用杏、山杏或山桃。砧木应选1~2年生实生苗,嫁接时间和方法各地不同,在春季多采用切接、劈接、腹接、靠接,在冬季采用腹接,夏秋季采用芽接。播种繁殖多用于培养砧木和用于培育新品种,约在6月采收成熟种子,将种子清洗晾干,实行秋播。如行春播,就应混沙层积,以待来春播种。扦插宜在早春或晚秋进行,扦插时选一年生健壮枝条,取其中下部位,剪成10~15 cm的插穗,插穗基部可用密度为1 000 mg/L的萘乙酸处理8~10 s,插入蛭石中1/2~2/3,上留1个芽节,长度不超过3 cm,浇透水,遮阳、保温、保湿,促进生根。

4)栽培管理要点

露地栽培宜选择排水良好的高燥地,成活后一般天气不干旱就不必浇水,每年施肥3次,即初冬施基肥,含苞前施速效性催花肥,新梢停止生长后施速效性花肥,以促进花芽分化,每次施肥后都要浇透水。地栽的整形修剪以疏剪为主,株形为自然开心形,剪枝时以轻剪为宜,重剪常导致徒长,影响全年开花。多在初冬疏剪枯枝、病枝和徒长枝,花后对全株适当整形。此外,生长期间应结合水肥管理开展中耕、除草、防治病虫工作。

5)园林品种

中国梅花现有300多个品种,根据北京林业大学陈俊愉教授对梅花的分类系统可归为3系5类16型:真梅系中的直枝梅类、垂枝梅类、龙游梅类;杏梅系的杏梅类;樱李梅系的樱李梅类。

6)园林用途

梅花是我国传统名贵花卉,已有3 000多年的栽培历史。梅花傲霜斗雪而开,先于百花怒放,神、姿、色、态、香俱佳,与松、竹混合栽植成"岁寒三友"。梅、兰、竹、菊并称为"四君子"。梅傲霜斗雪,坚韧顽强,象征着中华民族坚贞不屈、顽强拼搏的民族精神,深受广大人民的喜爱。在江南一带广为种植,如形成规模的梅园、梅岭。梅花最适宜成片植于草坪、低山丘陵,成为季节性景观,也可孤植和丛植,植于建筑物一角,配置山石。用梅花作盆景,苍劲古雅,疏枝横斜,暗香浮动,具有极高的观赏价值。可置于厅堂及案几上,也可做切花进行室内装饰。

7)常见病虫害防治

发现蚜虫后用40%乐果乳剂3 000倍液、50%灭蚜松乳剂1 500倍液、25%飞虱宝可湿性粉剂1 000~1 500倍液、10%施飞特可湿性粉剂2 000倍液等任选一种,稀释后均匀喷洒全株,并在5~7 d后再喷1次,便可较长期有效地控制蚜虫危害。

黄刺蛾1年发生1~2次,以老熟幼虫在受害枝干上结茧越冬,以幼虫啃食成危害。严重时叶片吃光,只剩叶柄及主脉。防治方法:点灯诱杀成虫;人工摘除越冬虫茧;在初龄幼虫期喷80%敌敌畏乳油 1 000 倍液,或 25% 亚胺硫磷乳油 1 000 倍液防治。

露地花卉——紫薇、月季

6.5.4　紫薇 Lagerstroemia indica（图 6.46）

别名:百日红、满堂红、怕痒树。千屈菜科,紫薇属。

1）形态特征

树皮光滑,黄褐色,小枝略呈四棱形。单叶对生或上部互生,椭圆形或倒卵形,全缘。花为顶生圆锥花序,花冠紫红色或紫堇色,花瓣 6 片。花期长,6—9 月陆续开花不绝。

2）产地与生态习性

原产华东、华中、华南、西南各地,园林中普遍栽培。喜光,喜温暖气候,不耐寒。适于肥沃、湿润而排水良好之地,有一定耐旱力,喜生于石灰性土壤。长时间渍水,生长不良。萌芽力强。

图 6.46　紫薇

3）繁殖方法

常用播种或扦插法繁殖。播种法 10—11 月采收蒴果,曝晒果裂后,去皮净种,装袋贮存,于次年早春播种,4 月即可出苗。苗期要保持床土湿润,每隔 15 d 施 1 次薄肥,立秋后施 1 次过磷酸钙。苗木留床培育 2—3 年后,再行定植。扦插于春季萌芽前,选一二年生健壮枝条,剪成15 ~ 20 cm 长的插穗,插深 2/3。插床以疏松而排水好的沙质壤土为佳。插后保持土壤湿度,一年生苗可高 50 cm 左右。梅雨季节可用当年生嫩枝扦插,插后要注意遮阳保湿。

4）栽培管理要点

大苗移栽需带土球,以清明时节栽植最好。栽后管理在生长期要经常保持土壤湿润,早春施基肥,5—6 月追肥,以促进花芽增长,这是保证夏季多开花的关键。冬季要进行整形修剪,使枝条均匀分布,冠形完整,可达到花繁叶茂的效果。

5）园林品种

主要变种有红薇(var. rubra),花红色;银薇(var. alba),花白色;翠薇(var. amabilis),花紫色带蓝。

6）园林用途

常于堂前对植两株。此外,在池畔水边、草坪角隅植之均佳,或制作盆景。

7）常见病虫害防治

病害有烟煤病、煤污病,要注意栽植不可过密,通风透光好,有利病虫害防治。煤污病的防治应以治虫为主,春末夏初防治介壳虫和蚜虫,控制其虫口密度的迅猛增长,可喷洒 10 ~ 20 倍的松脂合剂及 50% 硫磷乳剂 1 500 ~ 2 000 倍液以杀死介壳虫(在幼虫初孵时喷施效果较好),3% 莫比朗乳油 1 500 倍液;5% 酒精溶液擦掉介壳虫,或用 40% 氧化乐果 2 000 倍液或 50% 马拉硫磷 1 000 倍液喷杀蚜虫。

除含铜离子的杀菌剂易产生药害(致使紫薇叶变黄脱落)外,常用杀真菌剂均可使用。每周 1～2 次,稀释倍数按常规操作。25% 苯菌灵乳油 800 倍液;20% 络氨铜、锌水剂 500 倍液等效果也较好。

6.5.5　樱花 prunus serrulata（图 6.47）

别名:山樱花、山樱桃、福岛樱。蔷薇科,李属。

图 6.47　樱花

1)形态特征

落叶乔木,树皮暗褐色,有绢丝状光泽。叶卵形至卵状椭圆形,边缘具芒状齿。花 2～6 朵簇生,呈伞房花序,花白色或粉红色,核果球形,花期 4—5 月。

2)产地与生态习性

主产我国长江流域,东北、华北均有分布。喜光,较耐寒,喜肥沃湿润而排水良好的土壤,不耐盐碱土,忌积水。

3)繁殖方法

常用嫁接法繁殖。以樱桃或山樱桃的实生苗为砧木,也可用桃、杏苗作砧木。于 3 月切接,或于 8 月芽接,接活后培育 3—4 年即可栽种。也可用根部萌蘖分株繁殖,易成活。

4)栽培管理要点

宜多施腐熟堆肥为基肥,日常管理要注意浇水和除草松土。7 月施硫酸铵为追肥,秋季多施基肥,以促进花枝发育。早春发芽前和花后,需剪去徒长枝、病弱枝、短截开花枝,以保持树冠圆满。

5)园林品种

主要变种有:山樱花(*var. spontanca*),花单瓣,较小,白色或粉色,野生于长江流域;毛樱花(*var. pubescens*),叶、花梗及萼片有毛,其余同山樱花。具有观赏价值的有重瓣白樱花(*f. albo-plena*),花白色,重瓣;重瓣红樱花(*f. rosea*),花粉红色,重瓣;玫瑰樱花(*f. superba*),花大,淡红色,重瓣;垂枝樱花(*f. pendula*),枝开展而下垂,花粉色,重瓣;日本樱花(*P. yedoensis*),花朵纷繁,花态美丽,单瓣或重瓣,品种繁多。此外,还有樱桃(*p. pseudocerasus*),花白色,果球形,熟时红色,可食。均为我国庭院常见栽培的花木。

6)园林用途

樱花花繁色艳,非常美观,宜植于庭院中、建筑物前,也可列植于路旁、墙边、池畔。栽植樱桃,花如彩霞,果似珊瑚,浓艳喜人。

7)常见病虫害防治

常见害虫有红蜘蛛、介壳虫、卷叶蛾、蚜虫等,应及时防治(参考紫薇)。

褐斑穿孔病是樱花叶部的一种重要病害,在我国樱花种植区均有发生。防治方法:

①加强栽培管理,创造良好的通风透光条件,多施磷、钾肥,增强抗病力。

②秋季清除病落叶,结合修剪剪除病枝,减少来年浸染源。

③展叶前喷施 1.02~1.04 kg/L 石硫合剂,发病期喷洒 50% 苯来特可湿性粉剂 1 500 倍液或 65% 代森锌 600 倍液或 50% 多菌灵 1 000 倍液,都有良好的防治效果。

6.5.6 月季 Rosa chinensis

露地花卉——夹竹桃

详见第 8 章主要切花栽培技术——现代月季。

6.5.7 夹竹桃 Nerium indicum (图 6.48)

别名:柳叶桃、半年红、洋桃。夹竹桃科,夹竹桃属。

1)形态特征

常绿灌木或小乔木,株高 5 m,具白色乳汁。三叉状分枝,分枝力强。叶披针形,厚革质,具短柄,3~4 叶轮生,在枝条下部为对生,全缘,叶长 15~25 cm,宽 1.5~3 cm,先端锐尖。聚伞花序顶生;花芳香,花冠漏斗形,深红色或粉红色;花期 6—10 月,果熟期 12—1 月。

2)产地与生态习性

原产伊朗、印度及尼泊尔,现广植于热带及亚热带地区,我国各地均有栽培。喜阳光充足、温暖湿润的气候。适应性强,耐干旱瘠薄,也能适应较阴的环境。不耐寒,怕水涝,对土壤要求不严,但以排水良好、肥沃的中性土最佳。有抗烟尘及有害气体的能力,萌发力强,耐修剪。

图 6.48 夹竹桃

3)繁殖方法

以扦插为主,也可压条和分株。扦插在 4 月或 9 月进行,插后灌足水,保持土壤湿润,15 d 即可发根。还可把插条捆成束,将茎部 10 cm 以下浸入水中,每天换水,保持 20~25 ℃,7~10 d 可生根,而后再移入苗床或盆中培养。新枝长至 25 cm 时移植,夹竹桃老茎基部的嫩枝长至 5 cm 时带踵取下来,保留生长点部分的小叶插入素沙中,荫棚下养护,成活率很高。压条一般选二年生而分枝较多的植株作压条母株,小满节气时压条。

4)栽培管理要点

苗期可每月施 1 次氮肥,成年后,管理可粗放,露地栽植可少施肥,盆栽可于春季或开花前后各施 1 次肥。温室盆栽的每年可于 4 月底出房,10 月底入房。夏季 5~6 d,秋后 8~10 d 灌水 1 次。水量适当,经常保持湿润即可。可按"三叉九顶"修剪整枝,即枝顶 3 个分枝,再使每枝分生 3 枝。一般在 60 cm 处剪顶,促发芽,剪口处长出许多小芽,留 3 个壮芽。

5)园林品种

常见变种有白花夹竹桃,花白色,单瓣;斑叶夹竹桃,叶面有斑纹,花红色,单瓣;淡黄夹竹桃,花淡黄色,单瓣;红花夹竹桃等。

桃,花淡黄色,单瓣;红花夹竹桃等。

6)园林用途

夹竹桃对有毒气体和粉尘具有很强的抵抗力,工矿区环保绿化可以利用,其花繁叶茂,姿态优美,是园林造景的重要花灌木,适作绿带、绿篱、树屏、拱道。茎叶可制杀虫剂,茎叶有毒,人畜误食可致命。夹竹桃为阿尔及利亚国花。

7)常见病虫害防治

夹竹桃黑斑病防治方法:加强管理,增强植株通风透光性。多施磷、钾肥,增强树势;喷75%百菌清800倍液进行防治。

常年养护要注意防治蚜虫和介壳虫(参考紫薇)。

露地花卉——迎春 连翘

6.5.8　迎春 Jasminum nudiflorum（图6.49）

别名:迎春花、金腰带、金梅。木犀科,茉莉属。

1)形态特征

落叶灌木,株高 30～50 cm,枝细长直立或拱曲,丛生,幼枝绿色,四棱形。叶对生,小叶 3 枚,卵形至椭圆形。花单生,先叶开放,有清香,花冠黄色,高脚碟状,径 2～2.5 cm。花期2—4月。

2)产地与生态习性

产于中国山东、陕西、甘肃、四川、云南、福建等省,各地广泛栽培。喜光、耐寒、耐旱、耐碱、怕涝,在向阳、肥沃、排水良好的地方生长繁茂。萌生力强,耐修剪。

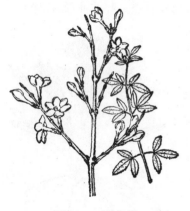

图6.49　迎春花

3)繁殖方法

通常用扦插、压条及分株法繁殖。

4)栽培管理要点

宜选择背风向阳、地势较高处,土壤肥厚、疏松、排水良好的中性土植之,生长最好。栽后冬季施基肥,并适当进行修剪,可促进初春开花,并延长花期。春夏之交,应予摘心处理,整理树形。

5)园林品种

探春(J. floridum)缠绕状半常绿灌木,叶互生,单叶或复叶混生,小叶 3～5 片,聚伞花序顶生,5—6月开花,鲜黄色,稍畏寒。云南素馨(J. mesnyi),又称云南迎春,常绿灌木,花较大,花冠裂片较花冠筒长,常近于复瓣,生长比迎春花更旺盛,花期稍迟。3月始花,4月盛放。

6)园林用途

迎春长条披垂,金花照眼,翠蔓临风,姿态风雅。可配植于屋前阶旁,也可在路边植为绿篱,水池边栽植亦颇为适宜。现代城市高架路两侧花池,建筑物阳台作悬垂式栽植更为适宜,但管理上要确保水分供应。

7）常见病虫害防治

偶有蚜虫可用40%氧化乐果1 000倍液防治。

6.5.9 连翘 Forsythia suspense Vahl（图6.50）

别名：黄绶带、黄寿丹、黄金条。木犀科，连翘属。

1）形态特征

落叶灌木，高约3 m，枝干丛生。叶对生，单叶或3小叶，卵形或卵状椭圆形，缘具齿。3—4月叶前开花，花冠黄色，1～3朵生于叶腋，蒴果卵圆形，种子棕色，7—9月果熟。

2）产地与生态习性

产于中国北部和中部，朝鲜也有分布。喜光，耐寒，耐干旱瘠薄，怕涝，适生于深厚肥沃的钙质土壤。

3）繁殖方法

播种或扦插法繁殖。春季播种，扦插容易成活，春季用一年生休眠枝或雨季选半木质化生长枝作插穗皆可。

图6.50 连翘

4）栽培管理要点

定植后应选留3～5个骨干枝，使花枝在骨干枝上着生，每年花后进行修剪，疏除枯枝、老枝、弱枝，对健壮枝进行适度短截，促使萌生新的骨干枝和花枝。

5）园林品种

金钟连翘、卵叶连翘、秦岭连翘、垂枝连翘等。

6）园林用途

连翘为北方早春的主要观花灌木，黄花满枝，明亮艳丽。若与榆叶梅或紫荆共同组景，或以常绿树作背景，效果更佳。也适于角隅、路缘、山石旁孤植或丛植，还可用作花篱或在草坪成片栽植。果实为重要药材。

7）常见病虫害防治

有蚜虫、蓑蛾、刺蛾危害，应及时防治（参考梅花）。

6.5.10 贴梗海棠 Chaenomeles speciosa（图6.51）

露地花卉——榆叶梅
锦带 贴梗海棠

别名：铁脚海棠、木瓜花。蔷薇科，木瓜属。

1）形态特征

落叶灌木，高达2 m，枝开展，有刺，无毛。单叶互生，叶卵形，叶缘有尖锐锯齿，托叶大，花

图6.51　贴梗海棠

单生或几朵簇生于二年生枝条上,花梗极短似无,贴梗而生。花猩红,或淡红间乳白色,单瓣或重瓣,径3~5 cm,梨果卵形至球形,长5~10 cm,黄色或黄绿色,有香气。花期3—4月,10月果熟。

2) 产地与生态习性

原产我国中部,各地广泛栽培。喜光,有一定的耐寒能力,适生于深厚肥沃、排水良好的酸性、中性土,耐旱怕涝,耐修剪,萌生根蘖能力强。

3) 繁殖方法

压条、扦插为主,也可分株。3月或9月采用环状剥皮法进行压条,月余即生根,秋季或次春从母体割离移栽。硬枝扦插可在早春叶芽萌动前剪取一年生的健壮枝条,按12~18 cm的长度剪穗,插入沙壤土中。嫩枝扦插则在生长期进行,注意遮阳保湿。

分株多在秋后或早春将母株挖出从自然缝隙处分割,每株带2~3个枝干栽种。

4) 栽培管理要点

移植和修剪可在深秋或早春进行。贴梗海棠适应性强,管理粗放。花多着生于二年生的短枝上,可在花后剪除上年枝条的顶部,仅保留约30 cm,促进多发新梢,为翌年多开花创造条件。

5) 园林品种

龙爪海棠(*var. tortuosa*)、白花贴梗海棠(*cv. alba*)、红花贴梗海棠(*cv. poses*)、矮贴梗海棠(*cv. rygmaea*)等。

6) 园林用途

株形较矮,花繁色艳,适宜在草坪、庭院或花坛内丛植或孤植。若配植于常绿树前则更为鲜艳可爱,或制成老桩盆景。

7) 常见病虫害防治

贴梗海棠锈病发病初期喷15%粉锈宁可湿性粉剂1 500倍液。采用韭菜叶片50 g切碎后加入250 g清水,浸泡24~30 h后,过滤去渣,喷其汁液可防治锈病。

黄刺蛾、红蜘蛛防治方法参考梅花和月季。

6.5.11　木槿 Hibiscus syriacus L.(图6.52)

露地花卉——木槿 扶桑

别名:朝开暮落花、篱障花。锦葵科,木槿属。

1) 形态特征

落叶灌木或小乔木,高3~4 m,小枝幼时被绒毛,分枝多,树冠卵形。叶互生,卵形或菱状卵形,先端钝,常三裂。花单生叶腋,径5~8 cm,花色有紫、粉、红、白等,夏秋开花,每花开放约2 d,朝开暮落。蒴果矩圆形。

2) 产地与生态习性

原产我国,遍及黄河以南各省。朝鲜、印度、叙利亚也有分布。温带及亚热带树种,喜光,稍耐阴。耐水湿,也耐干旱。宜湿润肥沃土壤,抗寒性较强,耐修剪。

3)繁殖方法

通常扦插繁殖,极易成活,单瓣者也可播种繁殖,种子干藏后春播,栽培管理较粗放。

4)栽培管理要点

用作绿篱的苗木,长至适当高度时需修剪,用于观花的宜养成乔木形树姿。移植在落叶期进行,通常带宿土。

5)园林品种

重瓣白木槿(*var. albo-plena*),花重瓣,白色。重瓣紫木槿(*var. amplissimus*),花重瓣,紫色。

图 6.52　木槿

6)园林用途

木槿是夏秋季园林中优良的观花树种,宜丛植于阶前、墙下、水边、池畔,南方各省常用作花篱。

7)常见病虫害防治

生长强健,病虫害少,偶有棉蚜发生,可喷 40% 乐果乳剂 3 000 倍液防治。

露地花卉——丁香

6.5.12　扶桑 Hibiscus rosa-sinensis(图 6.53)

别名:朱槿、佛桑、大红花。锦葵科,木槿属。

图 6.53　扶桑

1)形态特征

落叶或常绿灌木,株高约 6 m,茎直立,多分枝,树冠近圆形。叶互生,叶似桑叶,广卵形或狭卵形,边缘有锯齿及缺刻,基部全缘。花大,单生叶腋,径 10~17 cm,有单瓣、重瓣之分。单瓣花漏斗状,鲜红色。重瓣花形似牡丹,有红、粉、黄、白等色,雄蕊筒及柱头不突出花冠之外。花期长,以夏秋为盛,有的品种常年开花,蒴果卵形。重瓣品种多不结果。

2)产地与生态习性

主产于中国福建、广东、云南、台湾、浙江和四川等省,现各地广泛栽培。性喜温暖湿润,不耐寒。气温在 30 ℃以上开花繁茂,在 2~5 ℃低温时出现落叶。喜光,不耐阴,不择土壤,但在肥沃而排水良好的土壤中开花硕大。宜生于有机质丰富,pH 值为 6.5~7 的微酸性的土壤。发枝力强,耐修剪。

3)繁殖方法

以扦插为主,也可播种和嫁接繁殖。插穗老枝、嫩枝皆可,于 5—6 月间剪取一年生半木质化粗壮枝条,插穗长 10 cm,去除下部叶片,保留上部叶片 2 枚,并剪去叶片的 1/2~1/3,扦插深度为穗长的 1/3,浇透水,覆盖薄膜,保持空气湿度,温度 20~25 ℃,30~40 d 即可生根,45 d 左右上盆。播种繁殖多用于杂交育种,扶桑种子多为硬实,需通过刻伤种皮或用浓硫酸浸种 5 ~ 30 min 腐蚀种皮,用水洗净后播种,适温 20 ~ 35 ℃,3 d 左右发芽。嫁接繁殖是针对品种长势弱或需在短时间内扩大苗木量采用的方法,砧木选择生长健壮、适应性强的品种。

4)栽培管理要点

园林栽植要选阳光充足、土壤疏松肥沃、排水良好的地方。盆栽用含有机质丰富的沙质壤土,掺拌 10% 腐熟的饼肥或粪干。刚栽植的苗木,土要压实,浇透水,先庇荫数天,再给予充分光照,有利成活。夏季高温时,要早晚浇水,并喷叶面水,每周施饼肥水 1 次。新株生长期要摘心 1 ~ 2 次,促发新梢,保证开花繁茂。扶桑花期长,夏、秋为盛花,秋凉后开花渐少。如需冬季或早春开花,可提前进入温室,放置向阳处,以达到催花目的。

盆栽扶桑冬前移入温室,室温不低于 5 ℃。早春结合换盆换上新的培养土,施腐熟鸡、鸭粪或饼肥为基肥,同时要修剪过密须根。地上部分要修剪整形,各侧枝从基部留 2 ~ 3 个芽,上部均剪去,让它再萌发饱满而匀称的新枝梢,生长旺盛,叶茂花繁。

5)园林品种

适于庭园种植的有小旋粉、迷你白、花上花、粉牡丹、粉西施等品种,适于盆栽的有艳红等品种。

6)园林用途

扶桑花大色艳,花期甚长,所谓"扶桑鲜吐四时艳",是著名观赏花木,适于南方庭院、墙隅植之。园林中常作花丛、花篱栽植。盆栽是阳台、室内陈放的常见花卉。

7)常见病虫害防治

有棉蚜、糠片盾蚧或煤污病等,蚜虫可用 80% 敌敌畏乳剂 2 000 倍液或 1 000 倍乐果防治。煤污病由蚜虫传播。对介壳虫可喷 80% 敌敌畏乳剂或马拉硫磷 1 000 倍液防治。

水生花卉

6.6　水生花卉生产

6.6.1　荷花 Nelumbo nucifera（图 6.54）

图 6.54　荷花

别名:莲花、水芙蓉、藕。睡莲科,莲属。

1)形态特征

荷花为多年生宿根水生花卉。原产我国,栽培历史悠久,是我国十大传统名花之一。荷叶呈盾状圆形,具 14 ~ 21 条辐射状叶脉,叶径可达 70 cm,全缘。叶面绿色,表面被蜡粉,不湿水。叶柄侧生刚刺。最早从顶芽长出的叶,形小、柄细,浮于水面称钱叶,最早从藕节上长出的叶叫浮叶,也浮于水面。后来从藕节上长出的叶较大,叶柄也粗,立出水面,称为立叶。地下茎膨大横生于泥中,称藕。地下茎有节和节间,节上环生不定根并抽生叶和花,同时萌发侧芽。花单生于花梗的顶端,有单瓣和重瓣之分,花色各异,有粉红、白、淡绿、深红及间色等。花径大小因品种而异,在10～30 cm之间。花期6—9月,单花期3～4 d。花谢后膨大的花托称莲蓬,上有3～30个莲室,每个莲室形成1个小坚果,俗称莲子。果熟期9—10月,成熟时果皮青绿色,老熟时变为深蓝色,干时坚固。

我国栽培荷花品种丰富,按用途分为子用莲、藕用莲和观赏莲三大类。观赏莲开花多,花色、花形丰富,群体花期长,观赏价值高。观赏莲中又分为单瓣莲、重瓣莲和重台莲。其中观赏莲价值较高的是一梗两花的"并蒂莲",也有一梗能开四花的"四面莲",还有一年开花数次的"四季莲",又有花上有花的"红台莲"。常见观赏品种有西湖红莲、东湖红莲、苏州白莲、红千叶、大紫莲、小洒锦、千瓣莲、小桃红等。

2)产地与生态习性

荷花原产我国温带地区,具有喜水、喜温、喜光的习性。对温度要求较严格,水温冬天不能低于5 ℃;一般8～10 ℃开始萌芽,14 ℃时抽生地下茎,同时长出幼小的"钱叶",18～21 ℃开始抽生"立叶",在23～30 ℃时加速生长,抽出立叶和花梗并开花。荷花生长期要求充足的阳光,喜肥,要求含有丰富腐殖质的肥沃土壤,pH值以6.5～7.0为好,土壤酸度过大或土壤过于疏松,均不利于生长发育。

荷花最怕水淹没荷叶,因为荷叶表面有许多气孔,它与叶柄和地下根茎的气腔相通,并依靠气孔吸收氧气供整个植株体用。荷花怕狂风吹袭,叶柄折断后,水进入气腔会引起植株腐烂死亡。

3)繁殖方法

荷花可用播种繁殖和分株繁殖,园林应用中多采用分株繁殖,可当年开花。

(1)分株繁殖　分株繁殖选用主藕2～3节或用子藕作母本。分栽时选用的种藕必须具有完整无损的顶芽,否则不易成活。分栽时间以4月中旬藕的顶芽开始萌发时最为适宜,过早易受冻害,过迟顶芽萌发,钱叶易折断,影响成活。分株时将具有完整的主藕或子藕留2～3节切断另行栽植即可。

(2)播种繁殖　播种繁殖需选用充分成熟的莲子,播种前必须先"破头",即用锉将莲子凹进去的一端锉伤一小口,露出种皮。将破头莲子投入温水中浸泡一昼夜,使种子充分吸胀后再播于泥水盆中,温度保持在20 ℃左右,经1周便发芽,长出2片小叶时便可单株栽植。若池塘直播,也要先破头,然后撒播在水深10～15 cm的池塘泥中,1周后萌发,1个月后浮叶出水成苗。实生苗一般2年可开花。

4)栽培要点

荷花栽培因品种特性和栽植场地环境,分为湖塘栽植、缸盆栽植和无土栽培等。

(1)湖塘栽植　栽植前应先放干塘水,施入厩肥、绿肥、饼肥作基肥,耙平翻细,再灌水,将种藕"藏头露尾"状平栽于淤泥浅层,行距150 cm左右,株距80 cm左右。栽后不立即灌水,待3～5 d后泥面出现龟裂时再灌少量水,生长早期水位不宜深,以15 cm左右为宜,以后逐渐加深,夏季生长旺盛期水位50～60 cm,立秋后再适当降低水位,以利藕的生长,水位最深不过100 cm。入冬前剪除枯叶把水位加深到100 cm,北方地区应更深一些,防池泥冻结。池藕的管理粗放,常在藕叶封行前拔除杂草、摘除枯叶。若基肥充足可不施追肥。

(2)盆缸栽植　盆缸栽植宜选用适合盆栽的观赏品种。场地应地势平坦,背风向阳,栽植容器选用深 50 cm,内径 60 cm 左右的桶式花盆或花缸,缸盆中填入富含腐殖质的肥沃湖塘泥,泥量占缸盆深 1/2 ~ 1/3,加腐熟的豆饼肥、人粪尿或猪粪作基肥,与塘泥充分搅拌成稀泥状。一般每缸栽 1 ~ 2 支种藕。栽 2 支者顶芽要顺向,沿缸边栽下。刚栽时宜浅水,深 2 cm 以利提高土温,促进种藕萌发,浮叶长出后,随着浮叶的生长逐渐加水,最后可放水满盆面。夏季水分蒸发快每隔 2 ~ 3 d 加 1 次水,在清晨加水为好。出现立叶后可追施 1 次腐熟的饼肥水。平时注意清除烂叶污物。秋末降温后,剪除残枝,清除杂物,倒出大部分水,仅留 1 cm 深,将缸移入室内,也可挖出种藕放室内越冬,室温保持 3 ~ 5 ℃ 即可。荷花常见的病虫害有蚜虫、袋蛾、刺蛾等,可用人工捕捉或 50% 氧化乐果喷洒 2 000 倍液或 90% 敌百虫 1 000 倍液防治。

5) 园林用途

荷花本性纯洁,花叶清丽,清香四溢,因其出污泥而不染,迎朝阳而不畏的高贵气节,深受文人墨客及大众的喜爱,被誉为"君子花"。可装点水面景观,也是插花的好材料。荷花全身皆宝,叶、梗、蒂、节、莲蓬、花蕊、花瓣均可入药。莲藕、莲子是营养丰富的食品,所以除观赏栽培外,常常进行大面积的生产栽培。

6.6.2　睡莲 Nymphaea tetragona（图 6.55）

别名:子午莲。睡莲科睡莲属,为多年生浮水花卉。

1) 形态特征

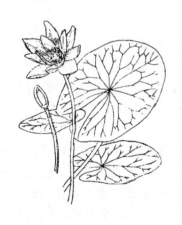

图 6.55　睡莲

睡莲为多年生水生植物。根状茎横生于淤泥中,叶丛生并浮于水面,圆形或卵圆形,基部近戟形,全缘。叶正面浓绿有光泽,叶背面暗紫色。叶柄细长而柔软,因而使叶片浮于水面。花单朵顶生,浮于水面或略高于水面,花瓣 8 ~ 15 枚,有黄、白、粉红、紫红等色;雄蕊多数。花期 6—9 月,果熟期 7—10 月。果实含种子多数,种子外有冻状物包裹,果实成熟后在水中开裂,种子沉入水底越冬。

睡莲有耐寒种和不耐寒种两大类:不耐寒种分布热带地区,我国目前栽种的品种多数原产温带,属于耐寒品系,地下根茎冬季一般在池泥中越冬。热带产的不耐寒种,花大而美丽,近年有引种。常见栽培的睡莲种类有:

白睡莲(N. alba):花白色,花径 12 ~ 15 cm。花瓣 16 ~ 24 枚,成 2 ~ 3 轮排列,有香味,夏季开花,终日开放。原产欧洲,是目前栽培最广的种类。

黄睡莲(N. mexicana):花黄色,花径约 10 cm,午前至傍晚开放。原产墨西哥。

香睡莲(N. odorata):花白色,花径 3.6 ~ 12 cm,上午开放,午后关闭,极香。原产北美。

此外还有变种,种间杂种和栽培品种等。

2) 生态习性

睡莲喜阳光充足、空气湿润、通风良好和水质清洁的环境。较耐寒,长江流域可在露地水池中越冬。对土壤要求不严,但需富含腐殖质的黏质土,pH 值为 6 ~ 8。生长期间要求水的深度为 20～40 cm,最深不得超过 80 cm。

3)繁殖方法

（1）分株繁殖　睡莲常采用分株法繁殖,通常在春季断霜后进行。于 3—4 月间将根状茎挖出,选带有饱满新芽的根茎切成 10 cm 左右的段,随即平栽在塘泥中。

（2）播种繁殖　睡莲果实在水中成熟,种子常沉入水中泥底,因此必须从泥底捞取种子(也可在花后用布袋套头以收集种子)。种子捞出后,仍须放水中贮存。一旦种子干燥,即失去萌芽能力,故种子捞出后应随即播种。

4)栽培要点

睡莲根茎段的栽植深度不能过深,顶芽朝上,其深度与土面平齐即可。栽后稍晒太阳即可注入浅水,待气温升高新芽萌动后,再逐渐加深水位。生长期水位不宜超过 40 cm,越冬时水位可深至 80 cm。睡莲不宜栽植在水流过急,水位过深的位置。必须是阳光充足、空气流通的环境,否则水面易生苔藻,致生长衰弱而不开花。

浅水池中的栽植方法有两种。大面积种植时,可直接栽于池内淤泥中;小面积栽植时,先将睡莲栽植在缸(盆)里,再将缸置放池内,也可在水池中砌种植台或挖种植穴。睡莲施肥多采用基肥,缸栽睡莲要先填大半缸塘泥,施入少量含 P,K 丰富的腐熟基肥拌匀,然后栽植。生长期间可追肥 1 次,方法是放干池水,将肥料和塘泥混合成泥块,均匀投入池中。要保持水位 20～40 cm,经常剪除残叶、残花。分栽次数应根据长势而定,一般经 3 年左右重新挖出分栽 1 次,否则根茎拥挤,生长不良,影响开花。

5)园林用途

睡莲花朵硕大,色泽美丽,浮于水面,与浓绿肥厚闪光的叶片相辉映,清香宜人,数月不断,可装点水面景观,也是切花的好材料。

6.6.3　千屈菜 Lythrum salicaria（图 6.56）

别名:水枝柳、水柳、对叶莲。千屈菜科,千屈菜属。

1)形态特征

千屈菜为多年生挺水植物,株高 1 m 左右。地下根茎粗硬,地上茎直立,四棱形,多分枝。单叶对生或轮生,披针形,基部广心形全缘。穗状花序顶生;小花多数密集,紫红色,花瓣 6 片。花期 7—9 月。蒴果卵形包于宿存萼内。

千屈菜有 3 个主要变种:紫花千屈菜(*Var. atropurpureum Hort.*),花穗大,花深紫色;大花千屈菜(*Var. roseum superbum Hort*),花穗大,花暗紫红色;毛叶千屈菜(*Var. tomentosum DC.*),全株有白毛。

图 6.56　千屈菜

2)产地与生态习性

原产于欧、亚两洲的温带,广布全球,我国南北各省均有野生。

性喜强光、潮湿以及通风良好的环境。尤喜水湿,通常在浅水中生长最好,也可露地旱栽,但要求土壤湿润。耐寒性强,在我国南北各地均可露地越冬。对土壤要求不严。

3)繁殖方法

以分株为主,春、秋季均可分栽。将母株丛挖起,切分数芽为一丛,另行栽植即可。扦插可于夏季6—7月间进行,选充实健壮枝条,嫩枝扦插,及时遮荫,1个月左右可生根。播种繁殖宜在春季,盆播或地床条播,经常保持土壤湿润,在15~20 ℃下,经10 d左右即可出苗。

4)栽培要点

盆栽时,应选用肥沃壤土并施足基肥。在花穗抽出前经常保持盆土湿润而不积水为宜,花将开放前可逐渐使盆面积水,并保持水深5~10 cm,这样可使花穗多而长,开花繁茂。生长期间应将盆放置阳光充足、通风良好处,冬天将枯枝剪除,放入冷室或放背风向阳处越冬。若在露地栽培或水池、水边栽植,养护管理简便,仅需冬天剪除枯枝,任其自然过冬。

5)园林用途

千屈菜株丛整齐清秀,花色淡雅,花期长,最宜水边丛植或水池栽植,也可作花境背景材料和盆栽观赏等。

6.6.4 萍蓬草 Nuphar pumilum (图6.57)

别名:萍蓬莲、黄金莲、水粟。睡莲科,萍蓬草属。

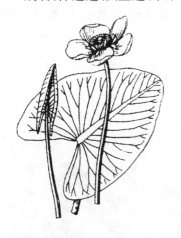

图6.57 萍蓬莲

1)形态特征

多年生浮水植物。根茎肥大,呈块状,横卧泥中。叶伸出或浮出水面,广卵形,长8~17 cm,宽5~12 cm,先端圆钝,基部开裂,裂深约为全叶的1/3;表面亮绿色,背面紫红色,密被柔毛。花单生叶腋,伸出水面;金黄色,花径2~3 cm。花期5—7月。

2)产地与生态习性

原产北半球寒带。我国东北、华北、华南均有分布。喜土壤深厚,耐寒,华北地区能露地水下越冬;喜阳光充足,又耐热;喜生于清水池沼、湖泊及河流等浅水处。

3)繁殖与栽培

通常用种子或分株繁殖,方法同一般水生植物。养护管理粗放简便,可供水面绿化,也可盆栽,其种子、根茎均可食用和入药。

复习思考题

1.花卉的栽培管理措施有哪些?

2.列举 15 种常用一、二年生花卉,7 种常用宿根花卉,6 种常用球根花卉,8 种常用木本花卉,说明它们的主要生态习性、栽培要点和园林应用。

3.观果花卉的栽培要点有哪些?

4.木槿、紫薇、梅花的栽培管理要点有哪些?

5.荷花、睡莲的繁殖方法和栽培要点是什么?

7 花卉盆栽技术

[本章导读]

花卉盆栽是花卉生产中的重要组成部分,它以其移动灵活、管理方便、易于调控、花色丰富、花期长等特点,广泛用于庭园美化,居室观赏以及重大节日庆典,重要场合装饰摆放等。本章介绍了花卉盆栽的特点及盆栽花卉栽培管理的关键技术,主要介绍了13种观花草本花卉盆栽技术,10种常用观花木本花卉盆栽技术,31种常用观叶植株盆栽技术,8种观果花卉盆栽技术和11种多肉多浆花卉盆栽技术。目的是通过学习了解这些花卉的形态特点,掌握生产栽培技术及观赏应用等。

7.1 花卉盆栽概述

将花卉栽植于花盆的生产栽培方式,称花卉盆栽。我国的盆栽花卉生产历史悠久,但20世纪80年代前,以传统栽培方法为主,规模小、种类少,栽培技术落后,常以自产自用为主,上市量不大。20世纪80年代后,盆花生产逐步走上规模化生产,并广泛应用于展览和景观布置。20世纪90年代后期,由于国外先进栽培技术、先进设施与优良品种的引进,盆栽花卉的数量、品种和栽培技术等方面有了较大的发展,盆栽花卉生产开始步入规模化和商品化时期。近几年我国盆花发展迅猛,如广东形成了我国盆栽观叶植物生产、销售和流通的中心,其产量约占全国观叶植物总产量的70%;上海、北京等地成为盆栽花卉的生产销售中心。一批盆栽花卉的龙头企业逐步形成,如上海交通大学农业科技有限公司以生产流行的F_1代盆栽花卉为主,上海盆花市场的30%盆花由该公司提供。天津园林科研所的仙客来、广州先锋园艺公司的一品红、江苏宜兴杜鹃花试验场的杜鹃花、昆明蝴蝶兰等全国闻名,部分已供应国际市场。盆栽花卉已成为国际花卉贸易的重要内容。

7.1.1 花卉盆栽的特点

盆栽花卉是花卉生产的重要组成部分。盆花具有移动灵活,管理方便的特点,最适于庭园美化、居室观赏以及重大节日庆典、重要场合装饰摆放。盆花植株完整,观赏期长,既可观花,又可赏叶。盆花品种丰富多彩,可谓"奇花异卉,多姿多态,姹紫嫣红,有香有色。"经过人为调节,可以达到一年四季有花,花开不断。通过各种盆栽花卉的组合,艺术造型,可提高盆栽花卉的艺术价值和商品价值。但由于盆栽花卉大多要在人为控制条件下完成,需要一定的园艺设施,同时花卉经盆栽后,根系局限在狭小的盆内,盆土及营养面积有限,因此这类花卉的生产养护要比露地花卉复杂得多。

亲,土壤选对了吗?

7.1.2　培养土的配制

基质是花卉赖以生存的基础物质,最常见的基质是土壤,盆栽花卉其根系被局限在有限的容器内不能充分地伸展,这样势必会影响到地上部分枝叶的生长,因此营养物质丰富、物理性能良好的土壤,才能满足其生长发育的要求,所以盆栽花卉必须用经过特制的培养土来栽培。

适宜栽培花卉的土壤应具备下列条件:

①应有良好的团粒结构,疏松而肥沃。

②排水与保水性能良好。

③含有丰富的腐殖质。

④土壤酸碱度适合。

⑤不含任何杂菌。

培养土的最大特点是富含腐殖质,由于大量腐殖质的存在,土壤松软,空气流通,排水良好,能长久保持土壤的湿润状态,不易干燥,有丰富的营养可充分供给花卉的需要,以促进盆花的生长发育。

1)培养土的配制

花卉种类繁多,对培养土的要求各异,配制花卉的培养土,需根据花卉的生态习性、培养土材料的性质和当地的土质条件等因素灵活掌握。配制成的培养土只要有较好的持水、排水、保肥能力和良好的通气性以及适宜的酸碱度,就能为花卉的生长、发育提供一个良好的物质基础。

(1)普通培养土　普通培养土是花卉盆栽必备的土,常用于多种花卉栽培。

一般盆栽花卉的常规培养土有以下3类。

疏松培养土:腐叶土6份、园土2份、河沙2份,混合配制。

中性培养土:腐叶土4份、园土4份、河沙2份,混合配制。

黏性培养土:腐叶土2份、园土6份、河沙2份,混合配制。

一、二年生花卉的播种及幼苗移栽,宜选用疏松培养土,以后可逐渐增加园土的含量,定植时多选用中性培养土。总之,花卉种类不同及不同发育阶段都要选配不同的培养土。

(2)各类花卉培养土配制

①扦插成活苗(原来扦插在沙中者)上盆用土:河沙2份、壤土1份、腐叶土1份(喜酸植物可用泥炭)。

②移植小苗和已上盆扦插苗用土:河沙1份、壤土1份、腐叶土1份。

③一般盆花用土:河沙1份、壤土2份、腐叶土1份、干燥厩肥0.5份,每4 kg上述混合土加入适量骨粉。

④较喜肥的盆花用土:河沙2份、壤土2份、腐叶土2份、0.5份干燥肥和适量骨粉。

⑤一般木本花卉上盆用土:河沙2份、壤土2份、泥炭2份、腐叶土1份、0.5份干燥肥。

⑥一般仙人掌科和多肉植物用土:河沙2份、壤土2份、细碎盆粒1份、腐叶土0.5份、适量骨粉和石灰石。

美国加利福尼亚大学标准培养土配制,是由细沙与泥炭配合,细沙75份、泥炭25份混合后填入扦插苗床,等份的细沙与泥炭或细沙25份、泥炭75份混合供一般的盆栽花木;而盆栽茶花、杜鹃花全为泥炭。

2)培养土的消毒

使用培养土之前应先对其进行消毒、杀菌处理。常用的方法有:

(1)日光消毒　将配制好的培养土摊在清洁的水泥地面上,经过十余天的高温和烈日直射,利用紫外线杀菌、高温杀虫,从而达到消灭病虫的目的。这种消毒方法不严格,但有益的微生物和共生菌仍留在土壤中。

(2)加热消毒　盆土的加热消毒有蒸汽、炒土、高压加热等方法。只要加热80 ℃,连续30 min,就能杀死虫卵和杂草种子。如加热温度过高或时间过长,容易杀灭有益微生物,影响它的分解能力。

(3)药物消毒　药物消毒主要用40%的福尔马林溶液,0.5%高锰酸钾溶液。在每立方米栽培用土中,均匀喷洒40%的福尔马林400～500 mL,然后把土堆积,上盖塑料薄膜。经过48 h后,福尔马林化为气体,除去薄膜,等气体挥发后再装土上盆。

3)培养土的贮藏

培养土制备一次后剩余的需要贮藏以备及时应用。贮藏宜在室内设土壤仓库,不宜露天堆放,否则会因养分淋失和结构破坏,失去优良性质。贮藏前可稍干燥,防止变质,若露天堆放应注意防雨淋、日晒。

7.1.3　上盆、换盆、翻盆与转盆

亲,栽培容器选对了吗?

(1)上盆　在盆花栽培中,将花苗从苗床或育苗器皿中取出移入花盆中的过程称上盆。

上盆前要选花盆,首先根据植株的大小或根系的多少来选用大小适当的花盆。应掌握小苗用小盆,大苗用大盆的原则。小苗栽大盆既浪费土又造成"老小苗";其次要根据花卉种类选用合适的花盆,根系深的花卉要用深筒花盆,不耐水湿的花卉用大水孔的花盆。

花盆选好后,对新盆要"退火",新使用的瓦盆先浸水,让盆壁充分吸水后再上盆栽苗,防止盆壁强烈吸水而损伤花卉根系;对旧盆要洗净,经过长期使用过的旧花盆,盆底和盆壁都沾满了泥土、肥液甚至青苔,透水和透气性能极差,应清洗干净晒干后再用。

花卉上盆的操作过程:选择适宜的花盆,盆底平垫瓦片,或用塑料窗纱1～2层盖住排水孔;然后把较粗的培养土放在底层,并放入马蹄片或粪干等迟效肥料,再用细培养土盖住肥料;并将花苗放在盆中央使苗株直立,四周加土将根部全部埋入,轻提植株使根系舒展,用手轻压根部盆土,使土粒与根系密切接触;再加培养土至离盆口3 cm处留出浇水空间。

新上盆的盆花盆土很松,要用喷壶洒水或浸盆法供水。花卉上盆后的第一次浇水称作"定

根水”，要浇足浇透，以利于花卉成活。刚上盆的盆花应摆放在蔽阴处缓苗，然后逐步给予光照，待枝叶挺立舒展恢复生机，再进行正常的养护管理。

（2）换盆与翻盆　花苗在花盆中生长了一段时间以后，植株长大，需将花苗脱出换入较大的花盆中，这个过程称换盆。花苗植株虽未长大，但因盆土板结、养分不足等原因，需将花苗脱出修整根系，重换培养土，增施基肥，再栽回原盆，这个过程称翻盆。

各类花卉盆栽过程均应换盆或翻盆。一、二年生草花生长迅速，一般到开花前要换盆1~2次，换盆次数较多，能使植株强健，生长充实，植株高度较低，株形紧凑，但会使花期推迟；宿根、球根花卉成苗后1年换盆1次；木本花卉小苗每年换盆1次，大苗2~3年换盆或翻盆1次。

换盆或翻盆的时间多在春季进行。多年生花卉和木本花卉也可在秋冬停止生长时进行；观叶植物宜在空气湿度较大的春夏间进行；观花花卉除花期不宜换盆外，其他时间均可进行。

一、二年生花卉换盆主要是换大盆，对原有的土球可不做处理，并防止破裂、损伤嫩根，在新盆盆底填入少量培养土后，即可从原盆中脱出放入，并在土球四周填入新培养土，用手稍加按压即可。

多年生宿根花卉，主要是更新根系和换新土，还可结合换盆进行分株，因此把原盆植株土球脱出后，将四周的老土刮去一层，并剪除外围的衰老根、腐朽根和卷曲根，以便添加新土，促进新根生长。

木本花卉应根据不同花木的生长特点换盆。

有的花卉换盆后会明显影响其生长，可只将盆土表层掘出一部分，补入新的培养土，也能起到更换盆土的作用。

换盆后须保持土壤湿润，第一次充分灌水，以使根系与土壤密接，以后灌水不宜过多，保持湿润为宜，待新根生出后再逐渐恢复正常浇水。另外，由于修掉了外围根系，造成很多伤口，有些不耐水湿的花卉在上新盆时，用含水量60%的土壤换盆，换盆后不马上浇水，进行喷水，待缓苗后再浇透水。

（3）转盆　在光线强弱不均的花场或日光温室中盆栽花卉时，因花苗向光性的作用而偏方向生长，以致生长不良或降低观赏效果。所以在这些场所盆栽花卉时应经常转动花盆的方位，这个过程称转盆。转盆可使植株生长均匀、株冠圆整。此外，经常转盆还可防止根系从盆孔中伸出长入土中。在旺盛生长季节，每周应转盆1次。

7.1.4　盆花的浇水方式

浇水技巧 送给发愁的你！

（1）浇水　用浇壶或水管放水淋浇，将盆土浇透。在盆花养护阶段，凡盆土变干的盆花，都应全面浇水。水量以浇后能很快渗完为准，既不能积水，也不能浇半截水，掌握“见干见湿”的浇水原则。这是最常用的浇水方式。

（2）喷水　用喷壶、胶管或喷雾设备向植株和叶片喷水的方式。喷水不但供给植株吸收水分，而且能起到提高空气湿度和冲洗灰尘的作用。一些生长缓慢的花卉，在荫棚养护阶段，盆土经常保持湿润，虽表土变干，但下层还有一定的含水量，每天叶面喷水1~2次，不浇水。在北方养护酸性土花卉常采用这种给水方式。

（3）找水　在花场中寻找缺水的盆花进行浇水的方式称找水。如早晨浇过水后，中午

10—12时检查,太干的盆花再浇水 1 次,可避免过长时间失水造成伤害。

(4)放水　结合追肥对盆花加大浇水量的方式称放水。在傍晚施肥后,次日清晨应再浇水1 次。

(5)勒水　连阴久雨或平时浇水量过大,应停止浇水,并立即松土称勒水。对水分过多的盆花停止供水,并松盆土或脱盆散发水分,以促进土壤通气,利于根系生长。

(6)扣水　在翻盆换土后,不立即浇水,放在荫棚下每天喷 1 次水,待新梢发生后再浇水称扣水。翻盆换土时修根较重,不耐水湿的植物可采用湿土上盆,不浇水,每天只对枝叶表面喷水,有利于土壤通气,促进根系生长。有时采取扣水措施而促进花芽分化,如梅花、叶子花等木本花卉。

观花草本 1

7.2　观花草本花卉盆栽

7.2.1　大花蕙兰 Cymbidium（图 7.1）

别名:西姆比兰、虎头兰。兰科,兰属。

图 7.1　大花蕙兰

1)形态特征

大花蕙兰为附生兰类,假鳞茎特别硕大,上有 6~8 枚带形叶片,革质,长 70~100 cm,宽 2~3 cm。花梗由兰头抽出,着花6~12朵,花瓣圆厚,花型大,花色壮丽,除黄、橙、红、紫、褐等色外,还有不寻常的翠绿色,除唇瓣外,萼片与花瓣大小及颜色相似,而唇瓣色泽不同,是花的观赏重点。花期很长,能连开五六十天才凋谢。

2)类型及品种

大花蕙兰的原生种约 20 种,主要分布在我国的西南部、印度、缅甸、泰国、尼泊尔和越南等国的北部低纬度高海拔地区,我国常见的原生种有:

(1)独占春　又称双飞燕,原产我国广东、云南。假鳞茎不明显,新叶从叶簇中生出,新芽从茎侧面生出,花茎直立,有花 1~2朵,洁白,瓣基有紫红色小点,有丁香花香味。变种有象牙红、大雪兰。

(2)碧玉兰　又称沉香虎头兰,花茎弯曲,有花 10~20 朵,花黄绿或纯白。唇瓣下有 V 字形红斑。变种有同色碧玉兰。

(3)青蝉兰　又名虎头兰,假鳞茎大,椭圆形,花茎斜生,花大,有花 13~16 朵,淡黄色,上有紫红色小斑,有丁香花香味。

3)产地与生态习性

原产喜马拉雅山山麓、中国、澳洲等。性喜温暖、湿润的环境,大花蕙兰生长适温 25~27 ℃,冬季不能低于 10 ℃,夏季不能高于 29.5 ℃。在花芽分化期间,即夏、秋两季,必须有明显的日夜温差,才能使其分化花芽,而当花芽已萌发时,晚上温度不能超过 14 ℃,否则易使花芽提早凋谢。花芽分化在 8 月高温期,在 20 ℃ 以下,花芽发育成花蕾和开花。喜光照充足,夏季防止阳光直射。要求通风、透气,为热带兰中较喜肥的一类。喜疏松、透气、排水好、肥分适宜的微酸性基质。

4)生产管理技术

(1)繁殖技术　优良品种的大量繁殖和生产,只有采用茎尖培养。这种方法变异小,繁殖系数高。大批量繁殖原生种和杂交育种,经人工授粉并获得种子或受精胚后,用无菌播种或胚培养法得到大批幼苗。

可采用分株法,适宜时间在花后,新芽未长大前,这时正值短暂的休眠期。分株前使基质适当干燥,根略发白、绵软,操作时要小心,避免碰伤新芽;剪除枯黄的叶片,过老的鳞茎及已腐烂的老根,用消过毒的利刀将假鳞茎切开,每丛苗应带有 2～3 枚假鳞茎,其中 1 枚必须是前一年新形成的,伤口涂上硫磺粉,干燥 1～2 d 后单独上盆。

(2)生产管理技术　大花蕙兰可用树皮、蛇木屑、水苔、泥炭等排水良好的盆土;大花蕙兰野生时靠根系附着在林中的树干和岩石上生长,因此,栽植大花蕙兰常用四壁多孔的陶质花盆;不要频繁换盆,换盆在花后或早春进行。

大花蕙兰生长温度为 10～27 ℃,夜间温度不宜过高,以 10 ℃左右较好,否则叶丛生长繁茂,影响花蕾形成而不能正常开放。

大花蕙兰对水质要求比较高,喜微酸性水,pH 值为 5.4～6.0,另外对水中的钙、镁离子比较敏感;北方多为硬水,应用雨水浇灌较为理想。大批量的种植园,应用水处理设备,去除水中钙、镁离子;喜较高的空气湿度,生长最适湿度为 60%～70%,若湿度太低生长发育不良、根系生长缓慢,叶厚狭小,色偏黄。因此,除浇水外,并要对叶面多次喷水,或在盆四周洒水,增加空气湿度。开花后有短时间的休眠,此期间应少浇水。旺盛生长期不可干旱,否则对生长有较大影响。

稍喜阳光。春夏秋三季要适度遮阳,防日灼。大花蕙兰植株大,生长繁茂,需要肥料比较多,春夏季施用稀释 1 000 倍液的复合肥,秋季改用钾含量高的肥料,每半月施 1 次。冬季应停止施肥。

大花蕙兰易受叶枯病、茎腐病、病毒病、介壳虫类、蛞蝓、蜗牛、蚜虫和螨类等病虫害浸染。发现病株后,从发病部位 3 cm 以外切除,喷洒 50%速克灵可湿性粉剂 2 000 倍液。有病植株要及时移出大棚隔离,集中喷施 2%甲醛销毁,对工具用 5%甲醛与 5%氢氧化钠混合液消毒,对基质用具都要消毒。对蛞蝓与蜗牛的防治,可在其出没处撒石灰粉或 8%的灭蜗灵颗粒剂,集中捕杀,或放置诱饵嘧达颗粒诱杀成、幼虫。

5)观赏与应用

大花蕙兰植株挺直,开花繁茂,花期长,栽培相对容易,是高档盆花,适合家庭居室、宾馆、商厦等布置摆放。

7.2.2　蝴蝶兰 Phalaenopsis（图 7.2）

别名:蝶兰。兰科,蝴蝶兰属。

1)形态特征

蝴蝶兰为附生热带兰,茎短而肥厚,没有假鳞茎,顶部为生长点,每年生长时期从顶部长出

图 7.2　蝴蝶兰

新叶片,下部老叶片变枯黄脱落,叶片肥厚多肉,白色粗大的气生根则盘旋或悬垂于基部之下。长长的花梗从叶腋间抽出,自下而上,依次绽放一朵又一朵像蝴蝶似的花。每花均有 5 萼,中间嵌镶唇瓣,花色鲜艳夺目,既有纯白、鹅黄、绯红,也有淡黄、橙赤和蔚蓝。有不少品种兼备双色或三色,有的犹如喷了均匀的彩点,每枝开花七八朵,多则十几朵,可连续观赏六七十天。

2)类型及品种

常见的栽培品种有五大系列:

(1)粉红花系　该系深受人们喜爱,栽培容易,又分 3 类:

①小型红花原种,花小而芳香,鲜艳红色,有蜡质光泽。

②大花类,花径 10 cm 左右,粉红色,唇瓣为深红色,花形整齐,十分美观。

③深紫红大花系,花深红色,萼片及花瓣边缘有粉红色,唇瓣为深紫红色。

(2)白花系　花萼及两枚侧瓣为洁白色,无斑或条纹,唇瓣白色,上有黄色或红褐色斑点或条纹,有的品种唇瓣红色。

(3)黄花系　花瓣和萼片底色为黄色,上有红褐色或红色斑或条纹。

(4)点花系　花瓣与萼片有大小、疏密不等的红色或紫色斑点,唇瓣为鲜红色,花大型或中型。

(5)条花系　萼片和侧瓣底色为白、黄、红色,上布满枝丫状和珊瑚状的红色脉纹,十分美丽。

3)产地与生态习性

原产亚洲热带地区,我国也有分布,以台湾居多。喜温暖多湿的环境。白天温度保持在 27 ℃左右,夜间保持在 18 ℃为宜,蝴蝶兰的花芽分化要求短暂的 10 ℃左右的低温,因此可利用此特性控制它的花芽分化。

蝴蝶兰要求较高的空气湿度,以白天能保持在 80% 左右为好。并且它没有假鳞茎贮藏水分和养分,因此在生长季节应多浇水,在炎热的夏季里,更要每天喷雾 2~3 次,以保持高湿度。在高温闷热的情况下,应加强空气流通,大的栽培场可安装大型电风扇,使其流通空气,蝴蝶兰栽培忌阳光直射,春、夏、秋三季应给予良好的遮阳,以防叶片灼伤。栽培蝴蝶兰的盆土应通气良好,排水良好,国内常用蛇木屑、水苔、木炭、碎砖块等。

4)生产管理技术

(1)繁殖技术　繁殖有无菌播种、组织培养和分株等方法。大多采用组织培养法繁殖。采用叶片和茎尖为外植体,经试管育成幼苗移栽,大约经过 2 年便可开花。家庭多用分株法,春季从成熟的大株上挖取带有 2~3 条根的小苗,另行栽植。

(2)栽培管理技术　蝴蝶兰是一种高温温室花卉,对环境要求比较严格,不适宜的环境条件会直接影响蝴蝶兰的花期甚至全株死亡。因此,大规模栽培蝴蝶兰的设施应具有良好的调节温度、湿度、光照的功能。

蝴蝶兰为典型的热带附生兰,栽培时根部要求通气良好,盆栽时宜采用水苔、浮石、泥炭苔、椰子纤维、桫椤屑、木炭碎屑等。或直接把幼苗固定在桫椤板上,让它自行附着生长。上盆种植时,盆底要用较粗大的基质铺垫,用量可达基质总量的 50% 左右,保证盆底不会积水。

栽培中要求比较高的温度,白天以 25 ~ 28 ℃,夜间 18 ~ 20 ℃ 为适。蝴蝶兰对低温十分敏感,长时间处于 15 ℃ 以下,根部停止吸收水分而造成生理性缺水而死亡。在中国的大部分地方,冬天的温度都在零度或以下,本来是不适合蝴蝶兰生长的,应用人工加温的方法提高温室温度保证花卉的生长。

蝴蝶兰栽培忌阳光直射,春、夏、秋三季应给予良好的遮阳,以防叶片灼伤。当然,光线太弱、植株生长纤弱也易得病。开花植株适宜的光照强度为 2 000 ~ 3 000 lx,幼苗可在 1 000 lx 左右,春季阴雨天过多,晚上要用日光灯适当加光,以利日后开花。

蝴蝶兰根部忌积水,喜通风干燥,如果盆内积水过多,易引起根系腐烂。盆栽基质不同,浇水间隔日数也不大相同,应尽量看到盆内的栽培基质已变干,盆面呈白色时再浇水。要求空气湿度保持 50% ~ 80%,一般可通过每日数次向地面、台架、墙壁等处喷水,或向植物叶面少量喷水来增加局部环境湿度。也可增设喷雾设备,定时喷雾,提高空气湿度。

蝴蝶兰生长迅速,需肥量比一般兰花稍多,但掌握的原则仍是少施肥,施淡肥,最常用的方法是液体肥料结合浇水施用。

蝴蝶兰的病虫害主要有软腐病、褐斑病、炭疽病和灰斑病等。软腐病和褐斑病的防治可用 75% 百菌清 600 ~ 800 倍液,炭疽病的防治采用 70% 的甲基托布津 800 倍液或 50% 多菌灵 800 倍液喷洒。灰斑病出现在花期,主要以预防为主,在花期不要将肥水直接喷在花瓣上能很好地预防此病的发生。虫害有蜗牛和一些夜间活动的咬食叶片的金龟子、蛾类和蝶类幼虫,只要定期喷施杀虫剂便可防治。

5)观赏与应用

蝴蝶兰花形丰富、优美,色泽鲜艳,有洋兰皇后之称。花期长,生长势强,是目前花卉市场主要的切花种类和盆花种类。特别适用于家庭、办公室和宾馆摆放,也是名贵花束中的用花种类。

7.2.3　大花君子兰 Clivia miniata Regel(图 7.3)

别名:剑叶石蒜、君子兰、达木兰。石蒜科,君子兰属。

1)形态特征

是多年生常绿草本,基部具叶基形成的假鳞茎,根肉质纤维状。叶二列迭生,宽带状,端圆钝,边全缘,剑形,叶色浓绿,革质而有光泽。花茎自叶丛中抽出,扁平,肉质,实心,长 30 ~ 50 cm。伞形花序顶生,有花 10 ~ 40 朵,花被 6 片,组成漏斗形,基部合生,花橙黄、橙红、深红等色。浆果,未成熟时绿色,成熟时紫红色,种子大,白色,有光泽,不规则形。花期 12 月至翌年 5 月,果熟期 7—10 月。

刚买回家的花,
为什么养不活?

图 7.3　大花君子兰

2)类型及品种

君子兰的园艺栽培,到目前为止有 170 多年历史。1823 年英国人在南非发现了垂笑君子兰,1864 年发现了大花君子兰,19 世纪 20 年代传入欧洲,1840 年传入青岛,1932 年君子兰由日本传入中国长春。目前在国内栽培的主要是大花君子兰，经多年选育已推出许多品种，中国君子兰在世界君子兰中占有重要地位。

(1)中国君子兰园艺品种先后出现五大系列。

①长春兰　长春兰是1932年由日本引进，经多代选育后系列园艺品种的总称。特点是脉纹清晰，凸显隆起，青筋黄地，蜡膜光亮，花大艳丽，株形较大或适中。常见品种有大胜利、青岛大叶、黄技师、和尚、染厂、圆头、短叶、花脸等。

②鞍山兰　株形适中，叶片的长宽比例为2∶1～2.5∶1，圆头、厚、硬、座形正，花序直立，花色艳丽，成株期短，种植后2～2.5年开花，耐高温，适应性强。

③横兰　叶片宽而短，如同一面叶片"横"着生长而得名。叶片长12 cm左右，宽11～12 cm，厚2.5～3.0 mm，叶片长宽比为1∶1～1.5∶1，叶的顶端圆或凹，微有勺形翘起，假鳞茎短，脉纹隆起、细小、整齐，脉络长方形，叶尖部脉呈网状，叶色浅绿或深绿。性喜高温，适合南方栽培。

④雀兰　叶顶有急尖，似麻雀的嘴，因而得名，叶片长15～18 cm，宽8～12 cm，叶片长宽比为1.5∶1，株形小，叶层紧凑，脉纹突显，整齐，叶色深绿。花瓣金黄色，花序不易抽出，适合作父本。

⑤缟兰　叶片具有数条黄、白条纹，或半绿半白、半黄条纹，叶片长25～35 cm，宽6～8 cm，长宽比为4∶1，脉纹不明显，稳定性不强。喜弱光，生长慢，株形不整齐，厚硬度差。

(2)常见栽培品种

①"黄技师"：叶片宽，短尖，淡绿色，有光泽，脉纹呈"田"字形隆起；花红色，开花整齐；果实为球形。

②"大胜利"：为早期君子兰佳品。叶片中宽，短尖，深绿色，叶面光泽；花大鲜红，开花整齐；果实球形。在它基础上又育出"二胜利"等。

③"大老陈"：叶片较宽，渐尖，深绿色；花深红色，果实球形。

④"染厂"：叶片较宽，渐尖，叶薄而弓，花鲜红，果实卵圆形。

⑤"和尚"：为早期名品之一。叶片宽，急尖，光泽度较差，脉纹较明显，深绿色；花紫红色，果实为长圆形。以它为母本，又选育出"抱头和尚"、"小和尚"、"光头和尚"、"铁北和尚"、"和尚短叶"、"花脸和尚"等品种。

⑥"油匠"：为早期优良品种之一。叶片宽，渐尖，叶绿有光泽；叶长斜立，脉纹凸起；花大橙红色；果实圆球形。以它为母本，还育出"小油匠"等品种。

⑦"短叶"：叶片中宽，急尖，深绿色，花橙红色；果实圆球形。叶片短。

此外，还有"春城短叶"、"小白菜"、"西瓜皮"、"金丝兰"、"圆头"、"青岛大叶"、"圆头短叶"等品种。

日本栽培变种"黄花君子兰"，株形端庄，紧凑，叶片对称，整齐，叶鞘元宝形，叶片长28～38 cm，宽10～15 cm，长宽比为2∶1，叶端卵圆，底叶微下垂，叶片开张度大，叶色深绿或墨绿。花序细、短、直立，花橙黄色或鲜黄色，耐热、抗寒性强。

(3)同属其他栽培种

垂笑君子兰(*C. nobilis*)：叶片狭剑形，叶色较浅，叶尖钝圆，花茎稍短于叶片。花朵开放时下垂，橘红色，夏季开花，果实成熟时直立。

细叶君子兰(*C. gardeni*)：叶窄、下垂或弓形，深绿色，花10～14朵组成伞形花序，花橘红色,冬季开花。

3)产地与生态习性

原产南非。性喜温暖而半荫的环境,忌炎热,怕寒冷。生长适温为15~25 ℃,低于5 ℃生长停止,高于30 ℃叶片薄而细长,开花时间短,色淡。生长过程中怕强光直射,夏季需置荫棚下栽培,秋、冬、春季需充分光照。栽培过程中要保持环境湿润,空气相对湿度70%~80%,土壤含水量20%~30%,切忌积水,以防烂根,尤其是冬季温室更应注意。要求土壤深厚肥沃、疏松、排水良好、富含腐殖质的微酸性沙壤土。此外,君子兰怕冷风、干旱风的侵袭或烟火熏烤等,应注意及时排除或防御这些不良因素,否则会引起君子兰叶片变黄,并易发生病害。

4)生产管理技术

(1)繁殖技术 君子兰可采用分株、播种繁殖,以播种为主。

①分株:分株每年4—6月进行,分切叶腋抽出的吸芽栽培。因母株根系发达,分割时宜全盆倒出,慢慢剥离盆土,不要弄断根系。切割吸芽,最好带2~3条根。切后在母株及小芽的伤口处涂杀菌剂。幼芽上盆后,控制浇水,置荫处,半月后正常管理。无根吸芽,按扦插法也可成活,但发根缓慢。分株苗3年开始开花,能保持母株优良性状。

②播种繁殖:播种繁殖在种子成熟采收后即进行,因君子兰种子不能久藏。种子采收后,洗去外种皮,阴干。播种温度在20 ℃左右,经40~60 d幼苗出土。盆播种子盆土要疏松,富含有机质,播后用玻璃或塑料薄膜覆盖。实生苗4~5年开花。

(2)栽培管理技术

①培养土:君子兰栽培用培养土需具备以下条件方能使君子兰生长良好:保水性能好、保温性能好、肥性好、富含腐殖质、pH值在6.5~7.0之间的微酸性土。一年生培养土用马粪、腐叶土、河沙按照5∶4∶1的比例混合;三年生苗用腐叶土、泥炭、河沙按4∶5∶1的比例混合。培养土配制好后应进行消毒。

②水分:水分是君子兰生长发育的重要条件。君子兰用水以雨水、雪水、无污染的河水、塘水为好,井水、自来水对水质、水温处理后,方可使用。君子兰根肉质,能贮藏水分,具有一定的耐旱性。空气相对湿度70%~80%,土壤含水量20%~30%为宜。因而应"见干见湿,不干不浇,干则浇透,透而不漏"。春、秋二季是君子兰的旺盛生长期,需水量大,浇水时间以上午8—10时为宜,视盆土干湿情况可2~3 d浇1次。夏季气温高,君子兰处于半休眠状态,生长缓慢,浇水时间以早、晚为宜,除向盆土浇水外,还应向周围地面洒水,以保持空气湿度。冬季当温度降至10 ℃以下,便进入休眠期,吸水能力减弱,可减少浇水,浇水适宜在晴天的中午进行。

③温度:最适生长温度为15~25 ℃,低于10 ℃,生长缓慢,0 ℃以下植株会冻死。温度高于30 ℃,则会出现叶片徒长的不正常现象。因而春、秋二季旺盛生长季节,白天保持温度在15~20 ℃,夜间在10~12 ℃,越冬温度在5 ℃以上,在抽箭期间,温度应保持18 ℃左右,否则易夹箭。夏季要做好三方面工作:一是防止烂根,因温度高,光照强,生长弱,肥水管理不当易烂根,应遮荫降温,少施肥,盆土中应加入半量河沙,防止烂根;二是防止叶片徒长,降温,降低空气湿度,减肥是防止徒长的措施,同时,将君子兰放在通风阴凉处,控制浇水也有作用;三是夏季不换盆不分芽。如此可安全度夏。

④光照:君子兰稍耐阴,不宜强光直射,夏季要放在阴凉处,秋、冬、春季需充分光照。同时为使君子兰"侧视一条线,正视如面扇",叶面整齐美观,须注意光照方向。使光照方向与叶方

向平行,同时每隔 7~10 d 旋转花盆 180°,就可保持叶形美观。如叶子七扭八歪,可采取光照整形和机械整形。机械整形可用竹篾条、厚纸板辅助整形。

⑤肥料:君子兰喜肥,但不耐肥,要施腐熟的有机肥或肥水,做到"薄肥勤施"。盆栽君子兰基肥可用豆饼、麻渣和动物蹄角,3 月份结合换盆施足基肥;在室外生长期间也应多施追肥,化肥一般作追肥使用,用磷酸二氢钾或尿素作根外追肥效果好,使用浓度 0.1%~0.5%,生长季节每 15 d 左右 1 次。

⑥病虫害防治:常见病害有软腐病,防治方法:在莳养过程中,工具和基质要严格消毒;发病初期用 0.5% 波尔多液喷洒或用密度为 400~600 μg/L 的青霉素、链霉素灌根。严重时将腐烂部分全部切除,将剩余部分浸泡在高锰酸钾溶液中 1 h,后用清水洗净,重新栽。另外还有炭疽病、叶斑病、白绢病等病害注意防治。虫害主要有介壳虫类,防治方法:可用人工防治,用竹签、小木棍、小软刷等,轻轻将虫体和煤烟物刷除,然后用清水洗净。在若虫期喷蚧螨灵乳剂 40~100 倍液,要喷施均匀。

5)观赏与应用

大花君子兰叶片青翠挺拔,高雅端庄,潇洒大方,飘然坦荡。四季观叶,三季看果,一季赏花,叶花果皆美,"不与百花争炎夏,隆冬时节始开花",颇有"君子"风度,是布置会场、厅堂、美化家庭环境的名贵花卉。

7.2.4　报春花 Primula malacoides (图 7.4)

图 7.4　报春花

别名:小种樱草花、七重楼。报春花科,报春花属。

1)形态特征

株高 20~40 cm,地上茎较短。根出叶,卵圆形或椭圆形,质地较薄,边缘有锯齿,叶柄长,叶脉明显,叶上无毛,叶背及花梗上均被有白粉。伞形花序多轮(2~6 轮),花略具香味,花较小,花芽不膨大,上面也有白粉。花有粉红、深红、淡紫等色,花期 1—5 月。

2)类型及品种

常见栽培品种有白花种(var. alba)、粉红花种(var. rosea)、裂瓣(var. fimbriata)、高形种(var. gigantea)、矮形种(var. nana)、大花种(var. lelandii)。

3)产地与生态习性

原产北半球温带和亚热带高山地区。报春花在全世界约有 500 种,我国约有 390 种,云南是其分布中心。喜冷凉、湿润的环境,生长适温 13~18 ℃。日照中性,忌强烈的直射阳光,忌高温干燥;喜湿润疏松的土壤,适宜 pH 值为 6.0~7.0。苗期忌强烈日晒和高温,通常作温室花卉栽培。

4)生产管理技术

(1)繁殖技术

以播种繁殖为主,通常6—7月播种。种子细小,播后不覆土或覆0.1~0.2 cm。发芽适温为15~20 ℃,10 d发芽。分株繁殖一般结合秋季翻盆时进行,每个子株带芽2~3个,移植于直径8 cm的容器中培养。

(2)栽培管理技术

当播种苗长出1~2或3~4片叶时,可进行两次移植。待苗高15 cm时可摘心,促使其多分枝,冬季温室内要保持10~20 ℃的温度。生长期施几次液肥,浓度由淡逐渐加浓,施1次肥后要浇水1次,便于吸收,且防止肥害。施肥时注意肥水不要弄脏叶片。5月叶枯黄,花渐少,花色变黄,此时应逐渐减少浇水,停止施肥,剪去枯枝、残枝败花,放在遮阴通风处。7—8月将其移置荫棚下,保持通风与凉爽,使其安全度夏,且要防止雨水淋浇。9月以后再逐步给水供肥,促进生长,保证翌年枝盛花茂。

报春花的病害主要有叶斑病和根茎腐烂病,与高温高湿有关,增施磷酸二氢钾,通风降湿可减少发病。可用50%的多菌灵500倍液,10~15 d 1次,连喷2~3次防治。虫害有红蜘蛛、螟蛾、蚜虫,要及时喷药防治。

5)**观赏与应用**

报春花正逢春节盛开,由于花色富丽、耐寒和花期长等特点,是群众喜爱的冬季家庭盆花之一,可点缀客厅、茶室,也是商厦、餐厅、车站等公共场所冬季环境美化的花卉。

7.2.5 瓜叶菊 Cineraria cruenta Mass. (图7.5)

别名:千日莲、瓜叶莲。菊科,千里光属。

1)**形态特征**

全株被毛,茎直立,株高30~60 cm,叶大,心脏状卵形,掌状脉,叶缘具多角状齿或波状锯齿,叶面皱缩,似瓜叶,叶柄长,基部呈耳状。茎生叶有翼,根出叶无翼。头状花序簇生成伞房状,花色丰富,有蓝、紫、红、白等色,还有间色品种。花期12—4月,盛花期3—4月。

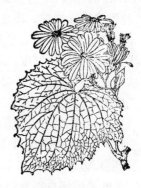

图7.5 瓜叶菊

2)**类型及品种**

常见栽培品种有:大花类(*var. grandiflora*),株高30~50 cm,花大且密,花梗较长。星花类(*var. stallate*),株高60~80 cm,花较小但较多,舌状花反卷,疏散呈星网状。多花类(*var. multiflora*),株高25 cm左右,叶片较小,花较多且矮生。

3)**产地与生态习性**

原产非洲北部大西洋上的加那利群岛,世界各国广泛栽培。喜温暖湿润、通风凉爽的环境,冬惧严寒,夏忌高温,适宜于低温温室或冷室栽培。夜间温度保持在5 ℃,白天温度不超过20 ℃,严寒季节稍加防护,以10~15 ℃的温度为最佳。不耐高温,忌雨涝。生长期要求光线充足,空气流通,稍干燥的环境,但夏季忌阳光直射。喜富含腐殖质、疏松肥沃、排水良好的沙质壤土。短日照促进花芽分化,长日照促进花蕾发育。

4)生产管理技术

(1)繁殖技术　瓜叶菊的繁殖以播种为主。对于重瓣品种为防止品种退化或自然杂交,可用扦插繁殖。

①播种繁殖:播种的时间视选用的品种类型和需花时间而定,早花品种播后5~6个月开花,一般品种7~8个月开花,晚花品种则需10个月开花。

播种采用浅盆或播种箱,盆土由壤土1份,腐叶土3份,河沙1份,加少量腐熟基肥混合而成。播种前容器和用土要充分消毒。将种子与少量细沙混合均匀撒播在浅盆中,播后覆土,以不见种子为度。为避免种子暴露,采取盆浸法或喷雾法使盆土湿润,忌喷水,播后保湿,注意通风换气,置于遮阳背阴处。发芽适温20 ℃,7~10 d发芽出苗。出苗后逐渐去除遮阳覆盖物,使幼苗逐渐接受阳光照射,但中午需遮阳,2周后可进行全光照。

②扦插繁殖:花后5—6月间进行,常选用生长充实的腋芽在清洁河沙中进行扦插。插时可适当疏除叶片,以减小蒸腾,插后浇足水并遮阳保湿。也可选用苗株定植时摘除的下部腋芽扦插。

(2)栽培管理技术　瓜叶菊从播种到开花的过程中,需移植3~4次。当幼苗长出2~3片真叶时,进行第一次移植。可选用瓦盆移植,盆土用腐叶土3份,壤土2份,河沙1份配制而成。将幼苗自播种浅盆移入瓦盆中,根部多带宿土以利成活。移栽后用细孔喷壶浇透水,浇水后,将幼苗置于阴凉处。缓苗后可每隔10 d追施稀薄液肥1次。当幼苗真叶长至4~5片时,进行第二次移植。选直径为7 cm的盆,盆土用腐叶土2份,壤土3份,河沙1份配制而成,缓苗后给予充足的光照。当植株长到5~6片叶子时将顶芽摘除,留3~4个侧芽,最后7~8叶时定植。用20 cm的花盆,并适当施以豆饼、骨粉或过磷酸钙作基肥。定植时要注意将植株栽于花盆正中,并保持植株端正。浇足水置于阴凉处,成活后给予全光照。

定植后的瓜叶菊每半月需追施1次氮肥,起蕾后停止或减少施氮肥,增施1~2次磷肥。此时注意保持适当的温度,温度过高易造成植株徒长,节间伸长,影响观赏价值;温度过低会影响植株生长,花朵也发育不良。生长期的适温为10~15 ℃,不宜高于22 ℃,越冬温度8 ℃以上。生长期需保持充足的水分,但又不能过湿,以叶片不凋萎为适度。

瓜叶菊喜光,不宜遮阳,栽培中要注意经常转动花盆,保持盆株生长整齐均一。随着生长,逐步拉大盆距,使植株保持合理的生长空间,避免拥挤徒长。在单屋面温室更要注意转盆,以免生长倾斜,破坏株形。

瓜叶菊的病虫害有白粉病、灰霉病、叶斑病、蚜虫、红蜘蛛、潜叶蛾等。白粉病发病初期可用25%粉锈宁2 000倍液或70%甲基托布津1 000倍液防治。叶斑病发病初期用80%代森锰锌400倍液防治。蚜虫可用2 000~3 000倍液抗蚜威防治,红蜘蛛可用一遍净粉剂2 500倍液防治。潜叶蛾可在花棚内设置黄色胶卡诱杀成虫,发病高峰期喷洒98%巴丹1 000倍液防治。

5)观赏与应用

瓜叶菊是温室栽培中的代表性盆栽花卉,适用于家庭冬季室内环境点缀和公共场所室内摆花,产生景观效果。也可用于切花装饰。

7.2.6 蒲包花 Calceolaria herbeohybrida Voss（图7.6）

别名:荷包花、拖鞋花。玄参科,蒲包花属。

1)形态特征

植株矮小,高30~40 cm,茎叶具绒毛,叶对生或轮生,基部叶较大,上部叶较小,卵形或椭圆形。不规则伞形花序顶生,花具二唇,似两个囊状物,上唇小、直立,下唇膨大似荷包状,中间形成空室。花色丰富,单色品种具黄、白、红等各种深浅不同的花色,复色品种则在各种颜色的底色上,具橙、粉、褐红等色斑或色点。蒴果,种子细小多数。

图7.6　蒲包花

2)类型及品种

同属常见其他栽培品种有灌木蒲包花(*C. integrifolia*)、二花蒲包花(*C. biflora*)、松虫草叶蒲包花(*C. scabiosaefolia*)、墨西哥蒲包花(*C. mexicana*)。

3)产地与生态习性

原产墨西哥、智利等地,现世界各国温室均有栽培。喜凉爽、光照充足、空气湿润、通风良好的环境。不耐严寒,又畏高温闷热,生长适温8~16 ℃,最低温度5 ℃以上。15 ℃以下进行花芽分化,15 ℃以上进行营养生长。喜阳光充足,但忌夏季强光。要求肥沃、排水良好的微酸性轻松土壤,忌土湿。自然花期2—5月。

4)生产管理技术

(1)繁殖技术　通常采用播种繁殖,也可扦插繁殖。

播种繁殖,可在8月下旬进行,不宜过早,因为高温易使幼苗腐烂。蒲包花种子细小,在播种时要将其与细土混合,撒播在浇过水的盆土表面。播种土多用草炭土、河沙按1:1的比例配制,不覆土或覆一层水苔。盆浸法浇水后,盖上玻璃以保持湿润,放置无日光直射处。发芽前一定要保持充分湿润,温度20 ℃,1周左右即可出苗。出苗后要立刻将其移至通风向阳处,及时间苗,温度降至15 ℃左右,否则幼苗易患猝倒病。温室扦插一年四季均可进行,9—10月扦插则翌年5月开花,6月扦插,则翌年早春开花,扦插后一般15 d即可生根。

(2)栽培管理技术　当幼苗长出两枚真叶时,及时分栽。移栽后2周,定植在口径15 cm花盆中。待苗高15 cm时可摘心,促使其多分枝,并加以适当遮阴。蒲包花性喜凉爽的环境,如高温高湿,基叶会发黄腐烂,因此温度应保持12~15 ℃为宜,夏季及中午应通风和遮光,可放在荫棚下,特别是苗期和5—6月种子成熟时更应注意。

蒲包花平时浇水不宜多,要间干间湿,盆土持续高湿或积水会烂根,浇水时不要洒在叶片、芽或花蕾上,否则也易造成它们腐烂。开花前每15 d施稀薄液肥1次,注意施肥浓度不宜过大,无机肥料可按0.2%的浓度。

蒲包花苗期易发猝倒病,出苗后,喷600倍代森锌预防。发病后,取少量76%敌克松加细土40倍施入盆土中,或用800倍液喷洒土面防治。另外要及时防治蚜虫和红蜘蛛。

观花草本 2

5）观赏与应用

株形低矮,开花繁密覆盖株丛,花形奇特,花色丰富而艳丽,花期长,是优良的春季室内盆花。

7.2.7　秋海棠类 Begonia（图 7.7）

图 7.7　秋海棠

科属:秋海棠科,秋海棠属。

同属植物约有 1 000 多种,除澳大利亚外,世界各地热带和亚热带广泛分布。中国约有 90 种,主要分布于南部和西南部各省。栽培种类很多,形态、习性、园林用途差异很大。目前我国主要栽培的有3 种类型:

1）须根类秋海棠

地下根细长,呈纤维状须根,地上部较高大,且分枝较多。多为常绿亚灌木或灌木。花期主要在夏秋两季,冬季休眠。通常分为四季海棠、竹节海棠和毛叶秋海棠。

（1）四季秋海棠（*B. semperflorens*）

别名:瓜子秋海棠。

①形态特征:多年生草本花卉,须根纤维状。株高 15 ~ 40 cm,茎直立,多分枝,半透明略带肉质。叶互生,卵圆形至广椭圆形,边缘有锯齿,有的叶缘具毛,叶色有绿色和淡紫红色 2 种。花数朵聚生,多腋生,有重瓣种,花色有白、粉红、深红等。雌雄异花,蒴果,种子极细小,褐色。花期周年,但夏季着花较少。

②生态习性:原产巴西,性喜温暖、湿润的环境,不耐寒,不喜强光暴晒。生长适温20 ℃,低于 10 ℃生长缓慢。适宜空气湿度大,土壤湿润的环境,不耐干燥,亦忌积水。喜半荫环境。在温暖地区多自然生长在林下沟边、溪边或阴湿的岩石上。

③繁殖:常用播种法繁殖,也可用扦插、分株法繁殖。播种繁殖在春、秋二季均可进行,因种子特别细小,且寿命较短,隔年种子发芽率较低,因此用当年采收的新鲜种子播种最好。播后保持室温 20 ~ 22 ℃,同时保持盆土湿润,1 周后发芽,出现 2 枚真叶时需及时间苗,4 枚真叶时移入小盆。扦插繁殖则以春、秋二季进行为最好,插后保持湿润,并注意遮阴,2 周后生根。分株繁殖多在春季换盆时进行。

④栽培:幼苗 5 ~ 6 片真叶时进行摘心,此时要控制水分,防止徒长。生长期需水量较多,经常进行喷雾,保持较高的空气湿度,平时盆土不宜过湿,更不能积水。幼苗期每 2 周施稀释腐熟饼肥 1 次,初花出现时则减少施肥,增施 1 次骨粉。有枯枝黄叶及时修去,4 月下旬可移放于荫棚下,注意勿使其过湿。花后应打顶摘心,以压低株高,并促进分株,此时应控制浇水,待重新发出新株后,适当进行数次追肥,2 年后需进行重新更新。四季秋海棠夏季怕强光暴晒和雨淋,冬季喜阳光充足,如果植株生长柔弱细长,叶色花色浅淡发白,说明光线不足;若光线过强,叶片往往蜷缩并出现焦斑。植株生长矮小,叶片发红是缺肥的症状,可视情况分别加以处理。

夏季通风不良易患白粉病,可用 15% 三唑酮可湿性粉剂 1 000 ~ 1 500 倍液防治。生长期常发生卷叶蛾幼虫为害叶和花,影响开花,可用40%乐斯本1 500倍液防治。

⑤观赏与应用:四季秋海棠植株低矮,株型优美,盛花时,植株表面为花朵所覆盖;花色丰富,色彩鲜艳,是夏季花坛、花柱、花球的重要材料。

(2)竹节秋海棠($B.\ coccinea$)

①形态特征:半灌木,株高80~120 cm,全株无毛,茎直立,节间较长,节膨大且具明显的环状节痕,似竹杆。叶互生,长卵状披针形,叶面绿色,上具白色斑点,叶背绿色或略带红晕,叶边缘呈波状。花成簇生长,下垂,花梗红色,花鲜红色,花期夏秋季节。

②习性:怕强光直射,略能耐寒。

③繁殖:常以扦插繁殖为主,四季均可进行,但以5—6月进行效果最佳。插后稍加遮阴,并喷雾,一般约20 d生根,插后约1个月上盆。

④栽培:盆栽土壤要肥沃,疏松,每年春季结合换盆进行修剪,保持良好的株型,植株过高,可重剪截短,以利萌发强壮的新枝。一般每10 d施用1次腐熟稀薄的液肥,夏季需保持较高的空气湿度。

(3)毛叶秋海棠($B.\ scharffiana$)

别名:绒毛秋海棠。

形态特征:多年生草本花卉,茎直立,节间较短,具分枝,为红褐色。叶卵圆形,先端渐尖,表面深绿色,背面红褐色,全叶密生白色短毛。花梗较长,花白色。

2)根茎类秋海棠

地下部分为根茎,较膨大,为肉质,横卧生长,根茎上再生须根,根茎较粗。地上茎不明显,为草质茎肉质。叶基生,叶柄粗壮。这一类的大多数以观叶为主。

(1)蟆叶秋海棠($B.\ rex$)

别名:虾蟆秋海棠。

①形态特征:多年生草本花卉,根茎肥厚,粗短,叶宽卵形,边缘有深波状齿牙。叶绿色,叶面上有深绿色纹,中间有银白色斑纹,叶背为紫红色,叶和叶柄上密生茸毛。花较小,为淡红色。

②习性:喜温暖、湿润的环境。冬季生长适温15~20 ℃,喜半荫,夏季忌强烈的阳光照射,夏季高温时休眠,喜富含腐殖质的排水良好的土壤。

③繁殖:常用叶插和分株法繁殖。叶插繁殖四季均可进行,但以5—6月为最好。可用平置法,将叶柄去除,割伤叶的主脉,平铺在沙床上,并保持室温为20~22 ℃,较高的空气湿度,约25 d开始生根,并长出幼株。待长出2~3片小叶时,可分别将小苗切下,上小盆种植。还可进行片叶插,将叶剪成小片,每片带较大叶脉,斜插于基质中,约半月生根。分株繁殖在温室内进行,全年都可进行,一般以结合春季换盆时进行为最好,切口涂上草木灰,每盆栽植2~3段,初期浇水不宜过多,置放于半荫处。

④栽培:生长期需注意肥水管理,每10 d施一次腐熟的饼肥水,施肥时应注意不要弄脏叶面。在栽培时应视茎叶情况逐渐拉开盆距,以免叶片交叉拥挤,造成底部叶片枯黄。夏季移入荫棚下栽培,早晚多见阳光,盛夏季节除浇水外,还需喷水,以保持较高的空气湿度,并保持通风。冬季保持温度10 ℃以上,少浇水。

(2)彩纹秋海棠($B.\ masoniana$)

别名:铁十字秋海棠。

形态:多年生草本花卉,叶卵形,表面有皱纹和刺毛,叶色为淡绿色,中央呈红褐色的马蹄形环带。花较小,为黄绿色。

(3)枫叶秋海棠(*B. heracleifoniana*)

形态:多年生草本花卉,根状茎肥厚粗大,密生长毛。叶柄较长,在它的上面长有茸毛,叶掌状深裂,裂片5~9,先端较尖,叶表面具有绒毛,为绿褐色,叶背为红褐色。花白色或粉红色。

3)球根秋海棠类

地下部分为变态的球茎和块茎,为扁球形、球形或纺锤形,具明显的地上茎。这一类以观花为主。

下面介绍球根秋海棠(*B. tuberhybrida*)。

①形态:多年生草本花卉,地下部为块茎,呈不规则的扁球形。茎直立或稍呈铺散状,有分枝,茎略带肉质而附有毛,为绿色或暗红色。叶较大为宽卵形或倒心脏形,先端渐尖,叶缘具锯齿,有毛。花单性同株,雄花大而美丽,雌花小型。花色有白、红、黄等色,还有间色,有单瓣、半重瓣、重瓣。花期春末初夏季节或秋季。

②习性:阳性,生长期需充足的阳光,但夏季中午忌强烈的日光照射,喜温暖、湿润的环境,要求空气湿度较高,水分充足。生长适温为16~21℃,冬季温度应维持在10℃左右,夏季温度不应过高,若超过32℃则茎叶枯落,甚至引起块茎腐烂。块茎贮藏温度以5~10℃为宜。土壤以腐叶土为佳,适宜生长在pH值为5.5~6.5的微酸性土壤中。

③繁殖:播种、分球和扦插繁殖。播种繁殖在温室内周年都可进行,但以秋季或1—4月间于温室内进行为最多。播后需保持湿度,并置于半荫处,温度控制在18~21℃,一般10~15 d发芽,约2个月后具2~3枚真叶时移栽于小盆内,5—6月间定植。分球繁殖于春季或初夏进行(春季栽植仲夏开花,初夏栽植秋季开花)。扦插繁殖于春末夏初进行,从优良块茎顶端切取带茎叶的芽,长7~10 cm作插穗,插后保持20℃的温度和80%的湿度,约3周后愈合生根,2个月后上盆。

④栽培:栽植时深度不能过深,使球根顶端露出土面。生长期每周施腐熟饼肥水1次,保持叶片挺拔,呈深绿色。若叶片呈淡蓝色并卷曲现象,表明氮肥过多。花前每10 d增施1次过磷酸钙。春季要求水分充足,开花后应减少浇水。

夏季的连续高温对其生长不利,要选择凉爽通风的场所,精心管理,才能使其生长健壮,开花良好。控制温度一般不超过25℃,此时高温多湿,常发生茎腐病和根腐病,应适当控制室温与浇水,并喷施25%多菌灵250倍液进行预防,并拔除病株焚烧。夏季高温,需注意通风,否则易发生白粉病。

植株于6—7月开花,第一批花开后应控制浇水,保持土壤半干,剪去残花。植株经短暂休眠后再度发出新芽,此时应剪去老茎,仅留下2~3个壮枝,追施液肥,促使第二次开花。在冬季寒冷地区,应及时将花盆移到室内,以避免植株受霜害,使其自然进入休眠状态。在此期间要逐渐减少浇水,使叶片枯黄,然后除去枯萎的茎叶,将球根挖起,使其完全干燥后,放于10℃的室内进行沙藏,并保持通风良好。盆栽时也可不将球根挖出,但需保持盆土的干燥,开春时将表层老土更换成富含腐殖质的土壤。

⑤观赏与应用:球根海棠姿态优美,花大色艳或花小而繁密,是世界著名的夏秋盆栽花卉。

7.2.8 新几内亚凤仙 Impatiens platypatala（图7.8）

科属:凤仙花科,凤仙花属。

1)形态特征

多年生常绿草本花卉,植株挺直,株丛紧密矮生;茎半透明肉质,粗壮,多分枝,叶互生,披针形,绿色、深绿、古铜色;叶表有光泽,叶脉清晰,叶缘有尖齿。花腋生,较大,花色有粉红、红、橙红、雪青、淡紫及复色等,花期为5—9月。

图7.8 新几内亚凤仙

2)产地与生态习性

原产非洲南部。性喜冬季温暖,夏季凉爽通风的环境,不耐寒,适宜生长的温度为 15 ~ 25 ℃,7 ℃以下即受冻。喜半荫,忌暴晒,日照控制在 60% ~ 70% 。根系不发达,要求肥沃、疏松、排水良好的富含腐殖质的偏酸性土壤。

3)生产栽培技术

(1)繁殖技术 常用扦插法繁殖,也可用播种繁殖。新品种一般用播种繁殖。播种繁殖于4—5月在室内进行盆播,种子需光,对温度敏感,要求 20 ~ 25 ℃,苗高 3 cm 左右时即可上盆。传统优质大花品种可用扦插繁殖。扦插繁殖全年均可进行,但以春、秋季为最好。一般选取8 ~ 10 cm 带顶梢的枝条,插于沙床内,保持湿润,10 d 左右即可生根,也可进行水插。

(2)栽培管理技术 新几内亚凤仙萌芽力强,不要摘心即可产生许多分枝,分枝长 3 ~ 5 cm 时,要疏掉一些细弱枝。喜肥但又忌浓肥、重肥,生长期间每周施 1 次饼肥水。其叶片气孔大,蒸腾旺盛,需水量多,浇水要足,特别是炎热的夏季,更要及时供水。约 11 月份进温室,室温不低于 10 ℃,冬季浇水不宜过多,叶面适当喷水,以保持叶片翠绿。

新几内亚凤仙的主要病害有白粉病、霜霉病、病毒病、青枯病等。防治白粉病可于发病初期喷施15% 粉锈宁可湿性粉剂 1 000 ~ 1 200 倍液。防治霜霉病可喷施64% 杀毒矾可湿性粉剂 500 倍液。病毒病的防治主要是及时消灭传毒介质蚜虫。防治青枯病,注意对土壤进行消毒,发病初期,喷洒或浇灌 72% 农用链霉素可溶性粉剂 4 000 倍液,每 7 ~ 10 d 1 次,连续防治 2 ~ 3次。

4)观赏与应用

株丛紧密,开花繁茂,花期长,是很受欢迎的新潮花卉,用作室内盆栽观赏,温暖地区或温暖季节可布置于庭院或花坛。

7.2.9 仙客来 Cyclamen persicum Mill（图7.9）

别名:兔子花、萝卜海棠、一品冠。报春花科,仙客来属。

图7.9　仙客来

1)形态特征

多年生草本,具球形或扁球形块茎,肉质,外被木栓质,球底生出许多纤细根。叶着生在块茎顶端的中心部,心状卵圆形,叶缘具牙状齿,叶表面深绿色,多数有灰白色或浅绿色斑块,背面紫红色。叶柄红褐色,肉质,细长。花单生,由块茎顶端抽出,花瓣蕾期先端下垂,开花时向上翻卷扭曲,状如兔耳。萼片5裂,花瓣5枚,基部联合成筒状,花色有白、粉红、红、紫红、橙红、洋红等色。花期12月至翌年5月,但以2—3月开花最盛。蒴果球形,果熟期4—6月,成熟后五瓣开裂,种子黄褐色。

2)类型及品种

园艺品种依据花型可分为:

(1)大花型　是园艺品种的代表性花型。花大,花瓣平展,全缘;开花时花瓣反卷,有单瓣、复瓣、重瓣、银叶、镶边和芳香等品种。

(2)平瓣型　花瓣平展,边缘具细缺刻和波皱,比大花型花瓣窄,花蕾尖形,叶缘锯齿明显。

(3)洛可可型　花瓣边缘波皱有细缺刻,不像大花型那样反卷开花,而呈下垂半开状态。

(4)皱边型　花大,花瓣边缘有细缺刻和波皱,开花时花瓣反卷。

(5)重瓣型　花瓣10枚以上,不反卷,瓣稍短,雄蕊常退化。

3)产地与生态习性

原产南欧及地中海一带,为世界著名花卉,各地都有栽培。仙客来喜温暖,不耐寒,生长适温15~20 ℃。10 ℃以下,生长弱,花色暗淡易凋谢;气温达到30 ℃以上,植株进入休眠。在我国夏季炎热地区仙客来处于休眠或半休眠状态,气温超过35 ℃,植株易受害而导致腐烂死亡。喜阳光充足和湿润的环境,主要生长季节是秋、冬和春季。喜排水良好,富含腐殖质的酸性沙质土壤,pH值为5.0~6.5,但在石灰质土壤上也能正常生长。中性日照植物,花芽分化主要受温度的影响,其适温为15~18 ℃。

4)生产栽培技术

(1)繁殖技术　通常采用播种、分割块茎、组织培养等方法进行繁殖。播种育苗,一般在9—10月进行,从播种到开花需12~15个月。仙客来种子较大,发芽迟缓不齐,易受病毒感染。因此,在播种前要对种子进行浸种处理,方法是:将种子用0.1%升汞浸泡1~2 min后,用水冲洗干净,然后用10%的磷酸钠溶液浸泡10~20 min,冲洗干净,最后浸泡在30~40 ℃的温水中处理48 h,冲净后即可播种。播种用土可用壤土、腐叶土、河沙等量配制,或草炭土和蛭石等量配制,点播,覆土0.5~1.0 cm,用盆浸法浇透水,上盖玻璃,温度保持18~20 ℃,30~40 d发芽,发芽后置于向阳通风处。

结实不良的仙客来品种,可采用分割块茎法繁殖,在8月下旬块茎即将萌动时,将其自顶部纵切分成几块,每块带1个芽眼,切口应涂抹草木灰。稍微晾晒后即可分栽于花盆内,不久可展叶开花。

(2)栽培管理技术　栽培时土壤宜疏松,可用腐叶土(泥炭土)、壤土、粗沙加入适量骨粉、豆饼等配制。培养土最好经消毒。

　　仙客来的栽培管理大致可分为 5 个阶段。

　　①苗期:播种的仙客来,播种苗长出 1 片真叶时,要进行分苗,盆土以腐叶土 5 份、壤土 3 份、河沙 2 份的比例配制,栽培深度应使小块茎顶部与土面相平,栽后浇透水,置于温度 13 ℃左右的环境中,适当遮阳。缓苗后逐渐给以光照,加强通风,适当浇水,勿使盆土干燥,同时适量进行施肥,以氮肥为主,施肥时切忌肥水弄脏叶片,否则易引起叶片腐烂,施肥后要及时洒水清洁叶面。

　　当小苗长至 5 片真叶时进行上盆定植,盆土用腐叶土、壤土、河沙按 5∶3∶2 配制而成,可加入厩肥或骨粉作基肥。上盆时球茎应露出土面 1/3 左右,以免妨碍花茎、幼芽长出,并注意勿伤根系。覆土压实后浇透水。

　　②夏季保苗阶段:第一年的小球 6—8 月生长停滞,处于半休眠状态。因夏季气温高,可把盆花移到室外阴凉、通风的地方,注意防雨。若仍留在室内,也要进行遮荫,并摆放在通风的地方。这个时期要适当浇水,停止施肥。北方因空气干燥,可适当喷水。

　　③第一年开花阶段:入秋后换盆,并逐步增加浇水量、施薄肥。10 月应移入室内,放在阳光充足处,并适当增施磷、钾肥,以利开花。11 月花蕾出现后,应停止施肥,给予充足的光照,保持盆土湿润。一般 11 月开花,翌年 4 月中下旬结果。留种母株春季应放在通风、光照充足处,水分、湿度不宜过大,可将花盆架高,以免果实着地、腐烂。

　　④夏季球根休眠阶段:5 月后,叶片逐渐发黄,应逐渐停止浇水,两年以上的老球,夏季抵抗力弱,入夏即落叶休眠,应放在通风、遮荫、凉爽处,少浇水,停止施肥,使球根安全越夏。

　　⑤第二年开花阶段:入秋后再换盆,在温室内养护至 12 月又可开花。四五年以上的老球花虽多,但质量差且不好养护,一般均应淘汰。

　　仙客来属于日中性植物,影响花芽分化的主要环境因子是温度,其适温是 15 ~ 18 ℃,小苗期温度可以高些,控制在 20 ~ 25 ℃,因此可以通过调节播种期及利用控制环境因子或使用化学药剂,打破或延迟休眠期来控制花期。

　　仙客来主要病害有灰霉病、炭疽病、细菌性软腐病等。灰霉病在发病初期可用 1∶1∶200 的波尔多液防治,炭疽病可用 50% 多菌灵或托布津 500 倍液防治,细菌性软腐病发病初期用农用链霉素 4 000 倍液防治。此外注意防治根结线虫病和病毒病。

　　仙客来主要虫害有蚜虫和螨类。用 50% 辟蚜雾 2 000 倍液防治蚜虫,15% 氯螨净 2 000 倍液防治螨类。

5)观赏与应用

　　仙客来花型奇特,株形优美,花色艳丽,花期长,花期又正值春节前后,可盆栽,用以节日布置或作家庭点缀装饰,也可作切花。

7.2.10　大岩桐 Sinningia speciosa Benth.Et Hook(图 7.10)

　　别名:落雪泥。苦苣苔科,大岩桐属。

1)形态特征

　　多年生草本。地下部分具有块茎,初为圆形,后为扁圆形,中部下凹。地上茎极短,全株密

图7.10 大岩桐

被白色绒毛,株高 15～25 cm。叶对生,卵圆形或长椭圆形,肥厚而大,有锯齿,叶背稍带红色。花顶生或腋生,花冠钟状,5～6 浅裂,有粉红、红、紫蓝、白、复色等色,花期 4—11 月,夏季盛花。蒴果,花后 1 个月种子成熟,种子极细,褐色。

2) 类型及品种

常见栽培的主要类型:厚叶型、大花型、重瓣型、多花型。

3) 产地与生态习性

原产巴西,世界各地温室栽培。喜温暖、潮湿,忌阳光直射,生长适温 18～32 ℃。在生长期,要求高温、湿润及半荫的环境。有一定的抗炎热能力,但夏季宜保持凉爽,23 ℃左右有利开花,冬季休眠期保持干燥,温度控制在 8～10 ℃。不喜大水,避免雨水侵入。喜疏松、肥沃的微酸性土壤,冬季落叶休眠,块茎在 5 ℃左右的温度中,可以安全过冬。

4) 生产栽培技术

(1)繁殖技术 大岩桐可用播种、扦插和分球茎等方法来进行繁殖。

①扦插法:可用芽插和叶插。块茎栽植后常发生数枚新芽,当芽长 4 cm 左右时,选留1～2 个芽生长开花,其余的可取之扦插,保持 21～25 ℃温度及较高的空气湿度和半荫的条件,半个月可生根。叶插在温室中全年都可进行,但以 5—6 月及 8—9 月扦插最好。选生长充实的叶片,带叶柄切下,斜插入干净的基质中,基质可用河沙、蛭石或珍珠岩等,10 d 后开始生根。为了提高叶片的利用率增加繁殖系数,可把叶片沿主脉和侧脉切隔成许多小块,逐一插入基质中,这样 1 片叶可分插 50 株左右,大大提高繁殖率。

②分球法:选生长 2～3 年的植株,在新芽生出时进行。用利刀将块茎分割成数块,每块都带芽眼,切口涂抹草木灰后栽植。初栽时不可施肥,也不可浇水过多,以免切口腐烂。

③播种:温室中周年均可进行,以 10—12 月播种最佳。从播种到开花需 5～8 个月。播前用温水将种子浸泡 24 h,以促其提早发芽。在 18.5 ℃的温度条件下约 10 d 出苗,出苗后让其逐渐见阳光,当幼苗长出 2 枚真叶时及时分苗。待幼苗 5～6 枚真叶时,移植到 7 cm 口径盆中,最后定植于 14～16 cm 口径的盆中。定植时给予充足基肥,每次移植后 1 周开始追施稀薄液肥,1 次/周即可。

(2)栽培管理技术

①温度:大岩桐生长适温 1—10 月为 18～32 ℃,10 月至翌年 1 月为 10～12 ℃。冬季休眠期盆土宜保持稍干燥,若温度低于 8 ℃,空气湿度又大,会引起块茎腐烂。

②湿度:大岩桐喜湿润环境,生长期要维持较高的空气湿度,浇水应根据花盆干湿程度每天浇 1～2 次水。

③光照:大岩桐喜半荫环境,故生长期要注意避免强烈的日光照射。

④施肥:大岩桐喜肥,从叶片伸展后到开花前每隔 10～15 d 应施稀薄的饼肥水 1 次。当花芽形成时,需增施 1 次骨粉或过磷酸钙。花期要注意避免雨淋。开花后若培养土肥沃加上管理得当,它不久又会抽出第二批花蕾。5—9 月可开花不断。

栽培应注意以下问题:

　　大岩桐叶面上生有许多绒毛,因此,注意肥水不可施在叶面上,以免引起叶片腐烂。

　　大岩桐不耐寒,在冬季植株的叶片会逐渐枯死而进入休眠期。此时,可把地下的块茎挖出贮藏于阴凉干燥的沙中越冬,温度不低于 8 ℃,待到翌年春暖时再用新土栽植。

　　生长过程中要注意防治腐烂病和疫病,腐烂病主要以预防为主,栽植前用甲醛对土壤进行消毒,浇水时避免把水浇到植株上。疫病防治,浇水避免顶浇,盆土不能过湿,发病初期喷施72.2%普力克水剂 600 倍液。

5)观赏与应用

花儿死亡的主要
原因及救治方法

　　大岩桐植物小巧玲珑,花大色艳,花期夏季,堪称夏季室内佳品。

7.2.11　朱顶红 *Hippeastrum vittatum Herb.*(图 7.11)

　　别名:百枝莲、孤挺花、花胄兰、对红。石蒜科,朱顶红属(百枝莲属、孤挺花属)。

1)形态特征

　　地下鳞茎球形。叶着生于鳞茎顶部,4～8 枚呈二列迭生,带状。花、叶同发,或叶发后数日即抽花葶。花葶粗壮,直立,中空,高出叶丛。近伞形花序,每个花序着花 4～6 朵,花大,漏斗状,花径10～13 cm,红色或具白色条纹,或白色具红色、紫色条纹。花期4—6 月。果实球形,种子扁平。

2)类型及品种

　　朱顶红属植物园艺品种很多,可分为两大类:一类为大花圆瓣类,花大型,花瓣先端圆钝,有许多色彩鲜明的品种,多用于盆栽观赏;另一类为尖瓣类,花瓣先端尖,性强健,适于促成栽培,多用于切花生产。

图 7.11　朱顶红

　　常见种类:孤挺花(*H. paniceum*)、王百枝莲(*H. reginea*)、网纹百枝莲(*H. reticulatum*)。

3)产地与生态习性

　　原产秘鲁,世界各地广泛栽培,我国南北各省均有栽培。春植球根,喜温暖,生长适温18～25 ℃,冬季休眠期要求冷凉干燥,适合 5～10 ℃的温度。喜阳光,但光线不宜过强。喜湿润,但畏涝。喜肥,要求富含有机质的沙质壤土。

4)生产栽培技术

　　(1)繁殖技术

　　①播种:朱顶红花期在 2—5 月,花后 30～40 d 种子成熟。采种后要立即播于浅盆中,覆土厚度 0.2 cm,上盖玻璃置于半荫处,经 10～15 d 可出苗。幼苗长出 2 片真叶时分栽,以后逐渐换大盆,2～3 年后可开花。

　　②分球:花谢后结合换盆,将母株鳞茎四周产生的小鳞茎切下另栽即可。

　　(2)栽培管理技术　朱顶红在长江流域以南可露地越冬,华北地区仅作温室栽培。3—4 月将越冬休眠的种球进行栽种,一般从种植至开花需 6～8 周。培养土可用等量的腐叶土、壤土、堆肥土配制。朱顶红栽植时顶端要露出 1/4~1/3。浇 1 次透水,放在温暖、阳光充足之处,少浇水,仅保持盆土湿润即可。

发芽长出叶片后,逐渐见阳光,当叶长 5~6 cm 时开始追肥,每隔 10~15 d 追施 1 次蹄角片液肥,花箭形成时,施 2 次 1% 磷酸二氢钾,谢花后每 20 d 施饼肥水 1 次,促使鳞茎肥大。朱顶红浇水要适当,一般以保持盆土湿润为宜,随着叶片的增加可增加浇水量,花期水分要充足,花后水分要控制,以盆土稍干为好。

10 月下旬入室越冬,将盆置干燥蔽阴处,室温保持 5~10 ℃,可挖出鳞茎贮藏,也可直接保留在盆内,少浇水,保持球根不枯萎即可。露地栽培的略加覆土就可安全越冬,通常隔 2~3 年挖球重栽 1 次;盆中越冬的,春暖后应换盆或换土。

朱顶红常见病害有红斑病、病毒病等。红斑病喷洒 75% 百菌清 700 倍液防治。病毒病防治要严格挑选无毒种球,防治传毒蚜虫,手和工具注意消毒。

5) 观赏与应用

朱顶红花大、色艳,栽培容易,常作盆栽观赏或作切花,也可露地布置花坛。

7.2.12　天竺葵 Pelargonium hortorum(图 7.12)

别名:入腊红、石腊红、洋锈球。牻牛儿苗科,天竺葵属。

图 7.12　天竺葵

1) 形态特征

多年生草本花卉,全株有特殊气味。基部茎稍木质,茎肥厚略带肉质多汁,整个植株密生绒毛。单叶对生或近对生,叶心脏形,边缘为钝锯齿,或浅裂,叶绿色。伞形花序,腋生或顶生,花序柄较长,花蕾下垂。花色有红、白、橙黄等色,还有双色。外面瓣大,内面瓣小。全年开花,盛花期 4—5 月。

2) 类型及品种

园林中常用种类:马蹄纹天竺葵(*P. zonale*)、大花天竺葵(*P. domesticum*)、香叶天竺葵(*P. graveolens*)、芳香天竺葵(*P. odoratissimum*)。

3) 产地与生态习性

原产于南非。性喜冷凉气候,能耐 0 ℃ 低温,忌炎热,夏季为半休眠状态。喜阳光充足的环境。要求土壤肥沃、疏松、排水良好,怕积水。冬季需保持室温为 10 ℃ 左右。

4) 生产栽培技术

(1)繁殖技术　以扦插繁殖为主,除夏季外其余时间均可以进行,插穗最好选用带有顶梢的枝条,切口宜稍干燥后再插,插好后应置于半荫处,并使室温保持在 13~18 ℃,2 周左右便可生根。播种温度 13 ℃,7~10 d 发芽,半年到 1 年可开花。

(2)栽培管理技术　扦插苗生根后及早炼苗,炼苗 7~10 d 后转入盆栽。上盆时施足基肥,生长期施 2~3 次追肥。在栽培时应适当进行摘心,以促使多产生侧枝,以利于开花。整个生长期浇水不能过多。花后一般进行短截修剪,目的是使植株生长短壮,圆满而美观。剪后1周内不浇水,不施肥,以使剪口干缩避免水湿而腐烂。此外,天竺葵喜阳光,放置地要阳光通透,注意调整盆间距,及时剥除变黄老叶及少量遮光的大叶。一般盆栽经3~4年后老株就需进行更新。在栽培过程中利用矮壮素和赤霉素处理,可使植株低矮,株形圆整,提早开花。

潮湿低温,通风透光不良,易发灰霉病,注意排湿,通风透光,发病前喷洒克菌丹800~1 000倍液预防。

5)观赏与应用

天竺葵株丛紧密,花极繁密,花团锦簇,花期长,是重要的盆栽观赏植物。有些种类常在春、夏季作花坛布置。香叶天竺葵可提取香精,供化妆品、香皂工业用,常作为经济作物大片栽植。

7.2.13 马蹄莲 Zantedeschia aethiopica Spreng(图7.13)

别名:水芋、观音莲、慈姑花。天南星科,马蹄莲属。

1)形态特征

多年生草本。地下具肉质块茎。叶基生,具粗壮长柄,叶柄上部具棱,下部呈鞘状抱茎,叶片箭形,全缘,具平行脉,绿色有光泽。花梗粗壮,高出叶丛,肉穗花序圆柱状,黄色,藏于佛焰苞内,佛焰苞白色,形大,似马蹄状,花序上部为雄花,下部为雌花。温室栽培花期12月至翌年5月,盛花期2—4月,果实为浆果。

图7.13 马蹄莲

2)类型及品种

同属有8种,常栽培的有:

(1)银星马蹄莲 叶片上有银白色斑点,叶柄较短,佛焰苞为白色,花期7—8月。

(2)黄花马蹄莲 株高60~100 cm,叶有半透明斑,叶柄较长,佛焰苞黄色,花期5—6月。

(3)红花马蹄莲 株型矮小,20~30 cm,叶片呈窄戟形,佛焰苞粉色至红色,也有白色,花期4—6月。

3)产地与生态习性

马蹄莲原产南非,现我国各地广为栽培。为秋植球根花卉。喜温暖气候,生长适温为15~25 ℃,能耐4 ℃低温,夜温10 ℃以上生长开花好,冬季如室温低,会推迟花期。性喜阳光,也能耐阴,开花期需充足阳光,否则花少,佛焰苞常呈绿色。喜土壤湿润和较高的空气湿度。忌炎热,夏季高温植株呈枯萎或半枯萎状态,块茎进入休眠。适于富含腐殖质、排水良好的沙壤土。

4)生产栽培技术

(1)繁殖技术 播种或分株繁殖。果实成熟后,剥出种子播种,栽培2~3年即可开花,一般用分株繁殖。可在9月初,对休眠贮藏的块茎,分别将大、小块茎分开,大块茎用于栽植观花,小块茎培养2年后也可开花。

(2)栽培管理技术 马蹄莲盆栽于8—9月栽植,每盆植球4~5个。盆土要用疏松肥沃的土壤,施足基肥。稍予遮荫,以便保持湿润,出芽后置阳光下,每周追肥 1 次。注意勿将肥水浇入叶鞘内。天凉移入温室养护,室内忌烟熏。马蹄莲喜湿,生长期间应充分浇水,在叶面、地面经常洒水,保持较高的空气湿度。枝叶繁茂时需将外部老叶摘除,以利花梗抽出。3—4 月为盛花期,可施 1% 磷酸二氢钾。开花后,植株因天气转热而枯黄,此时减少浇水,让其干燥,以利其休眠。叶全部枯黄后,取出块茎,放置通风阴凉处贮藏,待秋季栽植前将块茎的底部衰老部分去除后重新上盆栽植。

马蹄莲病害主要有叶霉病、叶斑病、根腐病、软腐病等。叶霉病防治主要预防为主,采用无病植株或种子,播种前用 0.2% 多菌灵浸种 30 min 后再播。叶斑病可用 50% 多菌灵 800 倍液防治;根腐病为土传病害,可用 0.4% 土菌消喷洒土壤;软腐病属于细菌性病害,初发病时可用密度为 1 000 mg/L 的农用链霉素浇灌盆土。

5)观赏与应用

马蹄莲花形奇特,花苞纯白,状如马蹄,清秀挺拔,叶色翠绿,轻盈多姿,苍翠欲滴,花叶两绝。鲜黄色的肉穗花序,直立的佛焰苞,像观音端坐莲座上,是书房、客厅的良好盆栽花卉,也是重要的切花材料。

7.3 　观花木本花卉盆栽

盆栽观花木本

木本花卉是指具有观赏价值的木本植物,通常有鲜艳的花色、优美的花型、浓郁的花香。木本花卉种类繁多,生态习性各异,习惯上将其归为园林树木学范畴。本部分主要介绍我国传统名花中的木本花卉和北方温室栽培的其他重要木本花卉。

7.3.1 　山茶花 Camellia japonica L. (图 7.14)

别名:茶花、山茶、耐冬。山茶科,山茶属。

1)形态特征

图 7.14　山茶花

山茶为常绿灌木或小乔木,枝条黄褐色,小枝呈绿色或绿紫色至紫褐色。叶片革质,互生,卵形至倒卵形,先端渐尖或急尖,基部楔形至近半圆形,边缘有锯齿,叶片正面为深绿色,多数有光泽,背面较淡,叶片光滑无毛,叶柄粗短,有柔毛或无毛。花两性,常单生或 2~3 朵着生于枝梢顶端或叶腋间。花梗极短或不明显,苞片 9~13 片,覆瓦状排列,被茸毛。花单瓣或重瓣,花色有红、白、粉、玫瑰红及杂有斑纹等不同花色,花期 2—4 月。

2)类型及品种

山茶按花瓣形状、数量、排列方式分为:

(1)单瓣类　花瓣一层,仅 5~6 片,抗性强,多地栽。主要品种有铁壳红、锦袍、馨口、金心系列。

（2）文瓣类　花瓣平展，排列整齐有序，又分：

①半文瓣：大花瓣2~5轮，中心有细瓣卷曲或平伸、瓣尖有雄蕊夹杂，常见品种有六角宝塔、粉荷花、桃红牡丹。

②全文瓣：花蕊完全退化，从外轮大瓣起，花瓣逐渐变小，雄蕊全无，主要品种有白十八、白宝塔、东方亮、玛瑙、粉霞、大朱砂。

（3）武瓣类　花重瓣，花瓣不规则有扭曲起伏等变化，排列不整齐，雄蕊混生于卷曲花瓣间，又可分托桂型、皇冠型、绣球型。主要品种有石榴红、金盆荔枝、大红宝珠、鹤顶红、白芙蓉、大红球。

3）产地与生态习性

原产于中国东部、西南部，为温带树种，现全国各地广泛栽培。山茶性喜温暖湿润的环境条件，生长适温为18~25℃。忌烈日，喜半荫。要求蔽荫度为50%左右，若遭烈日直射，嫩叶易灼伤，造成生长衰弱。在短日照条件下，枝茎处于休眠状态，花芽分化需每天日照13.5~16.0 h，过少则不形成花芽。然而，花蕾的开放则要求短日照条件，即使温度适宜，长日照也会使花蕾大量脱落。山茶喜空气湿度大，忌干燥，要求土壤水分充足和良好的排水条件。喜深厚肥沃、微酸性的沙壤土。pH值以5.0~6.5为宜。

4）生产栽培技术

（1）繁殖技术　山茶花可用扦插、嫁接、压条等方法繁殖。

扦插：扦插在春末夏初和夏末秋初进行。选树冠外部生长充实、叶芽饱满、无病虫害的当年生半木质化的枝条作插穗，长5~10 cm，先端留2~4片叶，剪取时基部带踵易生根。扦插基质用素沙、珍珠岩、松针、蛭石等较好。插入基质中3 cm左右，浅插生根快，过深生根慢。插后要及时用细孔喷壶喷透水，插床上应遮阳，叶面每天要喷3~4次水，1个月后逐步见光。

嫁接：优良品种发根较困难，因此多采用嫁接法繁殖，时间在4—9月间，春末效果好，嫁接采用靠接和切接法，砧木多用单瓣品种或油茶苗，也可高接换头或一株多头。

对于一些优良品种也可采用高空压条法繁殖，在4—6月间进行，选母株上健壮外围枝，由顶端往下约30 cm处，环剥1~2 cm宽，再用密度为1 000 mg/L的吲哚乙酸溶液涂在环剥伤口处，然后用湿润的基质包住伤口，用塑料条绑扎牢固，再包塑料袋。在20~30℃条件下，2个月可生根，切离母株成苗。

（2）栽培管理技术　山茶的栽培有露地栽培和盆栽两种。

①露地栽培　常在我国长江以南温暖地区露地栽植。栽植地应选择半荫，通风良好，土壤肥沃、疏松、富含腐殖质，排水良好的场地。以秋季栽植为宜，栽植时，应尽可能带土球移植。栽植时把地上部残枝、过密枝修剪掉，成活后及时浇水，中耕除草，防治病虫害。

②盆栽技术　山茶花盆栽用盆最好选用透气、透水性强的泥瓦盆，南方多使用山泥作培养土。没有山泥的地方可选用腐叶土4份、堆肥土3份和沙土3份配制成培养土，小苗1~2年换盆1次，5年生以上大苗2~3年换盆1次。换盆宜在开花后进行，在盆底垫蹄片或油渣少许。每年出室后应放在荫蔽处，防止强光直射，秋末多见光，以利植株形成花蕾。

山茶浇水最好用雨水或雪水，如用自来水需放在缸内存放2~3 d方可使用。山茶根细弱，浇水过多易烂根，过少则落叶落蕾，日常多向叶面喷水，土壤保持半湿。

山茶施肥以有机肥为主，辅以化肥。在花谢后及时施氮肥1~2次，每10 d 1次，以促发新枝生长。5月份后,施氮、磷结合的肥料1~2次,每半月1次,以促进花芽分化。夏季生长基本停止,不施肥或少施肥。秋季追施磷、钾肥。施肥以稀薄液肥与矾肥水相间施用,使土壤保持酸性,并能使肥效提高。

山茶忌烈日,喜半荫,因而炎热夏季,应给于遮荫、喷水、通风等,若温度超过35 ℃,则易出现日灼,叶片枯萎,翻卷,生长不良。

在温度5~10 ℃时就应移入室内。当花蕾长到黄豆粒大小时进行疏蕾,每枝头留1个蕾,其余摘去,花谢后及时摘除残花,以免消耗养分。注意整形修剪。

山茶主要病害有炭疽病、灰斑病等。炭疽病在高温高湿,多雨季节发病严重,在新梢萌发后喷洒1%波尔多液预防,发病初期喷50%托布津500~800倍液防治。灰斑病可参照炭疽病的防治方法。山茶主要虫害有茶毛虫、介壳虫、蚜虫、红蜘蛛等,应及时喷杀虫剂灭杀。

5) 观赏与应用

山茶是中国著名的传统名花之一。树姿优美,四季常绿,花色娇艳,花期较长,象征吉祥福瑞。山茶具有很高的观赏价值,特别是盛开之时,给人以生机盎然的春意。花的色、姿、韵,怡情悦意,美不胜收,广泛应用于公园、庭院、街头、广场、绿地。又可盆栽,美化居室、客厅、阳台。

7.3.2 杜鹃花 Rhododendroon simsii Planch.(图 7.15)

别名:映山红、照山红、野山红。杜鹃花科,杜鹃花属。

图 7.15 杜鹃花

1) 形态特征

枝多而纤细;单叶,互生;春季叶纸质,夏季叶革质,卵形或椭圆形,先端钝尖,基部楔形,全缘,叶面暗绿。疏生白色糙毛,叶背淡绿,密被棕色糙毛;叶柄短;花两性,2~6朵簇生于枝顶,花冠漏斗状,蔷薇色、鲜红色或深红色;萼片小,有毛;花期4—5月。

2) 类型及品种

杜鹃花属植物约有900多种,我国就占600种之多,除新疆、宁夏外,南北各地均有分布,尤其以云南、西藏、四川种类最多,为杜鹃花属的世界分布中心。杜鹃花是我国传统名贵花卉,栽培历史悠久。中国杜鹃花在民间有许多传说故事,在花卉中被誉为"花中西施"。18至19世纪欧美等国大量从我国云南、四川等地采集种子,猎取标本,进行分类、培育。他们用中国杜鹃与其他地方产的杜鹃进行杂交选育出了一批新品种,其中以比利时根特市的园艺学者育出的大花型,并适合冬季催花的品种最受欢迎,被称为比利时杜鹃,亦称西鹃。

杜鹃花根据亲本来源、形态特征、特性可分为春鹃、夏鹃和毛鹃、西鹃。

(1)春鹃 自然花期4—5月,引种日本。叶小而薄,色淡绿,枝条纤细,多横枝。花小型,花径2~4 cm,喇叭状,单瓣或重瓣。春鹃代表种有新天地、碧止、雪月、日之出等。

(2)夏鹃 原产印度和日本,日本称皋月杜鹃。先发枝叶后开花,是开花最晚的种类。自然花期在6月前后。叶小而薄,分枝细密,冠形丰满。花中至大型,直径在6 cm以上,单瓣或重瓣。夏鹃代表种有长华、陈家银红、五宝绿珠、大红袍等。

（3）毛鹃　又称毛叶杜鹃，本种包括锦绣杜鹃、毛叶杜鹃及其变种。自然花期4—5月。树体高大，可达2 m以上，发枝粗长，叶长椭圆形，多毛。花单瓣或重瓣，单色，少有复色。毛鹃代表种有玉蝴蝶、琉球红、紫蝴蝶、玉玲等。

（4）西鹃　最早在荷兰、比利时育成，系皋月杜鹃、映山红及白毛杜鹃等反复杂交选育而成。自然花期2—5月。有的品种夏秋季也开花。树体低矮，高0.5～1 m，发枝粗短，枝叶稠密，叶片毛少。花型花色多变，多数重瓣，少有半重瓣。西鹃代表种有锦袍、五宝珠、晚霞、粉天惠、王冠、四海波、富贵姬、天女舞等。

3）产地与生态习性

杜鹃花原产中国，性喜凉爽气候，忌高温炎热；喜半荫，忌烈日暴晒，在烈日下嫩叶易灼伤枯死；最适生长温度15～25 ℃，若温度超过30 ℃或低于5 ℃则生长不良。喜湿润气候，忌干燥多风；要求富含腐殖质、疏松、湿润及pH值为5.5～6.5的酸性土。忌低洼积水。

4）生产栽培技术

（1）繁殖技术　杜鹃花繁殖可用播种、扦插、嫁接、压条等方法。

家庭自制花肥方法大全

①播种法：生产上很少采用种子繁殖，只有在以下几种情况下使用：一是培育砧木用，二是杂交育种获得新品种时用，三是遇到优良的野生种需要引种时用。保持温度15～20 ℃，约20 d即可出苗。

②扦插繁殖：杜鹃花扦插适宜季节为春、秋两季，选用当年生绿枝或结合修剪硬枝插，春季更易生根。插穗应生长健壮，无病虫害，半木质化或木质化当年新梢，长5～10 cm，摘去下部叶片，留4～5片上部叶片。选用蛭石、细沙或松针叶为基质，深度为插穗长的1/3～1/2。在半荫环境，喷雾保湿培养1个月可生根。

③嫁接繁殖：一般采用嫩枝顶端劈接，时间在5—6月。砧木多用毛白杜鹃或其变种，如毛叶青莲、玉蝴蝶、紫蝴蝶等。选二年生独干植株作砧木。接穗要求品质纯，径粗与砧木相近或略小，枝条健壮，无病虫害，长度为3～4 cm，留上部2～3片叶，将基部削成长0.5～1.0 cm平滑楔形。将砧木当年新梢3～4 cm处剪断，摘除叶片，纵切1 cm左右，插入接穗，对准形成层。绑扎紧密后，套塑料袋保湿，2个月后去袋。

④压条繁殖：一般用高压法，在春末夏初进行。3个月生根，成活率较高。

（2）栽培管理技术　杜鹃花是典型酸性土花卉，对土壤酸碱度要求严格。适宜的土壤pH为5～6，pH超过8，则叶片黄化，生长不良而逐渐死亡。培养土可选用落叶松针叶，或林下腐叶土、泥炭土、黑山泥等栽培，再加入人工配制肥料和调酸药剂效果最好。上盆在春季出室和秋季入室时进行，上盆后要留"沿口"。浇透水，扶正苗，放阴处缓苗1周。每隔3～4年换盆1次，杜鹃花须根细弱，要注意保护，换盆时只去掉部分枯根，切不可弄散土坨。

杜鹃花对水分特别敏感，栽培管理上应注意浇水问题。生长季节浇水不及时，根端失水萎缩，随之叶片下垂或卷曲，嫩叶从尖端起变成焦黄色，最后全株枯黄。浇水太勤太多则易烂根，轻者叶片变黄，早落，生长停止，严重时会引起死亡。浇水要根据植株大小、盆土干湿和天气情况而定，水质要清洁卫生，水质要酸性。夏日白天要向叶面喷水，午间向地面喷水降温，浇水不能过多，以增加空气湿度为准。

施肥也是栽培杜鹃花的重要环节。基肥用长效肥料，如蹄甲片、骨粉、饼肥等有机肥料，在上盆或换盆时埋入盆土中下层。追肥应用速效肥,应薄肥勤施,开花前每10 d追施1次磷肥,连续进行2~3次;露色至开花应停止施肥;开花以后,应立即补施氮肥;7—8月停滞生长不宜施肥;秋凉季节一般7~10 d追施1次磷肥,直至冬季使花蕾充实。可定期浇施"矾肥水"。

杜鹃在春、秋、冬三季要充足光照,夏季强光高温时,要遮阳,保持透光率40%~60%。在秋冬季应适当增加光照,只在中午遮阳,以利于形成花芽。

杜鹃花具有很强的萌芽力,栽培中应注意修剪,以保持株型完美。常用的方法有摘心、剥蕾、抹芽、疏枝、短截等,上盆后苗高15 cm时进行摘心,促进侧枝形成和生长,并及时抹除多余枝条,内膛的弱枝、枯老枝、过多的花蕾要随时剪除。杜鹃修剪量每次不能过大,以疏剪为主。

杜鹃常见病害有褐斑病、叶肿病等。发病初期喷洒70%甲基托布津1 000倍液,连喷2~3次,可有效防治褐斑病。叶肿病可在发芽前喷施石硫合剂,展叶后喷2%波尔多液2~3次防治。常见虫害有红蜘蛛、军配虫等。红蜘蛛在夏季高温干燥时盛行,危害严重,可用杀螨醇1 000倍液防治。军配虫可在5月第一代若虫期用50%杀螟松1 000倍液防治。

5) 观赏与应用

杜鹃花为我国传统名花,它的种类、花型、花色的多样性被人们称为"花木之王"。在园林中宜丛植于林下、溪旁、池畔等地,也可用于布置庭院或与园林建筑相配置,是布置会场、厅堂的理想盆花。

7.3.3　一品红 Euphorbia pulcherrima Willd.（图7.16）

图7.16　一品红

别名:象牙红、圣诞树、猩猩木、老来娇。大戟科,大戟属。

1) 形态特征

茎光滑,淡黄绿色,含乳汁。单叶,互生,卵状椭圆形乃至披针形,全缘或具波状齿,有时具浅裂;顶生杯状花序,下具12~15枚披针形苞片,开花时红色,是主要观赏部位。花小,无花被,鹅黄色。着生于总苞内,花期恰逢圣诞节前后,所以又称圣诞树。

2) 类型及品种

目前栽培的主要园艺变种有:一品白(var. Alba),开花时总苞片乳白色;一品粉(var. Rosea),开花时总苞片粉红色;重瓣一品红(var. Plenissima),顶部总苞下叶片和瓣化的花序形成多层瓣化瓣,红色。

3) 产地与生态习性

原产墨西哥及中美洲,我国南北均有栽培,在我国云南、广东、广西等地可露地栽培,北方多为盆栽观赏。喜温暖、湿润气候及阳光充足,光照不足可造成徒长、落叶。忌干旱,怕积水,对水分要求严格,土壤湿度过大会引起根部发病,进而导致落叶;土壤湿度不足,会使植株生长不良,并会导致落叶。耐寒性弱,冬季温度不得低于15 ℃。为典型的短日照花卉,在日照10 h左右,温度高于18 ℃的条件下开花。要求肥沃湿润而排水良好的微酸性土壤。

4）生产栽培技术

（1）繁殖技术　多用扦插繁殖，嫩枝及硬枝扦插均可，但以嫩枝扦插生根快，成活率高。扦插时期以5—6月最好，越晚插则植株越矮小，花叶也渐小，老化也早。扦插时选取健壮枝条，剪成 10~15 cm 作插穗，切口立即蘸以草木灰，以防白色乳液堵塞导管而影响成活。稍干后再插于基质中，扦插基质用细沙土或蛭石，扦插深度 4~5 cm，温度保持 20 ℃ 左右，保持空气湿润。20 d 左右即可生根，2~3 个月后新梢长到 10~12 cm 时即可分栽上盆，当年冬天开花。

（2）栽培管理技术　扦插成活后，应及时上盆。盆土以泥炭为主，加上蛭石或陶粒或沙混合而成，基质一定要严格消毒，并将 pH 值调到 5.5~6.5。一品红对水分十分敏感，怕涝，一定要在盆底加上一层碎瓦片。

一品红怕旱又怕涝，浇水时要注意。生长初期气温不高，植株不大，浇水要少些；夏季气温高，枝叶生长旺盛，需水量多，浇水一定要充分，并向植株四周洒水，以增加空气湿度。但栽培中要适当控制水分，以免水分多引起徒长，破坏株形。一品红整个生长期都要给予充足的肥水，每周追施 1 次液体肥料，8 月份以后直至开花，每隔 7~10 d，施一次氮磷结合的叶肥，接近开花时，增施磷肥，使苞片更大，更艳。

一品红必须放在阳光充足处，光照不足，容易徒长。盆间不能太拥挤，以利通风，避免徒长，盆位置定下后，切勿移动否则会造成黄叶。

一品红不耐寒，北方地区每年 10 月上旬要移入温室内栽培，冬季室温保持 20 ℃，夜间温度不低于 15 ℃。吐蕾开花期若低于 15 ℃，则花、叶发育不良。进入开花期要注意通风，保持温暖和充足的光照，开花后减少浇水，进行修剪，促使其休眠。

对于普通的一品红品种为使其矮化，常采取以下措施：

①修剪，通过修剪截顶控制高度，促进分枝。第一次在 6 月下旬新梢长到 20 cm 时，保留 1~2 节重剪，第二次在立秋前后再保留 1~2 节，并剥芽 1 次，保留 5~7 个高度一致的枝条。

②生长抑制剂，每半月用密度为 5 000 mg/L 的多效唑，2 500 mg/L 的矮壮素灌根。

③作弯造型，新梢每生长 15~20 cm 就要作弯 1 次。作弯通常在午后枝条水分较少时进行。先捏扭一下枝条，使之稍稍变软后再弯。作弯时要注意枝条分布均匀，保持同样的高度和作弯方向。最后一次整枝应在开花前 20 d 左右，使枝条在开花前长出 15 cm 左右。若作弯过早，枝条生长过长。容易摇摆，株态不美；过晚，则枝条抽生太短，观赏价值不高。

一品红为短日照花卉，利用短日照处理可使提前开花。一般给 8~9 h 光照，经 45~60 d 便可开花。

一品红病害有褐斑病、溃疡病等。褐斑病可用 1:1:100 倍波尔多液或 50% 多菌灵 500 倍液防治。溃疡病防治，插条用 68% 硫酸链霉素 1 000 倍液浸泡 30 min，预防插条带菌。发病后，喷施 68% 或 72% 农用硫酸链霉素水溶性粉剂 2 000 倍液。一品红虫害有水木坚蚧，冬季或早春喷施石硫合剂，防治越冬若虫，5—6月喷施 50% 速扑杀 1 500 倍液。

5）观赏与应用

一品红株形端正，叶色浓绿，花色艳丽，开花时覆盖全株，色彩浓烈，花期长达 2 个月，有极强的装饰效果，是西方圣诞节的传统盆花。一品红成为必不可少的节日用花，象征着普天同庆。在中国大部分地区作盆花观赏或用于室外花坛布置，是"十一"常用花坛花卉。也可用作切花。

7.3.4 米兰 *Aglaia odorata Lour.*（图 7.17）

别名:米仔兰、树兰、鱼子兰、碎米兰。楝科,米仔兰属。

图 7.17 米兰

1)形态特征

高可达 4~5 m,多分枝。奇数羽状复叶,互生,小叶 3~5 枚,具短柄,倒卵形,深绿色具光泽,全缘。圆锥花序腋生,花小而繁密,黄色,花瓣 5 枚,花萼 5 裂,极香。花期从夏至秋。

2)产地与生态习性

原产我国南部各省区及亚洲东南部。性喜温暖、湿润、阳光充足的环境,不耐寒,生长适温 20~35 ℃,12 ℃以下停止生长。除华南、西南外,均需在温室盆栽。怕干旱,土质要求肥沃、疏松、微酸性。

3)生产栽培技术

（1）繁殖技术 主要采用高枝压条法和扦插法。

①高枝压条法:多在春季 4~5 月,选 1~2 年生枝条环剥后,用湿润的基质包住伤口,用塑料条绑扎牢固。1 个月后压条部分叶片泛黄色,表示伤口开始愈合,再过 1 周就能生根。生根后即可断离母株上盆。

②扦插法:扦插生根比较困难,在 6—8 月间采当年生绿枝为插条,长约 10 cm,插前使用 50 mg/L 的萘乙酸或吲哚乙酸溶液浸泡 15 min,可提高成活率。插后保持较高的空气湿度和一定的温度,45 d 后可生根。

（2）栽培管理技术 米兰喜酸性,因此必须配置酸性基质。常用泥炭 7 份、河沙 3 份,每盆拌入 1%硫酸亚铁和 0.8%硫磺,生育期每隔 3~5 d 浇稀矾肥水。盆栽米兰每 1~2 年需翻盆 1 次,新上盆的花苗不必施肥,生长旺盛的盆株可每月施饼肥水 3~4 次。

米兰极喜阳光,室内若没有强光,入室后 3 d 叶子就会变黄脱落。花谚说"米兰越晒花越香"。但夏季需防烈日暴晒。盆栽米兰秋季于霜前入中温温室养护越冬,温室保持 12~15 ℃,低于 5 ℃易受冻害,要注意通风,停止施肥,节制浇水,至翌年春季气温稳定在 12 ℃以上再出室。要经常保持盆土湿润,但过湿易烂根。夏季可经常向叶面喷水或向空间喷雾增加空气湿度。为促使盆栽植株生长得更丰满,可对中央部位枝条进行修剪摘心,促进侧枝的萌芽、新梢开花。

米兰的主要病害有炭疽病。发病时可用 75%百菌清 800 倍液喷洒 2~3 次防治。主要虫害是白轮盾蚧。在 4—5 月或 8—9 月喷 40%速扑杀乳油 1 500 倍和蚧死净乳油 2 000 倍液防治。

4)观赏与应用

米兰茎壮枝密,翠叶茂生,四季常青,花香馥郁,沁人心脾,为优良的香花植物,常盆栽以供观赏,在暖地的庭园中可露地栽植。花可以提炼香精,也是重要的熏茶原料,枝、叶可入药。

7.3.5　茉莉 Jasminum sambac (L.)Ait.（图 7.18）

别名:抹丽、茶叶花。木犀科,茉莉花属。

1) 形态特征

常绿灌木。小枝细长有棱,上被短柔毛,略呈藤本状。单叶对
生,椭圆形至广卵形,叶全缘。聚伞花序顶生或腋生,每序着花3～
9朵,花冠白色,有单、重瓣之分,单瓣者香味极浓,重瓣者香味较
淡。花期5—11月,其中以7—8月为最盛。

2) 类型及品种

茉莉的栽培品种有3种:

(1)金花茉莉　枝条蔓生,花单瓣,花数多,花蕾较尖,香气较
重瓣茉莉花浓烈。

(2)广东茉莉花　枝条直立,坚实粗壮,花头大,花瓣二层或
多层,香味淡。

图 7.18　茉莉

(3)千重茉莉花　枝条比广东茉莉柔软,新生枝似藤本状,最外两层花瓣完整,花心的花瓣
碎裂,香气较浓。

3) 产地与生态习性

原产我国西部和印度,现我国南北各地普遍栽培。性喜阳光充足和炎热潮湿的气候,生长
适温为25～35 ℃,不耐寒,冬季气温低于3 ℃时,枝叶易遭受冻害,如持续时间长,就会死亡。
畏旱又不耐湿涝,如土壤积水常引起烂根。要求肥沃、富含腐殖质和排水良好的沙质壤土,耐肥
力强,土壤的pH以5.5～6.5为宜。

4) 生产栽培技术

(1)繁殖技术　茉莉可用扦插、分株及压条法繁殖。

①扦插繁殖:一般多用扦插繁殖。扦插以6—8月为宜,在温室内周年可插。选择当年生且
发育充实、粗壮的枝条作插穗,插后注意遮荫并保湿,在30 ℃的气温下约1个月即可生根。

②分株繁殖:茉莉的分蘖力强,多年生老株还可进行分株繁殖,春季结合换盆、翻盆,适当剪
短枝条,利于恢复,并尽量保护好土团。

③压条繁殖:选较长的枝条,在夏季进行,1个月生根,2个月后可与母枝割离,另行栽植。

(2)栽培管理技术　茉莉性喜肥沃疏松、排水良好的微酸性土壤。一般用田园土4份、堆
肥土4份、河沙或谷糠灰2份,外加充分腐熟的干枯饼末、鸡鸭粪等适量。为保持盆土呈微酸
性,可每10 d左右浇1次0.2%硫酸亚铁水溶液。2～3年换1次盆。换盆时一般不去根,换上
新的营养土,并在盆底放一些骨粉及马蹄片作基肥,换盆后浇透水。

茉莉花喜阳光怕阴暗。俗话说"晒不死的茉莉,阴不死的珠兰"。茉莉养护一定放在阳光
充足之处。

根据茉莉性喜湿润又怕积水,喜透气的特点,应掌握这样的浇水原则,春季4～5月,茉莉正
抽枝展叶,气温不高,耗水量不大,可2～3 d浇1次。中午前后浇,要见干见湿,浇必浇透;5—6

月是春花期,浇水比前期略多一些;6—8 月为伏天,气温最高,也是茉莉开花盛期,日照强需水多,可早晚各浇 1 次,天旱时,还应用水喷洒叶片和盆周围的地面。9—10 月可 1~2 d 1 次;冬季必须严格控制水量,不然盆土湿度过大而温度过低,对茉莉越冬不利。就生长期浇水总原则来说,应不干不浇,待盆土干成灰白色时便予浇透。

茉莉喜肥,有"清兰草,浊茉莉"之说,特别是花期长需肥较多。施肥可用矾肥水,刚出室后施肥,肥液应淡,每周施 1 次,肥水之比 1∶5。孕蕾和花后施肥,肥水比例应为 1∶1。盛花期高温时应每 4 d 施肥 1 次,不妨大肥大水,一般上午浇水傍晚浇肥,第二天解水,这样有利于茉莉根部吸收,至霜降前应少施或停施,以提高枝条成熟度以利越冬。施肥时间可灵活掌握,一般在傍晚为好,施前先用小铲锄松盆土,而后再施。注意不要在盆土过干或过湿时施用,盆土似干非干时施肥效果最好。

花谚说"茉莉不修剪,枝弱花少很明显;修枝要狠,开花才稳。"茉莉一般于每年出室前结合换盆时进行修剪。具体办法:待盆土干爽以后,除了每个枝条上各保留 4 对老叶外,其余叶片都剪去,但应注意不要损伤叶腋内的幼芽,茉莉 1 年中一般生长 5 批枝条,第一批粗壮有力,第二批次之,第三批又次,第四、第五批就十分细弱了。对细弱枝应剪去,因为它们不能孕育大量花蕾,而且浪费营养影响透光。

入冬前不要浇大水,使植株寒冬到来之前得以耐旱锻炼。同时停止施氮肥,令植株组织充实,含水量降低。北方地区每年 10 月上旬就要搬入室内,放在阳光充足的地方。室温应保持在5 ℃以上。在整个冬季都不要浇水过多。

茉莉花的病虫害主要有褐斑病、白绢病、介壳虫、朱砂叶螨。褐斑病发病期为 5—10 月,主要危害嫩枝叶,导致枝条枯死。感染此病的枝条上呈现黑褐色斑点。可用 800 倍多菌灵,托布津喷洒枝叶。白绢病防治,在植株茎基部及基部周围土壤上浇灌 50% 多菌灵可湿性粉剂。介壳虫可人工刮除或用 20% 灭扫利 2 000 倍液进行防治。朱砂叶螨可喷施 5% 霸螨灵或 10% 浏阳霉素防治,喷药时应对叶背面喷,并注意喷洒植株的中下部的内膛枝叶。

5)观赏与应用

茉莉花色洁白,香气袭人,多开于夏季,深受人们喜爱。南方可露地栽培于庭院中、花坛内。长江流域多盆栽,开花时可放置阳台或室内窗台点缀。其花朵也常作切花,可串编成型作佩饰。它还是制茶和提取香精的原料。

7.3.6　栀子花 Gardenia jasminoides Ellis.（图 7.19）

别名:黄栀子、山栀子。茜草科,栀子属。

1)形态特征

枝丛生,干灰色,小枝绿色有毛。叶对生或 3 叶轮生,有短柄、革质、倒卵形或矩圆状倒卵形,全缘,顶端渐尖而稍钝,色翠绿,表面光亮。花大,白色,有芳香,单生于枝顶或叶腋,花冠高脚碟状。花期 6—8 月。

2)类型及品种

大花栀子(f. grandiflora)、水栀子(var. radicana)。

3)产地与生态习性

原产我国长江流域以南各省区,北方也有盆栽。喜温暖,阳性,但又要求避免强烈阳光直晒。在蔽荫条件下叶色浓绿,但开花较差。喜空气湿度高,通风良好的环境,喜疏松肥沃且排水良好的酸性土。

4)生产栽培技术

(1)繁殖技术 以扦插、压条繁殖为主。在4—5月选取半木质化枝条,插于沙床中,经常保持湿润,极易生根成活。另外也可用水插法,插条长15~20 cm,上部留2~3片叶,插在盛有清水的容器中,经常换水以免伤口腐烂,3周后即可生根。压条繁殖,在4月上旬选取2~3年生强壮枝条压于土中,30 d左右生根,到6月中、下旬可与母株分离。北方压条可在6月初进行。

图7.19 栀子花

(2)栽培管理技术 4月下旬出室,夏季应放在荫棚下养护,并注意喷水、浇水。雨后及时倒掉盆中积水,若强光直射,高温加上浇水过多,可造成下部叶黄化,甚至死亡;栀子喜肥,但以薄肥为宜。小苗移栽后,每月可追肥1次;每年5—7月修剪,剪去顶梢,促使分枝,以形成完整的树冠。成年树摘除残花,有利于继续旺盛开花,延长花期。叶黄时及时追施矾肥水。

栀子病害主要是黑星病、黄化病等。黑星病在多雨条件或贮运途中湿气滞留,发病严重,可用50%多菌灵500倍液喷洒防治,并注意贮运途中通风换气。黄化病是一种生理病害,在碱性土栽培时普遍发生。因此在栽培栀子花时要选用酸性土,栽培过程中注意施有机肥和矾肥水,用硫酸亚铁50~100倍液喷洒叶面。

5)观赏与应用

栀子花叶色亮绿,四季常青,花色洁白,香气浓郁,与茉莉、白兰同为香花三姊妹。是很好的香化、绿化、美化树种,可成片丛植或配置于林缘、庭前、路旁,也可作盆花或切花观赏。有一定的抗有毒气体的能力。

7.3.7 叶子花 Bougainvillea spectabilis.(图7.20)

别名:毛宝巾、三角梅、九重葛。紫茉莉科,叶子花属(三角花属)。

1)形态特征

常绿攀援性灌木,枝叶密生茸毛,拱形下垂,刺腋生。单叶互生,卵形或卵圆形,全缘。花生于新梢顶端,常3朵簇生于3枚较大的苞片内,苞片椭圆形,形状似叶,有红、淡紫、橙黄等色,俗称为"花",为主要观赏部分。花期很长,11月至翌年6月初。花梗与苞片中脉合生,花被管状密生柔毛,淡绿色,瘦果。

2)类型及品种

常见的园艺变种有:"白苞"三角花(*cv. Alba-plena*),苞片白色。"艳红"三角花(*cv. Butt*),苞片鲜红色。"砖红"三角花(*cv. Lateritia*),苞片砖红色。

图 7.20　叶子花

3) 产地与生态习性

原产巴西以及南美洲热带及亚热带地区,我国各地均有栽培。性喜温暖,湿润气候,不耐寒。我国华南北部至华中、华北的广大地区只宜盆栽。冬季室温不得低于 7 ℃。喜光照充足,较耐炎热,气温达到 35 ℃以上仍可正常开花;喜肥,对土壤要求不严,以富含腐殖质的肥沃沙质土壤为佳,生长强健,耐干旱,忌积水。萌芽力强,耐修剪。属短日照植物。

4) 生产栽培技术

(1)繁殖技术　以扦插繁殖为主,也可用压条法繁殖。5—6月扦插成活率高,选一年生半木质化枝条为插穗,长 10 ~ 15 cm,插于砂床。插后经常喷水保湿,25 ~ 30 ℃条件下,约 1 个月即可生根,生根后分苗上盆,第二年入冬后开花。扦插不宜成活的品种,可用嫁接法或空中压条法繁殖。

(2)栽培管理技术　叶子花适合在中性培养土中生长,可用腐叶土或泥炭土加入 1/3 细沙及少量麻酱渣混合作基质,1 ~ 2 年要翻盆换土 1 次。翻盆时宜施用骨粉等含磷、钙的有机质作基肥。

叶子花属强阳性花卉,一年四季都要给予充足的光照,若放在蔽荫地方,新枝生长弱,叶片暗淡易落,不易开花。

生长期要有充足的肥水,平时要保持盆土湿润,干旱影响生长并造成落花,雨天要防盆中积水。在生长期每半月施液肥 1 次,花期适当增施磷钾肥。

叶子花萌芽力强,成枝率高,注意整形修剪,花期过后应对过密枝、内膛枝、徒长枝进行疏剪,改善通风透光条件。对水平枝要轻剪长放,促使发生新枝,多形成花芽。

盆栽大株三角花常绑扎成拍子形、圆球形等,以提高观赏性。也可春季通过修剪,使其分枝多,成圆头形。地栽的还可设支架,使其攀援而上。

盆栽三角花在秋季温度下降后,移入高温温室中养护,可一直开花不断。冬季如温度在 10 ℃左右则进行休眠,如得到充分休眠,春夏开花更为繁茂。北方如欲使其在国庆节开花,需提前 50 d 进行短日照处理。

管理过程中注意防治叶子花叶斑病,发病前期喷洒 75% 百菌清可湿性粉剂 500 倍液,连续喷 3 ~ 4 次,发病期喷洒 45% 特克多悬浮剂 1 500 倍液防治。

5) 观赏与应用

叶子花苞片大而美丽,盛花时节艳丽无比。在我国南方,可置于庭院,是十分理想的垂直绿化材料。在长江流域以北,是重要的盆花,作室内大、中型盆栽观花植物。据国外介绍,现已培育出灌木状的矮生新种。采用花期控制的措施,可使叶子花在"五一"、"十一"开花,是节日布置的重要花卉。

7.3.8　含笑 Michelia figo.（图 7.21）

别名:含笑梅、香蕉花、山节子。木兰科,含笑属。

1) 形态特征

常绿灌木或小乔木,高2～5 m。嫩枝密生褐色绒毛。叶互生,椭圆形或倒卵状椭圆形,革质。花单生于叶腋,花小,直立,乳黄色,花开而不全放,故名"含笑"。花瓣肉质,香气浓郁,有香蕉型香气。花期4—6月。

2) 类型及品种

云南含笑:花单生于叶腋,白色,花期1—4月。深山含笑:花单生于枝梢叶腋间,花大白色,花径可达10～12 cm,花期5—6月。野含笑:常绿乔木,高达15 m,花淡黄色。紫花含笑:花深紫色。

图7.21　含笑

3) 产地与生态习性

原产广东、福建,为亚热带树种。喜温暖湿润气候,不耐寒,长江以南地区能露地越冬;喜半荫环境,不耐干旱和烈日暴晒,否则叶片易发黄;喜肥怕水涝;适生于肥沃、疏松、排水良好的酸性壤土上。

4) 生产栽培技术

(1) 繁殖技术　以扦插为主,也可嫁接、播种和压条繁殖。

扦插于6月花谢后进行。取当年8～10 cm长的一段新梢作插穗,保留2～3片叶。下剪口用500 mg/L萘乙酸速蘸。插于沙质壤土或泥炭土中。扦插后将土压实,并充分浇水,在苗床上需搭荫棚,以遮荫保湿。3～4周可以生根。嫁接可以用木笔、黄兰作砧木,于3月上中旬进行腹接或枝接。5月下旬发芽后需遮荫。也可于5月上旬进行高枝压条,约7月上中旬发根,9月中旬前可将其剪离母体进行栽植。播种需在11月将种子进行沙藏,翌年春天种子裂口后进行盆播。

(2) 栽培管理技术　含笑移栽宜在3月中旬至4月中旬进行,最好带土球。选地以土质疏松、腐殖质丰富、排水良好的沙质壤土为佳。

含笑为肉质根,忌水涝和施浓肥,水多和肥浓易烂根。春季北方干旱多风,每天早晚应向花盆周围地面洒水,保持空气湿度,每隔1～2 d浇水1次。夏季气温高,浇水要充足,阴雨天倾去盆内积水,以防烂根。冬季要节制浇水,保持盆土稍有湿润为宜,含笑现蕾时应适当多浇水,花蕾形成后浇水宜少,水多会引起落蕾,花期可减少浇水量,保持盆土湿润。含笑一定要浇矾肥水,不能用自来水浇。施肥以腐熟稀释的豆饼水为好。

10月上旬入温室,放在阳光充足处,保持室温5～10 ℃。春季萌芽前可适当疏枝,修整树形,既有利于通风透光,又可促使花繁叶茂。

含笑病害主要有叶枯病,早春盆花出室后,每隔半月喷洒1次石硫合剂,发病初期喷洒70%甲基托布津可湿性粉剂1 000倍液防治。含笑虫害主要有介壳虫,可人工刮除或用20%灭扫利2 000倍液进行防治。

5) 观赏与应用

含笑枝叶秀丽,四季葱茏,苞润如玉,香幽若兰,花不全开,有含羞之态,别具风姿,清雅宜人。宜培植于庭院、建筑物周围和树丛林缘。既可对植,也可丛植、片植。是很好的香化、绿化、美化树种。另外也是家庭养花之佳品,一盆置案,满室芳香。含笑对氯气有一定的抗性,适于厂矿绿化。

7.3.9　白兰花 Michelia alba. (图 7.22)

别名:芭兰、缅桂。木兰科,含笑属。

图 7.22　白兰花

1) 形态特征

常绿乔木,干皮灰色,分枝较少。新枝及芽有浅白色绢毛,一年生枝无毛;单叶互生,叶薄革质、较大,卵状长椭圆形,先端渐尖,基部楔形,全缘。叶柄长 1.5 ~ 3 cm,托叶痕仅达叶柄中部以下;花单生于叶腋,具浓香,花瓣白色,狭长,长 3 ~ 4 cm,萼片和花瓣共 12 片。花期 4 月下旬至 9 月下旬。

2) 类型及品种

同属花木除含笑外,还有黄兰,黄兰外形与白兰相近,花橙黄色,香气甜润比白兰更浓,花期稍迟,6 月开始开花,黄兰叶柄上的托叶痕常超过叶柄长度的 1/2 以上。

3) 产地与生态习性

原产喜马拉雅山南麓及马来半岛。性喜温暖湿润,不耐寒冷和干旱,在长江以北很难露地过冬。喜阳光充足,不耐阴,如在室内种养 1 ~ 2 周,叶片会变黄。白兰花根肉质愈合能力差,对水分非常敏感,不耐干又不耐湿。喜富含腐殖质、排水良好、微酸性的沙质土壤。

4) 生产栽培技术

(1) 繁殖技术　多采用高枝压条法和嫁接法繁殖,扦插不易生根。

嫁接法　多以紫玉兰、黄兰为砧木。在夏季生长期间进行靠接,接后 60 ~ 70 d 愈合。

高枝压条法　一般在 6 月份进行。选二年生发育充实的枝条作压条,60 d 左右可生根。

(2) 栽培管理技术　盆栽的白兰花要求盆土的通透性良好,因此盆底排水孔要大,盆内要作排水层。使用酸性腐殖质培养土上盆,底部加腐熟饼肥或碎骨头等作基肥。每隔 1 ~ 2 年换盆 1 次,换盆时不要修根,应保持原来的须根,缓苗后放在阳台或庭院背风向阳处。

白兰花特别喜肥,肥料充足才能花多香浓。自 4 月中旬起,每周施 20% 人粪尿或矾肥水一次,进入开花前,可追施以磷为主的氮磷钾复合肥,到 9 月后停止追肥。

白兰花对水分非常敏感,浇水应掌握盆土不宜过湿,尤其是生长势较弱的植株应节制浇水,使它处于较干燥的状态,经常喷水以增加空气湿度。

10 月上、中旬移入温室,冬季室温不应低于 12 ℃。在室内停止施肥,控制浇水,并置于阳光充足处,注意通风。春季气温转暖稳定后再出室。

白兰不可乱剪枝,特别是梅雨期,因为白兰木质部疏松柔软呈棉絮状,剪后易吸水感染细菌而腐烂,剪口慢慢发皱干瘪,所以最好以摘嫩头来代替。如果非剪不可,要斜剪,剪口修整光滑,并用塑料纸将剪口扎紧,也可用火烧焦。

白兰常见病害有炭疽病。发病初期可用 70% 炭疽福美 500 倍液,每隔 10 ~ 15 d 喷 1 次,连喷3~4次。常见虫害有考氏白盾蚧,在若虫初孵时向枝叶喷洒10%吡虫啉可湿性粉剂2 000倍液或花保乳剂100倍液。

5)观赏与应用

白兰花叶润滑柔软,青翠碧绿,花洁白如玉,芳香似兰,是很好的香花植物,在温暖地区可露地栽植作庭荫树及行道树。北方宜作盆栽观赏。其花朵芳香常切作佩花,并可熏制花茶。

7.3.10 倒挂金钟 *Fuchsia magellanica* Lam. (图7.23)

别名:短筒倒挂金钟、吊钟海棠、灯笼海棠、吊钟花。柳叶菜科,倒挂金钟属。

1)形态特征

常绿丛生亚灌木或灌木花卉,株高约1 m。枝条稍下垂,带紫红色。叶对生或轮生,卵状披针形,叶缘具疏齿牙,有缘毛,叶面鲜绿色具紫红色条纹。花单生叶腋,花梗细长下垂,长约5 cm,红色,被毛,萼筒绯红色,较短,约为萼裂片长度的1/3,花瓣也比萼裂片短,呈倒卵形稍反卷,莲青色。

图7.23　倒挂金钟

2)类型及品种

园艺品种有:珊瑚红倒挂金钟(*var. ccrallina*)、球形短筒倒挂金钟(*var. globosa*)、异色短筒倒挂金钟(*var. discolor*)、雷氏短筒倒挂金钟(*var. riccartonii*)。

3)产地与生态习性

吊钟海棠原产南美。性喜凉爽湿润环境,不耐炎热高温,温度超过30 ℃时对生长极为不利,常成半休眠状态。生长期适宜温度为15~25 ℃,冬季最低温度应保持10 ℃以上。喜冬季阳光充足,夏季凉爽、半荫的环境。要求肥沃的沙质壤土。倒挂金钟为长日照植物,延长日照可促进花芽分化和开花。

4)生产栽培技术

(1)繁殖技术　以扦插为主。以1—2月及10月扦插为宜。剪取5~8 cm生长充实的顶梢作插穗,应随剪随插,适宜的扦插温度为15~20 ℃,约20 d生根,生根后及时分苗上盆,否则根易腐烂。也可播种,但采种不易。

(2)栽培管理技术　小苗上盆恢复生长后摘心,待分枝长到3~4节后再次摘心,每株保留5~7个分枝。每次摘心2~3周后即可开花,因此常用摘心来控制花期。

栽培管理的关键是安全度夏问题,倒挂金钟性喜凉爽气候,最怕夏季高温,气温超过30 ℃时,生长处于停滞状态,会出现落叶和烂根现象,因此一定要安全度夏。将花盆移置避雨,通风的荫棚下,每天向叶面喷水,或向花盆周围地面洒水,增湿降温。同时停止施肥,节制浇水,使其逐渐进入休眠。

倒挂金钟最怕雨淋,开花的成株遇雨,很快会落叶、落花。平时浇水要掌握间湿间干的原则,盆土过干易落叶落花,盆土过湿会烂根黄叶,冬季越冬,要严格控水。倒挂金钟趋光性强,生长期内要经常转盆,以免植株长偏。10月下旬入温室,室温保持在10~15 ℃,不能低于0~5 ℃,否则极易冻死。每年春季开始生长前要修剪枝条,以后定期修剪,易于着花。

倒挂金钟病虫害较多,常见有灰霉病、根腐病、白粉虱等。灰霉病初发病可喷65%代森锌可湿性粉剂500倍液,每10 d喷1次,连喷3~5次。根腐病用25%瑞毒霉可湿性粉剂1 000倍液灌根。白粉虱可喷洒10%扑虱灵乳油1 000倍液或10%吡虫啉可湿性粉剂1 000倍液防治。

5)观赏与应用

倒挂金钟花形奇特,花色浓艳,华贵而富丽,开花时朵朵下垂的花朵,宛如一个个悬垂倒挂的彩色灯笼或金钟,是难得的一种室内花卉,很受大众喜爱。

7.4　观叶植物盆栽

盆栽观叶1

7.4.1　散尾葵 Chrysalidocarpus lutescens Wendl.(图7.24)

别名:小黄椰子,棕榈科散尾葵属。

1)形态特征

常绿灌木。丛生状,茎高3~8 m,大多不分枝,偶有分枝。茎干光滑黄绿色,嫩时被蜡粉,环状鞘痕明显。叶羽状全裂,叶稍曲拱,裂片条状披针形,先端柔软,黄绿色。叶柄、叶轴、叶鞘均淡黄绿色,叶鞘圆筒形,抱茎。花小成串黄色,肉穗花序圆锥状。花期3—6月。浆果圆形,金黄色,成熟紫黑色,种子1~3粒,卵形至阔椭圆形,腹面平坦,背具纵向深槽。

图7.24　散尾葵

2)生态习性

原产马达加斯加。我国多为引种栽培。喜高温高湿和半荫环境,耐寒力较弱,对低温十分敏感。生长适温为25~35 ℃。

3)繁殖方法

通常采用播种和分株方法繁殖。播种繁殖,每年8—11月可以从南方引进种子。种子发芽温度为25 ℃左右,播种前浸种,条播到苗床内,上加1 cm厚的河沙覆盖,保温10 ℃以上越冬,翌年4—5月,苗高3~5 cm,可移植于小盆或育苗袋栽植。分株繁殖可于每年春夏季进行,结合换盆进行分株。选取分蘖较多的植株,去掉部分旧土,从基部连接处分割成多丛,每丛苗3~5株,分盆栽植,置于20 ℃以上温度条件下养护即可。

4)栽培管理要点

盆栽培养土要求疏松肥沃,富含有机质的沙质壤土,可掺少量椰糠、发酵的木糠更好。每盆种植3~5株,丛植或品字形栽植,成形较快。由于散尾葵的蘖芽生长比较靠上,故盆栽时应较原来栽得稍深些,以利于新芽更好地扎根生长。置于半荫通风处养护,经常洒水保湿。生长期每1~2周追肥1次,促进生长。肥料以腐熟的饼肥最佳,也可用尿素和过磷酸钙。若有条件定期用磷酸二氢钾稀薄液喷洒叶片,可保持叶片翠绿,生长旺盛,增加观赏效果。注意修残叶,2~3年换盆1次。越冬保温10 ℃以上。盆栽散尾葵常有盾蚧、粉蚧为害,可用800倍液的氧化乐果溶液喷杀。介壳虫和叶螨危害,可用三氯杀螨醇2 000倍液和杀扑磷1 000倍液喷杀。介壳虫长成成虫后,用杀虫剂很难除治,要用刷子刷掉。

5)园林用途

散尾葵植株枝叶茂密,四季常青,分蘖较多,呈丛状生长在一起,形态优美悦目。它较耐阴,中幼苗盆栽后是布置客厅、书房、卧室、会议室等的高档观叶植物;成苗在南方作庭园绿化使用,可丛植于成片草地之上、假山石旁或水塘边上,观赏效果极佳。

7.4.2 棕竹 Rhapis excelsa（图7.25）

别名:观音竹、筋头竹、棕榈竹。棕榈科棕竹属。

1)形态特征

常绿丛生灌木。高1~3 m,茎圆柱形,细而有节,不分枝,上部具褐色网状粗纤维叶鞘。叶片集生茎顶,直径30~50 cm,掌状4~10深裂,裂片条状披针形至宽披针形,叶缘和中脉有褐色小锐齿,顶端具不规则齿牙;叶柄长8~20 cm。肉穗花序腋生,长达30 cm,多分枝,花单性雌雄异株,淡黄色。花期4—5月,果熟期10—12月,浆果近球形,径8~10 mm;种子球形。

2)生态习性

图7.25 棕竹

原产于我国广西、广东、海南、云南、贵州等省区。喜温暖、湿润和通风良好的环境和排水良好、富含腐殖质的沙壤土。不耐寒,生长适温20~30 ℃,冬季温度不可低于4 ℃。萌蘖力强。

3)繁殖方法

分株或播种繁殖。分株宜在3—5月结合换盆进行。一般是将栽培多年的大丛棕竹分切成2~4丛或更多的丛株,分切时要操作细心,尽量不伤根不伤芽,每丛最好带有3~5苗丛栽植。种子即采即播。将种子浸水一昼夜,捞出搓洗浆皮,用水冲洗干净,晾干即条播或撒播于苗床,用净河沙覆盖,厚1 cm刨平,洒水保湿。冬天北方地区覆盖薄膜保温。翌年5—6月,出第1~3枚真叶时,可移植于小盆或育苗袋栽植。上盆定植后应置于蔽荫、温暖和稍为潮湿的地方,并每日向叶面及周围喷水2~3次,待其恢复生长后,再转入正常管理。

4)栽培管理要点

盆栽培养土宜用腐叶土、泥炭土加珍珠岩或风化岩石颗粒或塘泥块。夏秋生长旺盛季节,应每2~3周追施肥1次,且要避免阳光直射;冬春季应控制使用肥水,且多接受阳光照射,有利于越冬生长。棕竹较耐寒,4 ℃以下低温对它生存影响不大,但忌寒风霜,故室内盆栽可安全越冬。棕竹约2—3年换盆1次,常在每年4月新芽萌发前结合分株进行。棕竹较耐阴,在明亮的房间内可以长期欣赏;在较暗的室内也可连续摆放3—4个月。注意修剪残、老、黄叶。叶面常有褐斑病,导致叶片出现不规则的褐色或深褐色斑点,可用代森锌400～800倍液喷洒;叶枯病和叶斑病,可用波尔多液喷洒防治。虫害有介壳虫,可用50%氧化乐果乳油1 000倍液喷杀或用刷子刷掉。

5)园林品种

常见变种有斑叶棕竹(*var. variegata*),株型较矮,叶片具大小不一的金黄色条纹。耐阴,为室内盆栽珍品。

同属品种适宜盆栽观赏的品种有:

细叶棕竹(*R. gracilis*),别名铁线棕,植株较矮小,叶片放射状2～4枚,裂片长圆披针形。海南较多。

观音棕竹(*R. humilis*),别名中叶棕竹,植株矮小,叶掌状深裂,裂片7～23枚,线形。我国广西、贵州较多。

粗叶棕竹(*R. robusta*),别名大叶棕竹,植株矮小,叶掌状4深裂,裂片披针形或宽披针形。我国西南部较多。

6)园林用途

株丛挺拔,叶形秀丽,富有热带风情,室内优良观叶植物。较耐阴,中幼苗盆栽后布置在客厅、会议室、宾馆等地。成苗在南方作庭园绿化使用,宜配置于花坛、廊隅、窗下、路边、丛植、列植均可。

7.4.3 竹芋类 Maranta (图7.26)

图7.26 竹芋

科属:竹芋科,竹芋属。

1)形态特征

竹芋类是常绿宿根草本,有块状根茎,叶基生或茎生,叶柄基部鞘状。根出叶,叶鞘抱茎,叶椭圆形、卵形或披针形,全缘或波状缘。叶面具有不同的斑块镶嵌,变化多样,花自叶丛抽出;穗状或圆锥花序。花小不明显,以观叶为主。叶形叶色如图案般美妙,适合盆栽或园景荫蔽地美化,是很好的室内观叶植物。

2)生态习性

竹芋类原产美洲热带,性喜半荫和高温多湿的环境。3—9月为生长期,生长适温15～25 ℃,越冬温度10～15 ℃,不可低于7 ℃。冬宜阳光充足。

3)繁殖方法

主要采用分株法繁殖。多在春季4—5月结合换盆进行,可2～3芽分为1株。盆土以腐叶土或园土、泥炭和河沙的混合土壤为宜。

4)栽培管理要点

生长期每月追肥1～2次,夏季高温期宜少施并适当拉长追肥的间隙。生长期除正常浇水外,应经常喷水,以增加空气湿度。冬季盆土宜适当干燥,过湿则基部叶片易变黄而枯焦。生长期若通风不好,易遭介壳虫或红蜘蛛为害,可用40%氧化乐果乳油1 000倍液喷杀或用刷子刷掉介壳虫。常见有叶斑病危害,可用65%代森锌菌灵可湿性粉剂500倍液喷洒防治。

5)主要种类及变种

主要种类:

(1)竹芋(*M. arundinacea L.*)

根茎粗大肉质、白色,末端纺锤形,长5～7 cm,具宽三角状鳞片。地上茎细而多分枝,高60～180 cm,丛生。叶具长柄,卵状矩圆形至卵状披针形,端尖,长15～30 cm,宽10～12 cm,表面有光泽,绿色或带青色,背面色淡。总状花序顶生,长10 cm,花白色,长1～2 cm。我国云南、广西、广东三省南部有栽培。

其园艺变种有斑叶竹芋(*var. variegata Hort.*),叶绿色,在主脉两侧有不规则的黄白色斑纹,斑纹不固定,依叶片而不同,有的叶斑多,有的叶斑少,有的甚至全为绿色。

(2)二色竹芋(*M. bicolor*)

别名:花叶竹芋,双色竹芋。

茎基部具块茎,肉质白色,株高30～40 cm。叶片卵状矩圆形或长椭圆形,长15 cm,宽约10 cm,缘稍波状叶面绿白色,中脉两侧有暗褐色斑块,叶背淡紫色,叶柄淡紫色,呈鞘状。花序腋生,总状花序,花白色。

(3)白脉竹芋(*M. leuconeura*)

别名:条纹竹芋。

株高约30 cm,茎短,基部不呈块茎状。叶长椭圆形至广椭圆形,钝头或具非常短的锐尖头,叶两面平滑,叶表面淡绿色,沿主脉及支脉呈白色,边缘有暗绿色斑点,叶背面青绿色,稀红色,长约16 cm,宽约9 cm,叶柄长约2 cm。

其主要园艺变种有:克氏白脉竹芋(*var. kerchoveana Morr.*),别名豹斑竹芋,是竹芋类中栽培最广泛的种类。茎多不直立,叶铺散覆盖盆面。叶长约10 cm,宽约6 cm,白绿色,主脉两侧有斜向的暗绿色斑,背面灰白色。有晚间叶片直立的现象。

马氏白脉竹芋(*var. massangeana*),形态和叶的大小与克氏白脉竹芋相似,叶黑绿色,有天鹅绒状光泽,叶中央及周边青绿色,主脉及支脉白色,色彩对比鲜明,十分醒目,叶背及叶柄为美丽的淡紫色。

6)园林用途

竹芋属为重要的小型观叶植物,在北方长年室内种植,南方可露地栽培。其叶形优美,叶色多变,周年可供观赏,是室内布置与会场布置的理想材料。

7.4.4　蒲葵 Livistona chinensis(图7.27)

别名:葵树,扇叶葵。棕榈科蒲葵属。

1)形态特征

常绿乔木,高达10～20 m,胸径15～30 cm,树冠密实,近圆球形,叶片阔肾状扇形,直径1 m

以上,掌状分裂至中部,裂片条状披针形,顶端长渐尖,再深裂为2,端软下垂;叶柄两侧具骨质钩刺;叶鞘褐色,纤维甚多。叶柄长达2 m。肉穗花序长1 m,排成圆锥花序式;花无柄,黄绿色。核果椭圆形,长1.8~2 cm,熟时蓝黑色。总苞革质,圆筒形,苞片多数,管状,花两性,通常4朵集生,花冠8裂,几达基部,花瓣近心脏形,直立,核果椭圆形至阔圆形,状如橄榄,两端钝圆,熟时亮紫黑色,外略被白粉,花期3—4月,果期9—10月。

2)生态习性

原产华南,在广东、广西、福建及台湾等省区广泛栽培;湖南、江西、四川、云南等省区多有引种。喜高温、多湿的热带气候及湿润、肥沃、富含腐殖质的黏性壤土。能耐0 ℃左右的低温,能耐一定的水湿和咸潮。喜光,亦能耐阴。虽无主根,但侧根异常发达,密集丛生,抗风力强,能在沿海地区生长,能耐一定程度水涝及短期积水,对氯气及二氧化硫抗性强。生长缓慢,寿命可达200年以上。

图7.27　蒲葵

3)繁殖方法

播种繁殖。华南地区在冬季播种,其他地区在早春播种。种子成熟后及时采收,将采下的种子立即放温水浸泡3~5 d,待果肉变软,去掉果肉,洗干净晾干。待种子萌动后点播。

4)栽培管理要点

盆栽培养土要求疏松肥沃,富含有机质的黏性壤土,可掺少量椰糠、发酵的木糠更好。蒲葵生长要求较高的土壤湿度和空气湿度,干燥季节需要经常洒水保湿。夏天忌烈日直晒,最好放在树荫下或建筑物的北侧。生长期每1~2周追肥1次,促进生长。肥料以腐熟的饼肥最佳,也可用尿素和过磷酸钙。若有条件定期用磷酸二氢钾稀薄液喷洒叶片,可保持叶片翠绿,生长旺盛,增加观赏效果。注意修残叶,2~3年换盆1次。冬季室温不能低于5 ℃。盆栽蒲葵常有盾蚧、粉蚧为害,可用800倍液的氧化乐果溶液喷杀;常有叶斑病、黑粉病危害,可用50%代森锌菌灵可湿性粉剂1 000倍液喷洒防治。

5)园林品种

同属种及变种:

(1)澳洲蒲葵(*L. australis*)　植株高可达24 m,干细长,光滑。幼树基部叶片褐色,中、下部叶片下垂,远望如喷泉,非常美丽。原产于大洋洲。

(2)圆叶蒲葵(*L. rotundifolia*)　又名爪哇蒲葵、大叶蒲。株高可达27 m,干细长,具环纹。叶片硕大,近圆形,直径1.0~1.5 m,深绿色,浅裂,叶柄长45 cm。老叶几乎无刺。花穗长1.0~1.5 m,幼果紫色,后黑色。原产马来西亚。

(3)开封蒲葵(*L. fengkaiensis*)　原产海南。植株高5~20 m。叶片圆形,有重叠,顶端裂片几乎达叶片中部。裂片80~90枚,长条形,末端浅2裂,小裂片窄尾状不弯垂。

6)园林用途

四季常青,树冠如伞,叶大如扇,树形美观,是热带及亚热带南部地区优美的绿阴树和行道树,可孤植、丛植、对植、列植。也可作盆栽种植,作为室内观叶植物。

7.4.5 榕类 Ficus（图 7.28）

小叶榕（*Ficus microcarpa*），别名：细叶榕、榕树。桑科榕属。

（1）形态特征 常绿大乔木，高 20～30 m，胸径可达 2 m，有气生根，多细弱悬垂或入土生根。树冠庞大呈伞状，枝叶稠密。单叶互生，革质，倒卵形至椭圆形，全缘或浅波状。花序托单生或成对腋生。隐花果近球形，初时乳白色，熟时黄色或淡红色、紫色。

（2）生态习性 原产热带或亚热带地区，我国南部各省区及印度、马来西亚、缅甸、越南等有分布。性喜温暖多湿，阳光充足、深厚肥沃排水良好的微酸性土壤。对煤烟、氟化氢等毒气有一定抵抗力。生长适温 22～30 ℃。生长快，寿命长。

（3）繁殖方法 用扦插、嫁接、播种、压条、繁殖均可。硬枝扦插：切取具有饱满腋芽的粗壮枝作插穗，长度为 15～20 cm 作枝条或柱状扦插均可，长短、大小按需选定，可在 3—5 月施行。软枝扦插：切取半木质化的顶梢作插穗，长 10～15 cm，剪去半截叶片，待

图 7.28 榕类

切口干燥后才扦插于苗床，蔽荫保湿，宜 5—10 月施行。嫁接常用在生长较慢的彩叶或珍稀品种繁殖上。用普通榕树品种作砧木，茎粗 1～2 cm，茎高 80～100 cm，实施截顶芽接或切接均可，选在 4—8 月进行。播种 8—10 月，将成熟种子先泡水 1 昼夜，捞起用双层纱布包扎沉入水中搓洗，清除浆果黏液和杂质，然后将种子晾干，混合细土撒播入苗床，蔽荫，经常喷水保持湿润，1～2 个月发芽，苗高 3～5 cm，可移植。压条可春夏季进行。生长过程中常发生黑霉病和叶斑病，发病初期每半月用波尔多液喷洒防治。另有介壳虫危害，可用 40% 氧化乐果乳油 1 000 倍液喷杀或用刷子刷掉。

（4）栽培管理要点 培养土用疏松肥沃排水良好的微酸性土壤，置阳光充足处养护。生长期要求一定的光照，但忌强光直射。生长期要经常注意修剪造型促发新枝，生长期每月追肥 1～2 次。普通品种越冬保温 5 ℃以上，彩叶及厚叶、柳叶品种越冬保温 10 ℃以上。

（5）园林品种 常见栽培品种有：

高山榕（*F. altissima*），常绿乔木。叶卵形至椭圆形，长 8～21 cm，厚革质，表面光滑，幼芽嫩绿色，果实椭圆形。

大叶榕（*F. viren*），落叶乔木，叶薄革质，长椭圆形，长 8～22 cm，顶端渐尖，果生于叶腋，球形。

人参榕（*F. microcarpa cv. ginseng*），根部肥大，形似人参，是小品榕树盆景之良材。原产中国台湾。

厚叶榕（*F. microcarpa var carssifolia*），又称金钱榕，耐阴、耐旱，适合盆栽或庭院美化。

垂叶榕（*F. benjamina*），别名柳叶榕，垂榕，枝叶弯垂，叶缘浅波状，先端尖，叶较软，质薄。华南地区修剪圆柱造型，常用此品种。原产中国南部、印度。

金公主垂榕（*F. benjamina cv.'Golden princess'*），别名金边垂叶榕，叶缘、黄白色，有微波状，生长较慢，可修剪造型，不耐寒。

斑叶垂榕(*F. benjamina cv. 'Variegata'*),别名花叶垂榕,叶缘叶面有不规则的黄色或白色斑纹,生长较慢,不耐寒。

(6)园林用途 榕树生长迅速,幼树可制作盆景,修剪造型。北方地区常成株栽植,布置在大型建筑物的门厅两侧与节日广场;在南方城市作庭院绿化和行道树或绿篱使用。

7.4.6 印度橡皮树 Ficus elastica Roxb. (图 7.29)

别名:印度榕、橡皮树、印度榕树、橡胶树。桑科榕属。

图 7.29 印度橡皮树

1)形态特征

常绿乔木,树皮平滑,树冠卵形,全株光滑,有乳汁,茎上生气根。叶宽大具长柄,厚革质,叶面亮绿色,叶背淡黄绿色。长椭圆形或矩圆形,先端渐尖,全缘。幼芽红色,具苞片。夏日由枝梢叶腋开花。隐花果长椭圆形,无果梗,熟时黄色。

2)生态习性

原产印度、马来西亚。我国较早引进栽培,各地盆栽极为广泛,南方城市常作景观树栽培。喜温暖湿润环境,喜充足光照,耐阴,耐旱,不耐寒,生长适温 22～32 ℃。

3)繁殖方法

扦插或压条繁殖。扦插在 3—10 月进行,选植株上部和中部的健壮枝条作插穗,长 20～30 cm,留茎上叶片 2 枚,上部两叶须合拢起来,用细绳捆在一起。切口待流胶凝结或用硫磺粉吸干,再插入以沙质土为介质的插床上,蔽荫保湿约 30 d 出根,即可移栽。压条法:在夏季选择生长充实壮枝,在枝条上环剥 0.5～1 cm 宽,用青苔或糊状泥裹实,外包薄膜,保持湿度 1 个月后,连泥团一起剪下放到沙地中排植,先行催根 10～15 d,见新根伸出泥团,再行种植,另成新株。幼苗置半荫处养护。

4)栽培管理要点

盆栽对土壤要求不严,但以肥沃疏松、排水性好的土壤最佳,春、夏、秋三季生长旺盛,每 1～2 个月需施肥 1 次。秋后要逐渐减少施肥和浇水,促使枝条生长充实。每年秋季修剪整枝 1 次,这对盆栽尤为重要,可促使来年多发新枝,达到枝叶饱满的观赏效果。注意截顶促枝,修剪造型。越冬保温 10 ℃以上。橡皮树抗旱性较强,北方寒冷地区则宜盆栽,其生育适温为 22～32 ℃;温度低于 10 ℃时,应移入室内越冬;若长期处于低温和盆土潮湿处易造成根部腐烂死亡。常见黑霉病、叶斑病和炭疽病危害,可用 65% 代森锌菌灵可湿性粉剂 500 倍液喷洒防治。虫害有介壳虫和蓟马危害,用 40% 氧化乐果乳油 1 000 倍液喷杀。

5)园林品种

常见栽培品种有:

金边橡皮树(*var. aureo-marginatis Hort.*),叶缘金黄色。

花叶橡皮树(*var. variegata Hort.*),叶缘及叶片上有许多不规则的黄白色斑,叶片稍圆,生长势弱,繁殖力低。

狭叶白斑橡皮树(*var. doescheri Hort.*),叶片较狭,有许多白色斑块。

白斑叶橡皮树(*var. albc-variegata Hort.*),黄白色叶面上间有斑纹。

黑叶橡皮树(*F. elastica* cv.'*Decora Burgundy*'),叶面暗红色,叶背脉红色,幼芽鲜红色。

锦叶橡皮树(*F. elastica* cv.'*Doesheri*'),又称白斑橡皮树,叶缘及叶脉处具黄、白斑纹,叶长卵形。

美叶橡皮树(*F. elastica* cv.'*Decora Tricolor*'),叶稍圆,叶缘、叶脉具黄白斑纹,幼叶映晕红,托叶红色。

6)园林用途

橡皮树生性强健,叶大光亮,四季葱绿,为常见的观叶树种。幼树可盆栽装饰厅堂与书房。北方地区常用成株桶植,布置大型建筑物的门厅两侧与节日广场;南方地区则多露天种植于溪畔、路旁,浓荫蔽日,给路人以凉爽清风,遮荫纳凉效果非常好。

7.4.7 万年青 Rohdea japonica Roth.(图7.30)

别名:乌木毒。百合科万年青属。

1)形态特征

多年生常绿草本。地下根茎短粗,叶丛四季常青,叶基生,带状或倒披针形长 15 ~ 50 cm,宽 2.5 ~ 7.0 cm,顶端急尖,下部稍窄,纸质,基部扩展,抱茎。穗状花序侧生,花序长 3 ~ 5 cm,宽 1.2 ~ 2.0 cm。多花密生,花被球状钟形,白绿色。花期 6—7 月。浆果圆球形,直径约 8 mm,成熟时橘红色,果实秋冬不凋。果期 8—10 月。

2)生态习性

野生种原产我国山东、江苏、浙江、江西、湖北、湖南、广西、贵州、四川等省区,日本也有分布。我国各地常见栽培。野生于海拔 750 ~ 1 700 m 的林下潮湿处或草地上。性喜温暖湿润及半荫环境。夏宜半荫,常置荫棚下或林下栽培,冬天可多见日光,但也不宜强光直晒。不

图7.30 万年青

耐积水,用土以微酸性排水良好的沙质壤土和腐殖质壤土为宜。稍耐寒,在华东地区可以露地越冬,华北地区于温室或冷室盆栽,冬季室温不得低于 5 ℃。

3)繁殖方法

播种或分株繁殖,以分株为主。分株宜春秋两季进行。通常在春秋两季天气不太热时将生长 3 年以上的盆倒出,去掉旧培养土,将母株分切成 2 至数丛分别盆栽。也可切取老的根状茎,单独栽植,促其萌发成为新株。开花后经人工授粉,容易得到种子。首先应去掉抑制种子发芽的果肉,于 3—4 月盆播,覆土深度应是种子直径的 3 倍左右,经常保持盆土湿润。在温度 20 ~ 30 ℃时,4 ~ 5 周可以出苗。苗高 1 cm 分苗,栽培 3 年后开花。花叶品种只能用分株法繁殖。

4)栽培管理要点

盆栽可用腐叶土或泥炭土加 1/4 左右的河沙和少量基肥作培养土。盆栽时底部 1/3 左右应填颗粒状的碎砖块,以利盆土排水。生长时期每 2～3 周施 1 次稀薄的液体肥。万年青比较耐寒,可以在 0～5 ℃ 的房间内越冬。适宜的生长温度为 13～18 ℃。冬季休眠期的温度 10 ℃ 为宜。在长江流域可露天过冬,叶子虽有冻害,但翌春仍重新发新叶。花叶品种抗寒能力稍差。在明亮的房间内可长年欣赏,在较暗的室内观赏 2～3 周更换 1 次。温室栽培,春夏秋三季应遮去 70% 以上的阳光;冬季遮光 50%。花叶品种更怕阳光直射,光稍强便会产生日灼病。光线太弱不易开花结果。注意经常保持盆土湿润和较高的空气湿度并适当通风,以利生长。通风不好易发生介壳虫,可用 20 号石油乳剂 100～200 倍液人工刷或喷洒,或用 40% 氧化乐果乳油 1 000 倍液喷杀。

5)园林品种

栽培变种和品种甚多,我国常见的有:

金边万年青(*var. marginata*),叶片边缘为黄色。

银边万年青(*var. variegata*),叶片边缘为白色。

虎斑万年青(*cv. Huban*),叶片上有黄色斑块。

花叶万年青(*cv. Pictata Hort*),叶面洒有白色斑点。

6)园林用途

万年青叶丛四季青翠,红果秋冬经久不落,比较耐阴,常作盆栽陈设室内,十分庄重大方,为优美的观叶观果盆栽花卉。万年青是我国和日本的传统观叶植物,可用以布置中式大客厅或书房,在我国南方是良好的林下、路边地被植物。

7.4.8　广东万年青 Aglaonema modestum Schott（图 7.31）

别名:亮丝草。天南星科亮丝草属。

图 7.31　广东万年青

1)形态特征

常绿多年生草本植物。茎干直立,高一般不超过 100 cm。叶呈披针形或椭圆状卵形,端渐尖至尾状渐尖,叶长 15～25 cm,宽 8～10 cm,着生于从中央生长点抽出的叶柄上,叶柄长约 30 cm。有些品种具短茎干,茎上有叶片脱落后留下的环疤痕。花单性,肉穗花序,佛焰苞包围,白色或黄色。浆果红色。

2)生态习性

喜高温多湿环境,生长适温 25～30 ℃,冬季室温应保持 15 ℃ 以上,能耐 0 ℃ 低温。相对湿度 70%～90% 为宜。极耐阴,忌强光直射,夏天宜在阴棚下栽培。在室内较弱光线下,常年可瓶插水养,也可以保持叶色浓绿,正常生长,甚至可以正常开花。

3）繁殖方法

繁殖常用分株和扦插法。生长健壮的植株,可结合换盆进行分株,常在春季将其基部萌发的蘖芽剥下另行栽植。扦插繁殖4—6月进行,剪取茎段10 cm左右为插穗,直接插于沙床中繁殖或在切口处包上水苔盆栽,保持25~30 ℃的温度,相对湿度80%左右,约1个月生根。生根后3~5株栽1盆。

4）栽培管理要点

盆栽用土以疏松肥沃、排水良好的微酸性土壤为宜。可用腐叶土、泥炭土或细沙土加少量基肥盆栽,喜疏松肥沃的土壤。盆土过于黏重常会引起根部腐烂,造成生长不良。生长期内每两周左右应结合浇水施液肥1次,否则常会造成叶片变小,生长不良。严重时会引起下部叶片枯黄脱落;反之,肥料充足,茎干粗壮,分蘖多,叶片肥大。宜常年栽种于半荫的室内或荫棚下,光线过强,叶片会变黄变小,甚至出现日灼,叶片枯死,甚至完全失去观赏价值。半荫下生长的叶片大而有光泽,呈嫩绿色。干旱季节要经常喷水,增大空气湿度并保持盆土湿润。叶干燥、根盘结时易生介壳虫和叶螨。多淋水可预防叶螨,也可用三氯杀螨醇2 000倍液每10 d喷杀1次,连续喷2~3次。介壳虫可用50%氧化乐果乳油1 000倍液喷杀,介壳虫若长成成虫后,用杀虫剂很难除治,要用刷子刷掉。

5）园林品种

常见的栽培种有:

斑叶万年青(*cv. Variegatum*),叶片上有不规则的乳白色斑块。

黄心万年青(*cv. Medio pictum*),叶片中部有大面积的黄白斑。

同属常见的观赏植物有以下几种:

爪哇万年青(*A. costatum*),茎短,叶具白斑,叶脉白色;

波叶万年青(*A. crispum*),叶片灰绿色,有大而美的银白色白斑;

圆叶万年青(*A. rotundum*),叶片稍呈圆形,暗红色,生长较缓慢;

花叶万年青(*A. pictum*),叶片稍呈波状,深蓝绿色,叶片上有不规则的淡绿色和银灰色的斑点,中脉很明显,呈灰绿色;

光叶万年青(*A. nitidum*),叶片较细长。叶长45 cm,宽15 cm。其栽培品种有寇蒂斯(*cv. Curtisii*)又称箭羽万年青,叶片上有银白色的条纹沿中脉向上上斜伸,直至叶缘,较有规则。

6）园林用途

广东万年青叶片浓密,色彩丰富,茎干碧绿粗壮,具新竹般的茎节韵致。可单株盆栽、幼株成丛盆栽或与山石组合,适于美化书房,客厅;还可剪枝瓶插水养装饰室内,只要能保持供水,可以数月不枯,观赏效果极佳。

7.4.9 龙舌兰 Agave americana L.（图7.32）

别名:龙舌掌。龙舌兰科龙舌兰属。

1）形态特征

多年生肉质草本。茎短,叶匙状倒披针形,灰绿色,单叶簇生,披针形,肉质肥厚,光滑无毛,

图 7.32　龙舌兰

先端有尖刺,边缘有锯齿,灰白色,基生莲座状。花梗由叶丛中抽出,高 6~12 m,有叶状苞片,穗状或总状花序,长达 2 m,花淡黄绿色,花多,肉质,花冠有短筒,漏斗状。蒴果近球形。约 10 年以上才开花,一次性开花,花后母株死亡。

2)生态习性

　　原产美洲地带。我国西南和华南有栽培。性喜温暖阳光充足、干燥环境,不耐阴,稍耐寒。夜温 10~16 ℃ 和冬季凉冷干燥时生长最好。越冬温度 5~10 ℃。要求肥沃、湿润、排水良好的沙质壤土,也能适应酸性土壤,耐旱力较强。

3)繁殖方法

　　繁殖采用吸芽分生和花序上的不定芽。可于春季 3—4 月间将母株茎基部萌生的小植株带根挖出另栽,如小株无根可扦插沙土中待发根后再栽植,也可在春季换盆或移栽时切取带有 4~6 个吸芽的根茎一段栽植。花后在花序上常长出不定芽,可在这些不定芽长成植株后再摘下种植。

4)栽培管理要点

　　盆栽培养土选用肥沃疏松排水良好的沙质壤土。盆栽时要在盆底排水孔处垫上数块瓦片,加强排水。生长期要适当浇水。浇水 1 次后,须待盆土干透后再浇水。若土壤积水,常引起腐烂。生长旺盛期每月追 1~2 次稀薄肥。5—9 月中旬可放室外光照好的地方。白边或黄边品种,夏季烈日要适当遮荫,否则其色彩会淡化。植株如果原来放在较阴暗的地方,不能立即放在阳光下照射,应在 1~2 周内使之逐步增加光照,否则叶片会灼伤。盆栽的植株在休眠期最好放在凉爽的地方。清明后出房,保证通风良好。随新叶的不断生长及时去除植株下部枯黄的老叶。浇水时最好从盆子边缘徐徐注入,以免烂叶,若在阴湿处叶面易生褐斑病。室内栽培常发生炭疽病、黑霉病和叶斑病,可用 50% 退菌特可湿性粉剂 1 000 倍液喷洒。有介壳虫危害,可用 80% 敌敌畏乳油 1 000 倍液喷杀。

5)园林品种

　　常见的变种有:

　　金边龙舌兰(*Var. marginata*),叶缘具黄色条纹。

　　金心龙舌兰(*Var. mediopicta*),叶中央有淡黄色条纹。

　　银边龙舌兰(*Var. marginata alba*),叶缘呈白色或淡粉红色。

　　绿边龙舌兰(*Var. marginata pallida*),叶缘为淡绿色。

　　狭叶龙舌兰(*Var. striata*),叶窄,中心具奶油色条纹。

6)园林用途

　　龙舌兰叶片挺拔,株形高大雄伟,终年翠绿,小盆栽植陈设于厅堂或庭园观赏;也可作大型盆栽,装饰大厅、大门和会议室等。

教你用葱姜蒜
杀灭花卉害虫

7.4.10　龟背竹 Monstera deliciosa Liebm.（图 7.33）

别名:蓬莱蕉、电线兰、龟背芋。天南星科龟背竹属。

1）形态特征

大型常绿多年生草本攀援植物,茎伸长后呈蔓性,能附生他物成长。茎粗壮,具节,茎节上具气生根;叶厚革质,互生,暗绿色,幼叶心脏形,无孔;长大后成矩圆形或椭圆形,羽状深裂,叶脉间形成椭圆孔洞,形似龟背。叶柄长 50～70 cm,深绿色;花梗自枝端抽出顶生肉穗花序,佛焰苞厚革质,白色。花淡黄色,花期7—9月,浆果紧贴连成松球状。

图 7.33　龟背竹

2）生态习性

原产墨西哥热带雨林,性喜温暖和潮湿的气候,耐阴,忌阳光直射。稍耐寒,生长适温为 20～25 ℃,5 ℃以下休眠,停止生长。

3）繁殖方法

繁殖以扦插为主。每年4—8月剪取侧枝带叶茎顶或茎段2～3节扦插或带有气生根的枝条可直接种植于盆中,经常保湿保温,易生根成活或可将老株茎干切断,每2节为一个插穗,扦入沙床中,置半荫处,保持湿润,4～6周可长出新根,10周后新芽产生,稍长大便可移植。盆栽时,选用大花盆,需立支柱于盆中,让植株攀附向上伸展。也可用播种和压条繁殖。龟背竹在我国南方可开花,人工授粉可结籽,种子极少;在生长季节也可用压条繁殖。

4）栽培管理要点

用疏松透气肥沃的壤土栽植。在室外潮湿较阴处栽植或盆栽可长年置室内明亮散射光处培养。龟背竹叶片大,夏天水分蒸腾快,叶面要经常洒水,保持空气湿度和盆土湿润,但不要积水。冬季可减少水分。龟背竹根系发达,吸收营养快,培养土应加入一些骨粉和饼肥作基肥,每半个月到1个月施1次以氮肥为主的复合肥作追肥,再用0.1%尿素和0.2%磷酸二氢钾水溶液喷洒叶面,以保持植株生长更旺盛,叶色深绿而光泽。每年在春季和夏初,进行换土换盆,剪去过多的老根。龟背竹栽培较易,但过于荫蔽和湿度过大容易引起斑叶病或褐斑病,灰斑病和茎枯病危害,可用65%代森锌菌灵可湿性粉剂600倍液喷洒防治。生长期如通风不好,茎叶易遭介壳虫危害,可用刷子刷去后或用40%氧化乐果乳油1 000倍液喷洒。

5）园林品种

同属常见栽培品种有:

迷你龟背竹(*M. epipremnoides*),别名多孔蓬莱蕉、小叶龟背竹、窗孔龟背竹。叶与茎均细,叶片宽椭圆形,淡绿色,侧脉间有多数椭圆形的孔洞。

斑叶龟背竹(*M. adansonii cv Variegata*),龟背竹的变种,叶片带有黄、白色不规则的斑纹,极美丽。

6）园林用途

龟背竹是一种久负盛名,适应性较强的室内大型装饰植物,可用以布置厅堂或庭院荫蔽处栽植。在南方可散植于池边、溪边和石隙中或攀附墙壁篱垣上。

7.4.11 龙血树 Dracaena draco L (图7.34)

别名:巴西铁树、巴西千年木。百合科龙血树属。

图7.34 龙血树

1)形态特征

常绿乔木。茎干直立,原产地株高可18 m,盆栽则多为80~150 cm,有分枝。叶片剑形、深绿色。长约50 cm,宽5~6 cm,叶缘略红色。叶初生时直立,长成熟后弯曲成弓形。叶缘呈波状起伏,鲜绿色,有光泽。花小,黄绿色,穗状花序,具芳香。

2)生态习性

原产几内亚,是近10年引入并流行全国的一种优良观叶植物。龙血树性喜高温高湿、光照充足的环境。喜疏松、肥沃、排水性好的壤土。较耐阴,忌强烈日光直射。生育适温为20~28 ℃。冬季15 ℃以下要采取保温措施或入室培养,低于13 ℃时,进入休眠状态,温度太低,根系吸水不足,叶尖叶缘会出现黄褐色斑块。越冬最低温度应在5 ℃以上。

3)繁殖方法

龙血树以扦插繁殖为主,除寒冷的冬季外,其余季节均可进行。可剪取带叶的茎顶或截干假植后长出的侧芽,扦插于河沙为介质的扦插床上,保持较高的湿度,保持25~30 ℃,约30~40 d即可生根成活。也可将当年生或多年生的茎干剪成5~10 cm一段,以直立或平卧方式扦插于插床上,还可以用水插法繁殖。将插条(穗)用萘乙酸的1 000倍液速蘸或用0.01%的生根粉处理1 h,可促进生根成活。

4)栽培管理要点

栽培以土质疏松、肥沃、排水性好的壤土或腐殖土最好;盆栽则用腐叶土、泥炭土加河沙或珍珠岩和少量基肥配制的培养土。生长期间每月施1~2次腐熟液肥。斑叶品种则忌用含氮量高的肥料。龙血树有较强的抗旱力,数日缺水不致死亡,但要生长强健,则必须有充足的水分供应,尤其是旺盛生长的夏季更不可缺水。水质要清洁,这在低温时期更为关键,以防树干腐烂。家庭盆栽要间干间湿,气温低时,适当减少浇水量;干燥的环境中,应经常喷水于叶面,保持湿润,防止叶尖干枯,卷曲,使叶片干净亮丽。

龙血树生性强健,但植株过于高大或下部叶片已脱落而显得细高而又不够丰满时,即需进行修剪。修剪只需将顶部或离地面1.5 cm处剪去,位于剪口下的隐芽就会萌动长成新枝,一般隐芽可发出1~5个。修剪下的茎干可做繁殖材料。在日常养护中,龙血树常有天牛类害虫蛀心或咬蚀皮层,造成植株腐心或脱皮致死。可用80%敌敌畏1 000倍液灌注或喷杀。叶片上若出现炭疽病、叶斑病等,则需用75%可湿性百菌清或50%托布津800~1 000倍液喷施,效果较好。虫害有介壳虫、蚜虫危害,可用40%氧化乐果乳油1 000倍液喷杀。

5)园林品种

同属约150种,我国常见变种和园艺品种有:

金心香龙血树（*D. fragrans. var. massageana*），别名金心巴西铁，缟香龙血树，叶中央具金黄色宽带。新叶黄带鲜明，老叶逐渐变成黄绿色。

黄边香龙血树（*D. fragrans. var. Lindenii*），叶长椭圆状披针形，叶长约80 cm，宽约8 cm，叶中央绿色，叶缘淡黄色的条纹。

白纹香龙血树（*var. lindeniana Hort.*），又称银边香龙血，叶反卷，有乳白色纵纹贯穿，纵纹不太鲜明，老叶呈黄绿色。

厚叶香龙血树（*var. rothiana Hort.*），单干，乔木，茎粗3～4 cm，有绿色乃至淡褐色的环纹。叶密生，无柄，长披针形，长50～60 cm，叶肉厚，革质，有光泽，深绿色，叶绿有细的黄白色乃至白色的镶边。

富贵竹（*D. sanderiana*），常绿直立灌木高1～2 m。叶长10～22 cm，宽1.6～2.5 cm，绿色边缘具黄白色条纹。

此外还有巴西铁树（*Dracaena fragrans cv. Victoria*）、德利门龙血树（*D. narginata*）。

6）园林用途

龙血树株形整齐，直立优美。多为茎干，上无叶片，下不带根，茎粗多为6～12 cm，头部有保鲜防腐剂包裹，尾部有蜡防口，皮色浅黄鲜嫩且有光泽，因此，常将其裁截后假植育苗，再组合出售。用于装饰美化厅堂或点缀书房、卧室，效果十分好。老干也可切成10～20 cm段木，放置浅盆中水养，洁净高雅，颇受喜爱。室内摆设一般可连续观赏4～5周，在明亮的室内则可常年观赏装饰。热带地区还可露地栽培，用作绿化树种，长势茂盛，耐修剪与造型。节日期间，还可用于赠送亲友，借以表达美好的祝福。

盆栽观叶2

7.4.12　苏铁 Cycas revoluta Thumb. （图7.35）

别名：铁树、凤尾蕉、福建苏铁。苏铁科苏铁属。

1）形态特征

常绿棕榈状植物，茎干圆柱形，由宿存的叶柄基部包围。大型羽状复叶簇生于茎顶；小叶线形，初生时内卷，成长后挺拔刚硬，先端尖，深绿色，有光泽，基部少数小叶成刺状。花顶生，雌雄异株，雄花尖圆柱状，雌花头状半球形。种子球形略扁，红色。花期7—8月，结种期10月。

图7.35　苏铁

2）生态习性

苏铁原产我国南部。全国各地均有栽培。性喜光照充足、温暖湿润环境，耐半阴，稍耐寒；在含砾和微量铁质的土壤中生长良好，生长适温20～30 ℃。

3）繁殖方法

繁殖方法有播种、分蘖和切茎繁殖。春季播于露地苗床或花盆里，覆土2～3 cm，经常喷水保湿，在30～33 ℃高温下2～3周可发芽，长出2片真叶时即可移植。也可分割蘖苗或侧向幼枝，有根的即分栽；无根的先扦插于沙池催根，经1～2个月，即形成新株。采下的种子用40 ℃

温水浸泡24 h后,搓去外种皮,阴干后沙藏。沙藏温度宜控制在1~5 ℃,来年4月上旬苗圃畦播,高畦育苗。种子上覆土1~2 cm,浇水保湿。由于种子发芽缓慢,又无规律,播种后4~6个月开始陆续成苗,一般在苗圃内需生长1~2年根系旺盛后,才适合移植。

4)栽培管理要点

盆栽,用肥沃疏松培养土,加入少量铁屑作盆土。按植株的大小选择不同规格的花盆进行定植。将幼苗栽植成活后,置光照充足处养护。生长期每月追肥1~2次,追施硫酸亚铁溶液1次。夏季常向茎叶洒水,保持湿润。抽出新芽时要及时喷洒农药预防虫害。春初割去茎基部老黄残叶,促使植株挺拔生长;雌雄花序花凋谢后,及早割除,以利顶芽生长;若想结实收种则要进行人工辅助授粉。越冬保温5 ℃以上。每隔2~3年换土转盆1次。室内通风不好,叶片易遭介壳虫危害,用40%氧化乐果乳油1 000倍液喷杀。

5)园林品种

同属常见栽培的种类有华南苏铁(*C. rumphii*)、云南苏铁(*C. siamensis*)、墨西哥苏铁(*Ceratozamia mexicana*)、南美苏铁(*Zamia furfuracea*)、海南苏铁(*C. hainanensis*)、叉叶苏铁(*C. micholitzii*)、篦齿苏铁(*C. pectinata*)、台湾苏铁(*C. taiwaniana*)、四川苏铁(*C. szechuanensis*)。

6)园林用途

盆栽观赏摆设于大建筑物之入口和厅堂,也可制成盆景摆设于走廊、客厅等。华南地区露地栽植可作花坛中心,切叶供插花使用。

7.4.13　丽穗凤梨类 Vriesea splendens（图7.36）

别名:丽穗花、虎纹凤梨、火剑凤梨、红剑凤梨、斑马火焰凤梨。凤梨科,丽穗凤梨属。

1)形态特征

多年生常绿附生草本。茎极短。叶10余枚,基生,呈莲座状,叶片条形,长40~50 cm,宽约5 cm,向外弯曲,先端稍下垂;革质,硬而有蜡质光泽;叶面灰绿色与深绿色横纹相间,叶背更为明显。花序直立,伸出叶丛,呈剑形,长约30~40 cm,穗状花序扁平,苞片互叠,呈鲜红色;花小,黄色。花期4—6月。

2)生态习性

原产巴西,附生于雨林的树杈上,我国南方有引种栽培。性喜高温高湿和半荫的环境,不耐寒,生长适温20~25 ℃。

3)繁殖方法

分株或分割吸芽或种子繁殖。老植株在开花前后,可在莲座状叶丛的基部或下部叶腋间生出蘖芽,等蘖芽长到8~15 cm时,

图7.36　丽穗凤梨

从其基部用利刀切下。如果已产生幼根,则最好能带根切下。待伤口稍阴干后,栽植到直径8 cm左右的小盆中,浇透水后放有散射光的环境下。有些种类的丽穗凤梨不易产生蘖芽,则可在开花时人工授粉。收种子后于春季播种。许多优良的园艺品种必须通过无性繁殖才能保持其

品种的优良特性。播种后容易反祖,其性状改变,失去园艺品种的优良特性。优良品种的批量生产可用组织培养。

4)栽培管理要点

用泥炭土 3 份加粗沙或珍珠岩 1 份,并添加少量基肥配成盆栽用土,也可以用苔藓、蕨根作盆栽基质。盆不宜太大,一般用 8 ~ 13 cm 即可。小植株用小盆,根长满盆后再换大一号的盆。生长旺盛季节,每 3 周施 1 次液体薄肥,肥液同时施在盆土和叶筒中。生长期要常洒水,叶筒内保持有水,注意清理叶筒内的腐烂杂物,追肥不要沾污叶面,特别不要让农家肥或商品肥的残渣或颗粒残存于叶腋或叶筒内,以防引起腐烂。秋后移入高温温室养护,给予充足光照,以保来年开花。越冬保温 10 ℃以上。是花叶兼赏的室内花卉。花序苞片能持久不褪色,通常要栽种数年后才能开花,开花后老株便逐渐枯死,基部生长出蘖芽。常见叶斑病危害,可用 50% 托布津可湿性粉剂 200 ~ 500 倍液喷洒防治。虫害有粉虱危害,可用 40% 氧化乐果乳油 1 000 倍液喷杀。

5)园林品种

常见栽培品种有:

大火剑凤梨(*V. splendens. var. major*),是火剑凤梨变种,植株较原种健壮。

莺歌凤梨(*V. carinata*),又称虾爪凤梨。花冠顶部苞片扁平,叠生,似莺歌鸟的冠毛。

大莺歌凤梨(*V. cnrinata cv.'Mariae'*),为栽培种。花序较莺歌凤梨更长、更宽。

斑叶莺歌(*V. carinata var. iegata*),叶身具纵向白色条。

6)园林用途

花朵本身很快凋谢,但巨大花序上鲜艳美丽的苞片历久不凋,可以维持数月。是一种十分美丽的既可观花又可赏叶的室内盆栽花卉。很适合于温室、荫棚和家庭室内盆栽。

7.4.14　变叶木 Codiaeum variegatum var.（图 7.37）

别名:洒金榕。大戟科变叶木属。

1)形态特征

常绿灌木或小乔木,高 50 ~ 200 cm,光滑无毛。单叶互生,有柄,依品系不同叶的形状多变、从卵圆形至线形,叶大小及色彩均富于变化,植株具乳白状液体。总状花序自上部叶腋抽出,雄花白色,簇生于苞腋内,雌花单生于花序轴上。

2)生态习性

原产地因品种不同而有异。多数分布于大洋洲、亚洲热带及亚热带地区。喜高温多湿和光照充足环境,不耐寒,生长适温 25 ~ 35 ℃,气温低于 10 ℃会引起植株落叶。

图 7.37　变叶木

3)繁殖方法

繁殖方法多用扦插和高位压条法。扦插春末至夏初为适期。扦插时通常剪取顶芽或中熟枝条为插穗,长 10～15 cm,去除部分叶片。待切口干燥后,插于沙土之中,保持湿润,25 ℃条件下 30 d 左右即可生根。高位压条法仅用于名贵和珍稀品种繁殖,高压繁殖春、夏、秋三季均可进行,1 个月左右即能发根成活。

4)栽培管理要点

盆栽用疏松肥沃沙质壤土,用适量椰糠或发酵过的木糠混合使用更好。叶片较大的彩色品种,置于半荫棚内养护,多数品种放置在强光下养护,方能株壮叶丽。日常管理,叶面要经常洒水保湿,盆土排水要良好,慎防积水。每年春暖后,结合换土转盆,修剪整型 1 次。日光越充足,叶片越明亮鲜艳;否则叶色变淡,易生徒长枝。以 20～38 ℃光照充足和湿润的环境下生长最好;夜温若低于 7 ℃,极易造成死亡。变叶木的生长季节为每年的 3—10 月,此时需注意给予充足的水分。盆栽对水分要求尤甚,盆土切忌太干燥,在夏日每天需浇水 2 次才能满足要求。此外,还需定期施肥,且以有机肥最好不要用含氮量高的化肥,以防叶色变淡,降低观赏效果。变叶木生性强健,只要适度修剪,不需特殊照顾,都能生长良好。若通风不良,易发生介壳虫和红蜘蛛危害,用 50% 氧化乐果乳油 1 000 倍液喷杀。常见黑霉病、炭疽病危害,发病时可用 50% 多菌灵可湿性粉剂 600 倍液喷洒防治。

5)园林品种

品系和园艺种及变种甚多,依叶色有绿、黄、橙、红紫、青铜、褐及黑色等不同深色彩品种。

6)园林用途

变叶木叶形多种多样,叶色千变万化,观赏价值非常高,南方广泛用于盆栽、花坛、绿篱、庭院布置与道路绿化。单株、成丛或成行种植均可,只要色彩巧妙配合,那浓重鲜艳的色彩,无需与鲜花搭配,都能构成十分艳丽的景观,形成独特的观赏效果,极具热带风韵。但变叶木不耐阴,若用作美化房间、厅堂或布置会场,摆放时间不宜超过 10 d,即使光线充足,也不宜超过 15 d。

7.4.15　绿萝 Scindapsus aureus Engler.（图 7.38）

别名:绿萝、黄金葛、飞来凤。天南星科绿萝属。

1)形态特征

多年生常绿蔓性草本。茎叶肉质,攀援附生于它物上。茎上具有节,节上有气根。叶广椭圆形,蜡质,浓绿,有光泽,亮绿色,镶嵌着金黄色不规则的斑点或条纹。幼叶较小,成熟叶逐渐变大,越往上生长的茎叶逐节变大,向下悬垂的茎叶则逐节变小。肉穗花序生于顶端的叶腋间。

2)生态习性

原产马来半岛、印尼所罗门群岛。喜高温多湿和半荫的环境,散光照射,彩斑明艳。强光暴晒,叶尾易枯焦。生长适温20～28 ℃。

3）繁殖方法

主要用扦插法繁殖。剪取 15 cm 长的茎，只留上部 1 片叶子，直接插入一般培养土中，入土深度为全长的 1/3，每盆 2～3 株，保持土壤和空气湿度，遮阳，在 25 ℃条件下，3 周即可生根发芽，长成新株。大量繁殖，可用插床扦插，极易成活，待长出 1 片小叶后分栽上盆。另外，剪取较长枝条，插在水瓶中，适时更换新水，便可保持枝条鲜绿，数月不凋，取出时，枝条下部已经生根，盆栽便成新株。也可用压条繁殖。

图 7.38　绿萝

4）栽培管理要点

对土质要求不严，但以肥沃、疏松的腐殖土为好。光照 50%～70%，经常洒水保持湿润，生长期每月追肥 1～2 次，氮、磷、钾均衡施放。成品植株在生长期喷洒 1～2 次叶面肥，叶色较为亮丽。越冬保温 12 ℃以上。盆栽多年植株老化，需更新栽植。栽培形式多样，如桩柱栽培、吊挂栽培、假山附石栽培、插瓶均可。可全年放在明亮通风的室内。如光线较暗，应在摆放一段时间后移至室外无直射阳光处，并给予足够的水、肥，使其得以恢复后再移入室内。冬季可放在室内直射阳光下，控水，只要保持温度在 10 ℃以上，就可正常生长。生长期主要有线虫引起的叶斑病，用 70% 代森锌菌灵可湿性粉剂 500 倍液喷洒防治。叶螨可用三氯杀螨醇 2 000 倍液喷洒。

5）园林品种

常见栽培种有白金绿萝（*Scindapsus aureus cv. Marble*）、三色绿萝（*Scindapsus aureus cv. Tricolor*）、花叶绿萝（*Scindapsus aureus cv. Wilcoxii*）。

6）园林用途

绿萝喜荫，叶色四季青翠，有的品种有花纹，是极好室内观叶植物。中大型植株可用来布置客厅、会议室、办公室等地，华南地区可在室外庇荫处地栽，附植于大树、墙壁棚架、篱垣旁，让其攀附向上伸展。

超强净化空气的三种植物及养护方法

7.4.16　吊兰 Chlorophytum capense (L.)Kuntze.（图 7.39）

别名：桂兰、折鹤兰。百合科吊兰属。

1）形态特征

多年生常绿草本。具簇生圆柱状须根和短根状茎，肉质、肥厚。叶基生，叶片线形，条形至条状披针形，绿色或具黄色纵条纹或边缘黄色，全缘；匍匐茎自叶丛中抽出弯垂，匍匐茎先端节上常滋生带根的小植株，顶生总状花序；花小成簇，白色。花期 5—6 月或冬季，蒴果。

2）生态习性

吊兰原产南非。喜肥沃的沙质壤土，喜温暖、潮湿、充分光照或半荫环境。生育适温 20～30 ℃，春末至夏季为生育盛期。不耐寒，越冬保温 8 ℃以上。夏季忌强光直射。

3）繁殖方法

以无性繁殖为主，可用分株或剪取茎上的幼苗栽植，春夏秋三季均能育苗。也可将花盆盛满栽培介质，放置于成株四周，把长匍茎牵引到盆上。经过一段时间，待长匍茎上的幼苗发根成长后，再从母株上分开即成新苗。

4）栽培管理要点

盆栽用肥沃的沙质壤土。日常管理要保持充足水分，生长期每日洒水 1 次，干湿交替。生长季节每 2 周施 1 次以氮肥为主的液肥，腐熟有机肥更佳。见有枯叶要及时剪除。如遭强光暴晒，叶色易变

图7.39　吊兰

白绿，影响观赏效果。夏季应移至荫棚下养护，并保持盆土湿润。低温期减水停肥。越冬保温 8 ℃ 以上。冬季寒冷地区需温暖避风，可入室养护。斑叶品种在生长期中常有返祖现象发生，叶片变成全绿，此时应将其摘除，方能保持斑叶特征。栽培过程中，主要有灰霉病、炭疽病和白粉病危害，发病时可用 50% 多菌灵可湿性粉剂 500 倍液喷洒防治。

5）园林品种

常见栽培品种、变种有：

金边吊兰（*var. marginatum*），叶缘金黄色。

银边吊兰（*var. variegatum*），叶缘绿白色。

银心吊兰（*var. mediopictum*），叶片中间有黄或白色纵向条纹。

6）园林用途

吊兰风姿优美雅致，叶形美观清秀，匍茎开花奇特，花后花葶即成了匍匐枝，顶部萌生出带有气生根的小吊兰，构成独特的悬挂景观和立体美感。多作盆栽悬吊装饰于廊、檐、窗、架或阳台、门厅等高处，使匍茎下垂，凭空飘挂，风趣盎然，是优良的室内吊挂观叶植物。也可用于装饰假山、崖壁，垂枝飘洒，淡雅清新，十分雅观。

7.4.17　朱蕉 Cordyline fruticosa (L.) A.Cheval.（图 7.40）

别名：红叶铁树、铁树。百合科朱蕉属。

1）形态特征

常绿灌木。植株直立，高达 1 ~ 3 m，单干，少分枝，地下块根能发出萌蘖，单叶旋转聚生于茎顶，剑状，革质，叶柄长，具深沟，紫红色或绿色带红色条纹，革质阔披针形，中筋硬而明显，叶柄长 10 ~ 15 cm，叶片长 30 ~ 40 cm。花为圆锥花序，着生于顶部叶腋，淡红色。花期 6—7 月。浆果。

2）生态习性

原产大洋洲和我国热带地区。喜高温和多湿环境，不耐寒，喜光，但忌烈日直射。生长适温 25 ~ 30 ℃，越冬温度不得低于

图7.40　朱蕉

10 ℃。

3）繁殖方法

繁殖以扦插为主,也可用播种和分株繁殖。扦插繁殖3—10月均可进行。茎秆扦插,剪取成熟枝条长10～15 cm为一段作插穗扦插于沙池或苗床,经庇荫保湿25～30 d出根移植,顶苗扦插,剪取顶苗,剥去切口下脚叶,剪去1/3尾叶,扦插于苗床,20～25 d可生根移植。植后茎秆直立,成苗快。春季结合换盆可用分株繁殖即将茎叶生的不定芽切下,另行栽植。播种繁殖成苗慢,一般少用。

4）栽培管理要点

盆栽用疏松和微酸性沙质壤土,忌用碱性土壤,一般采用腐叶土或泥炭土配制。放置在温暖、潮湿、阳光稍充足的环境中栽培,但夏季勿使强烈日光直晒。冬季注意保温,温度不得低于10 ℃。每年3—4月可换土或换盆。夏季植株生长旺季要经常淋水,每月施1～2次追肥。易发生炭疽病和叶斑病危害,可用10%抗菌剂401醋酸溶液1 000倍液喷洒。也有介壳虫危害,用40%氧化乐果乳油1 000倍液喷杀。

5）园林品种

主要变种有:

红边朱蕉(*C. fruticosa* var. *hybrida*),别名剑叶朱蕉,叶片深绿,边缘红色。

美丽朱蕉(*C. fruticosa* var. *amabilis*),别名彩叶朱蕉,叶片深绿,散生有红白斑点。

红心朱蕉(*C. fruticosa* var. *nigrorubra*),别名柳叶朱蕉,叶片狭带状,深棕色,中线红色。

6）园林用途

朱蕉叶色美丽,又较耐阴,易栽培管理,适合于室内、厅、堂的布置,是常见观叶植物。

7.4.18 孔雀木 Dizygotheca elegantissima（图7.41）

别名:手树。五加科孔雀木属。

1）形态特征

常绿灌木。茎干和叶柄上具乳白色斑点。叶互生,掌状复叶,小叶9～12枚,小叶长8～10 cm,宽约2.5 cm,边缘具波浪形锯齿,呈放射状着生,叶脉褐色。叶片初生时呈铜红色,后变为深绿色。

2）生态习性

原产澳大利亚及太平洋的一些岛屿,我国台湾也有分布。喜温暖、湿润环境,不耐强光直射,稍耐阴。生长适温为16～25 ℃,冬季休眠温度不低于5 ℃。温度高时应适当地增加空气湿度。要求土壤肥沃、深厚。

图7.41 孔雀木

3）繁殖方法

繁殖用扦插繁殖。用当年生成熟枝条或早春新枝萌发前的枝条作插穗,扦插在以粗沙为基质的插床上。用塑料膜保湿,保持 22 ℃左右的低温,4～6 周可以生根。大批量商业性生产,用播种法繁殖,2～3 年可以成苗。

4)栽培管理要点

盆栽用土由泥炭土或腐叶土加 1/4 左右的河沙或 1/2 的珍珠岩配成。扦插苗用直径 12 cm 左右的小盆栽种。由于该植物生长缓慢,可以 2 年换 1 次盆。最好在新芽出生之前的早春换盆,每次换盆增大 2 cm 即可。露地栽培,应遮去阳光的 30%～50%。华北地区温室内栽培,冬季不遮光。家庭室内栽培,应在有直射光的房间内,每天最好有 3 h 左右的光照。光线太弱生长缓慢,枝叶变细,失去观赏价值。在旺盛生长时期,需保证有充足的水分。发现盆土表面变干时再浇水,并且要浇透。这期间植株需肥量也比较大,每 2 周结合浇水追肥 1 次。冬季气温低,应少浇水,待盆土半干时才能浇水。冬季停止施肥。春季新芽生长时期,可以通过摘心,促其分枝,使其形成茂盛丰满的优美株型。室内栽培,常见炭疽病和叶斑病危害,可用 50% 托布津可湿性粉剂 500 倍液喷洒防治。冬季有时发生介壳虫危害,可用 40% 氧化乐果乳油 1 000 倍液喷杀。

5)园林品种

维奇氏孔雀木(*D. veitchii*):常绿小乔木,叶片较小而宽,正面亮绿色,背面微红,有褐色脉纹,中脉颜色比较浅。

6)园林用途

孔雀木是非常美丽的木本观叶植物。其叶片初生时呈铜红色,后变为深绿色。适于中小盆栽培,作室内观赏。

7.4.19　肖竹芋类 Calathea(图 7.42)

图 7.42　肖竹芋类

科属:竹芋科,肖竹芋属。

1)形态特征

肖竹芋类又称蓝花蕉类,常绿宿根草本。叶基生或茎生,叶面常有美丽的色彩,形态与竹芋属植物十分相似。肖竹芋属约 150 种,分布于美洲热带和非洲。我国引入栽培多种。

2)生态习性

分布于美洲和非洲热带,宜高温多湿及半荫环境。生长期适温 25～30 ℃,冬季温度不可低于 10 ℃。喜疏松多孔的栽植材料。

3)繁殖及栽培

分株或插芽繁殖。分株在春末夏初结合换盆进行,将生长过密的植株分成若干丛,每丛保留 3～4 条根茎。插芽繁殖是将萌芽切下,插入基质中,使其生根。

4)栽培管理要点

盆栽培养土以疏松肥沃壤土为宜。通常用腐叶土、园土及河沙配制。保持高温高湿的环境,夏季置荫棚下栽培。夏季植株生长旺季每月施 1～2 次追肥,以磷钾肥为主。肖竹芋类易生介壳虫,要经常注意观察和及时防治。常见病害有叶枯病和叶斑病,可用波尔多液喷洒防治。虫害有粉虱危害,可用25%亚胺硫磷乳油1 000倍液喷杀。

5)园林品种

主要种类及品种有:

(1)紫背肖竹芋(*C. insignis* Bull)　别名:箭羽竹芋、红背葛郁金。

多年生常绿草本,株高30～100 cm,块茎。叶线状披针形,长8～55 cm稍波状,光滑;表面淡黄绿色,交互生有大小不等的深绿色羽状斑块;叶背深紫红色。穗状花序长10～15 cm,花黄色。原产巴西。

(2)彩叶肖竹芋(*C. picta* Hook. f.)　别名:彩叶蓝花蕉、花叶葛郁金。

株高30～100 cm。全株被天鹅绒状软毛。叶4～10枚,椭圆形稍尖,长15～38 cm,宽5～7 cm,呈波状,表面天鹅绒状橄榄绿色,在中肋两侧有淡黄色羽状纹,叶背深紫红色。花淡黄色,带堇色。穗状花序紫堇色。

(3)美丽竹芋(*C. ornate* Koern)　别名:大叶蓝花蕉,肖竹芋。

株高约100 cm。叶椭圆形,长10～16 cm,宽5～8 cm;叶面黄绿色,沿侧脉有白色或红色条纹,背面暗红色;穗状花序紫堇色。是肖竹芋属中最美丽的种之一。

(4)孔雀竹芋(*C. zebrina* Lindl.)　别名:天鹅绒竹芋、花条蓝花蕉、绒叶肖竹芋、斑马竹芋、斑叶竹芋。

株高约100 cm。叶大,长椭圆状披针形,长30～60 cm,两端尖,表面有天鹅绒状光泽,暗绿色,有绿白色羽状条斑,背面紫红色。花序头状,花为堇色。

(5)红边肖竹芋(*C. roseopicta* Regel)　别名:红边蓝花蕉,玫瑰竹芋,彩虹竹芋。

株高约17 cm。叶阔卵形,近钝头,长23 cm,宽约15 cm,叶暗绿色,中脉淡粉色,近边处有具光泽的淡粉色带纹,叶上玫瑰色的斑纹与侧脉平行;叶背面暗紫色,无毛;叶柄紫红色。

(6)园林用途　肖竹芋类喜阴,其叶形优美,叶色多变,周年可供观赏,十分适合家庭室内装饰,可布置在客厅、会议室、宾馆等地,是重要的室内观叶植物。在北方长年室内种植,南方可露地栽培。

盆栽观叶3

7.4.20　天门冬类 Asparagus

详见第8章主要切叶花卉栽培技术-天门冬、文竹。

7.4.21　马拉巴栗 Pachira macrocapa (图7.43)

别名:美国花生、大果木棉、发财树、美国土豆。木棉科,瓜栗属。

1)形态特征

常绿小乔木。掌状复叶,小叶5～11片,小叶近无柄,长圆至倒卵圆形,先端渐尖,基部楔形,一般中央小叶较外侧小叶大。花白色、粉红色,花筒内浅黄色,外面褐色或绿色,花期在5—

11月份。

2)生态习性

发财树喜温暖气候环境,为阳性树种,有一定的耐阴能力,在室内光线比较弱的地方可以连续欣赏2~4周,光线弱生长停止或新生长出的叶片纤细,时间太久会引起老叶脱落。低温对其有致命的危害,冬季应放在16~18℃以上的环境中,低于这一温度叶片变黄,进而脱落,10℃以下容易死亡。对土壤要求不严,具有弱酸性的一般土壤就能生长良好。

3)繁殖方法

繁殖方法可用播种、嫁接、扦插繁殖。大批繁殖均采用播种法。目前我国多从国外进口种子,在海南岛和广东等地露地或塑料棚播种。种子播于沙质土壤,保持湿润,温度在15℃以上,经7~10 d可发芽。当真叶长出3~5片,高度约30 cm时

图7.43　马拉巴栗

上盆或定植,出苗后以30 cm×100 cm的株行距定植在田间,用高畦法种植,注意除草和施肥。在南方1~2年可以长成茎基部直径5 cm以上的成苗,于10月份带根挖起,剪掉顶部的枝叶,盆栽,经3~4个月的培养可以在顶部生长出3~4个分枝和翠绿的新叶。花叶发财树需用嫁接法繁殖,砧木用普通的发财树,于8—9月份嫁接,每株接3芽,用嫩枝劈接法嫁接,嫁接后放置塑料棚中防雨,当年即可成苗。少量繁殖,也可以用大枝条扦插繁殖,上面用塑料膜保湿或春、夏季可用截顶枝条作插枝,插后约30 d可发根。

4)栽培管理要点

用泥炭土、腐叶土加1/4左右的河沙和少量的农家肥配成盆栽用土,栽种在直径18~35 cm的中、大型盆中。栽植不宜过深,以膨大的茎外露较美观。可单株栽植,也可3~5株栽于同一盆内,将其茎干编成辫状。中等的盆栽植株于每年春季换到大一号盆中,换盆时可以去掉部分旧土。生长季节每30~40 d施1次薄液态肥。以含氮、磷、钾全肥为好,以利于加速生长和促使茎基部加粗。幼苗期应适当增加遮荫量。发财树在高温生长时期需充足的水分,干燥往往容易造成叶片脱落,但不易因干旱而致死。在冬季低温时,必须保持盆土适当的干燥,直到盆土大部分变干时再浇水。生长过程中有叶斑病危害,可用50%多菌灵可湿性粉剂1 000倍液喷洒防治。介壳虫危害,可于幼虫孵化旺盛期喷50%敌敌畏乳液600~800倍液或40%氧化乐果乳液1 000倍液防治;粉虱和卷叶螟危害,可用25%亚胺硫磷乳油1 000倍液喷杀。

5)园林品种

同属植物约30种,多数株形优美,叶片茂密,花十分美丽,有较大的果实,但盆栽只是作为观叶植物。

大花发财树(*P. aquatica*):小叶片5~9枚,倒卵圆形至椭圆状披针形,长10~30 cm。花深粉红至紫色,长可达35 cm。

6)园林用途

发财树深受商家及市民的欢迎,加之株形优美,叶色亮绿,树干呈纺锤形,盆栽后适于在室内布置和美化使用。所以,近十几年来在我国南方发展较快。每逢节日,各宾馆、饭店、商家及

市民多采购,以图吉祥如意。北方各城市也受其影响,盆栽于室内观赏。

7.4.22　八角金盘 Fatsia japonica（图7.44）

别名:八手,手树。五加科,八角金盘属。

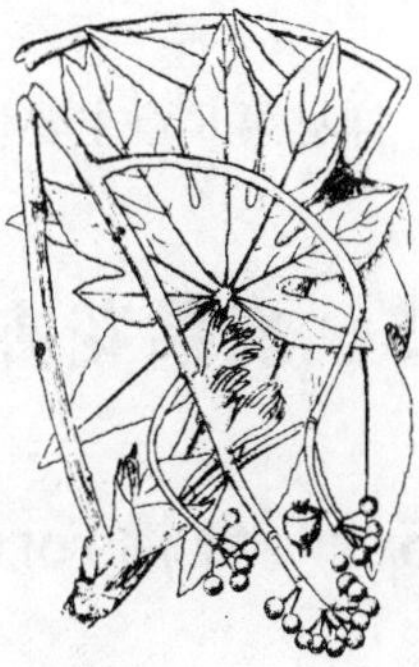

1)形态特征

常绿灌木。高可达2 m以上。分枝由根茎基部丛生,茎干上具明显的环状叶痕,大型掌状叶,宽15~45 cm,叶柄长约30 cm,5~9深裂;叶片浓绿、光亮,背面有黄色短毛。花期10月,顶生聚伞形花序,白色;浆果球形,成熟时黑色。

图7.44　八角金盘

2)生态习性

八角金盘原产东南亚、我国台湾及日本,现我国南北各地广泛栽培。喜肥沃的沙质壤土,喜温暖、湿润环境,极耐阴,忌阳光直射和酷热,较耐湿。生长适温18~28 ℃,有一定的耐寒性,忌干旱、水涝。夏季忌强光直射。

3)繁殖方法

八角金盘通常用扦插、分株和压条繁殖。4—5月间剪取长5~8 cm,生长健壮的枝条,带或不带叶片扦插,温度保持20~25 ℃,遮荫,保持较高的空气湿度和充足的水分,约3~5周可以生根盆栽。分株繁殖可结合春季换盆时进行,将母株基部长出的蘖芽带根切割下来另行盆栽。压条繁殖选用木质化的枝条进行。

4)栽培管理要点

可用腐殖土、泥炭土加1/3左右河沙和少量基肥配成盆栽用土,也可用细沙土盆栽。每年春季新梢生出之前换盆。4—10月份旺盛生长期,每2周施肥1次。可长年在明亮的室内观赏,在阴暗的房间内布置2~4周后应转至明亮的房内恢复一段时间再用。长时期光照不足,叶片会变得细小。温室栽培,春夏秋三季应遮去60%以上的阳光,冬季可不遮光。夏季短时间的阳光直射也可发生日灼病。在夜间10~12 ℃,白天18~20 ℃的房间内生长良好。长时间的高温,叶片会变薄而大,容易下垂。能耐短时间0~5 ℃的低温不会受害,越冬温度在7 ℃以上。八角金盘喜湿润的环境,在北方冬春干旱季节经常向叶面及植株周围喷水,保持较高的空气湿度,植株生长旺盛。夏季,盆土必须有充足的水分,不可过于干燥,否则影响正常生长。常见炭疽病和叶斑病危害,应定期喷洒波尔多液或用50%多菌灵可湿性粉剂1 000倍液喷洒防治。另有介壳虫危害,用50%杀螟松乳油1 500倍液喷杀。

5)园林品种

主要园林品种有白边八角金盘(cv. Alba-marginata)、黄纹八角金盘(cv. Aureo-reticulata)、黄斑八角金盘(cv. Aureo-variegata)、裂叶八角金盘(cv. Lobulata)、波缘八角金盘(cv. Undulata)。

6)园林用途

八角金盘四季常青,株形优美,作为盆栽喜阴观叶植物,整体观赏效果好。在我国有悠久的栽培历史,在长江流域以南常作庭园植物栽培。由于生长缓慢,节间短,比较耐阴,又能适应北方室内环境,是十分理想的室内盆栽观叶植物。植株较小时可以在卧室、书房中陈设,长大后常用来美化客厅。

7.4.23　蕨类 Pteridophyla

详见第 8 章主要切枝花卉栽培技术。

盆栽观果

7.5　观果花卉盆栽

7.5.1　金橘 Fortunella crassifolia（图 7.45）

别名:金柑、罗浮,芸香科柑橘属。

图 7.45　金橘

1）形态特征

常绿小灌木,多分枝、无枝刺。叶革质,长圆状披针形,表面深绿光亮,背面散生腺点,叶柄具狭翅。花 1~3 朵着生于叶腋,白色,芳香。果实长圆形或圆形,长圆形的称金橘,味酸;圆形的称金弹,味甜,熟时金黄色,有香气。

2）生态习性

原产我国广东、浙江等省。喜阳光充足、温暖、湿润、通风良好的环境。在强光、高温、干燥等因素的作用下生长不良。宜生长于疏松、肥沃的酸性沙质壤土。金橘喜湿润,但不耐积水。最适生长温度 15~25 ℃,冬季低于 0 ℃易受伤害,高于 10 ℃不能正常休眠。每年 6—8 月开花,12 月果熟。

3）繁殖方法

采用嫁接法繁殖。以一二年生实生苗为砧木,以隔年的春梢或夏梢为接穗。每年春季 3—4 月用切接法进行枝接,芽接在 6—9 月进行。

4）栽培管理要点

金橘盆栽宜选用疏松而肥沃的沙质壤土或腐叶土。每年在早春发芽前进行换盆、上盆,2~3 年换 1 次盆。栽后浇透水,放在通风背阴处;经常向叶面喷水,防止植株体内水分蒸发。缓苗一周后,逐渐恢复正常。

生长期盆土应经常保持湿润,忌长时间的过干过湿,否则易引起落花落果。特别是 6 月上旬,金橘第一次开花时,很容易落花。在夏季雨水过多时,应防止盆内积水,及时扣水。冬季浇水,不干不浇,浇必浇透。

盆栽金橘只要做好 4 月重施催芽肥,6—7 月花谢结幼果时期注意养分补充,8—9 月再追施磷、钾肥,就能结出好果实。

金橘每年春、秋两季抽出枝条,在 5—6 月间,由当年生的春梢萌发结果枝,并在结果枝叶腋开花结果。6—7月开花最盛,果实12月成熟。所以每年在春季萌芽前进行一次重剪,剪去过密枝、重叠枝及病弱枝,保留下的健壮枝条只留下部的3~4个芽,其余部分全部剪去,每盆留3~4枝。这样就可萌发出许多健壮、生长充实的春梢,当新梢长到15~20 cm长时,及时摘心,限制枝叶徒长,有利于养分积累,促使枝条饱满。在6月份开花后,适当疏花。

秋季8月份当秋梢长出时要及时剪去,这样不仅能提高座果率,而且果实大小均匀,成熟整齐。在北方一般不进行重剪,每年只修剪干枯枝,病虫枝、交叉枝,注意保持树冠圆满。

冬季移入室内向阳处,室温保持在0℃以上,不宜过高。控制浇水,清明节后移出室外。

5)园林品种

我国特产供观赏的品种有:

(1)四季橘 能四季开花结果,果倒卵形,不可食。

(2)金柑(金弹) 叶缘向外翻卷,果小倒卵形,可生食。

(3)圆金橘 矮小灌木,果圆形,皮厚,可食。

(4)长叶金橘 叶子特长,果圆形、皮薄。

(5)金豆(山橘) 矮小灌木,果实圆形,小如黄豆,不可食。

6)园林用途

金橘四季常青,枝叶茂密,冠姿秀雅,花朵皎洁雪白,娇小玲珑,芳香远溢,果实熟时金黄色,垂挂枝梢,味甜色丽,为我国特有的冬季观果盆景珍品。可丛植于庭院,盆栽可陈列于室内观赏。

7)常见病虫害防治

主要病害有树脂病、炭疽病等,用50%的托布津或50%的多菌灵600倍液喷洒。

主要虫害:对天牛幼虫危害的枝干用敌敌畏50倍液注射虫孔,或用毒泥塞孔进行防治。对红蜘蛛、潜叶蛾、蚜虫、介壳虫等,常用药剂有:50%三氯杀螨醇2 500倍液或用敌百虫800倍液或50%杀螟松1 000倍液喷洒。

7.5.2 代代 citrus aurantium(图7.46)

别名:代代花、回青橙。芸香科柑橘属。

1)形态特征

常绿小乔木,是酸橙的变种。树干灰色,有纵纹,嫩枝扁平,浓绿色;具短刺。叶革质,互生,椭圆形至卵状椭圆形,叶柄具宽翅。总状花序,白色,单先或数朵簇生于叶腋,极芳香。花期5—6月。果实扁圆形,冬季呈橙黄色,果熟不脱落,挂满枝头,次年春夏又变为青绿色,故有"回春橙"之美称。

图7.46 代代

2)生态习性

原产我国江南各省,以浙江为最多,喜温暖、湿润环境,喜光,喜肥。稍耐寒,冬季放入室内,0℃以上可安全越冬。对土壤要求不严,以富含有机质的微酸性沙质壤土最适。忌土壤过湿,尤忌积水。

3)繁殖方法

以扦插和嫁接繁殖为主。在6月下旬至7月上旬,选取1~2年生健壮枝条,基质用60%壤土和40%沙混合。插后要遮荫、保湿,两个月可生根。嫁接宜在4月下旬至5月上旬进行。可用任何柑橘类植物的实生苗作砧木,进行劈接。

4)栽培管理要点

南方可进行露地栽培,华北及长江流域中下游各地多盆栽。盆土宜选用疏松、肥沃,排水良好、富含有机质的微酸性培养土。

平时浇水要适量,勿使盆土过干或过湿。夏天天气炎热,要适当遮荫,早晚各浇1次水,雨季淋雨后要及时排水,不使花盆积水。代代喜肥,生长季节每隔10 d施1次腐熟的有机液肥,以矾肥水为佳。花芽分化期,增施一次速效磷肥,以利于孕育和结果。开花时停止施肥,以免花叶脱落。生长适温在20~30 ℃,越冬保持0 ℃以上,不宜过高。盆栽代代2~3年需换盆1次,在早春萌芽前进行。可结合换盆,对植株进行1次较强的整形修剪,并施以基肥等管理,以促进新枝萌发,多开花结果。

5)园林用途

代代春夏之交开花,花色洁白如琼,瓣质浑厚如玉,香浓扑鼻,花后结出橙黄色果实,挂满树枝。是庭院中珍贵的芳香观果树,也是室内优异的观花、观果盆栽花卉。南方可露地栽培,北方盆栽观赏。

6)常见病虫害防治

主要病害是叶斑病。应加强管理,保持通风透光,在发病初期用50%退菌特可湿性粉剂800~1 000倍液喷雾防治。主要虫害是吹绵蚧,可用20%的灭扫利乳油5 000倍溶液喷洒。

7.5.3 佛手 Citrus medica (图7.47)

别名:佛手柑,芸香科柑橘属。

图7.47 佛手

1)形态特征

常绿小灌木,枝条灰绿色,幼枝绿色,具刺。单叶互生,革质,叶片椭圆形或倒卵状矩圆形,先端钝,边缘有波状锯齿,叶表面深黄绿色,背面浅绿色。总状花序,白色,单生或簇生于叶腋,极芳香。果实奇特似手,握指合拳的为"拳佛手",而伸指开展的为"开佛手"。初夏开花,11—12月份果实成熟,鲜黄而有光泽,有浓香。

2)生态习性

原产中国、印度及地中海沿岸。佛手喜温暖、湿润、光照充足、通风良好的环境。不耐寒冷,低于3 ℃易受冻害。适生于疏松、肥沃、富含腐殖质的酸性土壤,萌蘖力强。

3）繁殖方法

可用扦插、嫁接和压条法进行繁殖。

扦插,南方可在梅雨季节进行,也可在春季新芽未萌发前进行。选取 1～2 年生生长健壮的枝条,剪成 20 cm 长左右,留 4～5 个芽。扦插床用通气透水性良好的沙土或蛭石,插深 6～8 cm,上端留 2 个芽,插后浇透水,注意遮阳,保持湿润,20～30 d 即可生根。

嫁接每年 3—4 月份用 2—3 年生的枸橘或柚子为砧木,选健壮一年生佛手嫩枝做接穗进行切接。也可用芽接或靠接法繁殖。嫁接成活的苗,根系发达,生长旺盛,抗寒能力较强,结果早。

压条于每年 5—6 月进行,在每株上选择 1～2 年生枝条,进行环剥,然后用苔藓、泥炭包扎保湿,40 d 即可生根。也可于 8 月选择带果实的枝条压条,10 月份分离母株上盆,果实继续生长,当年即可装饰房间或出售。

4）栽培管理要点

佛手栽植应选择疏松,肥沃,排水良好、富含有机质的酸性沙质壤土。喜肥,若施肥不足或不及时,易发生落花、落果现象。但施肥不宜太浓。生长季节每 20 d 追施 1 次有机腐熟液肥,以矾肥水为好。为保证土壤酸性,要定期浇灌硫酸亚铁 500 倍液。

浇水应根据佛手的生长习性进行,生长旺盛期应多浇水,在夏季高温时,要早晚各浇水 1 次,还要向叶面上喷水,以增加空气湿度。入秋后,气温下降,浇水量应减少,冬季休眠期,保持土壤湿润即可。开花、结果初期,为防止落花、落果,应控制浇水量,不可太多。雨季少浇水并及时排涝,春夏应适当遮荫,避免曝晒。

要提高佛手座果率,应及时整形修剪,修剪宜在休眠期进行。一般保持 3～5 个主枝构成树形骨架。温室内生长的春梢,于 3 月中旬剪去,夏季长出的徒长枝,可剪去 2/5,使其抽生结果枝。立秋后抽生的秋梢,多为来年的花枝,适当保留,以利于第二年结果。佛手一年可多次开花结果,3—5 月开的花,多为单性花,应全部疏去;6 月前后开的夏花,花大、座果率高,可疏去部分细小花,保留一定数量的果实。在结果期,抹去枝干上的新芽。当果实长到葡萄大小时,可疏去一部分果实,以利于保留下的果实得到充足的养分。

在霜降前将佛手移入温室内越冬。保持室温在 10～16 ℃,低于 3 ℃易受冻害,置于光照充足的地方进行养护,同时保持盆土湿润,切忌过干或过湿。

5）园林品种

目前常见的有白花佛手和紫花佛手两种。

6）园林用途

佛手果形奇特,颜色金黄,香气浓郁,是一种名贵的常绿观果花卉。南方可配植于庭院中,北方盆栽是点缀室内环境的珍品。叶、花、果可泡茶、泡酒,具有舒筋活血的功能,果实具有较高的药用价值。

7）常见病虫害防治

在生长期中,佛手常发生红蜘蛛,介壳虫,蚜虫和煤烟病,应及时防治。红蜘蛛,蚜虫可喷 50% 的敌敌畏 800～1 000 倍液。介壳虫可喷 20% 的灭扫利乳油 5 000 倍溶液。煤烟病主要发生在夏季,可喷水将叶面洗净,并注意通风透光,保持环境清洁卫生,也可用 200 倍波尔多液喷洒。

7.5.4　石榴 Punica granatum（图7.48）

别名:安石榴、海榴、若榴。石榴科石榴属。

1)形态特征

落叶灌木或小乔木,从根茎分枝成为多干植株,树皮粗糙,鳞片状剥落,灰褐色。幼枝常是四棱形,无毛,枝条顶端常为刺状。叶倒卵状长椭圆形,无毛而有光泽,在长枝上对生,在短枝上簇生。全缘,叶脉在下面凸起,叶柄短,新叶呈红色。花两性,5—8月在小枝顶端开花,红色,有单瓣和重瓣之分。浆果近球形,古铜黄色或古铜红色,9—10月成熟。成熟时果皮易裂开,露出种子,其外种皮透明,富含汁液,酸甜可口。

2)生态习性

原产伊朗、阿富汗和中亚一带。喜阳光充足、温暖、湿润的气候,有一定耐寒力,在 -15 ℃以下温度常有冻害。对土壤要求不

图7.48　石榴

严,在肥沃、湿润而排水良好的石灰质土壤中生长较好。有一定的耐旱能力,在平地和山坡均可生长。耐瘠薄,忌水涝,萌蘖性强。

3)繁殖方法

可用扦插、压条、分株法繁殖,多用扦插法,也可用播种法繁殖。

(1)扦插法　在早春发芽前可用硬枝插法,在夏季用当年生枝进行嫩枝扦插,也可在秋季8—9月将当年生枝带一部分老枝剪下插于室内。

(2)压条法　在培育树桩盆景时可用粗枝压条法进行繁殖。

(3)分株法　选优良品种植株的根蘖苗进行分栽。

(4)播种法　将种子洗净后阴干,沙藏至第二年春季进行播种。

4)栽培管理要点

盆栽石榴宜"间干间湿、宁干不湿",尤其是花果期,不能过湿。因石榴耐旱,但过干或过湿易裂果、落果。石榴喜肥,生长季节应注意"薄肥勤施",7～10 d 浇 1 次腐熟的饼肥水。

盆栽石榴要求全日照,阳光充足。炎夏不怕烈日暴晒,越晒开花越艳。高温干燥、背风向阳是形成花芽、开花、结果的重要条件。若光照不足,只长叶不开花,所以光照直接影响开花和结果。

春季修剪应注意保留健壮的结果枝,剪去不充实的病虫枝、细弱枝,短截徒长枝。生长期应适当摘心,抑制营养生长,以促进花芽形成和维持一定的树形。

盆栽石榴每2～3年换盆1次。每年春季芽萌动前结合换盆增施腐熟的有机肥,换盆时还应修剪枝条,剔除腐烂的老根。

5)园林品种

石榴有以下变种:

（1）白石榴　花白色,单瓣。

（2）黄石榴　花黄色。

（3）玛瑙石榴　花重瓣,红色,有黄白色条纹。

（4）重瓣白石榴　花白色,重瓣。

6）园林用途

石榴树姿优美、叶碧绿而有光泽,花色艳丽如火而花期又长,正值花少的夏季,更加引人注目。宜丛植于庭院,也可配植于假山、亭、廊之旁。矮化型石榴可盆栽,也可作树桩盆景,既可观花又可赏果。

7）常见病虫害防治

桃蛀螟是石榴的蛀果害虫,每年发生 2～3 代。幼虫在每年 6—7 月从花萼处侵入幼果进行危害。在幼虫危害期,可用棉球浸入敌百虫 300 倍药液中,然后将棉球塞入花萼处,当幼虫通过花萼时,即被毒死。对石榴新生枝上的蚜虫危害,发生时可用 40% 的乐果 1 500 倍溶液喷洒。

7.5.5　冬珊瑚 Solanum Pseudocapsicum（图 7.49）

别名:珊瑚豆、寿星果、吉庆果、万寿果。茄科茄属。

1）形态特征

常绿小灌木花卉,株高 30～80 cm。叶互生,长椭圆形至长披针形,边缘呈波状。花小,白色。花期春末夏初。浆果橙红色或黄色,球形,果实 10 月成熟,冬季不落。

2）生态习性

原产欧、亚热带。喜阳光、温暖、湿润的气候。耐高温,35 ℃以上无日灼现象。不耐阴、也不耐寒,不抗旱,夏季怕雨淋、怕水涝。对土壤要求不严,但在疏松、肥沃、排水良好的微酸性或中性土壤中生长旺盛。萌生能力强。

图 7.49　冬珊瑚

3）繁殖方法

通常采用种子繁殖。室内 3—4 月进行盆播,播后盆上罩盖玻璃或塑料薄膜保温、保湿。露地 4 月份播种,苗床土以疏松的沙质壤土最好,播后覆土 1 cm,经常保持床土湿润,15 d 后发芽出土。

4）栽培管理要点

在长江以南可露地越冬,落叶休眠,春暖后自老茎上再萌发新叶,其他地区盆栽。当小苗长到 6～10 cm 高时,带土球上盆,盆土宜选用疏松、肥沃、排水良好的沙壤土。上盆后要浇透水,注意遮荫、通风,经 1 周缓苗后,可逐渐见光。浇水见干就浇,夏季要防止积水烂根。生长季节和开花前,每 15 d 左右施 1 次腐熟的稀薄肥水,以促进生长。开花坐果期,应控制施肥,少浇水,保持土壤湿润。冬季移入室内。若室温过高会造成落果、落叶、萌发新枝,消耗植株养分。越冬期间经常向植株喷水,保持叶和果清洁。4 月中旬可移至室外换盆。

5）园林品种

品种有矮生种、橙果种、尖果种。

6）园林用途

冬珊瑚夏秋开小白花,秋冬观红果,果实橙红色,长挂枝头,经久不落,十分美观。夏秋可露地栽培,点缀庭院;冬季盆栽于室内观赏。

7）病虫害防治

主要病害有炭疽病。用75%百菌清600～700倍液喷洒叶片正反面,防治效果较好。主要虫害有介壳虫。用50%的敌敌畏800～1 000倍液喷洒或根部埋施呋喃丹,埋后浇水。

7.5.6 南天竹 Nandina domestica（图7.50）

别名:天竺、天竹。小檗科,南天竹属。

图7.50 南天竹

1）形态特征

常绿直立小灌木。株高1米左右,幼枝常为红色。叶对生,一至三回羽状复叶,具长柄,小叶革质,椭圆状披针形,全缘,深绿色,冬季变红色。大型圆锥花序,顶生,花白色,花期5—10月。浆果球形,熟时鲜红色,内有种子2个,扁圆形,果熟期9—11月。

2）生态习性

原产我国长江流域及陕西、广西等地,日本、印度也有分布。喜温暖、湿润、通风良好的半荫环境,怕阳光直射。较耐寒,北方盆栽需室内越冬。适生于疏松、肥沃、富含腐殖质、排水良好的沙质培养土。较耐旱,能耐弱碱。

3）繁殖方法

一般采用播种、扦插和分株法繁殖。播种繁殖:秋季果熟后可随采随播,播后放于高温温室内,需2～3个月出苗,露地秋播于次年清明前后可陆续出苗,也可将种子沙藏至翌年春季播种。分株繁殖:春季萌芽前结合翻盆换土时进行,1～2年后即可开花结果。扦插应选一年生充实枝条作插穗,长15～20 cm,可春季硬枝插,也可夏季软枝插,插后浇透水,并注意遮荫、保湿。

4）栽培管理要点

要使南天竹叶美果艳,在栽培管理中应注意以下几点:

南天竹2～3年换盆1次,以春季进行最好,盆土以疏松、肥沃、富含腐殖质、排水良好的沙质培养土为佳。结合换盆时,剪除部分老根,同时从基部疏去细弱枝、干枯枝、病虫枝、过密枝等,一般保留枝条3～5枝,保持株形整齐,枝条疏密均匀。

浇水应以"见干见湿、不干不浇、浇则浇透"的原则,夏天浇水要充足,同时每天早晚向枝叶及花盆周围喷水,以增加空气湿度。开花期间浇水适量,勿使水量忽多忽少,盆土忽干忽湿,以免落花落果。春秋浇水不宜过多,以保持盆土湿润为佳,冬季应严格控制浇水。

南天竹幼苗宜薄肥勤施,每隔 10～15 d 施 1 次稀薄腐熟饼肥,同时每月施 1 次硫酸亚铁水。成年植株早春及深秋各施 1 次干肥即可,冬天停止施肥。

春夏应放在荫凉处,避免强光直射,否则叶色不正,难以结果。冬天搬进室内,放在半阴处,以防止冻坏。

5)园林品种

常见栽培品种有玉果南天竹,浆果成熟时为白色;锦丝南天竹,叶色如细丝;紫果南天竹,果实成熟时为淡紫色;圆叶南天竹,叶圆形,且有光泽。

6)园林用途

南天竹茎干丛生,枝叶扶疏,果实累累,鲜红艳丽,经久不落,秋冬季节叶片变红,是冬季重要的观果、观叶花卉之一,常被用以制作盆景或盆栽置于阳台或室内观赏。

7)常见病虫害防治

介壳虫常危害枝叶。可喷洒 50% 敌敌畏 800～1 000 倍液或 40% 的乐果 1 000～1 500 倍液进行防治。

7.5.7 火棘 Pyracantha fortuneana(图 7.51)

别名:红果树、救兵粮、火把果、救军粮。蔷薇科,火棘属。

1)形态特征

常绿小灌木,其侧枝短,顶端呈刺状。单叶互生,倒卵状长椭圆形,先端钝圆或微凹,叶缘有圆钝锯齿,基部渐狭而全缘,两面无毛。复伞房花序,花白色。梨果近圆形,橘红或深红色,缀满枝头,经久不落。花期 4—5 月,果期 10 月。

2)生态习性

原产我国华东、华中及西南地区。喜光、喜温暖、湿润的气候,抗旱耐瘠薄,山坡、路边、灌丛、田埂均有生长。适生于疏松、肥沃、排水良好的土壤上。萌芽力强,耐修剪。

图 7.51 火棘

3)繁殖方法

采用播种或扦插法繁殖。播种,可于果熟后采收,随采随播,也可将种子阴干储藏至翌年春播。扦插可在 2—3 月进行,也可在雨季进行嫩枝扦插。

4)栽培管理要点

火棘是喜阳树种,要求植株全年都要放在全日照环境下养护,特别是秋季要求光照充足,使植株健壮并形成花芽。火棘耐旱不耐湿,浇水应以"不干不浇,浇则浇透"的原则进行,盆土不能太潮湿。

由于火棘开花多,挂果时间长,且挂果较多,营养消耗快,从春季萌芽时开始,每隔 15～30 d 要施肥 1 次。秋季果实逐渐成熟,需肥量加大,所以秋季施肥量要适当加大,每隔 10～20 d 施 1 次,施肥以富含磷、钾的有机肥为主,少施无机肥。

火棘生长快,要经常进行修剪和摘芽。秋季修剪时,剪去徒长枝、细弱枝和过密枝,留下能开花结果的枝头,并确保挂果枝能享受充足的光照。结果后再长出的新枝可随时剪除,保持植株的冠幅不变,且结出的果实都在冠幅的外层,果熟后,观赏效果更佳。

为防止冻害,冬季可将火棘移到背风向阳处或移到室内越冬。越冬期间要经常检查盆土,如盆土过分干旱,要浇1次透水防冻。1~2年换盆1次,以春季进行最好,需带土球栽植。盆土选用疏松、肥沃的腐叶土或园土。

5)园林品种

常见园林品种有:

(1)狭叶火棘　叶狭长,全缘,倒卵状披针形,果实橙黄色。

(2)细齿火棘　叶长椭圆形,边缘具齿,果实橙红色。

6)园林用途

火棘枝叶繁茂,春季白花朵朵,入秋红果累累,经久不落,是观花观果的优良盆栽植物。可用作绿篱及盆景材料,也可丛植或孤植于草地边缘。

7)常见病虫害防治

主要虫害有介壳虫、蚜虫等,介壳虫用呋喃丹埋入盆土中进行防治,蚜虫用40%的氧化乐果1 000倍液喷杀;主要病害有白粉病、煤烟病等,白粉病和煤烟病可用波尔多液或多菌灵进行防治。

7.5.8　枸骨 Ilex cornuta(图7.52)

别名:考虎刺、猫儿刺、鸟不宿。冬青科,冬青属。

图7.52　枸骨

1)形态特征

常绿小乔木或灌木。树皮灰白色,平滑不开裂。枝条开展而密生,形成圆形或倒卵形树冠。叶互生,革质坚硬,长椭圆状,表面深绿色而有光泽,背面淡绿,光滑无毛。花小,黄绿色,簇生于二年生枝条的叶腋。核果球形,大如豌豆,熟时鲜红色。花期4—5月,9月果实成熟。

2)生态习性

原产我国长江中下游各省。喜光照充足,也能耐阴。喜温暖、湿润的气候,不耐寒。喜疏松、肥沃、排水良好的酸性土壤,在中性及偏碱性土壤中也能生长。须根少,较难移栽。生长缓慢,但小枝萌发力强,耐修剪,对二氧化硫、氯气等有害气体抗性强。

3)繁殖方法

可采用播种或扦插法繁殖,也可挖掘根部萌蘖苗进行栽植。播种繁殖在9—10月果熟时采种,去除果皮,低温层积沙藏,于翌年春季3—4月在露地条播,行距20~25 cm。幼苗怕晒,出苗后应搭棚遮荫,培育2~3年后,即可出圃栽植。枸骨在自然条件下极易自播繁衍,故播种较易繁殖。

枸骨的实生苗生长缓慢,多进行扦插繁殖,扦插一般在梅雨季节采取当年生嫩枝带踵,经常喷水以提高空气湿度,45 d可生根。

4)栽培管理要点

枸骨由于须根较少,移植时必须带土球。定植后,要适当浇水,除草松土,宜在秋季或春季2—3月,追施磷、钾肥,以促进生长。盆栽枸骨宜选用富含有机质、疏松、肥沃、排水良好的酸性土壤,一般在春季2—3月萌动前上盆,栽后浇透水,放在半荫处缓苗2~3周。生长期间保持土壤湿润而不积水,并经常向叶面喷水。夏季高温时应加强通风,稍作遮荫,防止烈日暴晒。枸骨耐修剪,剪去干枯枝、病虫枝、过密枝及徒长枝。冬季移至阳光充足的低温温室内,保持盆土稍干,0 ℃以上可安全越冬。每年春季换盆1次,盆土以腐叶土、园土和沙土各1份。

5)园林品种

园林中有黄果枸骨和无刺枸骨两种。黄果枸骨果实暗黄色;无刺枸骨是枸骨的一个变种,叶缘无刺。

6)园林用途

枸骨枝叶茂密、叶形奇特,浓绿而有光泽,入秋红果累累、经久不凋,艳丽可爱,为良好的观果、观叶树种。宜作基础种植及岩石园材料;也可孤植于花坛中心,对植于路口或丛植于草坪边缘。同时又是很好的绿篱和盆景材料。

7)常见病虫害防治

易发生介壳虫,可喷洒80%敌敌畏1 000~1 500倍液进行防治。冬季易患煤烟病,使叶变黑,加强通风透光,喷洒50%乐果乳剂2 000倍液防治。

盆栽多肉多浆

7.6 多浆花卉盆栽

7.6.1 仙人掌 *Opuntia dillenii*（图7.53）

别名:仙巴掌。仙人掌科,仙人掌属。

1)形态特征

多年生常绿肉质植物。茎直立扁平多分枝,扁平枝密生刺窝,刺的颜色、长短、形状数量、排列方式因种而异。花色鲜艳,花期4—6月。肉质浆果,成熟时暗红色。

2)生态习性

大多原产美洲,少数产于亚洲,现世界各地广为栽培。喜温暖和阳光充足的环境,不耐寒,冬季需保持干燥,忌水涝,要求排水良好的沙质土壤。

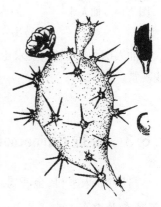

图7.53　仙人掌

3) 繁殖方法

常用扦插繁殖,一年四季均可进行,以春、夏季最好。选取母株上成熟的茎节,用利刀从茎基部割下,晾1~2 d,伤口稍干后,插入湿润的沙中即可。也可用嫁接、播种法繁殖,但因扦插繁殖简易,所以嫁接和播种不常使用。

4) 栽培要点

培养土可用等量的园土、腐叶土和粗沙配制,并适当掺入石灰少许;也可用腐叶土和粗沙按1:1比例混合作培养土。植株上盆后置于阳光充足处,尤其是冬季需充足光照。仙人掌较耐干旱,但不能忽视必要的浇水,尤其在生长期要保证水分供给,并掌握"一次浇透,干透再浇"的原则。生长季适当施肥可加速生长。11月至次年3月,植株处于半休眠状态,应节制浇水、施肥,保持土壤适当干燥即可。

仙人掌姿态独特,花色鲜艳,常作盆栽观赏。在南方,多肉多浆花卉常建成专类观赏区,北方的一些观赏温室里也设有专类观赏区,其中各类仙人掌是重要的组成部分。多刺的仙人掌种类在南方常用作樊篱。

多肉中的贵族

7.6.2　仙人球 *Echinopsis tubif lora*（图 7.54）

属于仙人掌科,仙人球属。

图 7.54　仙人球

1) 形态特征

幼龄时植株为球形,老株呈圆柱状,高可达75 cm。球体暗绿色,具棱11~12条,棱规则而呈波状。刺锥状,黑色。花着生于球体侧方,为长喇叭形,白色,傍晚后开放,次晨即凋谢。

2) 生态习性

仙人球原产阿根廷及巴西南部的干旱草原。生长环境为阳光充足但夏季有草丛遮荫,夏季雨量充沛而冬季十分干燥。

3) 繁殖与栽培

仙人球易孳生仔球,多用仔球进行扦插繁殖,方法同仙人掌。播种也容易出苗。

仙人球习性强健,要求土壤排水良好,冬季阳光充足,夏季需适当遮荫,越冬防止霜冻。盆栽观赏。

7.6.3　金琥 *Echinocactus grusonii*（图 7.55）

科属:仙人掌科,金琥属。

1) 形态特征

茎球形、深绿色,多棱。刺窝甚大,刺多而密,金黄色扁平硬刺放射状,顶端新刺座上密生黄色绵毛。花着生于茎顶,长 4~6 cm,黄色。花期 6—10 月。

2)生态习性

原产墨西哥中部至美国西南部的沙漠或半沙漠地区。性强健,要求阳光充足,夏季应置于半阴处。不耐寒,冬天温度维持 8~10 ℃。喜含石灰质的沙砾土。

3)繁殖与栽培

图 7.55 金琥

金琥易于播种繁殖,种子发芽容易,但种子不易取得。扦插、嫁接繁育也容易,但不易产生小球。可在生长季节将大球顶部生长点切除,促生仔球,待仔球长至 1 cm 左右时,切下扦插或嫁接。嫁接常用量天尺作砧木,接于较长的砧木上,生长快些,嫁接 1 年的金琥直径可达 5 cm,两三年可达 10 cm。这时可带 5 cm 左右砧木切下扦插,使不伤球体,也更易生根。

欲使金琥快捷生长成大球,应注意肥水供给,在生长期每隔 10 d 左右施 1 次含磷为主的肥料。金琥生长快,每年需换盆 1 次。栽培时需通风良好及阳光充足,夏季给予适当的遮荫。

金琥形、刺兼美,适合单株盆栽观赏。还可建成专类园。

7.6.4 昙花 Epiphyllum oxypetalum (图 7.56)

别名:月下美人。仙人掌科,昙花属。

1)形态特征

昙花为多年生灌木。无叶,主茎圆柱形,木质;分枝扁平呈叶状,肉质,长阔椭圆形,边缘具波状圆齿。刺座生于圆齿缺刻处,无刺。花着生于叶状枝的边缘,花大,重瓣,近白色。花期 7—8 月,一般于夜间 9 时左右开放,每朵花仅开放几小时。

2)生态习性

原产墨西哥及中、南美洲的热带森林中,为附生类型的仙人掌科植物。喜温暖、湿润及半荫的环境,不耐暴晒。不耐霜冻,冬季能耐 5 ℃ 以上的低温。要求排水透气良好,含丰富腐殖质的沙质壤土。

图 7.56 昙花

3)繁殖方法

以扦插繁殖为主,在温室内一年四季都可进行,但以 4—9 月为最好。选用健壮肥厚的叶状枝,长 20~30 cm 插入沙床,18~24 ℃ 下,3 周后生根。播种繁殖常用于杂交育种。

4)栽培要点

上盆栽植时应施足基肥,在生长期每半月施一次腐熟的饼肥水。现蕾期增施 1 次磷、钾肥。但过量的肥水,尤其是过量的氮肥,往往造成植株徒长,反而不开花或开花很少。阳光过强则使叶状枝萎缩、发黄。应保持良好的通风条件,还应注意防积水。昙花叶状枝柔软,盆栽时应设立支架,并注意造型,提高观赏价值。

昙花夜间开放不便观赏,欲使白昼开放,可用颠倒昼夜法。将花蕾长约 5 cm 的植株,白天放于完全黑暗中,晚上 7 时至次晨 6 时,用 100 W 电灯进行人工光照,如此将昼夜颠倒 1 周左右,昙花便会在白天开放。

昙花常作盆栽观赏,在华南亦常栽于园地一隅。

7.6.5 蟹爪兰 Zygocactus truncactus (图 7.57)

图 7.57　蟹爪兰

别名:螃蟹兰、圣诞仙人花。仙人掌科,蟹爪兰属。

1) 形态特征

多年生常绿草本花卉。茎多分枝,常成簇而悬垂;茎节扁平,幼时紫红色,以后逐渐转为绿色或带紫晕;边缘有 2 ~ 4 个突起的齿,无刺,老时变粗为木质。花着生于茎节先端,花略两侧对称,花瓣张开翻卷,多淡紫色,有的品种还有粉红、深红、黄、白等色。花期通常 12 月至次年 3 月间。

与蟹爪兰非常相似的有仙人指。仙人指是蟹爪兰与蟹爪 (*S. russellianum*) 杂交育成的杂种。生长更加繁茂快速,茎节边缘没有尖齿而呈浅波状,茎皮绿色。花近辐射对称。

2) 生态习性

原产巴西热带雨林中,为附生类型。喜温暖、湿润及半荫的环境。喜排水、透气性能良好、富含腐殖质的微酸性沙质壤土。不耐寒,越冬温度不低于 10 ℃。

3) 繁殖方法

常用扦插和嫁接法繁殖。扦插繁殖在温室一年四季都可进行,但以春、秋两季为最好。剪取成熟的茎节 2 ~ 3 节,阴干 1 ~ 2 d,待切口稍干后插于沙床,保持湿润环境即可。

嫁接在春、秋两季的晴天进行。常用三棱箭、仙人掌作砧木。取生长充实的蟹爪兰 2 ~ 3 节作接穗,进行髓心嫁接。1 个砧木可接多枝接穗,成活后"锦上添花"。

4) 栽培要点

要注意肥水管理,浇水要视具体情况,全年大部分时间要保持土壤湿润,盆土不可过干、过湿,否则会造成花芽脱落。生长期每隔 10 ~ 15 d 施 1 次腐熟、稀释的人畜粪尿或豆饼液肥。要特别注意施花前肥,但不施浓肥。为保持盆土排水良好,每年可在花后进行翻盆。翻盆时施足基肥。夏季要遮荫、避雨,通风良好。蟹爪兰茎节柔软下垂,盆栽时应设立支架并造型,使茎节分布均匀,提高观赏价值。

蟹爪兰是短日照花卉,光照少于 10 ~ 12 h,花蕾才能出现。要使提前开花,可采用短日照处理。自 7 月底、8 月初起,每天下午 4 时到次日上午 8 时,用黑色塑料薄膜罩住,"十一"前后花蕾就可逐渐开放。为了促进花芽的形成,处理期间逐渐减少浇水,停止施肥。

蟹爪兰枝繁花丽,是冬春优良盆栽观赏花卉。

多肉植物徒
长怎么办?

7.6.6　长寿花 Kalanchod blossfeldiana cv. Tomthumb（图 7.58）

别名:寿星花。景天科,长寿花属。

1)形态特征

为多年生常绿多浆花卉。植株光滑,直立。叶肉质,有光泽,绿色或带红色,交互对生,叶形因品种不同有较大区别。聚伞花序,花冠具 4 裂片,有红、橙、粉、白等色,冬春开花。

2)生态习性

原产非洲马达加斯加岛。耐干旱,喜阳光充足。夏季炎热高温时生长迟缓,冬季低温(5~8 ℃)时叶片发红,0 ℃以下受害。择土不严,喜肥沃沙壤土。日照性明显。

3)繁殖与栽培

扦插繁殖,通常在初夏或初秋进行枝插。剪取约 10 cm 长的枝段,插于沙床,保持环境湿润即可。也可剪取带柄叶片进行叶插。

图 7.58　长寿花

长寿花多盆栽观赏。浇水掌握“见干见湿”原则,过湿易烂根。定期追施腐熟液肥或复合肥,缺肥时叶片小,叶色淡。夏季适当遮荫、降温,冬季宜保持 12~15 ℃。花后剪去残花,翻盆换土,促长新枝叶。

长寿花株形紧凑,花朵繁密,花期长,是冬春盆栽观赏的优良花卉。

7.6.7　生石花 Lithops pseudotruncaatella N.E.Br.（图 7.59）

别名:宝石花、石头花、曲玉。番杏科,生石花属。

1)形态特征

多年生常绿多肉多浆花卉。无茎。2 片叶肥厚对生,密接成缝状,形成半圆形或倒圆锥形的球体,形似卵石,灰绿色。成熟时自顶部裂缝分成两个短而扁平或膨大的裂片,花从裂缝中央抽生。一般每年开花 1 次,黄色或白色。花期 4—6 月。

2)生态习性

图 7.59　生石花

原产非洲南部。喜温暖、干燥和阳光充足的环境。畏强光和寒冷,生长适温为 20~24 ℃。要求排水良好的沙质壤土。

3)繁殖与栽培

以播种繁殖为主。生石花种子细小,播种繁殖量大,4—5 月进行盆播,管理精细,保持 25 ℃左右的温度,约 7~10 d 发芽。

盆栽用土为腐叶土 4 份、贝壳粉 3 份、粗沙 3 份混合。春秋两季气温适宜,是生石花生长旺盛期,夏季因温度过高,植株进入休眠期。春、秋季每 3 d 左右浇水 1 次,使盆土略干燥,每月施 1 次复合肥水,5—6 月应加大浇水量,浇水最好采用盆底浸水法,防止水从顶部浇入植株缝中发生腐烂。冬季严格控制浇水,保持充足光照,温度维持在 13 ℃以上。

盆栽观赏,甚为奇特,若盆土表面放置与其形状、大小相似的卵石,则更有情趣和观赏性。

7.6.8　山影拳 Cereus spp.f.monst（图 7.60）

别名:仙人山、山影、太湖。仙人掌科,山影拳属(天轮柱属)。

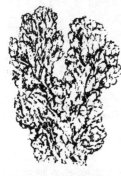

图 7.60　山影拳

1)形态特征

多年生常绿草本。茎肉质,肥厚而粗壮,分枝呈拳头状。通常茎生长发育不规则,具深浅不一的纵沟及不规则的脊,全体呈熔岩堆积姿态,清奇而古雅,脊上生长刺座,具褐色刺,有毒。花白色,喇叭状,花径可达 10 cm 左右,夜开昼合。花期多在夏秋季,红色浆果。

2)生态习性

原产阿根廷北部及巴西南部,现各地广泛栽培。习性强健。喜光照充足,亦耐半阴。耐旱性极强,不耐水湿。耐瘠薄、耐盐碱。喜排水良好而较肥沃的沙壤土,冬天越冬温度不低于 5 ℃。

3)繁殖方法

多用扦插繁殖,生根容易。扦插以春秋两季最好。插穗可切取母株上生长充实且影响株形的变态茎,置阴凉通风处 2~3 d,待切口干燥后再插,入土 2~3 cm,保持沙土潮湿,半月左右即可生根。

也可采用嫁接繁殖。砧木选用 2~3 年生的仙人球,去除子球,将仙人球顶部 1/3 削平,切取山影拳健壮分枝,与砧木髓心对齐,压实,10~15 d 愈合成活。

4)栽培要点

山影拳多作盆栽观赏。生长季放通风向阳处。盆土宜稍干燥,浇水宜少不宜多。山影拳一般不需施肥,水肥多会引起徒长,影响株形,且易发生腐烂死亡。夏季高温干旱季节,将山影拳移至通风良好处,经常喷水增加空气湿度预防红蜘蛛危害。冬季寒冷地区应移入室内,保持室温 5 ℃以上。

山影拳是优良的盆栽观赏植物,其肉质茎浓绿古雅,像层层布满青苔的旱石盆景,情趣盎然。

7.6.9　令箭荷花 Nopalxochia ackermannii（图 7.61）

科属:仙人掌科,令箭荷花属。

1) 形态特征

灌木状,形似昙花。主杆细圆,分枝扁平,叶片状,有时三棱,边缘具疏锯齿,齿间有短刺,中脉明显,并具气生根。花着生在茎先端两侧,花大而美,白天开放,花色有紫、粉、红、黄、白等色。花期 4 月。

2) 生态习性

原产墨西哥。为附生型仙人掌类。喜温暖、湿润气候及富含腐殖质的土壤,不耐寒。

3) 繁殖与栽培

扦插繁殖,温室内一年四季均可进行,以 5—9 月最好。取二年生叶状枝,剪下后阴干 1~2 d,待切口稍干后插于沙床,保持湿润,20~30 d 生根。

图 7.61　令箭荷花

生长期要求湿度较大,需勤浇水,增加喷雾。生长期每半月施 1 次稀薄液肥,现蕾期增施 1 次磷肥,促使花大色艳。夏季需遮荫,冬季需阳光充足。冬季保持室温 10 ℃左右。盆栽观赏。

趣味水果
盆栽制作

7.6.10　虎刺梅 Euphorbia milii Desmoul. (图 7.62)

别名:铁海棠、麒麟刺、龙骨花。属于大戟科,大戟属。

1) 形态特征

为常绿亚灌木花卉。茎粗厚,肉质,有纵棱,具硬而锥尖的刺,5 行排列在纵棱上。叶通常生于嫩枝上,无柄,倒卵形,全缘。花小,2~4 枚生于顶枝,花苞片鲜红色或橘红色,十分美丽。花期全年,但冬春开花较多。

2) 生态习性

原产热带非洲。喜阳光充足,在花期更是如此。耐旱,不耐寒。温度太低时,叶子脱落而进入休眠。要求通风良好的环境和疏松的土壤。

3) 繁殖与栽培

图 7.62　虎刺梅

扦插繁殖:6—8 月期间,从老枝顶端剪取 8~10 cm 长的枝作插穗,插穗伤口有乳汁,可在伤口涂抹炉灰并放置 1~2 d 后,插于湿润素沙中。插后 2 个月生根,翌年春季分栽。

栽培管理容易,注意盆上不能积水,浇水应掌握一次浇透,干透再浇的原则。生长期施以腐熟稀释的人畜粪尿。冬季保持室温 15 ℃以上。盆栽观赏。

复习思考题

1.怎样进行上盆、换盆的实际操作工作?

2.盆花的浇水方式有哪些?

3.举出 10 种常用盆栽观花花卉,说明它们的生态习性和生产管理要点。

4.大花惠兰和蝴蝶兰有哪些不同? 栽培中如何处理?

5.举出几种夏季不耐炎热的花卉类型,如何让它们安全度夏?

6.举出几种喜酸性土的花卉,说明栽培要点。

7.简述仙人掌、金琥、山影拳的栽培要点。

8.简述昙花、蟹爪兰的繁殖与栽培要点。

8 切花生产技术

[本章导读]

本章是花卉生产技术的重要章节。介绍了切花生产的一些基本概念,包括切花的含义及应用,切花的寿命与品质,切花的采收、分级、保鲜和贮运技术等。重点叙述了四大鲜切花菊花、香石竹、唐菖蒲、月季和新兴切花百合、非洲菊、霞草、红掌等生产栽培技术,目的是使读者掌握重要切花的生产技术。

8.1 切花的含义及应用

8.1.1 切花的含义

切花又称鲜切花,是指从活体植株上切取的,具有观赏价值,用于花卉装饰的茎、叶、花、果等植物材料。鲜切花包括切花、切叶、切枝。经保护地栽培或露地栽培,运用现代化栽培技术,达到规模生产,并能周年生产供应鲜花的栽培方式,称切花生产。

切花生产具以下 4 个特点:一是单位面积产量高、效益高;二是生产周期短,易于周年生产供应;三是贮存包装运输简便,易于国际间的贸易交流;四是可采用大规模工厂化生产。

8.1.2 切花的应用

切花主要用于插花。插花作品讲求造型优美、色彩协调、气韵动人。所用的素材是有生命力和富于变化的植物材料,因而具有浓厚的自然气息和强烈的艺术感染力。在装饰上具有随意性,可适应各种室内环境,满足各类布置的需要。

(1)艺术插花 它具有较高的艺术意境,多用于艺术欣赏、环境装饰形式。主要形式有瓶花、盘花、篮花、小品花等;插花又可分为西方式、东方式和现代自由式插花 3 种。西方式插花以欧美等国家传统插花为代表作,多采用几何形和图案式构图,花材排列紧密而整齐,用花量大,着重表现造型和色彩,具有热情奔放、端庄、大方的艺术风格。东方式插花,以中国和日本传统插花为代表作,多采用不对称式构图,花材用量少,着重表现花材神韵及形式美,具有优美典雅、意境深邃的艺术特点。现代自由式插花兼有东、西方插花特点,主题着重于写意或遐想,具有不拘泥于构图形式,思路广泛,常抛开插花容器的局限,自由抒发个性的时代风格。

(2)礼仪插花 它用于国事、外事、商务、会议和民俗等礼仪活动的花卉装饰形式,表达庆贺、迎送、祝愿与慰问等。礼仪插花大多采用西方式插花手法,主要形式包括花篮、花环、花束、胸花、桌饰和花圈等。花篮,多用于迎送贵宾、重大节日、会议庆贺、开业庆典、生辰祝贺等场合。花环,欧美国家常在情人节、母亲节、圣诞节等活动中运用,东南亚国家常用花环迎接宾客。花束用于表达庆贺、慰问和祝愿之意,形式也较多,有单面观赏的花束和四面观赏的花束之分。胸花,也称襟花,又分大花型和小花型两种,常用于婚礼、宴会场合等。桌饰,多用于宴会餐桌,以体现丰富、热烈的气氛。花圈,常用于丧事和悼念活动,以表达怀念、崇敬之意。

8.2 各种因素与切花品质的关系

切花的茎被切断后,收获上市,茎虽然被切断,但切花是有生命的,它的茎、叶、花等各器官仍进行着呼吸和蒸腾等各种生理活动。因此依收获后处理方法的不同,切花的寿命有很大的变化。但是,寿命的长短从表面上判断是很难的。所以要重视切花的品质评价,特别是长距离运输,如何维持鲜切花的寿命是非常重要的课题。切花品质劣化的原因主要有以下3个方面。

(1)吸水不良 这是切口的导管进入气泡或者导管有异物不畅通所致,后者从切口流出的乳汁或者吸水时进入细菌等都会导致导管不畅通。另外高温引起叶面失水多与吸水量时,会出现与吸水不良时相同的症状。

(2)有机物的消耗 切花体内的有机物用于呼吸作用,并随温度的增高消耗的有机物增多,由此,落花、落蕾、叶片的黄化等品质劣化的症状就会很快地显现出来。

(3)乙烯的产生 乙烯能促进花瓣的萎蔫、褪色(香石竹等),花和花蕾快速凋落(香豌豆等),是影响切花品质劣化的重要原因之一。

因此,切花采收后,正确处理切口使切花吸水顺畅,栽培中采用良种和良法促进有机物的积累,采后减少有机物的消耗,抑制乙烯的生成,提高切花品质。

8.3 切花栽培管理技术

8.3.1 切花栽培的方式

(1)土壤栽培 土壤栽培有露地栽培和保护地栽培两种:露地栽培季节性强、管理粗放,切花质量难保证;保护地栽培可调节环境,产量高、品质好,能周年生产,是鲜切花生产的主要方式。

(2)无土栽培 一是岩棉栽培,二是无土混合基质栽培。常用的混合基质原料有泥炭、蛭石、珍珠岩、沙子、锯末、水苔、陶粒等。

主要切花

8.3.2 主要切花栽培技术

1) 菊花 Dendranthema × grandiflorum (图 8.1)

菊花原产我国,为菊科菊属宿根花卉,菊花是世界上销售量最大的切花之一,占鲜切花总产量的 30%。菊花形态特征、生态习性、繁殖方法、病虫害防治等详见宿根花卉:菊花。

(1)切花菊栽培管理技术

①品种选择:切花菊一般选择平瓣内曲,花型丰满的莲座型和半莲座型的品种。要求瓣质厚硬,茎秆粗壮挺拔,节间均匀,叶片肉厚平展,鲜绿有光泽,并适合长途运输和贮存,吸水后能挺拔复壮。我国作为切花菊栽培的大多数品种都是从日本和欧美引进的,如"秀芳系列"、"精元系列"等。

②栽培类型:

a. 电照栽培:主要用于短日照秋菊的抑制栽培,通过电照抑制茎顶端花芽分化,延迟开花,以达到花期控制的目的。电照处理一般可以在初夜或深夜进行,深夜间歇性电照效果好,8—9 月每夜电照 2 h,10 月上旬以后每夜电照 3 ~ 4 h。电照停光前 1 周至停光后 3 周这段时期内,须保持夜温 15 ~ 17 ℃以上,才能保持花芽分化正常进行。

图 8.1 菊花

菊花电照装置一般采用白炽灯、荧光灯等。近几年试用高压汞灯、高压钠灯等节能灯用于菊花电照栽培,取得了较好的效果。在电照装置配置过程中,必须保持菊花生长点处达到 50 lx 以上的照度,才可有效抑制花芽分化。

b. 遮光栽培:主要用于短日照秋菊的促成栽培,一般用黑膜或银灰色遮光膜遮盖来延长黑暗的时间,促进花芽分化,提早开花,以调节花卉市场。

遮光栽培应保持茎顶端照度 5 lx 以下时,才可有效促进花芽分化。遮光栽培中,遮光的时间取决于花期控制目标及遮光时植株的高度。一般典型秋菊遮光时间可在开花目标期前 60 d,株高 35 ~ 45 cm 时处理为宜,每日保持短日照 10 h 以下,一般傍晚 5 时开始遮光,凌晨 7 时左右揭幕。遮光栽培常用于夏秋菊出花。

c. 两度切栽培:两度切栽培为秋菊年末采花后,选择基部优良的吸芽 2 ~ 3 支,整理后再次栽培开花的一种形式。两度切栽培的品种应选择早春开花性较好的品种,如黄秀芳、白秀芳等。一般在第一次采花后,从近地表部选择吸芽 2 ~ 3 个进行培养,其余全部剥除,并保持 10 ℃左右的温度和 14.5 h 以上的日长(每晚电照 3 ~ 4 h)。低于 10 ℃应进行加温处理,花芽分化前 1 周及分化后 3 周保持 16 ℃以上的夜温,如目标花期在 5 月份之前,则无需进行遮光处理;5 月份以后出花的,应在 3 月下旬进行遮光处理,方法同遮光栽培。

③定植:

a. 定植期:根据不同系统和栽培的类型(多本或独本)、摘心的次数及供花时间,选择适宜的定植期。一般秋菊摘心栽培的定植期控制在目标花期前 15 周左右。另外,定植期选择还需要考虑花芽分化期的温度条件是否适宜。

b.定植密度:一般多本栽培的每平方米栽植 20 株左右,每株留 3~4 个分枝;独本的每平方米栽培 60 株左右。采用宽窄行,每畦种 3~4 行,株距 8~10 cm。

c.定植方法:将专门制作的菊花网铺设在已整好的种植床上,根据已设计好的密度在网格孔中定植。以后随着植株的生长,逐渐将网格上移。在 60 cm 高度时将网格固定,保持植株直立生长。定植后要立即浇定根水。夏季炎热时定植,要适当遮荫,成活后再揭除。

④肥水管理:菊花喜肥沃土壤。秋菊每 100 m² 施有效成分氮 2.0~2.5 kg,磷 1.5~1.8 kg,钾 1.8~2.0 kg。施肥分基肥和追肥。一般秋菊及电照菊基肥量为全年标准施肥量的 1/3~2/3,夏菊为 70%,促成栽培为 60%。夏菊集中在 3—4 月分 1~2 次追肥;秋菊摘心后 2 周及花芽分化时分 2 次施入;1—3 月出花的补光菊,在摘蕾期再补施 1 次。一般现蕾前以氮肥为主,适当增施磷、钾肥。植株转向生殖生长时,可暂停施肥,待现蕾后,可重施追肥。追肥宜薄肥勤施。菊花忌水涝,喜湿润。必须经常保持土壤一定持水量,土壤干燥、易造成菊花根系损伤。

⑤整枝、抹芽、摘蕾:多本栽培的切花菊摘心后萌发多个分枝,留 3~4 个,其余的全部除去。以后分枝上的叶腋再萌发后的芽及独本菊的腋芽都要及时抹去,以减少养分消耗。现蕾后,对独本栽培的,要将侧蕾剥除,仅保留植株顶端主蕾;而多头菊及小菊一般不摘蕾或少量摘蕾。菊花摘蕾时,用工量集中,需短时间内完成,不可拖延,否则影响切花质量。

⑥立柱、张网:切花菊茎高,生长期长,易产生倒状现象,在生长期确保茎干挺直,生长均匀,必须立柱架网。每当菊花苗生长到 30 cm 高时架第 1 网,网眼为 10 cm×10 cm,每网眼中 1 枝;以后随植株每生长 30 cm 时,架第 2 层网;出现花蕾时架第 3 层网。

(2)采收　剪取花的适期,应根据气温、贮藏时间、运输地点等综合考虑,一般在花开 5~8 成情况下剪取。剪花应在离地面约 10 cm 处切断,采收后去除下部 1/4~1/3 部分的叶片,按标准分级。当多头型中枝上的花盛开,侧枝上有 2~3 朵透色时采收。同级花枝每 10 枝或 20 枝绑成 1 束,为保护花头,用薄膜或特制的尼龙网包扎花头。

2)香石竹 *Dianthus caryophyllus* L.（图 8.2）

香石竹又名康乃馨,为石竹科石竹属宿根花卉,原产南欧,为世界著名切花,现广为栽培。

(1)形态特征　香石竹株高 50~100 cm,多分枝,茎秆硬而脆,节膨大;叶对生,呈披针形,花顶生,聚散状花序,花萼分裂。

(2)生态习性　香石竹多为四季性开花,长日照促进生育和开花,短日照条件下侧枝生长多,日照不足影响生育和开花。适宜的生长温度为昼温 21 ℃,夜温 12 ℃。夏季温度超过 30 ℃ 以上时明显生育不良,冬季 5 ℃ 以下生育迟缓。香石竹喜肥,通气和排水性好,腐殖质丰富的黏壤土,忌连作。土壤 pH 值为 6.0~6.5。

(3)繁殖方法　香石竹可用扦插、播种、组织培养等方法繁殖。生产上用苗多以扦插为主。扦插法繁殖香石

图 8.2　香石竹

竹要建立优良的母本采穗圃。采穗圃应设防虫网,防止害虫侵入感染病毒,导致种性退化。扦插最好采用母本茎中的二三节生出的侧芽作插穗。当侧枝长到 6 对叶时,即可采下 3~4 对叶;经整理后,保留的"三叶一心"即三对叶一个中心,基部浸生根剂处理。在温度 20 ℃ 左右,15~

20 d 能生根起苗。

香石竹种苗冷藏可促进生长,提高花茎和切花质量,冷藏的温度为 0 ~ 1.5 ℃。

(4)栽培管理要点

①栽培类型:香石竹的作型有春作型、冬作型和秋作型。春作型 4—5 月定植,10 月份以后的秋冬花型,是目前栽培面积最广的作型;冬作型主要是 12 月份定植,翌年 6—7 月出花;秋作型 9 月定植,3—4 月出花。除此之外,还有多年作型,即一次定植,连续 2 ~ 3 年收获。

②定植:香石竹喜肥,不耐水湿,忌连作。连作时,应对土壤进行消毒,定植前最好测一下 EC 值和 pH 值。深翻土壤,施足基肥,基肥以腐熟的有机肥为好。香石竹定植后到开花所需时间,会因光强、温度与光周期长短而变化,最短 100 ~ 110 d,最长约 150 d。根据市场供花需求,可以适当调节定植的时间。考虑到气候、市场等因素,上海地区一般大多采用 4—5 月份定植模式。香石竹定植床一般宽 90 ~ 120 cm 种 6 行,密度 15 cm × 18 cm,定植深度以浅栽为好,即栽植后原有插条生根介质稍露出土表为宜。

③摘心及花期控制:香石竹定植后经 1 周即可正常生长,2 ~ 3 周可做第一次摘心,促侧芽生长。第一次摘心后保留 3 ~ 4 个侧芽,以后根据需要可再摘心 1 ~ 2 次。生产中常采用以下 3 种摘心方式,不同摘心方式对切花产量、品质及花期等有不同的影响。

a. 单摘心(1 次摘心):仅摘去原栽植株的茎顶尖,可使 4 ~ 5 个营养枝延长生长、开花,从种植到开花的时间最短。

b. 半单摘心(1.5 次摘心):即原主茎单摘心后,侧枝延伸足够长时,每株上有一半侧枝再摘心,即后期每株上有 2 ~ 3 个侧枝摘心。这种方式使第一次收花数减少,但产花量稳定,避免出现采花的高峰与低潮问题。

c. 双摘心(2 次摘心):即主茎摘心后,当侧枝生长到足够长时,对全部侧枝(3 ~ 4 个)再摘心。双摘心造成同一时间内形成较多数量的花枝(6 ~ 8 个),初次收花数量集中,易使下次花的花茎变弱,在实践中应少采用。

香石竹可通过摘心控制花期,一般 4—6 月做最后一次摘心,可在 80 ~ 90 d 后为盛花期;7 月中下旬最后一次摘心,可在 110 ~ 120 d 后形成盛花期;8 月中旬最后一次摘心,可在 120 ~ 150 d 形成盛花期。为保证 12 月至翌年 1 月为盛花期,最后一次摘心时间为 8 月初。

为了达到周年均衡供花,除了控制定植时期外,还须配合摘心处理,调节香石竹开花高峰。以上海为例,具体做法是:

第一种,2 月初定植,进行 1 次摘心。6 月底始花,第一次开花高峰在 7 月,第二批在元旦、春节上市,翌年的 5—6 月第三批花上市,可延至 7 月初。

第二种,3 月初定植,选用夏季型品种,不进行摘心。6 月中旬开花,一般 1 个月内采花结束,第二批花在国庆节期间上市,第三批花在翌年 3—4 月收获。

第三种,4—5 月定植,这是目前采用最多的定植时间,一般进行 1 次半摘心。7 月始花,为一级枝开的花,8—9 月为二级分枝形成的花,如此循环,注意冬季管理,就能保持一定的产花量。如进行 2 次摘心,则第一批花集中在 10—11 月上市,并可延续到元旦,到翌年 4—5 月又有一个产花高峰,此时花质量好,花期可以延续到 5 月的第二个星期日,即"母亲节"前后。

第四种,6 月上旬定植,主要满足春节供花。种植后进行 2 次摘心,以保证产花量。入冬后,注意加强温度管理,元旦期间,即可有大量鲜花上市,一直延续到春节。第二批又可在"母亲节"期间形成产花高峰。

第五种,9月上旬定植,选择"夏季型"品种,进行1次摘心,翌年4—5月为产花高峰,可供"母亲节"用花。由于品种具有耐高温性状,在7—8月仍有优质花供应上市。

④张网:香石竹在生长过程中需张网3~4层。当苗高距畦面15 cm时,张第一层网。以后随着茎的生长而张第二、第三层网,网层之间隔25 cm左右。张网的要求:拉正、拉直、拉平,以免生育的后半期整个植株的重量都落在下部的茎上,引发病虫害发生。

⑤肥水管理:小苗定植后即浇透水。定植初期,多行间浇水,以保持根际土壤干燥。生长旺盛期,可适当增加浇水量。

香石竹施肥苗期要掌握薄肥勤施。从幼苗定植到切花收获的整个生育期,都要有充足肥料的供应。基肥要充足,追肥要淡而勤施。可施稀薄的有机液肥。生长旺盛期,结合供水进行追肥,在生长中后期逐渐减少氮肥用量,适当增加磷、钾肥用量。花蕾形成后,可每隔一星期喷1次磷酸二氢钾,以提高茎秆硬度。

⑥抹芽和摘蕾:香石竹摘心后,除保留作为花枝的目标分枝外,其余的应全部抹去。植株拔节后在茎干的中下方发生侧枝,也应及时抹去。除多头型香石竹外,主蕾以外的花蕾应及时剥除,以保证足够的养分供主蕾发育。

⑦环境控制:

a.温湿度管理:香石竹喜湿润,但不耐涝,生长过程中应避雨栽培。10月中旬以后应覆盖薄膜,进行保温,白天应充分换气和通风,冬季温度寒冷地区可通过棚内设置2~3层膜进行保温,必要时进行加温,但应注意充分通风,以防止病害发生。温度调控应由栽培者掌握,科学地控制日夜温度变换模式,见表8.1。湿度在夏秋冬春随光照强弱而调整。光强时,湿度可略高。

表8.1　日夜温度变换模式

单位:℃

季节	春	夏	秋	冬
白天	19	22	19	16
夜间	13	10~16	13	10~11

b.光强管理:香石竹对光的要求是已知植物中最高的一种。强光适合香石竹健壮生长。过度遮荫,光强仅2 000~4 000 lx则引起生长缓慢、茎秆软弱等现象。

c.光照长度管理:白天加长光照到16 h,或晚上10点到凌晨2点用电照光来间断黑夜,或全夜用低光强度光照,都会对香石竹产生较好的效果。随着光照时间与强度的增加,光合作用加强,有利于加速营养生长,促进花芽分化,提早开花期,提高产花量。

⑧病虫害防治　香石竹在高温高湿条件下易发病,一旦发病后较难控制,所以在整个生育过程中必须十分注意防病工作,一般每隔7~10 d防病1次,并经常注意棚室的通气管理。

香石竹栽培中常见的病害有茎腐病、锈病、细菌性斑点病、萎凋病、白绢病、立枯病、病毒病及一些生理性的病害等。

香石竹常发生的虫害有蚜虫、白粉虱、蓟马、红蜘蛛等,可用氧化乐果、扑虱灵、克螨特、双甲脒等交替喷杀。虫害主要有蚜虫、青虫、螟虫、叶螨等,发生后用不同的杀虫剂交替防治。

(5)采收　香石竹花苞裂开,花瓣伸长1~2 cm时,为采收最佳时期。蕾期采收的香石竹需放在催花液中处理。每20枝或30枝成一束,去除基部10~15 cm残叶后水养出售。

3）唐菖蒲 *Gladiolus hybridus* Hort.（图8.3）

别名菖兰、剑兰、十样棉，为鸢尾科唐菖蒲属球根植物，唐菖蒲是世界著名的四大切花之一，花色繁多，花型多姿，是花篮、花束、插花的良好材料。

图8.3　唐菖蒲

（1）形态特征　球茎扁圆形，有褐色皮膜；基生叶剑形，互生。花葶自叶丛中抽出，穗状花序顶生，花色丰富。

（2）生态习性　唐菖蒲属于喜光性的长日照植物，生育适温为20～25 ℃，球茎在4～5 ℃时萌动。日平均气温在27 ℃以上，生长不良。不耐涝，适宜的土壤 pH 为6～7。唐菖蒲极不耐盐，EC 值不宜高于2 mS/cm；对氯元素较敏感，用自来水浇灌时应特别注意。切花生产上根据开花习性分为春花种和夏花种，夏花种根据生育期不同，分为早花种（50～70 d 开花）、中花种（70～90 d 开花）、晚花种（90～120 d 开花）唐菖蒲在长出2～3叶时，基部开始花芽分化；4叶时花茎膨大至明显可见；6～7叶时开花，新球在母球上方形成，母球则逐渐枯死；花后一个月，新球成熟可采收贮藏。

（3）繁殖方法　以分球繁殖为主，将子球（直径小于1 cm），小球（直径2.5 cm以下）作材料。3月初冬播，繁殖期间及时除草，每2周施一次肥。经2～3年栽培后，球茎膨大成为开花的商品球（直径4 cm以上）。

（4）栽培管理

①种植前准备：选择四周空旷，无障碍物造成荫蔽，无空气污染，地势高燥的土地种植。土壤用福尔马林消毒，球茎用托布津或高锰酸钾浸泡消毒。

表8.2　唐菖蒲球茎大小与栽培密度的关系

球茎大小（周长）/cm	每平方米栽植数/个
6～8	60～80
8～10	50～70
10～12	50～70
12～14	30～60
14以上	30～60

②定植：唐菖蒲常规栽培的时间，要根据地域、品种、供花时间等因素而确定。花期要避开高温季节。地下水位高的地方，宜采用垄栽或高畦栽种。畦宽1.0～1.2 m，高15～20 cm，唐菖蒲的种植密度视球茎大小而定。球茎越大，种植密度宜稀些；小球可适当密植。一般种植密度为50～80个/m² 球茎，见表8.2，供参考。

种植深度根据球茎大小、季节及土壤性质做适当调整。覆土标准为球茎高的1～2倍。球茎越大，种植应越深；土质黏重，种植要浅些，砂质土则深些；冬春季宜浅种，夏秋季宜深种。

③施肥：唐菖蒲球茎在生长前12周，本身可提供足够的养分使植株生长得很好，而且新种植球茎的根对盐分很敏感。除非土壤特别贫瘠，一般不需额外施基肥。但在生长期间，为保证唐菖蒲的生长发育，应注意按时追肥。追肥分三次：第一次在2片叶时施，以促进茎叶生长；第二次在3～4片叶时施，促进茎生长、孕蕾；第三次开花后施，以促进新球发育。唐菖蒲不耐盐，施肥要适量。含氟的磷酸盐不宜使用。

④浇水：若土壤干燥，在种植唐菖蒲球茎前几天应先灌水，使土壤湿润而又便于栽种操作。球茎栽植于水分适中的土壤环境中，12～14 d 内可以少灌水或不灌水，可使土壤的物理结构保持良好，又能使球茎顺利生根。

栽植后就要使球茎迅速生根。唐菖蒲根系对土壤通气孔隙的要求在 5% ~ 10%,为使根迅速生长,土壤持水量应控制在 25% 左右。若栽植后土壤干燥,要进行灌溉。若有覆盖物,可避免土壤水分蒸发。生长期适时浇水,经常保持土壤湿润,避免土壤干湿度变化过大,否则易引起叶尖枯干现象。在植株 3 ~ 4 叶时,应控制浇水,以利花芽分化。

⑤除草培土:经常除草、减少病虫害来源。一般在长到 3 叶时适当培土,以防止倒伏并兼有除草功能,还可促进球茎发育。

⑥防止生理病害:栽培唐菖蒲要注意预防两种生理病害。

a.叶尖干枯病:症状主要是自第三片叶以后,由于植株生长迅速,感受空气氟化物的污染,加上天气骤变、缺水、偏施氮肥影响叶尖细胞的抵抗力,使叶尖干枯。防治应选择远离工业区、砖厂的场地进行栽培,同时,要合理施用肥水,防止过干过湿变化太大。

b.盲花:盲花是指花穗孕育好以后抽不出来的现象。是唐菖蒲切花促成或抑制栽培中常发生的生理病害,使开花率降低。产生原因是由于花芽发育期间遇低温、短日照或光照不足引起的。防治要选用在低温、短日、弱光条件下都能开花的品种,采用体积较大的种球,避免栽植过密,限制一球一芽,抽穗前适当提高温度和光照,有必要可以进行加光。

(5)采收　花茎伸长出来,小花 1 ~ 2 朵着色即可剪花。唐菖蒲切花贮藏时要注意直立向上,以免花茎弯曲。因为唐菖蒲的向光性较强,若长时间平放,花穗顶端会向上弯曲。

4)切花月季 *Rosa hybrida* Hort.(图 8.4)

月季为蔷薇科蔷薇属灌木花卉,切花月季是由蔷薇属的原生种经无数次的杂交选育而成,一般称"现代月季"。月季在切花行业上占有极其重要的位置。

(1)形态特征　月季株高 20 ~ 200 cm 以上,茎有刺或少刺、无刺。叶互生,奇数复叶,小叶 3 ~ 5 枚。花单生,花瓣多数,花色丰富。

(2)生态习性　月季喜阳光充足,温暖、空气流通良好的环境,要求疏松、肥沃、排水良好的砂质壤土,土壤酸碱度 pH 值 6 ~ 7 为宜。条件适宜,一年四季均可开花。生育适温白天 20 ~ 25 ℃,夜间 13 ~ 15 ℃。夏季高温不利生长,30 ℃ 以上的高温加上多湿易发生病害。冬季 5 ℃ 以下能继续生长,但影响开花。最适宜的空气相对湿度为 75% ~ 80%,过于干燥,植株易休眠、落叶、不开花。

图 8.4　月季

(3)栽培品种　作为温室生产的切花月季品种,从品种特性角度衡量,应具备以下基本标准:

①一般应为高心卷边或翘角。

②重瓣性强,花瓣层数多且排列紧凑。

③花瓣质地厚实且质感好,外层花瓣整齐,无碎裂现象。

④花色鲜艳、纯正、明亮。

⑤花枝和花梗挺拔,支撑力强,具有一定长度。

⑥花朵开放过程较慢,耐插性好。

目前我国生产的切花月季主要品种有:

a. 红色系品种:萨曼莎(*Samantha*)、红衣主教(*Kardinal*)、红成功(*Red Success*)。

b. 粉色系品种:外交家(*Diplomat*)、索尼亚(*Sonia*)、贝拉(*Blami*)、火鹤(*Flamingo*)。

c. 黄色系品种:阿斯梅尔金(*Aalsmeer Gold*)、金徽章(*Gold Emblem*)、金奖章(*Gold medal*)、黄金时代(*Gold Times*)。

d. 白色系品种:白成功(*White Success*)、雅典娜(*Athena*)、婚礼白(*Bridal White*)。

(4)繁殖方法　用得较多的是嫁接育苗和扦插育苗。嫁接苗生长势好,切花质量和产量高;扦插苗前期生长慢,产量低,而后期生长稳,产量高,多用于无土栽培。

①嫁接育苗:芽接或枝接,砧木可采用十姊妹,野蔷薇(粉团)的实生苗或扦插苗,芽接适宜在 15 ~ 25 ℃的生长季节内进行。枝接适宜在每年的生长开始之前或即将休眠前不久进行。

②扦插育苗:整个发育期内均可进行,一般在 4—10 月较适宜。选开花 1 周左右的半成熟健壮枝条,注意不可选没开花的"盲枝"。将枝条剪成具有 2 ~ 3 个芽的小段,扦插时保留 1 片复叶,以减少水分蒸发,插条基部沾一些生长调节物质,如 IBA 或 NAA,以促进生根。插条间距 3 ~ 5 cm,插入基质 2.5 ~ 3.0 cm 插后喷透水。采用全光照喷雾育苗,可提高育苗成活率。

(5)栽培管理要点

①定植及壮苗养护:月季种植地应选择耕作层深厚,土壤肥沃的园地。定植前应深翻土壤至 40 ~ 50 cm,并施入充分腐熟的有机肥。耕翻后作定植床,南方多雨潮湿宜作高床,北方干旱宜作低床。月季定植的最佳时间是 5—6 月,当年可产花。栽植密度为 9 ~ 10 株/m²,定植后 3 ~ 4 个月内为营养体养护阶段,在此时期内,随时将花蕾摘除。当植株基部开始抽出竖直向上的粗壮枝条时,即可留作开花母枝,其粗度应大于 0.6 cm。

②作型:月季一次定植,连续收获 4 ~ 5 年,其作型有周年切花型、冬季切花型和夏秋切花型等。

③肥水管理:月季是喜肥植物。定植时施足基肥外,还可以结合每年冬剪在行间挖条沟施有机肥。有机肥可选用腐熟的鸡粪、牛粪等。追肥在生长季节内进行,每隔 2 ~ 3 周结合浇水追施 1 次薄肥。切花月季对磷肥需求量较高,氮、磷、钾比例为 1∶3∶1 为好,同时需要注意钙、镁及微量元素的配合施用。定植初期应使土壤间干间湿,肥料以氮肥为主,促成新根。在培养开花母枝阶段应加大水肥的供应,使植株枝叶充分生长,为开花打好物质基础。进入孕蕾开花期,水肥需要量增大,通常 2 ~ 3 d 浇 1 次水,施肥次数和每次施肥量均应增加。

④植株管理:植株管理主要有摘心、摘蕾、抹芽和修剪等。从定植到开花,绿枝小苗至少要进行 3 ~ 4 次摘心修剪。为培育更新枝,从主干基部抽出的粗壮枝条顶端长出的花蕾及嫁接成活的苗新梢长出的花蕾,一般都应及时摘除,使枝干发育充实。盛夏形成的花蕾无商品价值,也要及时摘除。

修剪是月季栽培中一项十分重要的措施,也是月季栽培中经常进行的操作。日常的修剪主要工作有:剪除生长弱的枝条;剪除植株的内交叉枝、重叠枝、枯枝及病枝、病叶等,以改善光照条件;根据生长需要,抹去影响整体生长的腋芽;及时摘除侧蕾;夏季采取折枝方法越夏,冬季可采取强修剪;每次采花应在花枝基部以上第 3 ~ 4 个芽点处剪断,注意尽量保留方向朝外的芽。

根据月季对温度敏感的特点,修剪的时期主要是冬、秋两季。夏季多不修剪,只摘蕾、折枝。冬季待月季进入休眠后、发芽之前进行,冬剪的目的主要是整修树型,控制高度。秋剪是在月季生长季节进行,主要目的是促进枝条发育,更新老枝条,控制开花期,决定出花量。月季的花期控制主要采用修剪的方法来达到。在日温 25 ~ 28 ℃的条件,剪枝后 40 ~ 45 d 可以第二次采花。修剪时保留 2~3 片绿叶,萌芽后每枝留 1~2 个健壮萌芽生长,其余抹去。

⑤温湿度管理:切花月季大多采用温室栽培和大棚栽培。夏季温度超过 30 ℃以上,不利于月季生长,可通过设遮阳网,充分打开窗户或拆除薄膜来降温;同时通过减少浇水来迫使月季处于休眠状态。入秋后,温度逐渐下降,月季生长又处于高峰期,应注意通风透气,晚间注意保温。冬季产花,要求晚上最低温度不低于 10 ℃。此外,冬季一般棚室内温度高,空气不流通,易引发月季病害大发生,需要选择晴朗的中午开窗,降低空气湿度。

⑥病虫害防治:在切花月季的温室生产中因地区不同,使用药剂各有其特殊性,生产者应在实际工作中适当调整农药的使用制度。

a. 病害:

● 月季白粉病:是普遍发生的病害,为害叶片、叶柄、花蕾及嫩梢等部位。露地栽培因地区气候环境而异,温室栽培可周年发生。室温在 25 ℃以上,白粉病便可发生为害,气温高、湿度大、闷热时发病较重。品种间抗病性有明显的差异。

防治方法:温室栽培中注意通风,控制湿度,降低发病条件。发现病叶病芽及早摘除,销毁。发芽前喷波尔多液或石硫合剂,生产期喷百菌清、粉锈宁等防治。硫磺熏蒸是至今为止防治月季白粉病的最有效措施。

● 月季灰霉病:芽为褐色和腐烂状,花受害变褐、皱缩,未摘除的老花更经常受害。尤其在潮湿环境中和雨季更严重。

防治方法:及早摘除老花并销毁。喷百菌清、代森锰锌等防治。

● 月季锈病:冬季高湿度条件下发病严重。茎、叶上发小橙红色斑点,不久表皮破裂,形成粉状病斑。喷代森锌、粉锈宁等防治。

月季黑斑病危害严重。叶上出现紫黑色圆形病斑或放射状斑,病斑上出现黑色小粒体,造成中下部叶全部脱落。

防治方法:及早清除病叶并销毁。适当降低相对湿度。喷代森锰锌或代森锌均可。

● 月季冠瘿病:为土壤杆菌传染。使植株生长不良,发病部位在根部或根茎附近。

防治方法:切除根瘤。定植前根系用链霉素(500 万 IU)液浸泡 2 h。土壤消毒。

● 月季病毒病:常见有花叶与线条病毒,叶片出现黄色斑块,有时呈环状或浅褐色或浅绿色环纹。

防治方法:淘汰病株并销毁。苗木在 38 ℃条件下维持 4 周,可消除植物体内病毒。

● 线虫病:主要为根结线虫病,根部出现大小不一的瘤状根结,内有白色圆形粒状物;受害株叶发黄变小;缺乏生机。

防治方法:主要是土壤消毒处理;其他用杀线虫药剂,如杀线硝乳剂(30% 二溴氯丙烷加 30% 硝基氯烷)、铁灭克等。

b. 主要虫害:主要虫害有蚜虫、蓟马、卷叶虫、金龟子、介壳虫等,要定期喷施杀虫药剂,如 50% 杀螟硫磷 1 000 倍液防治。

c. 生理失调引起的病害:

● 牛头蕾病:因花瓣发育不正常,花瓣变短,数量增多,形成超大花蕾头。形成原因不明,但往往在长势极健壮的枝条上出现。

● 落叶病:月季植株生长速率的剧烈变化,都会引起不同程度的脱叶,特别是在极健壮枝条打尖后。使用农药不当,5~7 d 内也会引起落叶;因二氧化硫、氨的刺激引起落叶是很常见的现象。

（6）采收　春秋两季以花瓣露色为宜,冬季以花瓣伸长,开放 1/3 为宜,花枝剪下后,立即插入盛有水的桶内,水中可放 0.8‰ 的杀菌剂,然后运到装花间进行分级包装,每 10 支或 20 支成 1 束。为保护花头,现多用特制的尼龙网套扎花头以保护。

5）百合花 *Lilium sp*

百合为百合科百合属鳞茎类球根花卉。百合品种繁多,商品价值高,除可做切花外,还可作布置花坛、花境。由于它的花大美观,花期长,若加以温度控制,周年均可开花;加上栽培容易,生长周期短,经济效益高,深受花卉生产者欢迎。目前,百合切花在中国市场属于高档切花,平均价格远高于常规切花,如月季等,仅次于红掌、鹤望兰等。切花百合在欧美已流行多年。近年来,百合生产在我国逐渐增加,主要在上海、北京、深圳等大城市,销量呈上升趋势。

（1）形态特征　地下鳞茎,阔卵状球形或扁圆形,外无皮膜,由肥厚的鳞片抱合而成。地上茎直立,叶多互生或轮生,外形具平行叶脉。花着生茎顶端,根据种类、品种不同,花形、花色差异较大。用切花栽培的百合,大致可分为亚洲百合杂种、东方百合杂种及麝香百合杂种,各品系生长周期不尽相同。

（2）生态习性　百合绝大多数喜冷凉湿润气候,耐寒性较强,耐热性较差。要求肥沃、腐殖质丰富、排水良好的微酸性土壤（pH 值 6.5 左右）及半荫环境。忌连作,不耐盐,EC 不超过 1.5 ms/cm。

（3）繁殖　主要用分球和鳞片扦插繁殖。

①分球:将小球春播于苗床,经 1～2 年培养,达到一定大小,即可作为种球种植。

②鳞片扦插:取成熟健壮的老鳞茎,阴干后剥下鳞片,斜插于湿润基质中,温度 20～25 ℃ 为宜,经 2～4 个月生根发芽,并在鳞片茎部长出数个小鳞茎,自鳞片扦插、生根、发芽到植株开花,一般需 2～3 年。

（4）栽培管理

①作型:百合的作型有促成栽培、抑制栽培、普通栽培等。

②种球的收获和低温处理:种球应于 6—7 月上旬适时收获,将有病虫害和受损的鳞茎剔除。并将鳞茎用甲氧乙氯汞 800～1 000 倍液浸泡 30 min 进行消毒,消毒后将鳞茎捞起,用清水洗净,晾干后进行冷藏。一般在 7～13 ℃ 的条件下冷藏 45～55 d。如要 10 月份供花,6 月下旬就开始处理,在 7～8 ℃ 条件下冷藏 6～7 周。

③催芽:如果种植前球根已正常萌发,即无需催芽。如果种植前尚未发芽,需在 8～23 ℃ 条件下进行催芽。方法是先铺 3 cm 左右厚的沙或锯末,将鳞茎置于基质上,再盖上 2～3 cm 的沙或锯末,浇水保温,4～5 d 即可发芽。

④栽培场地的准备:华南温暖地区可露地栽培。华中、华东、华北等地有盆植、箱植和床植。盆植、箱植能移动,可以集约地使用温室,而且水分容易调节,生育开花也很整齐,但盆、箱费用多。床植有地床植和台床植两种。地床植根群深,调节水分困难,且茎叶长的过大,降低切花的商品价值。台床植容易调节水分,但也要多花设备费用。

⑤土壤和基肥:无论哪种方式栽培,选取土壤和施足基肥都是重要的。土壤选排水、保水良好的黏质土壤最好,其次是轻黏土、轻砂土和黄土也可以。基肥用腐熟堆肥、饼肥、骨粉、草木灰等,以后追肥可用化肥。注意氮、磷、钾适量搭配,每 100 m² 施 0.4～0.8 kg。土壤的 pH 值 6.5

左右最好。

⑥定植栽培方法：定植的时间，可根据供花时间推算而定。定植时鳞茎的芽长到2~3 cm高为宜，栽植覆土以芽尖刚露出地面为好。栽植时要注意不能伤根和鳞茎。定植规格，盆植用中、大型盆，每盆栽2~3球，箱式栽植12~20球。定植后盆或箱尽可能置于凉爽处管理，床植也要遮光。定植后要充分浇水。高温时期要覆盖稻草防止干燥，同时注意通风，使幼苗生长健壮。

⑦温度：麝香百合生长期间的温度，一般维持白天25~28 ℃，夜间16~18 ℃，最低不能低于10 ℃。

⑧日照：除11月至翌年2月份外，均需遮阳网或苇帘遮荫，使光照减弱25%~30%，强光照与短日照都会使植株矮小，明显地降低切花质量。日照不足又会使开花数量减少，"盲花"增多。

⑨浇水及施肥：麝香百合栽植后过于干燥，会影响茎和花的生长；水分过多，茎叶又会徒长；干湿相差太大，会使"盲花"增多。因此，通过浇水掌握土壤合适的干湿度很重要。浇水应在晴天上午进行。栽培麝香百合，除施足基肥外，5~7 d需施一次稀薄液肥，补充植株营养，减少"盲花"的出现。

(5)采收　百合当第一朵花着色后，即可剪花。采收太早，花朵无法充分开放；过晚，运输时易损伤花瓣。

6) 红掌 *Anthurium andreanum* Linden(图 8.5)

图 8.5　红掌

红掌又名大叶花烛，安祖花、烛台花，为天南星科花烛属多年生常绿草本植物，是名贵的切花。

(1)形态特性　红掌根略肉质，节间短，近无茎。叶自根茎抽出，具长柄，有光泽，叶形呈长卵圆形，有光泽。花葶自叶腋抽出，佛焰苞直立展开，蜡质。卵圆形或心形，肉穗花序，圆柱状，花两性。佛焰苞的色彩有鲜红、粉红、白、绿等。浆果。

(2)生态习性　红掌原产南美洲热带雨林，喜温热潮湿而又排水畅通的环境。夏季生长的适温25~28 ℃，冬季越冬温度不可低于18 ℃，不耐寒。土壤要求排水良好。全年宜在半荫环境下栽培，冬季需充足阳光。

(3)繁殖方法　可用种子繁殖和分株、扦插、组培等。

①种子繁殖：要使红掌结种，必须进行人工辅助授粉，种子成熟后随采随播。通常用水苔作播种基质，点播，1 cm间距，播后盖上薄膜保湿，相对湿度控制在80%以上，温度30 ℃，大约3周发芽。出苗后，3~4年开花。

②分株繁殖：4—5月间，将成龄植株旁有生气根的子株带3~4片叶剪下，单独分栽。1年后即可产花。

③扦插繁殖：将较老的枝条剪下，每1~2节为一插穗。去除叶片，插入地温25~35 ℃的基质中，几周后即可长出新芽和根，成为独立植株。

④组织培养法：目前，国内外都采用组织培养技术来批量繁殖种苗，取叶片或叶柄作外植体，经消毒后，接种在诱导培养基上(1/2MS + BA1 mg /L)，约1个月后出现愈伤组织，再移入分化培养基(MS + BA1 mg /L)，和生根培养基(1/2MS + NAA0.1 mg /L)。形成完整植株，当小苗

长到 2 cm 时,便可出瓶移栽。

(4)栽培管理要点

①栽培床和基质准备:红掌根系生长需要有通气性良好的栽培基质、通气孔隙在 30% 以上。通常用泥炭、草炭土、珍珠岩或陶粒等按一定比例混合。栽培床要求深 35 cm。床底下铺 10 cm 厚的碎石,上面再铺 25 cm 厚的人工栽培基质。有条件者,最好采用滴灌法供水,滴灌可降低病害的发生,又可保持叶片和花的干净。栽培基质约 6 年应更换 1 次。

②定植:定植时苗距按 40 cm×50 cm 株行距。

③温度管理:红掌的生长适温为日温 25 ~ 28 ℃,夜温 20 ℃,能忍耐 40 ℃ 的高温,高出 35 ℃ 植株生长发育迟缓,忍耐低温为 15 ℃,18 ℃ 以下时生长停止。一般温度控制,冬季夜温维持在 19 ℃,夏季遮阳网下温度最好不超过 35 ℃,温度高时,应加强通风,温度低于 15 ℃ 时,要保温加温、注意防寒。

④光照:栽培红掌所需的光照以 15 000 ~ 20 000 lx 为宜,一般需遮光栽培。夏季温度高,光强过高,遮光率达 75% ~ 80%;冬季气温低,光强度弱,遮光率应控制在 60% ~ 65%。阴天时,应将遮阳网卷起,增加光照。

⑤肥水管理:生长期间,红掌理想的相对湿度在 80% ~ 85%,冬季低一些,由于栽培基质的透水性较高,追肥以液肥为主,可通过滴灌管浇灌专用红掌营养液,也可每月追施稀薄有机液肥,有些品种对钙、镁的需求量大些,具体的施肥可由叶片营养分析来确定,一般来说,叶片中氮的含量占叶片干重的 2%,磷的含量占干重的 0.16% 为宜。

⑥病虫害防治:炭疽病、疫病是红掌常见的病害。高温高湿是发生病害的主要原因,其防治方法有:一是加强栽培管理,浇水要适当,注意通风透光,发现病叶及时摘除烧毁;二是药剂防治,选用适宜的药剂,定期喷施。红掌常见的虫害有红蜘蛛、蓟马等。

(5)采收　当佛焰苞花苞充分展开,肉穗花序 1/3 变色时,为最佳的花枝采收时期。采收过早,花梗仍柔软,过迟,花色易褪,影响瓶插寿命。花枝采后,应立即插入盛有清水的桶中,水中放入杀菌剂。

7)霞草 *Gypsophila elegans* Bieb.(图 8.6)

霞草又名丝石竹、满天星,为石竹科丝石竹属的多年生宿根草花。切花生产上常作一年生栽培。满天星花枝纤细,繁茂,犹如繁星点点,配以其他色彩鲜艳的切花,可增添朦胧的美感。是世界上用量最大的配花材料,深受人们喜爱。

(1)形态特性　霞草株高 80 ~ 120 cm,根粗大,肉质、直根性。叶呈披针形,对生,无叶柄,冬季短日照时呈莲座状,抽薹后形成圆锥聚伞花序,花小,花径 0.5 ~ 1 cm,多为白色,少为桃红色。

(2)生态习性　霞草喜光照充足、干燥、凉爽的环境。为长日照植物。其花芽分化需 13 h 以上的日照条件。耐寒性较强,能抵御 -3 ℃ 的低温,也耐热。但高温高湿容易受害。适宜的生长温度为 15 ~ 25 ℃,10 ℃ 以下或 30 ℃ 以上,满天星易呈莲座状,2 ~ 5 ℃ 低温经 6 ~ 8 周可打破休眠,喜含石灰质、疏松透气、中性或微碱性的土壤。

(3)繁殖与育苗　主要有扦插法和组织培养法两种。

图 8.6　霞草

①扦插育苗:一般春、秋两季在母株花茎未伸长时,取展开 4~5 对叶的侧芽作插穗,除去最下位一节叶片,基部浸在 500 mg/L 的萘乙酸水溶液中 2~3 s,在以珍珠岩或砻糠灰为介质的苗床上进行扦插。扦插株行距为 3 cm×3 cm。插后一周喷雾保湿,20 ℃温度条件下,3 周左右生根。

②组织培养　取嫩茎顶段做外植体,分化培养基为 MS + 6BA0.5 mg/L + NAA0.1 mg/L,3 周后转入生根培养基 1/2MS + NAA0.05 mg/L。培养的光照条件为:光强 3 000~3 500 lx,每天光照 14~16 h;培养温度为 22 ℃,当根长至 1 cm 时即可出瓶栽植。

(4)栽培管理要点

①土壤准备:霞草根肉质,极怕涝,宜选择地势高、土质疏松、排水良好的地方种植。满天星是一种需肥较多的植物,定植前施入腐熟的有机肥并进行深翻。基肥用量为每 100 m² 施堆肥 300 kg,适量添加少量磷、钾肥,如草木灰、过磷酸钙等。

②作型:霞草自然花期在初夏,上海地区为 6 月上旬。生产上根据市场需求进行调节,大多以下半年 10 月至翌年 5 月为主要花期,主要作型是 6、7 月份定植,10、11 月开始出花,次年 6 月份换茬的一年作型(表 8.3)。

表 8.3　满天星切花周年生产安排(上海地区)

花　期	定植期	措　施
4 月中下旬至 7 月初	9 月底—12 月或 3~4 月	冬季无需加光,保温 5 月中旬摘心、整枝
10 月前后至 12 月	3—5 月	不摘心,6 月高温期回剪
1 月前后至 4 月初	6 月底—7 月中旬	8 月下旬重剪、补光

③定植:作高畦,畦面高出地面 30 cm。株距 30~40 cm,每畦种 2 行。定植深度为 3~5 cm。夏季晴天定植需盖遮阳网,并浇透水。满天星不耐涝,夏季需避雨定植。

④摘心、抹芽:霞草定植 1 个月后叶片长到 7~8 对时可摘心。摘心后两周会长出许多侧枝,当侧枝叶片伸展时,留 3~5 个侧枝,其余抹去,以保证切花品质。

⑤张网:为保证花直立向上生长,当株高 15 cm 时需张网,网格为 20 cm×20 cm,张网高度为 40~50 cm,只需一层即可,以后不需要将网格逐渐上移。

⑥肥水管理:霞草施肥以基肥为主,基肥在定植时施下。生长过程中追肥 3~4 次。一般定植成活后施薄肥 1 次,以氮肥为主;9 月天气转凉以后,植株发育加快,再追肥 1 次,以氮肥为主,抽花茎后,可再次追肥,此次以磷、钾肥为主,以提高切花质量和产量。

浇水以滴灌为佳,不宜用浸灌或漫灌方式浇水,以防积水,积水易引起根腐病。花芽分化时期应减少供水,以利茎枝坚实。

⑦补光:霞草为长日照植物,日照不足影响开花,冬季产花需要借助电灯补光来满足其长日照条件,以诱导花芽分化。具体做法是:在距植株顶部 60~80 cm 高处,挂 100 W 的白炽灯,约每 100 m² 一盏,自深夜 2 时起照明 2~4 h。补光开始时间以目标花期为依据,一般秋季补光后 2 个月进入开花期,冬季补光 2.5~3 个月后开花。

⑧温度:霞草营养生长阶段的温度宜保持在 15~25 ℃,抽花茎以后应保持在 10 ℃以上,冬季做好加温及保温工作。花芽分化阶段夜温不宜高于 22 ℃,否则易导致花畸形。

⑨病虫害防治:霞草在生育期间若不遇死苗,则病害较少。死苗的主要原因是立枯病、疫病

及青枯病,病源为镰刀菌引起。防治方法为:土壤消毒;避雨栽培;生育后期严格控水。虫害主要有螨类、蚜虫、菜蛾、小地老虎等,在发生初期用杀虫剂和杀螨剂进行防治。

(5)采收 花枝上花朵有50%左右的花已开放时为采收适期,采后应立即插入水中,让其充分吸水,再行包装。一般10支为1束,亦有以重量为单位扎成1束,套袋后水养。装箱后须在5 ℃下预冷再运输,也可在霞草20%开花时剪下,用催花液进行催花。最简单的催花液为:25 mg/L的硝酸银+50 g/L的蔗糖,处理6 h,室内温度保持15 ℃以上。

8)非洲菊 Gerbera jamesonii Bolus.(图8.7)

非洲菊又名扶郎花,为菊科大丁草属宿根花卉,原产南非,是世界上排名前几位的重要鲜切花。

(1)形态特征 茎短缩,叶呈莲座状基生,叶形长椭圆形,叶缘有浅裂,花茎从叶腋中抽出,单生。头状花序,花色丰富。

(2)生态习性 非洲菊喜阳光充足、空气流通的温暖气候,生育适温为20~25 ℃,10 ℃以上可继续生长。0 ℃以下或35 ℃以上高温生长不良,四季有花。以春、秋季为盛花期。土壤要求富含腐殖质、排水良好、pH值6~6.5的疏松土壤。在盐碱化严重的土壤中难以生长。

(3)繁殖与育苗 目前生产上多采用组织培养育苗,也可通过扦插、分株、播种等方法繁殖。

图8.7 非洲菊

①组织培养:以花托为外植体。分化培养基为:MS + BA10 mg/L + IAA0.5 mg/L,生根培养基为:1/2MS + IBA 1 mg/L。培养光照条件16 h,温度为25 ℃。

②扦插繁殖:将大株挖起,除去所有叶片,保留根颈部,栽于箱内,保持22~24 ℃。空气相对湿度70%~80%条件下,待萌发新芽后,将枝条根茎剥下扦插于基质中,25 ℃,80%~90%相对湿度下,3周后即可生根。

③分株繁殖:4—5月将大株分割,新株需带有部分芽及根,另行栽植。

(4)栽培管理要点

①定植:定植期根据气候和苗口而定,通常除夏季高温季节外,其他季节均可定植。春季定植秋季开花的作型是经常采用的一种。定植前先进行深翻,并施入大量腐熟有机肥,充分耕翻后作畦,一般畦宽80 cm,畦高30~40 cm,每畦二行种植,株距30 cm左右。土传性病害及螨类对非洲菊影响极大,所以应对土壤进行消毒灭菌和灭卵。非洲菊须根发达,宜浅栽,栽植过深,影响成活,而且生长发育不良。浅栽要求根茎露出地面土面1~1.5 cm。

②肥水管理:非洲菊为喜肥植物,定植时需施足基肥,每100 m² 施有效成分氮1.5 kg,磷2.5 kg,钾1.5 kg。只要温度适宜,一年四季均可开花,因而需在整个生育期不断进行追肥,一般每10~15 d施1次,以氮、磷、钾复合肥为主。生长期应充分供水,浇水时要注意叶丛中心不能积水。

③剥叶与疏蕾:剥叶的目的是:一可减少老叶对养分的消耗;二增加通风透光,减少病虫害发生;三还可以抑制过旺的营养生长,促使多发新芽。一般定植后6个月开始剥叶,一年生植株保持15~20枚为宜,2~3年植株20~25枚;同时过多的花蕾也适当疏除,以提高其品质。

④病虫害:非洲菊发生最严重的是叶螨,防治方法是:做好土壤消毒,及时摘除老叶,在发生期每隔7~10 d喷施农药。

（5）采收　待非洲菊舌状花瓣完全展开后采收。采后,花朵上可套上保护花环,10 枝1 束,立即放入水中吸水,以免花茎弯曲。花茎一旦弯曲不易恢复,这是在采收时应特别注意的。

9）金鱼草 Antirrhinum majus L.（图 8.8）

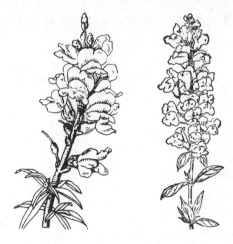

金鱼草又名金鱼花、龙口花。属于玄参科金鱼草属,为一年生切花栽培。在国际花卉市场上属后起之秀,由于生长期短,花色丰富,花期易于控制,产量高,成为深受欢迎的小切花。

（1）形态特征　植株茎直立,株高 30 ~ 90 cm,有腺毛。叶披针形或矩圆针形,全缘,光滑,长 2 ~ 7 cm,宽 0.5 cm,下部叶对生,上部互生。总状花序顶生,长达 25 cm 以上,花冠筒状唇形,外披绒毛,花色有白、黄、红、紫或复色等;蒴果卵形,孔裂,种子细小。

（2）生态习性　原产地中海沿岸及北非,性喜冷凉,不耐炎热,喜阳光,耐半阴。生长适温白天为 18 ~ 20 ℃夜间为 10 ℃左右。适宜在疏松、肥沃、

图8.8　金鱼草

排水良好的土壤上生长,pH 值为5.5 ~ 7.5。

（3）繁殖方法　切花品种都为 F_1 代种子,每克约有 6 400 粒种子,育苗土要求疏松无病菌,采用泥炭和蛭石为佳,发芽适温为 21 ~ 25 ℃,1 周内发芽,播前应浸种催芽,消毒处理。具好光性,光照催芽有利于萌发,拌土或砂播种,根据采花期确定播期,播后 90 ~ 120 d 开花,因品种而异,出现 2 对真叶后可移栽或上钵培养壮苗。

（4）栽培管理

①整地作畦:在保护地条件下栽培,应在整地时施入腐熟有机肥 3 kg/m²,并对土壤进行消毒处理,作畦高 15 ~ 20 cm,宽 80 cm,过道 50 cm,定植时要求苗高一致,无病虫害,根系完整。在 3 ~ 6 对真叶时定植较合适,如果采用单干生长,株行距为 10 cm × 15 cm;如采用多干生长,株行距为 15 cm × 15 cm。栽植时浇透底水,栽后 1 周内,及时扶正、浇水,并对部分缺苗处补苗。

②肥水管理:幼苗期需注意浇水,间干间湿为度,当花穗形成时,要充分浇水,不能出现干燥;在阴凉条件下,要防止过度浇水。

③调节温度:生长发育时,要求光照充足,冬季生产应加补人工光照,花芽分化阶段适温为 10 ~ 15 ℃,如出现 0 ℃低温会造成盲花现象。营养生长阶段温度太低,不利于形成健壮花穗,影响开花品质。

④张网:金鱼草栽培要设尼龙网扶持茎枝;用 15 cm × 15 cm 网眼较合适,随生长高度逐渐向上提网,部分品种,尤其密度大时应设两层网。采用多干栽培应摘心 2 次,形成 4 枝花穗,第一次摘心在植株即将抽高时期,可形成 1 对分枝,分枝抽高时,再分别摘心,同等高度,使之形成 4 个花枝。在成花抽高阶段,追施磷酸二铵和磷酸二氢钾复合肥,50 g/m²,也可喷施 0.2% 磷酸二氢钾,每周施 1 次。同时注意防治蚜虫及锈病。

（5）采收　最适期是花穗底下的 3 朵花开放时,剪的茎秆要尽量长一些,在早晨和傍晚时采收易保鲜。采收下来后按花色、品种及枝长分级包装,10 ~ 20 支1 束,装箱上市,由于金鱼草有向光性,采收后仍应直立放置,吸足水分,防止单侧光长期照射。

10）麦秆菊 *Helichrysum bracteatum* Andr.（图 8.9）

麦秆菊属于菊科蜡菊属，为一年生草本花卉。是一种新兴切花，近几年很受欢迎。它不仅是一种鲜切花，还能自然干燥作干切花，花色新鲜不褪色，是干切花插花的最佳材料。

（1）形态特征　株高 40～100 cm，分枝直立或斜伸，近光滑。叶片长披针形至线形，长5～10 cm，全缘，粗糙，微具毛，主脉明显。头状花序直径约 5 cm，单生于枝端。总苞苞片含硅酸，呈干膜质状，有光泽，似花瓣，外片短，覆瓦状排列；中片披针形；内片长，宽披针形，基部厚，顶端渐尖。瘦果，光滑，冠有近羽状糙毛。花期 7—9 月，品种多。

（2）生态习性　原产于澳大利亚，喜温暖和阳光充足的环境。不耐寒，最忌酷热与高温高湿。阳光不足及酷暑时，生长不良或停止生长，影响开花。喜湿润、肥沃而排水良好的黏质壤土，但亦耐贫瘠与干燥环境。

图 8.9　麦秆菊

（3）繁殖方法　种子 1 000 粒重 0.8～0.9 g，发芽适温为 20 ℃，有光条件下 5 天内发芽。南方采用秋播，春夏开花；北方地区采用春播，夏秋开花。采用室内育苗，不要播苗太密，有 3 片真叶时移苗，也可直播栽培。

（4）栽培管理

①整地作畦：选择阳光充足、通风及排水良好的地块作栽培场地。土壤施入少许基肥，肥料不用过多，以磷、钾肥为主，采用平畦或垄作，株行距 20 cm×40 cm。苗期加强水肥管理，使植株旺盛生长，分枝多。在花期减少浇水量，防雨淋，及时排水，中耕松土。

②摘心：在营养生长阶段，为了促进多开花，采用摘心促分枝。可摘 2 次，使每枝形成 6 个以上花枝，但不要太多，否则花小色淡。

（5）采收　多作干花用，应该在蜡质花瓣有 30%～40% 外展时连同花梗剪下，去除下部叶片后，扎成束倒挂在干燥、阴凉、通风的地方，阴干备用。要经常检查，防虫，防雨淋。

8.3.3　主要切枝花卉栽培技术

1）银芽柳 *Salix leucopithecia*（图 8.10）

银芽柳又名银柳、棉花柳等。为杨柳科柳属落叶灌木。主要观赏其银白色肥大的花芽。

（1）形态特征　植株基部抽枝，新枝有绒毛，叶互生，披针形，边缘有细锯齿，背面有毛，雌雄异株。花芽肥大，芽外有一紫红色的苞片。苞片脱落后，即露出银白色的花芽，肥大丰厚，形如笔头，花期 12 月至翌年 2 月。

（2）生态习性　银芽柳喜阳光、耐肥、耐涝，生长适温为 18～30 ℃，湿度60%～90%，在水边生长良好。最适土壤 pH 值为 6.0～6.5。对土壤的适应范围较广，以通透性能良好的砂壤土为宜。

（3）繁殖方法　银芽柳以扦插繁殖为主，春季 2 月份将枝条截成 10 cm 左右的插穗，基部浸蘸生长素后直接插入土中，插入土中部分为插穗长度的 2/3 左右。行株距为 15 cm×20 cm。

图 8.10　银芽柳

（4）栽培管理要点　整地时要施入足够的基肥，作畦后用塑料薄膜进行覆盖，以防杂草滋生。苗长至 14 片叶时摘心。整个生育期追肥 7~8 次。银芽柳的栽培管理较简单粗放。银芽柳常见的病害有立枯病、黑斑病、卷叶病等，虫害主要有夜盗蛾、红蜘蛛、介壳虫等。应及时使用化学药物防治。

（5）采收　银芽柳一般在 11 月中旬到翌年 1 月份采收。收获时自枝条基部剪下，采收前 15 d 左右应人工去除全部叶片。分级时将生长发育不良及芽苞稀少的枝条剔除，并将具有分叉的枝条和单枝分开，包扎成束，装箱运出或上市销售。合格的枝条要求芽苞密度适中，每米长度具有 38 个芽苞，苞大色红。

2) 梅花 *Prunus mume*

梅花属于蔷薇科李属，为多年生木本花卉。满天飞雪，万花凋谢之际，唯有梅花傲然挺立，喷红吐绿。梅花神、韵、姿、色、香俱佳，是我国的名贵花卉，市场供应量少，是价位高、高品位的艺术插花的首选花材。（栽培管理详见露地木本花卉生产梅花）

切枝梅花的采收　梅花切枝时间应在花蕾微露红或每枝上有几朵花半开时采收较适时。采切过早，因水分和营养原因会使花蕾干枯脱落或开花过迟，花色淡；采切过晚，会造成花脱落，开花时间短等现象。如就近使用，以半开时采切为佳。采收后 10 支 1 束，及时浸水，在水中放入保鲜剂和糖分，为了促开也可加入赤霉素 50~100 mg/L，能有效促开。使用时，应向枝条上喷雾，延长使用时间。

8.3.4　主要切叶花卉栽培技术

主要切枝、切叶

1) 肾蕨 *Nephrolepis cordifolia*（图 8.11）

肾蕨别名蜈蚣草，骨碎补科肾蕨属的多年生草本蕨类，是近年来常用的切叶植物。

（1）形态特征　肾蕨地下具有肉质块茎，块茎上可着生匍匐茎和根状茎，叶片羽状深裂，密集丛生，鲜绿色，叶背具孢子囊群，呈褐色颗粒状。

（2）生态习性　喜温暖潮湿，半荫环境，忌阳光直射。生长适温为 20~22 ℃，不耐寒，怕霜冻。冬季需保持在 5 ℃以上的夜温。喜富含腐殖质、排水良好的微酸性土壤，要求高湿，不耐旱，忌积水。

（3）繁殖方法　生产上以分株繁殖为主。通常在春季新叶抽生前进行，分株前保持土壤干燥，掘起老株。自叶丛间切成几块，5~6叶 1 丛，分栽定植即可。

（4）栽培管理　切叶肾蕨栽培可采用床植或盆栽。栽培床宽 90~100 cm，3 条种植，株距

图 8.11　肾蕨

20～25 cm。定植后,春、夏、秋三季需遮荫,冬季注意保温,生长季内每隔2～3周后追施一次肥料,经常保持土壤湿润并保持较高的空气湿度。

(5)采收　肾蕨一年四季均可切叶,当叶片由绿转至浓绿时,叶片发育成熟时可采收。切叶每20枝扎成1束,水养后包装上市。

2)铁线蕨 *Adiantum capillusveneris*(图8.12)

铁线蕨又名铁线草。属于铁线蕨科铁线蕨属,为多年生常绿草本切叶花卉。

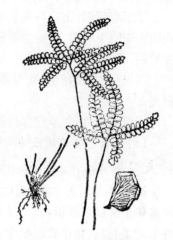

(1)形态特征　株高15～40 cm,根状茎横走,密生棕色鳞毛。叶片为2～4回羽状复叶,小叶片呈斜扇形或似银杏叶片,深绿色,孢子囊群生于叶背顶部。叶薄革质,叶柄黑色,光滑油亮,细而坚硬如铁线,茎叶常青,姿态优雅独特。

(2)生态习性　分布于长江以南各省,是钙质土和石灰岩的指示植物。性喜温暖湿润和半荫环境,忌强光直射。生长适温为18～25 ℃,喜疏松肥沃和含少量石灰质的砂壤土,冬季气温达10 ℃才能使叶色鲜绿,要求空气湿度大的环境。

(3)繁殖方法　常用分株和孢子繁殖,分株在春季新芽未萌发之前进行,从外层向内切块,每块内有3～4个小株,孢子繁殖常在地面自行繁殖,待长出3～4叶时,即可移栽,人工扩繁同肾蕨。

图8.12　铁线蕨

(4)栽培管理　选择阴湿环境栽培,配制培养土要求疏松通透,偏碱性,含有机质的土壤。按30 cm×30 cm定植,苗期叶面喷水保湿,防直射光。生产期应2周追1次稀肥水,不能浓肥沾叶,以免造成叶片枯斑。冬季气温12 ℃以上才能正常生长,定期剪除老叶,叶过密或强光直射都会造成叶片发黄。

(5)采收保鲜　当叶色变绿,茎枝黑亮挺拔时即可采收,采收过晚孢子成熟变色,叶枯黄早。采收后应整理叶片,摆平整,叶在同一侧,防止叶正反扭曲杂乱,失去观赏价值,采收后10支1束,分层放置在2～4 ℃条件下湿贮,或制干燥叶。

3)文竹 *Asparagus plumosus*(图8.13)

文竹别名云片竹,百合科天门冬属多年生常绿草本或藤本植物,原产非洲南部,文竹是优良的盆栽观叶植物,也是优良的切叶植物,常用于制作花篮、花束、胸花、台花等。

(1)形态特征　文竹茎纤细直立或呈藤本攀援状,丛生性强,茎长、光滑,叶小、退化成鳞片状,叶状枝水平展开。

(2)生态习性　文竹喜温暖潮湿气候和半荫环境,不耐寒,也不耐热,冬季最低温度不低于10 ℃,夏季若超过32 ℃,则生长停止,叶片发黄。喜疏松肥沃,排水良好的沙壤土。

(3)繁殖方法　文竹可用播种和分株育苗。

①播种:当年种子当年播种。3—4月,采种后立即点播于盆内,播后覆土0.5～1 cm,并保持一定的湿度。温度控制在

图8.13　文竹

20～25 ℃。出苗后苗高5 cm时,上小盆,每盆2～3株。

②分株:在春季结合翻盆换土进行,将株丛掰开上盆分栽即可。

(4)栽培管理

①定植:供切叶用的文竹栽培,可采用地栽法或大盆栽法。地栽前将土壤耕翻,并施入腐熟的有机肥,由于文竹的根系稍肉质、较弱,故土壤要求疏松肥沃、通气、排水性好。定植床宽80~90 cm,高畦,种两行,株距25~30 cm。

②肥水管理:定植后应及时加强肥水管理,生长期间常浇水,保持土壤湿润,忌干燥。大盆栽的则应间干间湿,否则会烂根。秋后减少浇水,生长期间每月追肥1~2次含氮、钾的薄肥,促使叶茂,开花后停肥。

③光照:文竹好半荫,夏季阳光直射,易造成枝叶发黄,应加遮阳网,春夏两季不宜见直射光。

④温度管理:冬季应保持防寒保暖工作,温度保持在5~10 ℃为佳。

(5)采收   文竹切枝叶均应从基部剪除。切叶枝不可过量,应保持足够的营养面积。

4)天门冬 Asparagus densiflorus(图8.14)

天门冬又名天冬草、武竹、郁金山草,为百合科天门冬属多年生常绿草本植物。天门冬草枝叶翠绿繁茂,有光泽,株形刚柔兼具,是重要的配叶材料。

(1)形态特征   根呈块状,茎丛生、蔓性、分枝力强。叶退化成鳞片状,着生茎节处,基部有3~5 cm硬刺。总状花序,花小,浆果,鲜红色,花期6~8个月,果实成熟期11—12月。同属有松叶天门冬(又称武竹),针状枝纤细而短,密集成簇,翠绿色,直立;狐尾天门冬(又称狐尾武竹),茎直立,针状枝成串着生,稠密成狐尾状。

(2)生态习性   天门冬宜在温暖湿润和荫蔽的环境下生长。不耐寒,最适生长温度为20~30 ℃,冬季最好在10 ℃左右。忌烈日及阳光直射,高温,易造成枝叶色发黄。对土壤要求不严。喜疏松肥沃、排水良好的沙质壤土,耐干旱,忌积水。

图8.14   天门冬

(3)繁殖方法   播种或分株繁殖。播种可在3—4月进行。去除浆果皮,浸种1~2 d。播种间距2 cm左右。播后覆土,保温。温度控制在20~25 ℃,约1个月发芽。由于天门冬用种子繁殖时间长,成苗慢。生产上常常在春、夏季采用分株繁殖方法。选取2年以上的植株,用利刀将株丛切成2~4份。剔除被切伤的纺锤状肉质根,分栽极易成活。

(4)栽培管理要点   天门冬生长快,适应性强,栽培管理简易。春夏季生长旺盛期,需要充足水分,每天应浇透水1次。注意不能有积水,一旦积水易造成烂根。秋后气温下降,应逐渐减少浇水。每半个月施肥1次,以氮、钾肥为主。天门冬怕强光照射,夏季应适当遮荫,并经常喷水降温。保持株丛翠绿。冬季应做好防寒保温工作,加强通风。3年以上的天门冬植株茎蔓老化,应淘汰或修剪更新。

(5)采收   天门冬枝叶从基部剪除,并与疏枝结合起来。注意,切枝叶不可过量,以保持足够的营养面积。剪后放在水中吸足水分,20支1束上市。

8.4 切花的采收、分级、保鲜和贮运

8.4.1 切花的采收

采收为保持切花有较长的瓶插寿命,大部分切花都尽可能在蕾期采收。蕾期采收具有切花受损伤少、便于贮运、减少生产成本(加快栽培设施周转、减少贮运消耗)等优越性,因此是切花生产中的关键技术之一。

由于切花种类多,各类之间在生长习性及贮运技术上存在明显差异。因此,具体的采收时间应因花而异。适于蕾期采收的种类有香石竹、菊花、唐菖蒲、香雪兰、百合等。月季也可蕾期采收,但必须小心操作,采收过早会产生"歪脖"现象。热带兰、火鹤花则不宜在蕾期采收。

8.4.2 切花的分级

分级时首先要剔除病虫花、残次花,然后依据有关行业标准进行分级。我国农业部已先后制定颁布了菊花、月季、满天星、唐菖蒲和香石竹切花的产品质量分级、检验规则、包装、标志、运输和贮藏的技术要求及标准,可作为切花生产、批发、运输、贮藏、销售等各个环节的质量标准和产品交易标准。

8.4.3 切花的包装

包装一般在贮运之前进行。切花包装前先进行捆扎,捆扎不能太紧,否则不但损伤花枝,而且冷藏时降温不均匀。包装规格一般按市场要求,按一定数量包扎。也有按重量捆扎的,如满天星、多头菊等。

8.4.4 切花保鲜方法

(1)冷藏 低温冷藏是延缓衰老的有效方法。一般切花冷藏温度为 $0 \sim 2 \, ℃$;一些原产于热带的种类,如热带兰、一品红、红掌等对低温敏感,需要贮藏在较高的温度中(表8.4)。

冷藏中相对湿度是个重要因子,相对湿度高($90\% \sim 95\%$)能保证切花贮藏品质和贮藏后的开放率。如香石竹在饱和湿度贮藏后的开放率是相对湿度 80% 贮藏后开放率的 $2 \sim 3$ 倍。欲保持较高的相对湿度,一方面应尽量减少贮藏室的开门次数,另一方面在包装时可采用湿包装。

除冷藏外,还有减压贮藏和气调贮藏等,这些贮藏方法需要一定的设备和条件。

表8.4   常见切花贮藏温度

切花名称	贮藏温度/℃		可贮藏天数/d	
	最低干藏	最高湿藏	最低干藏	最高湿藏
菊 花	0	2～3	20～30	13～15
香石竹	0～1	1～4	60～90	3～5
月 季	0.5～1	1～2	14～15	4～5
唐菖蒲	—	4～6	—	7～10
非洲菊	2	4	14	8
红 掌		13		14～28
香雪兰	0～1	—	7～14	—
紫罗兰	—	1～4	—	10
补血草	—	4	—	1～2

（2）保鲜剂   保鲜剂的主要作用是：抑制微生物的繁殖、补充养分、抑制乙烯的产生和释放、抑制切花体内酶的活性、防止花茎的生理堵塞、减少蒸腾失水、提高水的表面活力等。

常见保鲜剂的成分有：

①营养补充物质蔗糖、葡萄糖。

②乙烯抑制剂，如硫代硫酸银、高锰酸钾等。

③杀菌剂，如8-羟基喹啉盐、次氯酸钠、硫酸铜、醋酸锌等。

表8.5介绍了几种常用的切花保鲜剂。

表8.5   几种常用的切花保鲜剂

切花名称	保鲜剂成分
月 季	蔗糖3%＋硝酸银2.5% mg/L＋8-羟基喹啉硫酸盐130 mg/L＋柠檬酸200 mg/L
	蔗糖3%～5%＋硫酸铝300 mg/L
香石竹	蔗糖5%＋8-羟基喹啉硫酸盐200 mg/L＋醋酸银50 mg/L
菊 花	蔗糖3%＋硝酸银25 mg/L＋柠檬酸75 mg/L
唐菖蒲	蔗糖3%～6%＋8-羟基喹啉硫酸盐200～600 mg/L
非洲菊	蔗糖3%＋8-羟基喹啉硫酸盐200 mg/L＋硝酸银150 mg/L＋磷酸二氢钾75 mg/L
百 合	蔗糖3%＋8-羟基喹啉硫酸盐200 mg/L

8.4.5   切花的贮运技术

切花的运输是切花生产、经营中的重要环节之一。切花不耐贮运，运输环节中的失误往往会直接造成经济损失。

为使切花在运输过程中保持新鲜，可按品种习性适当提早采收。采收后立即离开温室，包装前进行必要的预处理。有条件的话，应配备专用的保鲜袋、保鲜箱和调温、调湿运输工具。适当降低运输途中的温度，特别是长途运输时更为必要。

良好的市场体系是缩短运输时间、减少损耗的又一个关键环节。在一定范围内应形成合理的销售网络,以最快的速度将切花发往各级批发、零售市场,以保证切花的品质。

复习思考题

1. 切花与切花生产的含义?
2. 切花栽培的方式怎样?
3. 切花菊栽培类型有哪些?
4. 简述切花菊栽培要点?
5. 如何通过定植与摘心技术控制香石竹的采收期?
6. 比较香石竹不同摘心方式对切花产量、品质及花期有何影响?
7. 香石竹栽培中如何控制栽培环境?
8. 如何提高唐菖蒲的开花质量?
9. 简述月季栽培要点?
10. 通过生产实践,你认为扶郎花优质高产的关键技术有哪些?
11. 怎样进行百合花的环境调控才能生产出优质百合花?

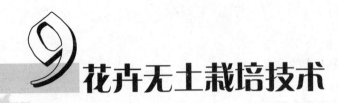

9 花卉无土栽培技术

[本章导读]

本章主要介绍花卉无土栽培基质的类型及特性、无土栽培营养液的配制及无土栽培的方法。要求在掌握无土栽培理论知识的同时,应加强实践操作训练,熟练掌握无土栽培技术。

根据国际无土栽培学会的规定,凡是采用天然土壤以外的基质(或仅育苗时用基质,定植以后不用基质)进行栽培植物的方法,统称为无土栽培。即把植物生长所需要的矿质营养物溶于水中,配成营养液,通过一定的栽培设施,在一定的栽培基质中用营养液进行植物栽培。由于无土栽培节水、省工省力、产品高产优质、无公害,因此,它受到许多国家,特别是一些发达国家的高度重视,并在生产上大面积应用,现朝着全自动化、工厂化生产水平发展。目前,无土栽培已成为设施园艺的重要内容和花卉工厂化生产的重要形式,展现出极美好的发展前景,在我国呈现出高速发展的势态。

9.1 花卉无土栽培基质

9.1.1 基质的作用和要求

1)基质的作用

花卉无土栽培基质是指用以代替土壤栽培花卉的物质。无土栽培基质的作用主要有以下3个方面:

①锚定植株。

②有一定的保水、保肥能力,透气性好。

③有一定的化学缓冲能力,如稳定氢离子浓度,处理根系分泌物,保持良好的水、气、养分的比例。

通常所讲的无土栽培基质,都要求具有上述第一、第二个作用,第三个作用可以用营养液来解决。

2)无土栽培基质的要求

（1）安全卫生　无土栽培基质可以是有机的也可以是无机的,但总的要求必须对周围环境没有污染。不论是花卉生产者还是花卉消费者都应选择安全卫生的基质种植花卉。有些化学物质不断地散发出难闻的气味,或是释放一些对人体、对植物有害的物质,这些物质绝对不能作为无土基质。

（2）轻便美观　无土花卉必须适应楼堂馆所装饰的需要。应选择重量轻、结构好,搬运方便,外形与花卉造型、摆设环境相协调的材料。以克服土壤黏重、搬运困难的不足。

（3）有足够的强度和适当结构　基质要支撑适当大小的花卉躯体和保持良好的根系环境。足够的强度可以避免花卉东倒西歪;适当的结构能使其具有适当的水、气、养分的比例,使根系处于最佳环境状态,达到枝叶繁茂,花姿优美。

9.1.2　基质的种类和性质

1)基质的理化特性

（1）基质的化学性质　主要包括酸碱性、电导率、缓冲能力、盐基交换量等。

①基质的酸碱性(pH 值):基质的酸碱性对花卉根系的生理活动,养分的状态、转化和有效性都有重要影响,甚至会决定花卉的存活。一般花卉所适宜的酸碱度范围在 pH 值为 5.6~7。基质酸碱度测定方法是:取 1 份基质按体积比加 5 份蒸馏水混合,充分搅拌后用 pH 值试纸或 pH 值仪测定其 pH 值。

②电导率:是指基质未加入营养液之前,本身具有的电导率,代表基质内部已电离盐类的溶液浓度,一般用 mS/cm 表示。它反映基质中原来带有的可溶性盐分的多少,将直接影响到营养液的平衡。

③缓冲能力:指基质在加入酸碱物质后,基质本身所具有的缓和酸碱性变化的能力。依基质缓冲能力的大小排序,则为:有机基质 > 无机基质 > 惰性基质 > 营养液。

④盐基交换量:是指在 pH =7 时测定的可替换的阳离子的含量。一般有机基质如树皮、锯末、草炭等可代换的物质多;无机基质中蛭石可代换物质较多,而其他惰性基质可代换物质就很少。

此外,还应知道基质中氮、磷、钾、钙、镁的含量,重金属的含量应低于致使花卉发生毒害的标准。

（2）基质的物理性质　主要包括容重、总孔隙度、水气比等。

①容重:容重与基质粒径、总孔隙度有关。容重过大,总孔隙度小,通气透水性差;容重过小,总孔隙度大,虽具有良好的通透性,但浇水时易漂浮,不利于固定根系。基质的容重以 0.1~0.8 g/cm³效果较好。

②总孔隙度:反映基质中的孔隙状况,是基质最重要的标准。其计算公式为:总孔隙度 = (1 - 容重/密度×100%)。总孔隙度大,容纳空气和水分的能力强,这种基质一般质轻,有利于植物根系发育;总孔隙度小,水气容纳量少,则往往需要增加供液次数。一般基质总孔隙度在 54%~96% 均适合花卉生长。

③水气比:指一定时间内,基质中容纳空气、水分的相对比值,用大孔隙与小孔隙之比表示。大孔隙是指孔隙直径在 1 mm 以上,这种基质持水力较低,供液后因重力作用溶液会很快流失,因此,这种孔隙的主要作用是贮气。小孔隙指直径为 0.001 ~ 0.1 mm 的孔隙,这种孔隙具有毛管作用,称为毛管孔隙,主要作用是贮水。小孔隙多,则基质的持水力强。反之,毛管孔隙愈少,贮气量愈大,贮水力愈弱。一般基质气水比以 1∶2 ~4 为宜。

2)基质的种类及性质

用于花卉无土栽培的基质很多,主要根据基质的形态、成分、形状来划分。基质主要分为液体基质和固体基质两大类,而固体基质又包括无机基质(如沙、陶粒、珍珠岩、蛭石、岩棉等)、有机基质(如泥炭、锯末、树皮、稻壳等)、各种无机基质与有机基质相互混合使用的混合基质 3 类。目前国内常用作无土栽培的基质有:

(1)沙　沙主要是由多种硅酸盐所组成的混合物,是无土栽培中应用最早的一种基质材料。其特点是取材广泛,价格便宜,排水良好,通透性强,但由于其容重过大(1 500 ~ 1 800 kg/m³),保水保肥能力差,在生产上使用日趋减少。一般用直径小于 3 mm 的沙粒作基质。施用营养液时,一般是用滴液方式进入沙中。

(2)砾石　砾石是直径较大的小石块,其特点是质重,来源受限制,供液管理上比较严格,使用范围不大,常见于水生植物的无土栽培。一般用直径大于 3 mm 的天然砾、浮石、火山岩等作基质。

(3)蛭石　蛭石是由云母类矿质加温到 745 ~ 1 000 ℃时形成的。它是铝、镁、矽的复合物。其特点是属于性状稳定的惰性物质,具有良好的透气性、吸水性及一定的持水能力;质地很轻,便于运输;绝缘性好,使根际温度稳定;无病虫危害。缺点是长期使用,易破碎,空隙变小,通透性降低。

(4)珍珠岩　珍珠岩为含硅物质的矿物筛选后,经 1 200 ℃高温焙烧而成。直径为 1.5 ~ 3.0 mm膨胀疏松的颗粒体,其特点是容重小,理化性质稳定,易排水,通透性好,pH 值中性或微酸,无缓冲作用。如果单独作基质使用,由于其质轻,根系接触不良影响发育,故常常与其他基质混合使用。

(5)岩棉　岩棉是以 60% 的辉绿岩、20% 的石灰石和 20% 的焦炭混合,经高温处理后形成的棉状物。其特点是有良好的物理性,质地轻,孔隙度大,透气性良好,但持水力略差,pH 值较高,一般为 7 ~8,使用前要加以处理。

(6)陶粒　陶粒是由黏土经人工焙烧而成的褐色球形的无土栽培基质。其特点是内部为蜂窝状的孔隙构造,保水,蓄肥能力适中;表面积大,透气性好,有助于花卉的根系进行气体交换;化学性质稳定,孔隙度大,对温度的骤变缓冲性较差。

(7)炉渣　炉渣是煤燃烧后的残渣,来源广泛,pH 值偏碱。通透性好,保水保肥能力较差,一般不宜单独用作基质,而与草炭等基质混合使用,混合基质中比例一般不超过 60%。使用前要进行过筛,选择适宜的颗粒。

(8)泥炭　泥炭又名草炭,是许多国家公认为最好的无土栽培基质,现代工厂化育苗均采用以草炭为主的混合基质。泥炭是由苔藓、苔草、芦苇等水生植物及松、桦、赤杨、杂草等陆生植物在水淹、缺氧、低温和泥沙掺入等条件下未能充分分解而堆积形成的。所以,它由未完全分解的植物残体、矿物质和腐殖质三者组成。颜色褐黑,其特点是质地细腻,透气性能好,持水与保水性好,pH 值偏酸,富含有机质,含有作物所需要的养分,可单独作基质,亦可与其他基质混合使用。

(9)锯末 锯末是木材加工业的副产品。其特点是质轻,具有较强的吸水、保水力,含有十分丰富的碳素,长期使用易分解,也易被各种病原菌造成污染,使用前应进行消毒。此材料多与其他基质混合使用,用于袋栽、槽栽及盆栽等。

(10)树皮 树皮的性质与锯末相近,但通气性强而持水量低,并较难分解。用前要破碎,并最好堆积腐熟。一般与其他基质混合使用,用量占总体积的25%~75%。也可单独使用树皮栽培附生性兰科植物,由于通气强,必须十分注意浇水和施肥。

(11)炭化稻壳 又称砻糠,是将稻壳经加温炭化而成的一种基质。其特点是容重小,质量轻,孔隙度高,通气性好,持水力强,不易发生过干过湿现象,富含钾,pH 值为碱性,使用前需堆积 2~3 个月,如急需使用时,可用清水冲洗,使碱性减弱后可配制使用。

此外,砖块、木炭、石棉、蕨根、菇渣、秸秆、稻壳等物质都可作基质,在使用前应洗净消毒。

9.1.3 基质的选择

栽培基质是无土栽培中作为固定作物根系的主要物质,又是提供根系营养,协调水分、养分和氧气的供给的附属物。基质的选用原则是实用性和经济性。具体地说应具备以下条件:第一,透气性良好,为植物根系提供良好的透气条件;第二,化学性质稳定,不与营养液成分发生化学反应,不改变营养液的酸碱度;第三,有一定的持水力,取材容易,价格低廉。除此之外,基质选择还应考虑以下几个方面:

1)植物的习性

喜湿的花卉,应选择保水性好的基质,另外掺和部分透水、透气性好的基质。喜干的花卉则选择透水性好的基质,掺和一部分保水性好的基质,或盆表面覆盖一层保水性好的基质。

2)根系的适应性

气生根、肉质根需要很好的通气性,同时需要保持根系周围的湿度达80%以上,甚至100%的水汽。粗壮根系要求湿度达80%以上,通气较好。纤细根系如杜鹃花根系要求根系环境湿度达80%以上,甚至100%,同时要求通气良好。在空气湿度大的地区,一些透气性良好的基质如松针、锯末非常合适,而在大气干燥的北方地区,这种基质的透气性过大,根系容易风干。北方水质碱性,要求基质具有一定的氢离子浓度调节能力,适用泥炭混合基质的效果就比较好。

3)实用性

基质的容重,是考虑到无土栽培花卉搬运方便。首选的基质包括陶粒、蛭石、珍珠岩、岩棉、锯末和泥炭及其混合的基质。如果在生产基地使用,像沙、砾、炉渣等来源丰富、价格低廉的基质能大大降低成本,更合算。特别是在育苗阶段使用这些基质更合适。

4)安全性

无土栽培基质还必须对人类健康没有危害,首先必须无毒无味,最好选用天然的无机物或安全的基质。一些有机基质虽然对植物生长是良好的,但它在分解过程中所释放的物质难以预测和保证无害,特别是有小孩的家庭在选用无土栽培基质时,更应该注意这一点。有些合成的基质虽然性能良好,但如果散发异味,也不该用作宾馆饭店的花卉无土基质。

5)经济性

选用无土基质一个重要的问题就是尽量少花钱,最好就地取材。不仅能降低成本,还能突出自己的特色。例如,有些地方松针来源较广,栽培杜鹃花时选用松针效果良好,但在北方一些天气干燥的地区就不适用,不仅是因为成本高,而且透气性太好,根系容易风干。各地都有不少通气良好,又能保水保肥的基质,例如有的地方蔗渣很便宜,用蔗渣配一些炉渣、沙或砾,也可以成为很好的基质。

9.1.4　基质的消毒

无土栽培的基质长期使用,特别是连作,会使病菌集聚滋生,故每次种植后应对基质进行消毒处理,以便重新利用。

1)蒸汽消毒

将基质堆成20 cm高,长度根据地形而定,全部用防水防高温布盖上,用通气管通入蒸汽进行密闭消毒。一般在70~90 ℃条件下消毒1 h就能杀死病菌。此法效果良好,安全可靠,但成本较高。

2)药剂消毒

该法所用的化学药品有甲醛、溴甲烷、氯化苦等。药剂消毒成本较低,但安全性差,并且会污染周围环境。

(1)40%甲醛　又称福尔马林,是一种良好的杀菌剂。使用时一般用水稀释成40~50倍液,用喷壶将基质喷湿,用塑料薄膜覆盖24~26 h后揭膜,再风干2周后使用。

(2)溴甲烷　该药剂能有效地杀死线虫、昆虫、杂草种子和一些真菌。使用时将基质堆起,用塑料管将药剂引入基质中,每1 m³基质用量100~150 g,基质施药后用塑料薄膜覆盖密封5~7 d后去膜,晾晒7~10 d后可使用。溴甲烷具有剧毒,并且是强致癌物,使用时要注意安全。

3)太阳能消毒

在夏季高温季节,在温室或大棚中把基质堆成20~25 cm高,长度视情况而定,堆的同时喷湿基质,使其含水量超过80%,然后用膜覆盖严,密闭温室或大棚,曝晒10~15 d,消毒效果良好。

9.2　无土栽培营养液的配制

营养液是溶有多种营养成分,供给植物根部吸收使之生长发育的水溶液。营养液是无土栽培的基础,营养液的配制和施用是无土栽培的关键技术,它对于花卉的产量、品质都有着决定性的影响。

9.2.1 常用营养液的配方

1)营养液的组成

(1)营养液的浓度 在植物根系内的溶液浓度不低于营养液浓度的情况下,营养液的浓度偏高没有影响,但过多的铁和硫对植物都是相当有害的。各种观赏植物所适应的溶液浓度都不能超过0.4%。现将花卉在无土栽培中所需要的溶液浓度列于表9.1。

表9.1 花卉无土栽培的溶液浓度

单位:g/L

1	1.5~2	2	2~3	3
杜鹃花	仙客来	彩叶芋	文竹	天门冬
秋海棠	郁金香	马蹄莲	红叶甜菜	菊花
仙人掌	非洲菊	龟背竹	香石竹	茉莉花
蕨类植物	风信子	大丽花	天竺葵	荷花
	百合	香豌豆	一品红	千屈菜
	水仙	昙花		八仙花
	蔷薇	唐菖蒲		

(2)营养元素的构成 按照花卉植物所需元素含量的多少,可以把它们按照下列顺序来排列,即氮、钾、磷、钙、镁、硫、铁、锰、硼、锌、铜、钼。在植株生长发育中,主要营养元素如果发生颠倒,植株也能生活一段时间不至于死亡,如果某种元素严重缺少植株则无法生存。某种植株在生长初期所需的氮和钾,往往要比后期发育阶段高出2倍。

(3)营养成分的效力 在营养液中各种离子的数量关系如果失去平衡,其营养成分就会降低。在无土栽培中如要想粗略地估计营养液组成的效力,最简单的办法是测定其酸碱度。假如植物吸收的负离子多于正离子,溶液就偏碱,反之就偏酸。故需经常测定溶液的酸碱度,根据测定的结果来补充不同的营养元素,使pH保持在6.5~7.0。

2)常用营养液的配方

表9.2为道格拉斯的孟加拉营养液配方,表9.3为汉普营养液配方。

表9.2 道格拉斯的孟加拉营养液配方

单位:g/L

成 分	营养液配方(5 种配方)				
	1	2	3	4	5
硝酸钙	0.06			0.16	0.31
硝酸钠		0.52	1.74		
硝酸钾					0.70

续表

成　分	营养液配方(5 种配方)				
	1	2	3	4	5
硫酸铵	0.02	0.16	0.12	0.06	
过磷酸钙	0.25	0.43	0.93		0.46
磷酸二氢钾				0.56	
硫酸钾	0.09	0.21			
碳酸钾			0.16		
硫酸镁	0.18	0.25	0.53	0.25	0.40
合　计	0.60	1.57	3.48	1.03	1.87

表 9.3　汉普营养液配方

单位:g/L

大量元素		微量元素	
硝酸钾	0.7	硼　酸	0.000 6
硝酸钙	0.7	硫酸锰	0.000 6
过磷酸钙	0.8	硫酸锌	0.000 6
硫酸镁	0.28	硫酸铜	0.000 6
硫酸铁	0.12	钼酸铵	0.000 6
总　计	2.6	总　计	0.003

9.2.2　营养液的配制

因为营养液中含有钙、镁、铁、锰等离子和磷酸根、硫酸根等阴离子,配制过程中掌握不好就很容易产生沉淀。为了防止沉淀的产生和生产上的方便,配制营养液时一般先配制营养成分各不相同的数份浓缩贮备液(即母液),然后再把母液稀释,混合配成工作营养液(即栽培营养液)。

1)浓缩贮备液(母液)的制备和保存

浓缩液的制备过程如下:

(1)药品(肥料)用量的计算　根据营养液配方,计算出制备一定体积的母液时某种药品的用量,其计算方法是:

药品用量 = 药品(肥料)配方量(g/L)×母液浓缩倍数×母液体积(L)

如欲配制 200 倍的马蹄莲营养液母液 20 L,根据其营养液配方,各药品的用量分别为:

硫酸铵 = 0.187 g/L×200×20 L = 3 480 g

硫酸镁 = 0.54 g/L × 200 × 20 L = 2 160 g

其他药品的用量依此方法进行计算。

(2)药品的称量　根据计算结果,用天平准确称取各种药品,分别放置于干净的器皿中。称量时应精确到小数点后两位。

(3)溶解及定容　先在容器内加入蒸馏水(约为总体积的80%),将称量好的药品溶入。可以每种药品单独配制成母液,也可以将几种药品混合配制在一起,但应注意,若几种药品混合配制时,必须是前一种药品充分溶解后,再加入后一种药品,以免产生沉淀。等所有药品都充分溶解后,再加入蒸馏水定容至总体积刻度。

(4)铁盐母液的配制　铁盐母液在配制时,应将硫酸亚铁和 EDTA 分别配制,待其都充分溶解后,再将硫酸亚铁溶液缓慢加入到 EDTA 溶液中,最后定容。这样所配制的母液不易发生沉淀。

母液的浓缩倍数,要根据营养液配方规定的用量和各盐类在水中溶解度来确定,以不致过饱和而析出为限。大量元素母液浓缩200倍,微量元素母液浓缩1 000倍。

母液应贮存于黑暗容器中,容器应以不同颜色标识,并注意含有的各种盐类及浓缩倍数。母液如果较长时间贮存,可用 HNO_3 酸化,使 pH 值达到 3~4,能够更好地防止发生沉淀。

2) 工作营养液

工作液是由母液稀释而成。其配制顺序如下:

(1)加水　首先在贮液池内加入一定量的水。例如,预配制 1 t 营养液,在贮液池中先加入900 L 水。

(2)加原液　根据母液浓度及营养配方,计算出所需各母液的体积,然后依次将各母液加入贮液池中,最后把水补足到 1 t。

(3)加微肥　加入 20 g 混合后的微肥。

(4)调酸　加入 223 mL 磷酸,混匀。

(5)测试　用 pH 计测其 pH,用电导率仪测 EC 值,看是否与预配的值相符。

9.2.3　营养液的使用与管理

1) 营养液的使用

(1)营养液的用量　营养液的用量包括供液次数和供液时间(供液量)两个方面。确定营养液的用量应当遵循的原则是:既能使花卉根系得到足够的水分、养分,又能协调施肥、养分和氧气之间的关系,达到经济用肥和节约能源的目的。不同的无土栽培形式,有不同的供液方法和供液量,基质栽培或岩棉栽培通常是定时、定量、间断供液,每天供液 1~3 次,每次 10~20 min,供液量以见到20%~30%回液量为度。水培可间断供液,也可有连续供液。间断供液一般每隔 2 h 供液 30 min;连续供液一般是白天供液,夜晚停止。无论采用哪种方法,其目的都在于用强制循环的方法增加营养液中的溶氧量,以满足根部对氧气的需要。花卉种类不同,供液方法也不同,有气生根的花卉,可以直接吸收空气中的氧气,采用间断供液为好,而没有气生根的花卉,只能吸收溶液中溶存的氧气,采用连续供液较好。

（2）营养液的补充与更新　对于非循环供液的基质栽培或岩棉栽培,由于所配营养液一次性使用,所以不存在营养液的补充与更新问题。而循环式供液的基质栽培和岩棉栽培,就存在营养液的补充与更新问题。对于水培方式,不仅有营养液补充问题,还存在营养液更新问题。所谓营养液更新就是把使用一段时间后的营养液全部排掉,重新配制加入。一般生育期短的花卉,全生育期只配一次营养液,中途不再更新,只须隔一定时间补充所消耗的营养液。而生育期较长的花卉,营养液在使用一段时间后,其组成、酸碱度等常常发生变化,可采用加水、加肥料和酸碱度调节方法进行调整。一般营养液使用期限为 3~4 周。时间过长其中某些不能被植物根系很快吸收利用的离子等积累形成高渗溶液,抑制植物生长。应停止使用,重新配制更新。

2）营养液的管理

无土栽培中营养液的管理是整个无土栽培的重要组成部分,特别是自动化、标准化程度较低的情况下,营养液的管理更为重要。营养液的管理主要包括以下几个方面。

（1）营养液浓度的管理　当营养液使用一个阶段后,营养液因花卉的吸收或蒸发等原因,而使营养液的浓度不断地发生变化,一般营养液随着时间的加长,营养成分逐渐减少,因此需要加以补充。补充的方法:一是根据化验了解营养液的浓度和水平,二是根据用电导率仪测定营养液浓度。营养液中各营养元素的浓度范围如表 9.4 所示。

表9.4　营养液中营养元素的浓度范围

单位:mg/L

元素	浓度	元素	浓度
氮	150~1 000	铁	2.0~10
钙	300~500	锰	0.5~5.0
钾	100~400	硼	0.5~5.0
硫	200~1 000	锌	0.5~1.0
镁	50~100	铜	0.1~0.5
磷	50~100	钼	0.001~0.002

（2）营养液的温度管理　营养液的温度直接影响花卉的生长和根系对水分、养分的吸收。营养液的温度应当是根系需要的适宜温度。因为根系的适应范围一般为 15~25 ℃,所以从昼夜适温来看,一般白天温度应在适温的上限,而夜间处在适温的中下限。如当气温偏低而影响根系温度时,可以通过提高营养液温度以调整根温偏低的问题。

（3）营养液含氧量　在花卉无土栽培中,根系需要的氧气有一部分来自营养液,特别是水培法,营养液中氧气的含量对花卉生长影响很大。一般采用向营养液中充气方法和有落差的循环流动液装置,以解决营养液供氧不足的问题。

（4）营养液的 pH 值调整　营养液的酸碱性(pH)直接影响养分的状态、转化和有效性,也影响花卉植物的生长。花卉生长所要求的 pH 值因种类而异,通常在 5.5~6.5。在管理中,可用测试纸或 pH 计测得 pH 值。如 pH 值偏高时,可加入适量硫酸校正;偏低时,可加入适量氢氧化钠校正。

9.3 无土栽培的方法

无土栽培的类型多种多样。根据基质对根系的固定状态,其可分为基质栽培、半基质栽培和非基质栽培;根据基质性质的不同,可分为有机基质栽培和无机基质栽培;根据养分的循环状况,可分为开路式栽培、闭路式栽培;根据栽培的空间形式,可分为平面栽培、立体栽培和水面栽培;根据栽培设施不同,可分为单一式栽培、简易式栽培和综合式栽培。下面根据需要对常用的几种类型进行介绍。

水培前先看看,高人亲授4条水培秘籍

9.3.1 水培

定植后营养液直接和根系接触。根系直接悬挂在营养液中,营养液在栽培槽内呈流动状态,以增加空气的含量,不需要栽培基质,但营养液中往往因氧气不足影响植株生长,因此需增加通气设备。它的种类很多,我国常用的有营养液膜法、深液流法和浮板毛管水培法等。

1)营养液膜水培

营养液膜法也称NFT方式(Nutrient Film Techniche),就是将花卉种在非常浅的流动的营养液中,根系悬浮在营养液中,以增加氧气含量。整个系统由营养液贮液池、泵、栽培床、管道系统、调控系统构成。营养液由贮液池通过供液装置在水泵的驱动下被送入栽培床的沟槽,流经根系(0.5～1.0 cm厚的营养液薄层),然后又回流到贮液池内,循环使用。栽培床的坡度及高度可根据情况加以调整,营养液的流速也可随时调整(图9.1)。此法只有供营养液流动的浅槽,构造简单。另外栽培结束后,栽培床等的清理容易进行。

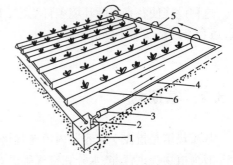

图9.1 营养液膜系统的结构组成
1.贮液槽 2.潜水泵 3.过滤器
4.供液管 5.进液管 6.薄膜栽培床

营养膜水培的优点主要有:较好地解决了根系呼吸对氧的需求;结构简单轻便,成本低;植株生长快,便于管理,适合规模化生产。

2)深液流水培

深液流法也称DFT(即Deep Flow Technigue),整个系统由地下营养液池、地上营养液栽培槽、水泵、营养液循环系统和营养液过滤池及植株固定装置等组成。营养液由地下营养液池经水泵通过供液管道注入营养液栽培槽,栽培槽内的营养液通过液面调节栓经排液管道通过过滤池后又回到地下营养液池,循环使用(图9.2)。DFT与NFT不同之处是流动的营养液层较深(5～10 cm),植株大部分根系浸泡在营养液中。此法解决了在停电期间营养液膜系统不能正常运转的困难。

3)浮板毛管水培(FCH)

由聚苯乙烯板做成栽培槽,长10～20 m,宽40～50 cm,高10 cm,内铺0.8 cm厚的聚乙烯薄膜,营养液深 2～6 cm,液面漂浮 1.25 cm 厚的聚苯乙烯泡沫板,宽 12 cm,板上覆盖亲水性的无纺布(密度 50 g/m²),两侧延伸入营养液内。通过毛细管的作用,使浮板始终保持湿润,花卉的气生根生长在无纺布的上、下两面,在湿气中吸收氧。栽培床的一端安进水管,另一端安排水管,进水管下端安装空气混合器。贮液池与排水管相通。营养液的深度通过排液口的垫板来调节。一般幼苗定植初期,营养液深度为 6 cm,育苗钵下部浸在营养液内,随着植株生长,逐渐下降到 3 cm(图 9.3)。

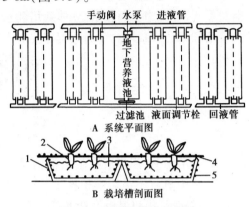

图 9.2　深液流栽培示意图
1.塑料薄膜　2.塑料育苗钵　3.营养液
4.泡沫板　5.水泥制栽培槽

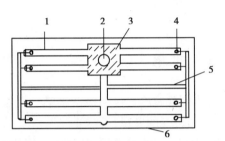

图 9.3　浮板毛管水培平面布置示意图
1.栽培床　2.水泵　3.贮液池
4.空气混合器　5.管道　6.6 m×60 m

　　这种设施使花卉根际环境条件稳定,液温变化小,根系吸氧与供液矛盾得到协调,设施造价低,适合于经济实力不强的地区应用。

9.3.2　基质培

　　基质栽培是指在一定容器内填充栽培基质,用以固定植物,并通过在基质中定时定量供应营养液为植物提供营养、水分和空气等进行栽培的一种形式。用于无土栽培的基质应具有良好的物理性质,如密度为 1 g/cm³ 左右,总孔隙度 60%～80%,其中大孔隙度占 20%～30%,能提供 20% 的空气和 20%～30% 容易被利用的水分。它有稳定的化学性质,如酸碱度、电导率、缓冲能力、盐基交换量等,不含有毒物质,取材方便,价格低廉。根据其栽培容器和栽培基质的不同,可分为以下几种:

1) 沙砾盆栽培法

　　采用的栽培盆为陶瓷钵。底部装鸡蛋大的石块,厚 20 cm,上部装小石子 5 cm,其上再装粗河沙厚 25 cm。底部的石块便于通气和排水,河沙用于固定植株。在盆的上部植株附近安装供液管或用勺浇供液,务使营养液湿润沙面。在盆的下部排水口安装排液管,以收回废液(图 9.4)。

2) 基质槽栽培法

　　在一定容器的栽培槽内,填入基质,供应营养液栽培花卉。一般由栽培床、贮液罐、供液泵和管道等几部分组成。常用的槽培基质有沙砾、蛭石、珍珠岩、草炭与蛭石混合物等。按供液方式可分为美国系统和荷兰系统两种。美国系统槽栽法的特点是营养液从底部进入栽培床,再回流到贮液罐内,整个营养液都在一个密封的系统内通过水泵强制循环,回流时间由计时器控制。槽体根据地形及栽培要求安排(图9.5)。

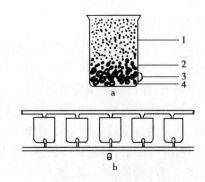

图9.4 沙砾盆栽法示意图

a.釉瓷盆 b.排列图

1.沙层 2.小石子 3.排液口 4.砾石

荷兰系统采用让营养液悬空落入栽培床中,在栽培床末端底部设有营养液排出口,经排出口流入贮液罐的营养液与注入口一样,悬空落入贮液罐,其目的是为了增加营养液中的空气含量。营养液经水泵再提到注入口循环使用(图9.6)。

以上两种方法各有优缺点。荷兰系统的优点是自动化程度高,较为安全可靠,缺点是必须频繁供液,耗电量较大;美国系统的优点是设备简单,无需频繁供液,耗电少,但要求严格控制供液时间。目前各国沙砾栽培法大多采用美国系统。

我国目前正在进行试验示范的系统,以滴灌软带代替滴灌用于槽培花卉,此法简化了滴灌系统设备,营养液输送效果好,省时、省力、省料(图9.7)。

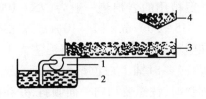

图9.5 美国系统槽栽法

1.泵 2.贮液池 3.沙 4.槽断面

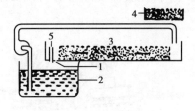

图9.6 荷兰系统槽栽法

1.排液口 2.贮液池 3.沙砾

4.槽断面 5.溢出口

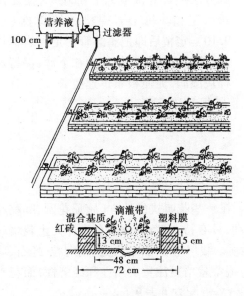

图9.7 我国所用槽培系统

图9.8 筒式栽培

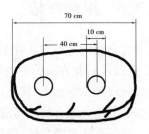

图9.9 枕式栽培

3)袋栽培法

用尼龙袋或抗紫外线的聚乙烯塑料袋装入基质进行栽培。在光照较强的地区,塑料袋表面以白色为好,以便反射阳光并防止基质升温。光照较少的地区,袋表面应以黑色为好,以利于冬季吸收热量,保持袋中基质温度。

袋栽方式有两种:一种为开口筒式栽培,通常是把直径为 30～50 cm 的筒膜剪成 35 cm 长,用塑料薄膜封口机或电熨斗将筒膜一端封严后,把基质装入袋中。每袋装基质 10～15 L,直立放置,种植一株花卉(图9.8);另一种为枕头式袋栽,将筒膜剪成 70 cm 长,用塑料薄膜封口机或电熨斗封严筒膜的一端,装入 20～30 L 基质,再封严另一端,依次按行距呈枕式摆放在栽培温室地面上。定植前,按株距在袋上开两个直径为8～10 cm的孔,每孔栽 1 株花卉并安装一根滴灌管供液(图9.9)。

4)岩棉栽培

岩棉栽培都是用岩棉块育苗的。花卉种类不同,育苗用的岩棉块大小也不同。多数采用边长 7.5 cm 见方的岩棉块。除上、下两面外,岩棉块的四周应该用黑色塑料薄膜包上,以防水分蒸发和盐类在岩棉块周围积累,冬季还可提高岩棉块温度。种子可直播在岩棉块中,也可播在育苗盘或较小的岩棉块中,当幼苗第一片叶开始显现时,再移到大岩棉块中。在播种或移苗前,必须用水浸透岩棉块,种子出芽后要用营养液浇灌。

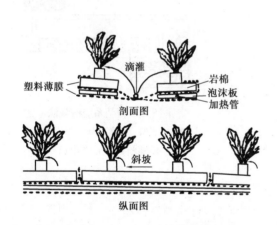

图 9.10　岩棉栽培示意图

定植用的岩棉垫一般为(75～100) cm×(15～30) cm×(7～10) cm,岩棉垫装在塑料袋内。定植前要将温室内土地整平,必要时铺上白色塑料薄膜。放置岩棉垫时,注意要稍向一面倾斜,并在倾斜方向把塑料底部钻2～3个排水孔。在袋上开两个8 cm 见方的定植孔,用滴灌的方法把营养液滴入岩棉块中,使之浸透后定植。每个岩棉垫种植 2 株(图9.10)。定植后即把滴灌管固定到岩棉块上,让营养液从岩棉块上往下滴,保持岩棉块湿润,促使根系迅速生长。7～10 d 后,根系扎入岩棉垫,可把滴灌滴头插到岩棉垫上,以保持根基部干燥。

9.3.3　综合栽培

综合栽培是针对花卉无土栽培的特点提出来的。在一些花园式的地方(屋顶花园、庭院花园、公园等),花卉一种下去即可观赏,也不必经常搬动,具有持久性。因此,在设计无土栽培时可以将滴灌设施加入,使之具有自动化和高档化的性质。栽培基质可以考虑选用陶粒、蛭石、珍珠岩等。花卉综合栽培与蔬菜栽培的主要区别在于:蔬菜栽培更注重实用性和经济性,而花卉无土栽培更注重观赏性、娱乐性和艺术性。几种花卉营养液配方见表9.5。

表9.5 几种花卉营养液配方

单位:g/L

成 分	菊 花	月季花	万年青	香石竹	玫 瑰	百 合
硫酸铵	0.23	0.187	0.187	0.54	0.23	0.156
硫酸镁	0.78	0.54	0.54	0.187	0.164	0.55
硝酸钙	1.68	1.79	1.79	1.79		
硫酸钾	0.62					
磷酸二氢钾	0.051		0.62			
磷酸一钾				0.62		
磷酸一钙					0.46	
硝酸钠						0.62
磷酸钙						0.47
氯化钾			0.62			0.62
硝酸钙					0.12	
硫酸钙					0.32	0.25
磷酸二钾		0.62				

复习思考题

1. 花卉无土栽培有何意义？无土栽培成败的关键是什么？
2. 简述花卉无土栽培基质的种类和性质？
3. 简述花卉无土栽培营养液的配制、使用与管理？
4. 简述花卉无土栽培的方法？

10 花卉工厂化生产技术

[本章导读]

国际花卉的生产正向着工厂化、专业化、管理现代化、产品系列化及周年供应的方向发展。本章介绍了花卉工厂化生产的含义、意义，国内外花卉工厂化生产的现状和发展，以及进行花卉工厂化生产所需设备和生产程序，目的是使读者对花卉工厂化生产有一初步了解。

10.1 花卉工厂化生产概述

10.1.1 花卉工厂化生产的含义

工厂化农业是世界农业继原始的采集业进入现代种植业之后，具有划时代意义的"农业革命"。这是人类适应环境、利用自然、挖掘资源、满足物质需要的高科技行为。工厂化农业不同于一般农业，它是现代生物技术、现代信息技术、现代环境控制技术和现代新材料不断创新和在农业上广泛应用的结果。

自 20 世纪 70 年代以来，日本、荷兰、以色列、美国、英国等发达国家纷纷投入工厂化农业的研究，取得了令人瞩目的成就，创造出最佳的人工栽培环境，从而打破了水、土、季节等环境限制，大幅度提高了园艺产品的产量、质量和效益。

工厂化农业定义为：利用现代工业技术装备农业，在可控条件下，采用工业化生产方式，实现集成高效和可持续发展的现代化农业生产体系。我国于 1996 年，在北京、上海、沈阳、杭州、广州五大城市实施"工厂化高效农业示范工程"，使我国自行设计的适应不同气候特点的华北型、东北型、东南型、华南型温室，第一次在神州大地上展示了自己的风采，其中一些新技术及配套设施达到了国内或国际领先水平。

工厂化农业是现代化农业的重要标志，是我国传统农业技术与高新技术最佳结合的产物。花卉的工厂化生产是工厂化农业的重要组成部分，是将先进的工业技术与生物技术结合，为花卉生长发育创造适宜的环境条件，并按照市场经济原则和人民生活需要进行有计划、有规模、周年生产的科学生产体系，以提高花卉产品的质量和档次，以获得高额的经济效益和社会效益。

10.1.2　工厂化花卉生产的意义

花卉工厂化生产是花卉生产由传统生产向现代化生产转变的一次革命,是花卉生产现代化的重要标志。工厂化的目标是提高花卉产品产出率、质量和档次,改善劳动环境,增加种植者和花卉企业收入。2003 年中国的花卉出口额是 1.5 亿美元,仅占世界花卉交易额的 1% 左右。而花卉种植面积仅是我国 1/10 的荷兰,花卉出口创汇额却占世界的 70% 以上。不容置疑,花卉工厂化生产起了关键的作用。实现花卉工厂化生产有如下几方面的意义。

(1)打破了季节和气候的限制,实现花卉的周年生产　工厂化农业是环境相对可控的农业,因此,可以减轻由于干旱、冰雹、涝灾、低温等灾害性天气造成的损失。是实现"催百花于片刻,聚四季于一时"的基础,通过借助设施栽培和花期调控等技术,解决冬季寒冷地区花卉周年生产的问题,缓解花卉市场的旺淡矛盾。

(2)创建高产、高效的花卉生产模式　高效的温室园艺作物产值可达到大田作物产值的几十甚至上百倍。以色列创造出每公顷温室每季收获 300 万枝玫瑰的高产量;在上海花卉良种试验场,已形成年生产 500 万支优质鲜切花种苗的龙头企业,其产品畅销全国各地。

(3)实现花卉出口创汇的重要措施　发展工厂化高效花卉产业,有利于开拓国际市场,发展出口创汇产品。

(4)花卉工厂化生产是现代花卉生产的最高水平　花卉工厂化生产与工业生产相同,是将工业技术注入农业生产之中,因此被称为工厂化农业。它广泛采用现代工业技术、工程技术、现代信息技术和生物技术,实现高效周年生产。温室设施本身就是工业化集成技术的产物,由于摆脱了自然气候的影响,温室园艺产品的生产完全可以实现按照工业生产方式进行生产和管理。同时不仅体现在花卉种植过程中有特定的生产节拍、生产周期,还体现在产品生产之后的包装、销售等方面。

(5)日光温室的应用,可以节约大量能源　日光温室园艺生产使我国北方地区花卉不能生长的冬季变成了生产季节,是充分利用光能和土地资源的产业。同时减少了由于温室加温造成的环境污染,也节约土地资源和水资源。

(6)高投入的生产方式,带动了其他产业的快速发展　花卉工厂化生产是高投入高产出的产业,也是劳动密集型产业,它涉及设施、环境、种苗、建材、农业生产资料等许多方面。以日光温室为例,一般设施结构建筑投资每亩(1 公顷 = 15 亩)需要 1.2 万元(竹木土墙结构) ~ 10 万元(钢架砖墙保温板结构)不等,生产投资每年每亩需要 0.5 万 ~ 0.8 万元,因此,如果每年全国修建 100 万亩日光温室,就需要投资几百亿元;按现有日光温室 700 万亩计算,每年生产费用投入可达 400 亿元以上,这样可以带动建材、钢铁、塑料薄膜、肥料、农药、种苗、架材、环境控制设备、小型农业机械、保温材料等行业的快速发展。

10.1.3　国内外花卉工厂化生产的现状及展望

1) 世界花卉工厂化生产的现状及发展趋势

从目前情况看,各国之间的花卉业经营规模、生产技术及消费水平极不平衡,特别是工厂化生产水平,各国之间的差距更大,发达国家远远走在了发展中国家的前面。世界花卉市场仍然相对集中,主要集中在荷兰等欧洲国家,占世界花卉出口额的 80% 左右,而德国等欧洲国家占花卉进口额的 80% 左右。在花卉王国荷兰,花卉生产居世界领先地位,温室面积为 1.1 亿 m^2,占世界玻璃温室面积的 1/4,在园艺植物的产值中,花卉就占 60.9 亿欧元。

花卉工厂是荷兰最具工业生产特点的现代化农业。在生产观叶园艺植物的现代化大型自控温室中,盆栽观赏植物均放置在栽培床上,从基质搅拌、装钵、定植、栽培、施肥、灌溉、钵体移动全部实现机械运作,室内温度、光照、湿度、作物生长情况、环境等全部由计算机监控。这种采取全封闭生产,完全摆脱自然条件束缚,实现全年均衡生产的花卉现代化生产经营方式,带来了全新的理念。

日本在 20 世纪 80 年代后期开始建造植物工厂,目前有试验示范用的蔬菜、花卉工厂 10 多座,一般面积为 1 000 m^2 左右,计算机可按需要将一盘番茄(10~15 株)调运到特制操作间进行管理后调回原处,室内无菌化。在美国、英国、奥地利、丹麦都建有高度自动化的蔬菜工厂、花卉工厂、果树工厂。

世界花卉工厂化生产的发展历程在设施大体上经历了阳畦、小棚、中棚、塑料大棚、普通温室、现代温室、植物工厂,即由低水平到高科技含量的发展阶段。最初期的生产设施只是为了春季提早和秋季延后栽培,还远谈不到"工厂化",而现代的植物工厂能在完全密闭、智能化控制条件下实施按设计工艺流程全天候生产,真正实现生产工业化。

2) 花卉工厂化生产发展趋势

(1)温室大型化　随着温室技术的发展,温室向大型化、超大型化方向发展,面积呈扩大趋势,小则一幢 1 公顷,大则一幢几公顷以上。大型温室有室内温度稳定,日温差较小,便于机械化操作,造价低等优点,但是大型温室常有日照较差、空气流通不畅等缺点。20 世纪 80 年代末以来,各国新建温室都是大型现代化温室。美国 1994 年以来在南部新建多处大型温室,单栋面积为 20 hm^2。荷兰提出温室最适宜的面积大小,按每 3 人单元计算面积为 1 hm^2;日本提出发展单栋面积 5 000 m^2 以上的温室。

(2)温室的现代化

①温室结构标准化:根据当地的自然条件,栽培制度、资源情况等因素,设计适合当地条件,能充分利用太阳辐射能的一种至数种标准型温室,构件由工厂进行专业化配套生产。

②温室环境调节自动化:根据花卉种类在一天中不同时间或不同条件下的温度、湿度及光照的要求,定时、定量地进行调节,保证花卉有最适合的生长发育条件。现在世界上发达国家的温室花卉生产,温室内环境的调节与控制已经由一般的机械化发展为由计算机控制,做到及时精确管理,创造更稳定、更理想的栽培环境,各种配套技术的综合应用,自动化和智能化水平日益加强。

③栽培管理机械化：灌溉、施肥、中耕及运输作业等，都应用机械化操作。

④栽培技术科学化：首先充分了解和掌握花卉在不同季节，不同发育阶段，不同气候条件下，对各种生态因子的要求，制定一整套具体指标，一切均按栽培生理指标进行栽培管理。温度、光照、水分、养分及 CO_2 的补充等措施都根据测定的数据进行科学管理。

（3）温室产业向节省能源、低成本的地区转移　由于温室能源成本的不断上升，生产很难与露地生产竞争，温室产业逐渐向节省能源的地区转移。如在美国，能源危机后，温室发展中心转移到南方，北方只保留了冬季不加温的塑料大棚。20 世纪 90 年代以前，世界温室生产的花卉主要集中在欧美及日本，如今已逐渐转移到气候条件优越、土地劳动力成本低、又受到产业政策扶持的国家和地区。

（4）花卉生产工厂化　1964 年在维也纳建成了世界上第一个以种植花卉为主的绿色工厂，这条"植物工业化连续生产线"采用三维式的光照系统，用营养液栽培，室内的温度、湿度、水分和 CO_2 的补充均自动监测和控制。使花卉生产的单位面积产量比露地提高了 10 倍，而且大大缩短了生产周期。但是这种绿色工厂全用人工光照，耗能很大，被称为第二代人工气候室。后来进行了改进，采用自然光照系统，被称为第三代人工气候室。

（5）花卉生产特色化　由于国际花卉生产布局基本形成，世界各国纷纷走特色和规模化的道路。荷兰逐渐在花卉种苗、球根、鲜切花、自动化生产方面占有绝对优势；美国在草花及花坛植物育种、盆花、观叶植物生产方面处于世界领先地位。

（6）花卉生产专业化、专一化发展　有些国家已经实现了花卉的工厂化生产，专业化程度越来越高。荷兰很多种植公司专门生产某一类或某一种花卉，甚至仅生产一种花卉中的一个品种，对它的环境控制、栽培措施、采收保鲜、贮运和销售形成一条龙的生产管理模式。种植者专攻一种产品，专业技术必然大大提高，相应地产量、质量也随之大大提高；同时单一花卉种植有利于机械化，从而节省了昂贵的劳务费用；如用摄像机根据花茎大小、花朵数量或植株大小分选产品，实现自动分类、包装。由于生产的高度专业化和机械化，加上严格的标准化管理，极大地降低了生产成本，提高了劳动生产率、产品质量和市场竞争力。如荷兰的安祖花公司温室面积9 hm^2，是世界上最大的红掌专业公司，年产红掌种苗 2 000 多万株，切花 150 多万支。而另一家观赏凤梨的生产企业，温室面积仅 3 hm^2，却年产盆栽凤梨 150 万盆，人均生产 15 万盆，他们的全部工作人员才有十几名。

3）我国花卉工厂化生产的发展

（1）我国花卉工厂化生产的崛起　我国设施园艺面积居世界首位，达 139 万 hm^2。目前，工厂化农业设施推动了我国花卉业的发展。植物工厂开始出现，如北京锦绣大地农业股份有限公司建造的"水培蔬菜工厂"。

①引进设施与技术奠定了我国工厂化生产的基础。

a.引进设施：20 世纪 80 年代初从日本引进了组装式镀锌管棚架生产技术，使我国塑料棚在结构上出现一次飞跃，在消化吸收基础上，建立了一批温室生产厂家。20 世纪 80 年代中期从美国引进了轻基质穴盘育苗技术和设备，在消化吸收基础上进行辐射推广，给我国花卉、蔬菜育苗带来了重大的改革，采用轻基质育苗已成为花卉蔬菜生产现代化的切入点。"九五"期间大型温室引进出现一次高潮，在 1996—2000 年不到 4 年的时间，花了约 1 亿美元从法国、荷兰、西班牙、以色列、韩国、美国、日本等国引进全光大型温室，面积达 175.4 hm^2。特别是北京和上海的几个园区从荷兰、以色列和加拿大引进温室的同时还带来了配套品种和专家。近年来，在工厂化农业示范园区里先后引进了连栋玻璃温室、连栋塑料温室、连栋 PC 板温室,及其与之配套的遮阳、内覆盖、水帘降温、滚动苗床、行走式喷水车、行走式采摘车、计算机管理系统、水培系统等。这些引进的温室和配套设施使我国工厂化生产硬件达到了国际先进水平。

b. 主要栽培技术的引进:北京、上海从荷兰引进的 10 hm² 大型温室带来了岩棉栽培植物技术。从台湾省三易公司引进的温室带来了蝴蝶兰组培技术及周年生产栽培技术,三易温室的水帘降温和温室内外覆盖并用,夏季降温效果极佳,在外界气温 42 ℃时,室内温度保持在 30 ℃以下,蝴蝶兰能正常越夏。从美国安普公司引进的温室,采用外翻卷 C 字钢梁,使大型温室内顶部覆盖材料蒸发水不再沿着一条线下滴,防止了温室内作物遭受湿冷水滴危害,保证了植物的正常生长发育。

通过引进设备与技术,硬件设施大部分实现了国产化,其中一部分还有所创新,品种和栽培技术结合我国生态条件取得了长足的进步,奠定了我国花卉工厂化生产的基础。

②高新技术在温室生产上的应用:花卉工厂化生产广泛应用现代工业机械技术:传感机械、耕作机械、包装机械、预冷机械、运输机械;工程技术:工程构架材料、工程塑料、覆盖材料、节水工程;计算机技术:光、温、水、气自动监控,机械自动化控制;现代信息技术:技术信息、产品信息、市场信息、生产信息;生物技术:基因工程、生物制剂、生物农药、生物肥料;现代育苗技术和栽培技术等进行花卉规模化生产。

③大型温室的示范推广作用:目前,我国大型温室有了长足发展,最近统计表明,我国大型温室面积已达 588.4 hm²,其中进口大型温室面积达 185.4 hm²,国产大型温室面积已达 403 hm²。国内有制造销售大型温室能力的企业有 40 多家,形成较大规模的有 4 家,如上海长征、北京农业机械化研究所、胖龙公司、廊坊九天。

大型温室主要分布在北京、上海、广州、山东、河北、新疆等地,全国 32 个省、自治区、市均有大型温室。近来,温室新型覆盖材料 PC 板应用于温室量 585 万 m²,覆盖温室 40 hm²。大型温室的引进和国产化发展,大大促进了我国蔬菜、花卉的工厂化生产进程。

(2)我国花卉工厂化生产存在的问题

①投入大,成本高:一次性投入大,能耗成本高。现在引进、仿制、自行研制的现代大型温室,尤其是引进温室,基本上处于亏损经营状态。亏损原因主要是,建造投资高、能源消耗大、产品产量低、产品价值难以实现。

②管理体制和机制不完善:工厂化农业发达的国家,建立有生产—加工—销售有机结合和相互促进,完全与市场经济发展相适应的管理体制和机制。而我国目前还没有建立起这种管理体制和机制。

③温室内环境控制水平及设备配套能力较低:我国温室主要是结构简易、设备简陋的日光温室,根本谈不上温、光、水、气等环境的综合调节控制;覆盖材料在透光性、防老化、防尘性能也低于国外同类产品。现有的现代化的大型温室,特别是引进温室虽然硬件装备水平并不低,但生产管理和运行水平远低于国外。从国外原样引进或低水平仿制,没有根据我国不同气候条件进行改造,使用性能达不到引进国水平。

④产量和劳动生产率低:目前温室产品的产量与劳动生产率远低于国外。另外,我国温室生产的劳动生产率低,以人均管理温室面积比较,只相当于日本的 1/5、西欧的 1/50、美国的 1/300。

⑤缺乏系列化温室栽培专用品种:目前温室种植品种大多是从常规品种中筛选出来的,还

没有专用型、系列化的温室栽培品种。

（3）对策与前景　根据以上存在的问题，花卉工厂化生产成本必须依靠现代科学技术的支撑，通过科技公关，解决工厂化科学配套的生产技术体系和管理体系，当务之急应尽快解决如下问题。

①农业设施工程：比较先进的温室和管棚，配有全固定、半固定的自动化喷滴灌设施、冷藏设施、工厂育苗设备等，使硬件配置更加科学合理。

②生长环境调控工程：掌握了设施花卉生长的特性，建立了适应条件的种植制度，调控栽培环境，达到最优经济效果。利用电子计算机和现代化数学，建立起花卉最理想的动态模型，已经编制了花卉生产的最优化计算机决策系统。

③育苗工程：工厂化穴盘育苗，人为地控制种子的催芽、出苗、幼苗生长；利用组织培养、试管苗生产的育苗技术能使繁殖周期缩短、种苗生长整齐一致和脱毒快繁等。

④无土栽培工程：结合花卉的生态习性，重点开发切花花卉品种搭配生产的优化组合，形成高投入高产出的栽培模式。要解决不同品种的营养液配方、高温缺氧与低温冷害、重要病害的发病规律及防治等问题。

⑤培养人才，要有计划地培养一大批适应不同工作岗位的中、高级的专业技术人才而后经营管理人才，并培养熟练的操作人员。提高工厂化花卉生产水平，增强我国花卉在国际市场上的竞争力。

⑥建立产、加、销一体化体系：借鉴发达国家花卉生产企业和其他行业现代化企业在生产与营销等方面的管理方式，注重栽培、采收、加工、包装、销售等技术。

10.2　花卉工厂化生产的设备及生产程序

10.2.1　花卉工厂化生产的设备

1）温室骨架结构

进行花卉工厂化生产，首先得有一个理想的节能型日光温室，它涉及正确选择和规划场地，合理进行温室采光、保温设计等方面。

要选择光照充足、向阳背风、周围无高大建筑物及高大树木等遮光物，水源充足、水质好、无水质污染、土壤肥沃，无空气污染和交通方便，电力充足的场所；然后进行合理规划，主要考虑温室方位、道路、灌溉排水设施、温室间隔等方面的问题。

2）温室覆盖材料

塑料薄膜应采用透光率较高、使用寿命长、无滴、不易吸附灰尘的薄膜。温室内要尽量使用横截面较小、强度大、使用年限长、无污染的建材。在保温设计时要重点考虑温室密闭的问题、采用新型蓄热复合墙体材料、使用保温被、设置天幕、设置防寒沟等措施。

3）加温设备

除了加强温室建造密闭性、采用良好的保温材料和墙体保温技术、采用多层覆盖等保温措施外，还可以根据当地生产条件和气候特点采取合适的增温措施，选用锅炉加温、火炉加温、热风加温、土壤电热线加温等,那就需要相关的加热设备。

4)通风及降温设备

通风包括自然通风和机械通风,降温包括使用遮光幕、水帘、加强通风换气降温、汽化冷却降温等措施。安装风机、水帘、遮阳幕帘等设备。

5)采光设备

温室内光照的调节主要包括3个方面:一是增加自然光照,二是在夏季生产或根据植物生产需要减少自然光照,三是在冬季和光照不足时进行人工补光。因此,冬季光照不足需补光则需安装补光照明设备。

6)灌溉系统设备

(1)自动喷灌系统 可以分为移动式喷灌系统和固定式喷灌系统。这种喷灌系统可采用自动控制,无人化喷洒系统使操作人员远离现场,不致受到药物的伤害,同时在喷洒量、喷洒时间、喷洒途径均可由计算机来加以控制的情况下,大大提高其效率。缺点是容易造成室内湿度过大。

(2)滴灌系统 在地面铺设滴灌管道对土壤的灌溉。优点较多,省水、节能、省力,可实现自动控制。缺点是对水质要求较高,易堵塞,长期采用易造成土壤表层盐分积累。

(3)渗灌系统 通过在地下40~60 cm埋设渗灌系统,实现灌溉。优点:更加节水、节能、省力,可实现自动控制,可非常有效降低温室内湿度,而且不易造成盐分积累。缺点是对水质要求高,成本较高。

7)育苗设备

工厂化育苗方法主要有播种、扦插、分株、组织培养。需要播种床、催芽室、扦插床、滚动苗床、穴盘、精量播种机等设备。组织培养还需要有准备室和称量室、接种室、培养室、温室等及组织培养设备。

8)无土栽培设备

需无土栽培床、各种无土栽培基质,营养液配制装置和营养液供给装置等。

9)农药及肥料施用自动化和二氧化碳施肥装置

现代农业生产将农药和肥料按照每一种化合物单独装在一个罐内,用计算机统一指挥,按照不同比例溶在水中,再输送到花卉种植床上或进行喷洒。农药和肥料施用的浓度是根据抽取回流的营养液或病虫监测结果,自动分析,然后根据分析的结果,由计算机下达的营养液修正和病虫防治的配方指令,混合成新的营养液和药液。肥料常通过滴灌系统与灌溉水一起供给花卉根系,称为"水肥灌溉"。现代大型温室都装备有二氧化碳发生器,通过燃烧航空煤油或丙烷,产生二氧化碳,以补充温室内二氧化碳的不足。

10)自动监测与集中控制系统

近20年来,建造的集约化生产温室,自动化水平高,大都设自动监测、数据采集和集中控制系统,包括各种传感器、计算机及各种电气装置等。

11)收获后处理设备

收获后处理设备包括收获车、包装设备、冷藏室等。

10.2.2　花卉工厂化生产程序

1)环境监测控制

通过自动监测、数据采集,调控栽培环境,包括光照、温度、湿度、土壤、空气等环境条件,利用电子计算机和现代化数学,建立起花卉最理想的动态模型,达到最优经济效果。

2)基质消毒

基质消毒最常用的方法有蒸汽消毒和化学药品消毒。

(1)蒸汽消毒　此法简便易行,经济实惠,安全可靠。凡在温室栽培条件下以蒸汽进行加热的,均可进行蒸汽消毒。方法是将基质装入柜内或箱内(体积 $1 \sim 2 \ m^3$),用通气管通入蒸汽进行密闭消毒。一般在 $70 \sim 90 \ ℃$ 条件下持续 $15 \sim 30 \ min$ 即可。

(2)化学药品消毒　所用的化学药品有甲醛、氯化苦、甲基溴(溴甲烷)、威百亩、漂白剂等。

①40%甲醛消毒:使用时用水稀释成 $40 \sim 50$ 倍液,用喷壶每平方米 $20 \sim 40 \ L$ 水量喷洒基质,将基质均匀喷湿,喷洒完毕后用塑料薄膜覆盖 $24 \ h$ 以上。使用前揭去薄膜让基质风干两周左右,以消除残留药物危害。

②氯化苦:该药剂为液体,能有效地防治线虫、昆虫、一些杂草种子和具有抗性的真菌等。一般先将基质整齐堆放 $30 \ cm$ 厚度,然后每隔 $20 \sim 30 \ cm$ 向基质内 $15 \ cm$ 深度处注入氯化苦药液 $3 \sim 5 \ mL$,并立即将注射孔堵塞。一层基质放完药后,再在其上铺同样厚度的一层基质打孔放药,如此反复,共铺 $2 \sim 3$ 层,最后覆盖塑料薄膜,使基质在 $15 \sim 20 \ ℃$ 条件下熏蒸 $7 \sim 10 \ d$。基质使用前要有 $7 \sim 8 \ d$ 的风干时间,以防止直接使用时危害花卉。氯化苦对活的花卉组织和人体有毒害作用,使用时务必注意安全。

③溴甲烷:该药剂能有效地杀死大多数线虫、昆虫、杂草种子和一些真菌。使用时将基质堆起,用塑料管将药液喷注到基质上并混匀,用量一般为每立方米基质 $100 \sim 200 \ g$。混匀后用薄膜覆盖密封 $2 \sim 5 \ d$,使用前要晾晒 $2 \sim 3 \ d$。溴甲烷有毒,使用时要注意安全。

④漂白剂(次氯酸钠或次氯酸钙):该消毒剂尤其适于砾石、沙子消毒。一般在水池中配制 $0.3\% \sim 1\%$ 的药液(有效氯含量),浸泡基质 $0.5 \ h$ 以上,最后用清水冲洗,消除残留氯。此法简便迅速,短时间就能完成。次氯酸也可代替漂白剂用于基质消毒。

3)种苗生产

传统的土播或简易箱播,为小规模育苗,种子用量多,育苗劳动成本高,移植成活慢及易患土壤传播病害等。因此,专业化及自动化育苗技术的改进和发展自动化穴盘种苗生产、利用机械移植或移盆及在精密自动化温室中培育优良苗木并成立育苗中心,将能改善上述缺点,快速且经济的把价廉物美的种苗提供给栽植者。

4)无土栽培

利用工厂生产方式,以自动化控制系统,对温度、湿度、养分等作最适当的调节,使生产高品质之花卉,从栽培、收获乃至出货,完全以自动化方式掌控其过程,不但可缩短生长期、提高产量,还可因工作环境之改善,吸引年轻农民及高龄人口投入花卉种植业生产。

无土栽培是一种受控农业的生产方式。较大程度地按数量化指标进行耕作,有利于实现机械化、自动化,从而逐步走向工业化的生产方式。目前在奥地利、荷兰、俄罗斯、美国、日本等都有水培"工厂",是现代化农业的标志。无土栽培的类型和方式方法多种多样,不同国家、不同地区由于科学技术发达水平不同,当地资源条件不同,自然环境也千差万别,所以采用的无土栽培类型和方式方法各异,如下所示:

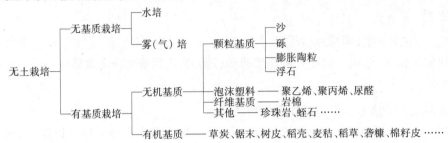

5) 产品采后处理

产品采后处理包括花卉的采后保鲜,包装及贮运等。

复习思考题

1. 工厂化花卉生产的含义是什么? 工厂化花卉生产的趋势如何?
2. 进行工厂化花卉生产需要哪些设备? 有哪些要求?
3. 无土栽培有何优点? 有哪些类型?

11 花卉的应用技术

[本章导读]

花卉因其色彩鲜艳,种类丰富,组合方便等特点,常常是环境布置的重点素材。利用露地花卉布置成花坛、花境、花丛、花篱及花柱等多种形式;一些蔓性花卉又可以装饰柱、廊、篱垣及棚架等。利用盆花装饰会场、居室、厅堂等;本章详细介绍了各类花卉布置的特点及花卉选材的要求。对花卉租摆的具体操作方法和要求进行了详细介绍。要求读者掌握花卉的应用技术。

花卉的应用是一门综合艺术,它充分表现出大自然的天然美和人类匠心的艺术美。它又是一门专业技术,必须熟练掌握花卉的性状,并通过各种手法表现使其达到最完美的程度。

11.1 花卉在园林绿地中的应用

11.1.1 花坛

花坛是在具有几何轮廓的植床内种植各种不同色彩的花卉,运用花卉的群体效果来体现图案纹样,或观赏盛花时绚丽景观的一种花卉应用形式。花坛富有装饰性,在园林布局中常作为主景,在庭院布置中也是重点设置部分,对于街道绿地和城市建筑物也起着重要的配景和装饰美化的作用。

1)花坛的分布地段

花坛常设置在建筑物的前方、交通干道中心、主要道路或主要出入口两侧、广场中心或四周、风景区视线的焦点及草坪等处。主要在规则式布局中应用,有单独或多个带状及成群组合等类型。

2)花坛的种类

依据植物材料不同和布置方式不同分为:

(1)花丛式花坛 又称盛花花坛,花坛内栽植的花卉以其整体的绚丽色彩与优美的外观取得群体美的观赏效果。盛花花坛外部轮廓主要是几何图形或几何图形的组合,大小要适度。内部图案要简洁,轮廓鲜明,体现整体色块效果。

适合的花卉应株丛紧密,着花繁茂,在盛花时应完全覆盖枝叶,要求花期较长,开放一致,花色明亮鲜艳,有丰富的色彩幅度变化。同一花坛内栽植几种花卉时,它们之间界限必须明显,相邻的花卉色彩对比一定要强烈,高矮则不能相差悬殊。

(2)模纹花坛　主要由低矮的观叶植物或花和叶兼美的花卉组成,表现群体组成的精美图案或装饰纹样,包括毛毡花坛、浮雕花坛和彩结花坛。模纹花坛外部轮廓以线条简洁为宜,面积不宜过大。内部纹样图案可选择的内容广泛,如工艺品的花纹、文字或文字的组合、花篮、花瓶、各种动物、乐器的图案等。色彩设计应以图案纹样为依据,用植物的色彩突出纹样,使之清新而精美。多选用低矮细密的植物,如五色草类、白草、香雪球、雏菊、半支莲、三色堇、孔雀草、光叶红叶苋及矮黄杨等。

按花坛形式可分为:平面花坛、斜面浮雕式花坛、立体花坛。

3) 花坛花卉配置的原则

配置花坛花卉时首先要考虑到周围的环境和花坛所处的位置。若以花坛为主景,周围环境以绿色为背景,那么花坛的色彩及图案可以鲜明丰富一些;如以花坛作为喷泉、纪念碑、雕塑等建筑物的背景,其图样应恰如其分,不要喧宾夺主。

花坛的色彩要与主景协调。在颜色的配置上,一般认为红、橙、粉、黄为暖色,给人以欢快活泼、热情温暖之感;蓝、紫、绿为冷色,给人以庄重严肃、深远凉爽之感。如幼儿园、小学、公园、展览馆所配置的花坛,造型要秀丽、活泼,色调应鲜艳多彩,给人以舒适欢快、欣欣向荣的感觉;四季花坛配置时要有一个主色调,使人感到季相的变化。如春季用红、黄、蓝或红、黄、绿等组合色调给人以万木复苏,万紫千红又一春的感受;夏季以青、蓝、白、绿等冷色调为主,营建一个清凉世界;秋季用大红、金黄色调,寓意喜获丰收的喜悦;冬季则以白黄、白红为主,隐含瑞雪兆丰年,春天即将来临的意境。

花卉植株高度要搭配。四面观花坛,应该中心高,向外逐渐矮小;一侧观花坛,应后面高,前面低。

同一花坛内色彩和种类配置不宜过多过杂,一般面积较小的花坛,只用一种花卉或 $1 \sim 2$ 种颜色;大面积花坛可用 $3 \sim 5$ 种颜色拼成图案,绿色广场花坛,也可只用一种颜色如大红、金黄色等,与绿地草坪形成鲜明的对比,给人以恢宏的气势感。

4) 花坛配置常用的花卉种类

花坛配置常用的花卉材料包括一、二年生花卉、宿根花卉、球根花卉等。花丛式花坛常用花卉种类可参阅表 11.1,模纹花坛常用花卉材料可参阅表 11.2。

近几年,各地从国外引进了许多一、二年生花卉的 F_1 代杂交种,如巨花型三色堇、矮生型金鱼草、鸡冠花、凤仙花、万寿菊、矮牵牛、一串红、羽衣甘蓝等,在设施栽培条件下,一年四季均可开花,极大丰富了节日用花。

花坛中心除立体花坛采用喷泉、雕塑等装饰外,也可选用较高大而整齐的花卉材料,如美人蕉、高金鱼草、地肤等,也可用木本花卉布置,如苏铁、雪松、蒲葵、凤尾兰等。

5) 花坛的建设与管理

建设花坛按照绿化布局所指定的位置,翻整土地,将其中砖块杂物过筛剔除,土质贫瘠的要调换新土并加施基肥,然后按设计要求平整放样。

表11.1 花丛式花坛常用花卉

季节	花卉名称	学 名	株高/cm	花期/月	花 色
春	三色堇	*Viola tricolor* L	10~30	3—5	紫、红、蓝、堇、黄、白
	雏菊	*Bellis perennis* L	10~20	3—6	白、鲜红、深红、粉红
	矮牵牛	*Petunia hybrida* Vilm	20~40	5—10	白、粉红、大红、紫、雪青
	金盏菊	*Calendula officinalis*	20~40	4—6	黄、橙黄、橙红
	紫罗兰	*Matthiola inana*	20~70	4—5	桃红、紫红、白
	石竹	*Dianthus chinensis*	20~60	4—5	红、粉、白、紫
	郁金香	*Tulipa gesmeeriana*	20~40	4—5	红、橙、黄、紫、白、复色
夏	矮牵牛	*Petunia hybrida* Vilm	20~40	5—10	白、粉红、大红、紫、雪青
	金鱼草	*Antirrhinum majus*	20~45	5—6	白、粉、红、黄
	百日草	*Zinnia elegans*	50~70	6—9	红、白、黄、橙
	半支莲	*Portulaca grandiflora*	10~20	6—8	红、粉、黄、橙
	美女樱	*Verbena hybrida*	25~50	4—10	红、粉、白、蓝紫
	四季秋海棠	*Begonia simperflorens*	20~40	四季	红、白、粉红
秋	翠菊	*Callistephus chinensis*	60~80	7—11	紫红、红、粉、蓝紫
	凤仙花	*Impatiens balsamina*	50~70	7—9	红、粉、白
	一串红	*Salvia splendens*	30~70	5—10	红
	万寿菊	*Tagetes erecta*	30~80	5—11	橘红、黄、橙黄
	鸡冠花	*Celosia cristata*	30~60	7—10	红、粉、黄
	长春花	*Catharanthus roseus*	40~60	7—9	紫红、白、红、黄
	千日红	*Gomphrena globosa*	40~50	7—11	紫红、深红、堇紫、白
	藿香蓟	*Ageratum conyzoides*	40~60	4—10	蓝紫
	美人蕉	*Canna*	100~130	8—10	红、黄、粉
	大丽花	*Dahlia pinnata*	60~150	6—10	黄、红、紫、橙、粉
	菊花	*D. morifolium*	60~80	9—10	黄、白、粉、紫
冬	羽衣甘蓝	*Brassica oleracea*	30~40	11—翌年2	紫红、黄白
	红叶甜菜	*Betavulgaris var. cicla*	25~30	11—翌年2	深红

表11.2 模纹花坛常用花卉

花卉名称	学 名	株高/cm	花期/月	花 色
五色草	*A. bettzickiana*	20	观叶	绿、红褐
白草	*S. lineare var. alba-margina*	5~10	观叶	白绿色
荷兰菊	*Aster novi-bergii*	50	8—10	蓝紫
雏菊	*Bellis perennis* L	10~20	3—6	白、鲜红、深红、粉红
翠菊	*Callistephus chinensis*	60~80	7—11	紫红、红、粉、蓝紫
四季秋海棠	*Begonia simperflorens*	20~40	四季	红、白、粉红
半支莲	*Portulaca grandiflora*	10~20	6—8	红、粉、黄、橙
小叶红叶苋	*Alternanthera amoena*	15~20	观叶	暗红色
孔雀草	*Tsgetes patula*	20~40	6—10	橙黄

栽植花卉时,圆形花坛由中央向四周栽植,单面花坛由后向前栽植,要求株行距对齐;模纹花坛应先栽图案、字形,如果植株有高低,应以矮株为准,对较高植株可种深些,力求平整,株行距以叶片伸展相互连接不露出地面为宜,栽后立即浇水,以促成活。

平时管理要及时浇水,中耕除草,剪残花,去黄叶,发现缺株及时补栽;模纹花坛应经常修剪、整形,不使图案杂乱,遇到病虫害发生,应及时喷药。

11.1.2　花台

花台又称高设花坛,是高出地面栽植花木的种植方式。花台四周用砖、石、混凝土等堆砌作台座,其内填入土壤,栽植花卉,类似花坛,但面积较小。在庭院中作厅堂的对景或入门的框景,也有将花台布置在广场、道路交叉口或园路的端头以及其他突出醒目便于观赏的地方。

花台的配置形式一般可分为两类:

(1)规则式布置　规则式花台的外形有圆形、椭圆形、正方形、矩形、正多边形、带形等,其选材与花坛相似,但由于面积较小,一个花台内通常只选用一种花卉,除一、二年生花卉及宿根、球根类花卉外,木本花卉中的牡丹、月季、杜鹃、凤尾竹等也常被选用。由于花台高出地面。因而应选用株形低矮、繁密匍匐,枝叶下垂于台壁的花卉如矮牵牛、美女樱、天门冬、书带草等十分相宜。这类花台多设在规则式庭院中、广场或高大建筑前面的规则式绿地上。

(2)自然式布置　又称盆景式花台,把整个花台视为一个大盆景,按中国传统的盆景造型。常以松、竹、梅、杜鹃、牡丹为主要植物材料,配饰以山石、小草等。构图不着重于色彩的华丽而以艺术造型和意境取胜。这类花台多出现在古典式园林中。

花台多设在地下水位高或夏季雨水多、易积水的地区,如根部怕涝的牡丹等就需要花台。古典园林的花台多与厅堂呼应,可在室内欣赏。植物在花台内生长,受空间的限制,不如地栽花坛那样健壮,所以,西方园林中很少应用。花台在现代园林中除非积水之地,一般不宜大量设置。

11.1.3　花境

1)花境的概念和特点

花境是以多年生花卉为主组成的带状地段,花卉布置常采取自然式块状混交,表现花卉群体的自然景观。花境是根据自然界中林地、边缘地带多种野生花卉交错生长的规律,加以艺术提炼而应用于园林。花境的边缘依据环境的不同可以是直线,也可以是流畅的自由曲线。

2)花境设计原则

花境设计首先是确定平面,要讲究构图完整,高低错落,一年四季季相变化丰富又看不到明显的空秃。花境中栽植的花卉,对植株高度要求不严,只要开花时不被其他植株遮挡即可,花期不要一致,要一年四季都能有花;各种花卉的配置比较粗放,只要求花开成丛,要能反映出季节的变化和色彩的协调。

3) 花卉材料的选择和要求

花境内植物的选择以在当地露地越冬、不需特殊管理的宿根花卉为主，兼顾一些小灌木及球根花卉和一、二年生花卉。如玉簪、石蒜、紫菀、萱草、荷兰菊、菊花、鸢尾、芍药、矮生美人蕉、大丽花、金鸡菊、蜀葵等。配植的花卉要考虑到同一季节中彼此的色彩、姿态、形状及数量上要搭配得当，植株高低错落有致，花色层次分明。理想的花境应四季有景可观，即使寒冷地区也应做到三季有景。花境的外围要有一定的轮廓，边缘可以配置草坪、丛兰、麦冬、沿阶草等作点缀，也可配置低矮的栏杆以增添美感。

花境多设在建筑物的四周、斜坡、台阶的两旁和墙边、路旁等处。在花境的背后，常用粉墙或修剪整齐的深绿色的灌木作背景来衬托，使二者对比鲜明，如在红墙前的花境，可选用枝叶优美、花色浅淡的植物来配置，在灰色墙前的花境用大红、橙黄色花来配合则很适宜。

4) 花境类型

花境因设计的观赏面不同，可分为单面观赏花境和两面观赏花境等种类。

（1）单面观赏花境　花境宽度一般为 2~4 m，植物配置形成一个斜面，低矮的植物在前，高的在后，建筑或绿篱作为背景，供游人单面观赏。其高度可高于人的视线，但不宜太高，一般布置在道路两侧、建筑物墙基或草坪四周等地。

（2）两面观赏花境　花境宽度一般为 4~6 m。植物的配置为中央高，两边较低，因此，可供游人从两面观赏，通常两面观赏花境布置在道路、广场、草地的中央等处。

5) 花境的建设、养护

花境的建设、养护与花坛基本相同。但在栽植花卉的时候，根据布局，先种宿根花卉、再栽一、二年生花卉或球根花卉，经常剪残花，去枯枝，摘黄叶，对易倒伏的植株要支撑绑缚，秋后要清理枯枝残叶，对露地越冬的宿根花卉应采取防寒措施，对栽植 2~3 年后的宿根花卉，要进行分株，以促进更新复壮。

11.1.4　花柱

花柱作为一种新型绿化方式，越来越受到人们的青睐，它最大的特点是充分利用空间，立体感强，造型美观，而且管理方便。立体花柱四面都可以观赏，从而弥补了花卉平面应用的缺陷。

1) 花柱的骨架材料

花柱一般选用钢板冲压成10 cm 间隔的孔洞（或钢筋焊接成），然后焊接成圆筒形。孔洞的大小要视花盆而定，通常以花盆中间直径计算。然后刷漆、安装，将栽有花草的苗盆（卡盆）插入孔洞内，同时花盆内部都要安装滴水管，便于灌水。

2) 常用的花卉材料

应选用色彩丰富、花朵密集且花期长的花卉，例如长寿花、三色堇、矮牵牛、四季海棠、天竺葵、早小菊、五色草等。

3) 花柱的制作

（1）安装支撑骨架　用螺栓等把花柱骨架各部分连接安装好。

（2）连接安装分水器　花柱等立体装饰都配备相应的滴灌设备,并可实行自动化管理。

（3）卡盆栽花　把花卉栽植到卡盆中。用作花柱装饰的花卉要在室外保留较长时间,栽到花柱后施肥困难,因此应在上卡盆前施肥。施肥的方法是:准备一块海绵,在海绵上放上适量缓释性颗粒肥料,再用海绵把基质包上,然后栽入卡盆。

（4）卡盆定植　把卡盆定植到花柱骨架的孔洞内,把分水器插入卡盆中。

（5）养护管理　定期检查基质干湿状况,及时补充水分;检查分水器微管是否出水正常,保证水分供应;定期摘除残花,保证最佳的观赏效果;对一些观赏性变差的植株要定期更换。

11.1.5　花墙

垂直绿化是应用攀援植物沿墙面或其他设施攀附上升形成垂直面的绿化。对丰富城市绿化,改善生活环境有很重要作用。花墙作为垂直绿化的一种形式,既可使墙体增添美感,显得富有生机感,起到绿化、美化效果,又可起到隔热、防渗、减少噪声及屏蔽部分射线和电磁波的作用。夏季可降温,冬季则保暖。

1）花卉材料的选择

（1）向阳墙面　温度高,湿度低,蒸腾量大,土壤较干旱,应选择喜光、耐旱和适应性强的花卉种类,如凌霄、木香、藤本月季、藤本蔷薇等。

（2）向阴墙面　日照时间短,温度低,较潮湿,应选择耐阴湿的花卉种类,如常春藤、络石、金银花、地锦等。

2）墙面绿化的形式

（1）附壁式　将藤本花卉的蔓藤,沿墙体扩张生长,枝叶布满攀附物,形成绿墙。适用于具有吸盘或吸附根的藤本植物。

（2）篱垣式　选用钩刺类和缠绕类植物,如藤本月季和蔷薇、香豌豆、牵牛等,使其爬满栅栏、篱笆,起绿色围墙作用。

3）花卉材料的种植

在近墙地面应留有种植带或建有种植槽,种植带的宽度一般为 50 ~ 150 cm,土层厚度在 50 cm 以上。种植槽宽度 50 ~ 80 cm。高度 40 ~ 70 cm,槽底每隔 2 ~ 2.5 cm 应留排水孔。选用疏松、肥沃的土壤作种植土,植株种植前要进行修剪,剪掉多数的丛生枝条,选留主干。苗木根部应距墙根 15 cm 左右,株距 50 ~ 70 cm。栽植深度以苗木根团全埋入土中为准。如墙面太光滑,植物不易爬附墙面,需在墙面上均匀地钉上水泥膨胀螺丝,用铁丝贴着墙面拉成网,供植物攀附。

4）养护

由于藤本植物离心生长能力很强,需要经常施肥和灌溉,及时松土除草。及时修剪整形,生长期注意摘心、抹芽,促使侧枝大量萌发,迅速达到绿化效果。花后及时剪残花。冬季应剪去病虫枝、干枯枝及重叠枝。

11.1.6 篱垣及棚架

利用蔓性和攀援类花卉可以构成篱栅、棚架、花廊;还可以点缀门洞、窗格和围墙。既可收到绿化、美化之效果,又可起防护、荫蔽的作用,给游人提供纳凉、休息的场所。

在篱垣上常利用一些草本蔓性植物作垂直布置,如牵牛花、茑萝、香豌豆、苦瓜、小葫芦等。这些草花重量较轻,不会将篱垣压歪压倒。棚架和透空花廊宜用木本攀援花卉来布置,如紫藤、凌霄、络石、葡萄等。它们经多年生长后能布满棚架,具有观花观果的效果,同时又兼有遮阳降温的功能。采用篱、垣及棚架形式,还可以补偿城市因地下管道距地表近,不适于栽树的弊端,有效地扩大了绿化面积,增加城市景观,保护城市生态环境,改善人民生活质量。

特别应该提出的是攀援类月季与铁线莲,具有较高的观赏性,它可以构成高大的花柱,也可以培养成铺天盖地的花屏障,即可以弯成弧形做拱门,也可以依着木架做成花廊或花凉棚,在园林中得到广泛的应用。

在儿童游乐场地常用攀援类植物组成各种动物形象。这需要事先搭好骨架,人工引导使花卉将骨架布满,装饰性很强,使环境气氛更为活跃。

11.1.7 花篱

花篱是用开花植物栽植、修剪而成的一种绿篱。它是园林中较为精美的绿篱或绿墙,主要花卉有栀子花、杜鹃花、茉莉花、六月雪、迎春、凌霄、木槿、麻叶绣球、日本绣线菊等。

花篱按养护管理方式可分为自然式和整形式,自然式一般只施加少量的调节生长势的修剪,整形式则需要定期进行整形修剪,以保持体形外貌。在同一景区,自然式花篱和整形式花篱可以形成完全不同的景观,应根据具体环境灵活运用。

花篱的栽植方法是在预定栽植的地带先行深翻整地,施入基肥,然后视花篱的预期高度和种类,分别按 20,40,80 cm 左右的株距定植。定植后充分灌水,并及时修剪。养护修剪原则是:对整形式花篱应尽可能使下部枝叶多见阳光,以免因过分荫蔽而枯萎,因而要使树冠下部宽阔,愈向顶部愈狭,通常以采用正梯形或馒头形为佳。对自然式花篱必须按不同树种的各自习性以及当地气候采取适当的调节树势和更新复壮措施。

11.1.8 盆花布置

盆栽花卉是环境花卉装饰的基本材料,具有布置更换方便、种类形式多样、观赏期长,而且四季都有开花、适应性强等优点。另外,盆栽花卉种类形式多样,花朵大小、花形、花色、叶形、叶色、植株大小等可供选择的余地大,为装点环境提供了有利的条件。盆栽花卉适应性广,不同程度的光照、水分、温度、湿度等环境都有与之相适应的盆栽花卉。盆栽花卉四季都有开花的种类,且花期容易调控,可满足许多重大节日和临时性重大活动的用花。现在广泛应用于宾馆、饭店、写字楼、娱乐中心、度假村等场所,已逐渐形成盆花租摆的业务。

1) 盆花的分类

依据盆花高度(包括盆高)分类:

(1)特大盆花　200 cm 以上。

(2)大型盆花　130～200 cm。

(3)中型盆花　50～130 cm。

(4)小型盆花　20～50 cm。

(5)特小型盆花　20 cm 以下。

2) 依据盆花的形态分类

(1)直立型盆花　植株生长向上伸展,大多数盆花属于此类。如朱蕉、仙客来、四季秋海棠、杜鹃等,是环境布置的主体材料。

(2)匍匐型盆花　植株向四周匍匐生长,有的种类在节间处着地生根,如吊竹梅、吊兰等,是覆盖地面或垂吊观赏的良好材料。

(3)攀援性盆花　植株具有攀援性或缠绕性,可借助他物向上攀升,如文竹、常春藤、绿萝等,可美化墙面、阳台、高台等,或以各种造型营造艺术氛围。

3) 依据对光照要求不同分类

(1)要求光照充足的盆花　适合露地生长,对光照要求高。适宜露地花坛布置应用,作庭院布置、街头摆放用。若用于室内,仅可供观赏 3～10 d,如荷花、菊花、美人蕉等。

(2)要求室内光照充足的盆花　宜摆放在室内阳光充足处,供短期观赏,1～2 周应更换(表11.3)。

表 11.3　适于室内光照充足处摆放的花卉及规格

花卉名称	学　名	适宜规格
白兰花	*Michelia alba*	特大、大、中
叶子花	*Bougainvillea spectabilis*	大、中
梅　花	*Prunus mume sieb. et Zucc*	中、小
月　季	*Rosa chinensis*	小
一品红	*Euphorbia pulcherrima* Willd	中、小
杜鹃花类	*Rhododendroon spp.*	中、小
报春花类	*Primula malacoides*	小
秋海棠类	*Begonia*	中、小
扶　桑	*Hibiscus rosa-sinensis*	中、小
变叶木	*Codiaeum variegatum var*	中、小
石　榴	*Punica granatum* Var	大、中、小
仙客来	*Cyclamen persicum* Mill.	小
瓜叶菊	*Cineraria cruenta* Mass.	小

(3)要求室内明亮并有部分直射光的盆花　宜摆放在室内的花卉见表11.4。

表 11.4　　适于室内明亮并有部分直射光处摆放的花卉及规格

花卉名称	学　名	适宜规格
南洋杉	*Araucaria cunninghamii*	特大、大
印度橡皮树	*Ficus elastica Roxb*	特大、大、中
含笑	*Michelia figo*	特大、大
山茶花	*Camelia japonica L*	大、中
柑橘类	*Citrus spp.*	大、中、小
南天竹	*Nandina domestica*	中、小
散尾葵	*Chrysalidocaarpus lutescens Wendl*	大、中
朱蕉	*Cordyline fruticosa*（L.）A. Cheval.	大、中
玉簪类	*Hosta plantaginea Aschers*	小
吊兰	*Chlorophytum capense*（l.）Kuntze	小
凤梨类	*Guzmania spp.*	小
竹芋类	*Maranta*	中、小
广东万年青	*Aglaonema modestum* Schott	中、小
蕨类植物	*Pleridophyla*	小

（4）要求室内明亮而无直射光的盆花（表 11.5）。

表 11.5　　适于室内明亮而无直射光处摆放的花卉及规格

花卉名称	学　名	适宜规格
棕榈	*Trachycarpus fortunei*	特大、大、中
蒲葵	*Livistona chinensis*	大、中
棕竹	*Rhapis excelsa*	大、中
龟背竹	*Monstera deliciosa* Liebm	中
君子兰	*Clivia miniata* Regel	中、小
一叶兰	*Aspidistra elatior*	中、小
万年青	*Rohdea japonica* Roth.	小
沿阶草	*Ophiopogon spp.*	小

4）盆花的主要应用形式

（1）露地应用　应用形式可分为：

不花一分钱,教你做
罐头苔藓微景观世界!

当枯木遇上多肉,
简直美爆了!

①平面式布置:用盆花水平摆放成各种图形,其立面的高度差较小,适用于小型布置。用花种类不宜过多,其四面观赏布置的中心或一面观赏布置的背面中部最好有主体盆花,以使主次分明,构成鲜明的艺术效果。也可布置成花境、连续花坛等,主要运用于较小环境的布置,如院落、建筑门前或小路两旁等,或在大型场合中作局部布置。

②立体式布置:多设置花架,将盆花码放架上,构成立面图形。花架的层距要适宜,前排的植株能将后排的花盆完全掩盖,最前一排用观叶植物镶边,如天门冬、肾蕨等,利用它们下垂的枝叶挡住花盆。用于大型花坛布置。图案和花纹不宜过细,以简洁、华丽、庄重为宜。立体式布置多设置在门前广场、交叉路口等处。

③盆花造境:按照设计图搭成相应的支架,将盆花组合成设计的图案,再配以人造水体,如喷泉、人造瀑布等。如每年"十一"各地广场都有许多大型植物造境。

露地环境气温较高,阳光强烈,空气湿度小,通风较好,选用的盆花要适宜这样的环境条件。如一串红、天竺葵、瓜叶菊、冷水花、南洋杉、一品红、叶子花、榕树、海桐等。

(2)室内应用 室内布置的形式可分为:

①正门内布置:多用对称式布置,常置于大厅两侧,因地制宜,可布置两株大型盆花,或成两组小型花卉布置。常用的花卉有:苏铁、散尾葵、南洋杉、鱼尾葵、山茶花等。

②盆花花坛:多布置在大厅、正门内、主席台处。依场所环境不同可布置成平面式或立体式,但要注意室内光线弱,选择的花卉光彩要明丽鲜亮,不宜过分浓重。

③垂吊式布置:在大厅四周种植池中摆放枝条下垂的盆花,犹如自然下垂的绿色帘幕,轻盈飘逸,十分美观。或置于室内角落的花架上,或悬吊观赏,均有良好的艺术效果。常用的花卉有:绿萝、常春藤、吊竹梅、吊兰、紫鸭趾草等。

④组合盆栽布置:组合盆栽是近年流行的花卉应用,强调组合设计,被称为"活的花艺"。将草花设计成组合盆栽,并搭配一些大小不等的容器,配合株高的变化,以群组的方式放置。另外,还可以根据消费者的爱好,随意打造一些理想的有立体感的组合景观。

⑤室内角隅布置:角隅部分是室内花卉装饰的重要部位,因其光线通常较弱,直射光较少,所以要选用一些较耐弱光的花卉,大型盆花可直接置于地面,中小型盆花可放在花架上。如巴西铁、鹅掌柴、棕竹、龟背竹、喜林芋等。

⑥案头布置:多置于写字台或茶几上,对盆花的质量要求较高,要经常更换,宜选用中小型盆花,如兰花、文竹、多浆植物、杜鹃花、案头菊等。

⑦造景式布置:多布置在宾馆、饭店的四季厅中。可结合原有的景点,用盆花加以装饰,也可配合水景布置。一般的盆栽花卉都可以采用。

⑧窗台布置:窗台布置是美化室内环境的重要手段。南向窗台大多向阳干燥,宜选择抗性较强的虎刺、虎尾兰和仙人掌类及多浆植物,以及茉莉、米兰、君子兰等观赏花卉;北向窗台可选择耐阴的观叶植物,如常春藤、绿萝、吊兰和一叶兰等。窗台布置要注意适量采光及不遮挡视线为宜。

5)盆花的装饰设计

(1)大门口的绿化装饰 大门是人的进出必经之地,是迎送宾客的场所,绿化装饰要求朴实、大方、充满活力,并能反映出单位的明显特征。布置时,通常采用规则式对称布置,选用体形壮观的高大植物配置于门内外两边,周围以中小形花卉植物配置2~3层形成对称整齐的花带、花坛,使人感到亲切明快。

(2)宾馆大堂的绿化装饰 宾馆的大堂,是迎接客人的重要场所。对整体景观的要求,要有一个热烈、盛情好客的气氛,并带有豪华富丽的气魄感,才会给人留下美满深刻的印象。因此在植物材料的选择上,应注重珍、奇、高、大,或色彩绚丽,或经过一定艺术加工的富有寓意的植物盆景。为突出主景,再配以色彩夺目的观叶花卉或鲜花作为配景。

(3)走廊的绿化装饰 此处的景观应带有浪漫色彩,使人漫步于此有轻松愉快的感觉。因此,可以多采用具有形态多变的攀援或悬垂性植物,此类植物茎枝柔软,斜垂盆外,临风轻荡,具有飞动飘逸之美,使人倍感轻快,情态宛然。

(4)居住环境绿化装饰 首先要根据房间和门厅大小、朝向、采光条件选择植物。一般说,房间大的客厅,大门厅,可以选择枝叶舒展、姿态潇洒的大型观叶植物,如棕竹、橡皮树、南洋杉、散尾葵等,同时悬吊几盆悬挂植物,使房间显得明快,富有自然气息。大房间和门厅绿化装饰要以大型观叶植物和吊盆为主,在某些特定位置,如桌面,柜顶和花架等处点缀小型盆栽植物;若房间面积较小,则宜选择娇小玲珑、姿态优美的小型观叶植物,如文竹,袖珍椰子等。其次要注意观叶植物的色彩、形态和气质与房间功能相协调。客厅布置应力求典雅古朴,美观大方,因此要选择庄重幽雅的观叶植物。墙角宜放置苏铁、棕竹等大中型盆栽植物,沙发旁宜选用较大的散尾葵、鱼尾葵等,茶几和桌面上可放 1~2 盆小型盆栽植物。在较大的客厅里,可在墙边和窗户旁悬挂 1~2 盆绿萝、常春藤。书房要突出宁静、清新、幽雅的气氛,可在写字台放置文竹,书架顶端可放常春藤或绿萝。卧室要突出温馨和谐,所以宜选择色彩柔和、形态优美的观叶植物作为装饰材料,利于睡眠和消除疲劳。微香有催眠入睡之功能,因此植物配置要协调和谐,少而静,多以 1~2 盆色彩素雅,株型矮小的植物为主。忌色彩艳丽,香味过浓,气氛热烈。

(5)办公室的绿化装饰　办公室内的植物布置,除了美化作用外,空气净化作用也很重要。由于电脑等办公设备的增多,辐射增加,所以采用一些对空气净化作用大的植物尤为重要。可选用绿萝、金琥、巴西木、吊兰、荷兰铁、散尾葵、鱼尾葵、马拉巴栗、棕竹等植物。另外由于空间的限制,采用一些垂吊植物也可增加绿化的层次感,还可在窗台、墙角及办公桌等处点缀少量花卉。

(6)会议室的绿化装饰　布置时要因室内空间大小而异。中小型会议室多以中央的条桌为主进行布置。桌面上可摆放插花和小型观叶、观花类花卉,数量不能过多,品种不宜过杂。大型会议室常在会议桌上摆上几盆插花或小型盆花,在会议桌前整齐地摆放 1~2 排盆花,可以是观叶与观花植物间隔布置,也可以是一排观叶,一排观花的。后排要比前排高,其高矮以不超过主席台会议桌为宜,形成高矮有序、错落有致,观叶、观花相协调的景观。

(7)展览室与陈列室绿化装饰　展览室与陈列室常用盆花装饰。如举办书画或摄影展览,一般空地面积较大,但决不能摆设盆花群,更不能用观赏价值较高,造型奇特或特别引人注目的盆花进行摆设,否则会喧宾夺主,使画展、影展变成花展,分散观众的目标。布置的目的是协调空间、点缀环境,其数量一般不宜多,仅于角隅,窗台或空隙处摆放单株观叶盆花即可。如橡皮树、蒲葵、苏铁、棕竹等。

(8)各种会场绿化装饰

①严肃性的会场:要采用对称均衡的形式布置,显示出庄严和稳定的气氛,选用常绿植物为主调,适当点缀少量色泽鲜艳的盆花,使整个会场布局协调,气氛庄重。

②迎、送会场:要装饰得五彩缤纷,气氛热烈。选择比例相同的观叶、观花植物,配以花束、花篮,突出暖色基调,用规则式对称均衡的处理手法布局,形成开朗、明快的场面。

③节日庆典会场:选择色、香、形俱全的各种类型植物,以组合式手法布置花带、花丛及雄伟的植物造型等景观,并配以插花、花篮等,使整个会场气氛轻松、愉快、团结、祥和,激发人们热爱生活、努力工作的情感。

④悼念会场:应以松柏常青植物为主体,规则式布置手法形成万古长青、庄严肃穆的气氛。与会者心情沉重,整体效果不可过于冷感,以免加剧悲伤情绪,应适当点缀一些白、蓝、青、紫、黄及淡红的花卉,以激发人们化悲痛为力量的情感。

⑤文艺联欢会场:多采用组合式手法布置,以点、线、面相连装饰空间,选用植物可多种多样,内容丰富,布局要高低错落有致。色调艳丽协调,并在不同高度以吊、挂方式装饰空间,形成

一个花团锦簇的大花园,使人感到轻松、活泼、亲切、愉快,得到美的享受。

⑥音乐欣赏会场:要求以自然手法布置,选择体形优美、线条柔和、色泽淡雅的观叶、观花植物,进行有节奏的布置,并用有规律的垂吊植物点缀空间,使人置身于音乐世界里,聚精会神地去领略那和谐动听的乐章。

11.1.9 专类园

花卉种类繁多,而且有些花卉又有许多品种,观赏性很高,把一些具有一定特色,栽培历史悠久、品种变种丰富、具有广泛用途和很高观赏价值的花卉,加以搜集,集中栽植,布置成各类专类园。例如梅园、牡丹园、月季园、鸢尾园、水生花卉专类园、岩石园等,集文化、艺术、景观为一体,是一种很好的花卉应用形式。

1)岩石园

以自然式园林布局,利用园林中的土丘、山石、溪涧等造型变化,点缀以各种岩生花卉,创造出更为接近自然的景色。

岩生花卉的特点是能耐干旱瘠薄,它们大都喜阳光充足,紫外线强而气候冷凉的环境条件,因为它们都分布在海拔数千米的高山上,把这类花卉拿到园林中的岩石园内栽植时,除了海拔较高的地区外,一般大多数高山岩生花卉难以适应生长,所以实际上应用的岩生花卉主要是从露地花卉中选取,选用一些低矮、耐干旱瘠薄的多年生草花,也需要有喜阴湿的植物,如秋海棠类、虎耳草、苦苣苔类、蕨类等。

岩生花卉的应用除结合地貌布置外,也可专门堆叠山石以供栽植岩生花卉;也有利用石块砌筑挡土墙或单独设置的墙面,堆砌的石块留有较大的隙缝,墙心填以园土,把岩生花卉栽于石隙,根系能舒展于土中。另外,铺砌砖石的台阶、小路及场院,于石缝或铺装空缺处,适当点缀岩生花卉,也是应用方式之一。

2)水生花卉专类园

中国园林中常用一些水生花卉作为种植材料,与周围的景物配合,扩大空间层次,使环境艺术更加完美动人。水生花卉可以绿化、美化池塘,湖泊等大面积的水域,也可以装点小型水池,并且还有一些适宜于沼泽地或低湿地栽植。在园林中常专设一区,以水生花卉和经济植物为材料,布置成以突出各种水景为主的水景园或沼泽园。

栽种各种水生花卉使园林景色更加丰富生动,同时还起着净化水质,保持水面洁净,抑制有害藻类生长的作用。

在栽植水生花卉时,应根据水深、流速以及景观的需要,分别采用不同的水生植物来美化。如沼泽地和低湿地常栽植千屈菜、香蒲等。静水的水池宜栽睡莲、王莲。水深1 m左右,水流缓慢的地方可栽植荷花,水深超过1 m的湖塘多栽植萍蓬草、凤眼莲等。

11.2 花卉租摆

随着人们物质文化水平的不断提高,绿化、美化环境的意识也在逐渐加强,花卉租摆作为一种新的行业也逐渐兴起。

11.2.1　花卉租摆的内涵

　　花卉租摆是以租赁的方式,通过摆放、养护、调换等过程来保证客户的工作生活环境、公共场所等始终摆放着常看常青、常看常新的花卉植物的一种经营方式。花卉租摆不仅省去了企事业单位和个人养护花卉的麻烦,而且专业化的集约经营为企事业单位和个人提供了以低廉的价格便可摆放高档花卉的可能,符合现代人崇尚典雅,崇尚自然的理念。花卉租摆服务业必然会随着我国社会经济的飞速发展,随着人们对花卉植物千年不变的情结而蓬勃发展,走进千家万户,走进每一个角落。

11.2.2　花卉租摆的具体操作方法及要求

1)花卉租摆的条件
　　①从事花卉租摆业必须有一个花卉养护基地,有足够数量的花卉品种作保证。一般委托租摆花卉的单位,如商场、银行、宾馆、饭店、写字楼、家庭等的花卉摆放环境与植物生长的自然环境是不同的,大多数摆放环境光照较弱,通风不畅,昼夜温差小,尤其在夏季有空调,冬季有暖气时,室内湿度小,给植物的自然生长造成不利影响,容易产生病态,甚至枯萎死亡。花卉摆放一段时间后可更换下来送回到养护基地,精心养护,使之恢复到健康美观的状态。更换时间一般根据花卉品种及摆放环境的不同而不同。
　　②要有过硬的养护管理技术,掌握花卉的生长习性,对花卉病虫害要有正确的判断,以便随时解决租摆过程中花卉出现的问题。

2)花卉租摆的操作过程
　　(1)签订协议　花卉租摆双方应签订一份合同协议书,合同内容应对双方所承担的责任和任务加以明确。
　　(2)租摆设计　包括针对客户个性进行花卉材料设计、花卉摆放方式设计和对特殊环境要求下的花卉设计。视具体情况,如有的大型租摆项目还要制作效果图使设计方案直观易懂。
　　(3)材料准备　选择株型美观、色泽好、生长健壮的花卉材料及合适的花盆容器;修剪黄叶,擦拭叶片,使花卉整体保持洁净;节假日及庆典等时期为烘托气氛还可对花盆进行装饰。
　　(4)包装运输　将花卉进行必要的包装、装车并运送到指定地点。
　　(5)现场摆放　按设计要求将花卉摆放到位,以呈现花卉最佳观赏效果。
　　(6)日常养护　包括浇水、保持叶面清洁、修剪黄叶、定期施肥、预防病虫害发生。
　　(7)定期检查　检查花卉的观赏状态、生长情况,并对养护人员的养护服务水平进行监督考核。
　　(8)更换植物　按照花卉生长状况进行定期更换及按照合同条款定期更换。
　　(9)信息反馈　租摆公司负责人与租摆单位及时沟通,对租摆花卉的绿化效果进行调查并进行改善;对换回的花卉精心养护使其复壮。

3)花卉租摆材料选择

在进行花卉租摆时,所用花卉与环境的协调程度直接影响到花卉的美化作用。从事花卉租摆要充分考虑到花卉的生理特性及观赏性,根据不同的环境选择合适的花卉进行布置,同时要加强管理,保证租摆效果。租摆材料的选择是关键。选择的材料好,不仅布置效果好,而且可以延长更换周期,降低劳动强度和运输次数,从而降低成本。在具体选择花卉时,主要是根据花卉植物的耐阴性和观赏性以及租摆空间的环境条件来选择。

首先考虑花卉植物的耐阴性,除了节日及重大活动在室外布置外,一般要求长期租摆的客户都是室内租摆,因此,选择耐阴性的花卉显得尤为重要。它们主要包括万年青、竹芋、苏铁、棕竹、八角金盘、一叶兰、龟背竹、君子兰、肾蕨、散尾葵、发财树、红宝石、绿巨人、针葵等。

其次,要考虑花卉植物的观赏性。室内租摆以观叶植物为主,它们的叶形、叶色、叶质各具不同观赏效果。叶的形状、大小千变万化,形成各种艺术效果,具有不同的观赏特性。棕榈、蒲葵属掌状叶形,使人产生朴素之感;椰子类叶大,羽状叶给人以轻快洒脱的联想,具有热带情调。叶片质地不同,观赏效果也不同,如榕树、橡皮树其革质的叶片,叶色浓绿,有较强反光能力,有光影闪烁的效果。纸质、膜质叶片则呈半透明状,给人以恬静之感。粗糙多毛的叶片则富野趣。叶色的变化同样丰富多彩,美不胜收,有绿叶、红叶、斑叶、双色叶等。总之,只有真正了解花卉的观赏性,才能灵活运用。

另外,在进行花卉摆放前要对现场进行全面调查,对租摆空间的环境条件有个大致了解,设计人员应先设计出一个摆放方案,不仅要使花卉的生活习性与环境相适应,还要使所选花卉植株的大小、形态及花卉寓意与摆放的场合和谐,给人以愉悦之感。

4)花卉租摆的管理

①在养护基地起运花卉植物时,应选无病虫害,生长健壮,旺盛的植株,用湿布抹去叶面灰尘使其光洁,剪去枯叶黄叶。一般用泥盆栽培的花卉都要有套盆,用以遮蔽原来植株容器的不雅部分,达到更佳的观赏效果。

②在摆放过程中的管理,包括水的管理和清洁管理。水的管理很重要,花卉植物不能及时补充水分很容易出现蔫叶、黄叶现象,尤其是在冬、夏季有空调设备的空间,由于有冷风或暖风,使得植物叶面蒸发量大,容易失水,管护人员要根据植物种类和摆放位置来决定浇水的时间、次数及浇水量,必要时往叶面上喷水,保持一定的湿度。用水时,对水质也要多加注意。管理人员应经常用湿布轻抹叶面灰尘使其清洁。此外,还应经常观察植株,及时剪除黄叶、枯叶,对明显呈病态有碍观赏效果的植株及时撤回养护基地养护。由于打药施肥容易产生异味,对环境造成污染,所以一般植物在摆放期间不喷药施肥,可根据植株需要在养护基地进行处理。

③换回植株的养护管理。植株换回后要精心养护,使之能够早日恢复健壮。先剪掉枯叶、黄叶再松土施肥,最后保护性地喷1次杀菌灭虫药剂,然后进行正常管理。

11.3　花卉的其他用途

长期以来,花卉作为美的使者,主要供人们观赏,并美化环境。然而近年来,随着经济文化的进步和食品工业的迅猛发展,作为植物之精华的花类成为食品和保健食品的主料或配料和食品工业的原料,与人们生活紧紧联系起来。

11.3.1 药用

12种最具有美容功能的植物

花卉中许多种类既可供观赏又具药用价值,据统计,在已知的植物花卉中,有77%的花卉能直接药用,另外还有3%的花卉经过加工后也可以药用。如菊花的药用价值早已为世人公认。据《本草纲目》记载:"菊花能除风热,宜肝补阴"。还能散风清热,明目解毒。现代医学验证菊花中含有菊甙、胆碱、腺嘌呤、水苏碱等,还含有龙脑、龙脑乙酯、菊花酮等挥发油,对痢疾杆菌、伤寒杆菌、结核杆菌、霍乱病菌均有抑制作用。食用菊花还可降低血液中的血脂和胆固醇,可预防心脏病的发生。另外菊花中还含有丰富的硒,能抗衰老,增强身体的免疫能力。

11.3.2 食用

花卉食用,源远流长。《诗经》中有"采紫祁祁"之句,"紫"即白色小野菊。古人于入秋之际大批采集,既可入馔,又能入药。这被认为是食用鲜花的最早记载。屈原《离骚》中有"朝饮木兰之坠露兮,夕餐秋菊之落英"。可见当时已有食用菊花的先例。清代《餐芳谱》中,详细叙述了20多种鲜花食品的制作方法。

现在,由于人们日益推崇"饮食回归自然",花卉已成为餐桌上的佳肴。花馔也向鲜、野、绿、生发展。在日本、美国,时兴"鲜花大餐",在法国、意大利、新加坡等国食花已成为新的饮食时尚。目前鲜花已成为世界流行的健康食品之一,深受世人喜爱。

1)花卉食用种类

我国食用花卉的种类达100多种。根据食用器官不同,可分为以下几类:

(1)食花类　常见的食用鲜花种类有菊花、紫藤、刺槐花、黄花菜、黄蜀葵、牡丹、荷花、兰花、百合、玉兰、梅花、蜡梅、蔷薇花、芙蓉花、杏花、丁香、啤酒花、芍药、梨花、蒲公英、芙蓉花等。还有一些种类不太普及,如金雀花、凤仙花、桃花、地黄、鸡冠花、美人蕉、杜鹃、牵牛花、紫荆花、锦带花、金盏菊、鸢尾、秋海棠、连翘、万寿菊、白兰花、昙花、紫罗兰、旱金莲、石斛花等。

(2)食茎叶类　菊花、马兰、薄荷、石刁柏、蜀葵、凤仙花、棕榈、木槿、仙人掌、地肤、蕨类等。

(3)食根及变态根、茎类　桔梗、天门冬、麦冬、荷花、山丹、百合、大丽菊、玉竹、芍药等。

(4)食种子或果实类　荷花、仙人掌、悬钩子、野蔷薇、枸杞、刺梨、山茱萸、沙棘、蜀葵、鸡冠花等。

2)花卉食用方法

(1)直接食用　采鲜花烹制菜肴,熬制花粥,制作糕饼,采嫩茎叶做菜,是最普遍的花卉食用方式。常见可直接食用的种类有菊花、紫藤、百合、黄花菜、蒲公英、梅花、桂花、玉兰、荷花、芙蓉花、木槿、茉莉、兰花、月季、桃花、旱金莲、紫罗兰、芦荟、诸葛菜等。

(2)加工后食用　花卉可做成糖渍品,泡制成酒、茶,制作饮料等。桂花可制桂花糖、糕点、桂花酱、桂花酒,菊花可制菊花茶和菊花酒,其他的还有忍冬花茶、野菊花茶、茉莉花茶等。

3)食用价值

花卉作食品主要是食用花瓣。可以说,可食花完美地体现了食品的三大功能:

①色香味俱全,且外观美丽,色艳香鲜,风味独特;

②营养价值高且全面,含极丰富的蛋白质、11 种氨基酸、脂肪、淀粉、14 种维生素、多种微量元素以及生物碱、有机酸、酯类等;

③对人体有良好保健和疗效功能,常食可增强免疫、祛病益寿、养颜美容,并对中风后遗症、贫血、糖尿病有较好疗效。

11.3.3 提取花色素及香料

花朵的香气,一般是由腺体或油细胞分泌的挥发性物质,给人以醇香馥郁之感。愉快舒畅的感受,有益于身心健康。有些花卉的花朵芳香物质的含量较高,适宜提取制成香料(精),因此,这类花卉常被作为香料植物栽培,如白兰、茉莉、珠兰、玫瑰、代代花等。

万寿菊,其花朵可作为提取脂溶性黄色素的工业原料。该色素广泛用于食品和饲料工业中,属纯天然产品,在国际市场供不应求,前景很好。

复习思考题

1.露地花卉有哪几种应用形式?各有什么特点?

2.请你用当地花卉类型设计花丛式花坛和模纹花坛。

3.盆花的应用形式有哪些?

4.拟定大型会场盆花装饰设计方案、拟定居室环境盆花装饰设计方案。

5.叙述花卉租摆的条件和租摆的操作过程。

12 花卉的经营与管理

[本章导读]

本章主要介绍花卉经营管理的一些基本知识,明确花卉的产业结构与经营方式,了解花卉产品的营销渠道及花卉生产管理的内容与方法。使读者对花卉的经营管理有初步的认识和了解。

12.1 花卉的经营与管理

12.1.1 花卉的产业结构与经营方式

1)花卉的产业结构

(1)切花 切花要求生产栽培技术较高。我国切花的生产相对集中在经济较发达的地区,在生产成本较低的地区也有生产。

(2)盆花与盆景 盆花包括家庭用花、室内观叶植物、多浆植物、兰科花卉等,是我国目前生产量最大,应用范围最广的花卉,也是目前花卉产品的主要形式。

盆景也广泛受到人们的喜爱,加以我国盆景出口量逐渐增加,可在出口方便的地区布置生产。

(3)草花 草花包括一、二年生花卉和多年生宿根、球根花卉。应根据市场的具体需求组织生产,一般来说,经济越发达,城市绿化水平越高,对此类花卉的需求量也就越大。

(4)种球 种球生产是以培养高质量的球根类花卉的地下营养器官为目的的生产方式,它是培育优良切花和球根花卉的前提条件。

(5)种苗 种苗生产是专门为花卉生产公司提供优质种苗的生产形式。所生产的种苗要求质量高,规格齐备,品种纯正,是形成花卉产业的重要组成部分。

(6)种子生产 国外有专门的花卉种子公司从事花卉种子的制种、销售和推广,并且肩负着良种繁育、防止品种退化的重任。我国目前尚无专门从事花卉种子生产的公司,但不久的将来必将成为一个新兴的产业。

2)花卉经营的特点与方式

(1)花卉经营的专业性　花卉经营必须要有专业机构来组织实施,这是由花卉生产、流通的特点所决定的。花卉经营的专业性还表现在作为花卉生产的部门,每一公司或企业仅对一两种重点花卉进行生产,这样使各生产单位形成自己的特色,进而形成产业优势。

(2)花卉经营的集约性　花卉经营是在一定的空间内最高效地利用人力物力的生产方式,它要求技术水平高,生产设备齐备,在一定范围内扩大生产规模,进而降低生产成本,提高花卉的市场竞争力。

(3)花卉经营的高技术性　花卉经营是以经营有生命的新鲜产品为主题的事业,而这些产品从生产到售出的各个环节中,都要求相应的技术,如花卉采收、分级、包装、贮运等各个环节,都必须严格按照技术规程办事。因此,花卉经营必须要有一套完备的技术做后盾。

(4)花卉的经营方式

①专业经营:在一定的范围内,形成规模化,以一两种花卉为主集中生产,并按照市场的需要进入专业流通的领域。此方式的特点是便于形成高技术产品,形成规模效益,提高市场竞争力,是经营的主题。

②分散经营:以农户或小集体为单位的花卉生产,并按自身的特点进入相应的流通渠道。这种方式比较灵活,是地区性生产的一种补充。

12.1.2　花卉产品营销渠道

花卉产品的营销是花卉生产发展的关键环节。产品的主要营销渠道是花卉市场和花店,进行花卉的批发和零售。

1)花卉市场

花卉市场的建立,可以促进花卉生产和经营活动的发展,促使花卉生产逐步形成产、供、销一条龙的生产经营网络。目前,国内的花卉市场建设,已有较好的基础。遍布城镇的花店、前店后场式区域性市场、具有一定规模和档次的批发市场,承担了80%的交易量。我国在北京建成了国内第一家大型花卉拍卖市场——北京莱太花卉交易中心后,又在云南建成了云南国际花卉拍卖中心,该市场以荷兰阿斯米尔鲜切花拍卖市场为蓝本进行运作,并通过这种先进的花卉营销模式推动整个花卉产业的发展,促进云南花卉尽快与国际接轨,力争发展成为中国乃至亚洲最大的花卉交易中心。

花卉拍卖市场是花卉交易市场的发展方向,它可实现生产与贸易的分工,可减少中间环节,有利于公平竞争,使生产者和经营者的利益得到保障。

2)花店经营

花店属于花卉的零售市场,是直接将花卉卖给消费者。花店经营者应根据市场动态因地制宜地运用营销策略,紧跟时代潮流选择花色品种,想顾客所想,将生意做好、做活。

(1)花店经营的可行性　开设花店前,应对花店经营与发展情况做好市场调查分析,作出可行性报告。报告的数据主要包括所在地区的人口数量、年龄结构,同类相关的花店,交通情况,本地花卉的产量与消费量,外地花卉进入本地的渠道及费用等。可行性报告应解决的问题有花卉如何促销,花卉市场如何开拓,向主要用花单位如何取得供应权,训练花店售货员和扩展连锁店等,同时,还应根据市场调查确定花店的经营形式、花店的规模、花店的外观设计等。

(2)花店经营形式　花店经营形式可分为一般水平的和高档的,有零售或批零兼营的,零售兼花艺服务等。经营者应根据市场情况、服务对象及自身技术水平确定适当的经营形式。

(3)花店的经营规模　花店经营规模应根据市场消费量和本地自产花卉量来确定,如花木公司可在城市郊区,建立大型花圃,作为花卉的生产基地,主要生产各种盆花、各式盆景和鲜切花,在市中心设立中心花店,进行花卉的批发和零售业务。个人开设花店可根据花店所处的位置和环境,确定适当的规模和经营范围,切不可盲目经营。

(4)花店门面装饰　花店的门面装饰要符合花卉生长发育规律,最好将花店建筑得如同现代化温室。上有透明的天棚和能启闭自如的遮阳系统,四旁为落地明窗,中央及四周为梯级花架。出售的花卉明码标价,顾客开架选购,出口设花卉结算付款处。为保持鲜花新鲜度,盆花除要定期浇喷水外,还应设立喷雾系统,以保持一定的空气湿度,并通风良好,冬有保温设施,夏有降温设备,四季如春,终年鲜花盛开,花香扑鼻,使顾客在花香花色的诱惑下,难以空手而归。

(5)花店的经营项目　花店的经营项目常见的有鲜花(盆花)的零售与批发;花卉材料的零售与批发,如培养土、花肥、花药等,缎带、包装纸、礼品盒等的零售服务;花艺设计与外送各种礼品花的服务;室内花卉装饰及养护管理;花卉租摆业务,婚丧喜事的会场,环境布置;花艺培训,花艺期刊、书籍的发售,花卉咨询及其他业务等。

此外,还有多种营销花卉的渠道,如超级市场设立鲜花柜台、饭店内设柜台、集贸市场摆摊设点、电话送花上门服务、鲜花礼仪电报等。

12.1.3　花卉的分级包装

花卉的分级包装是花卉产业贮、运、销的重要环节之一。花卉分级包装的好坏直接影响花卉的品质和交易价格。分级包装工作做得好,很容易激发消费者购买的欲望,提高消费者的购买信心,促进产品市场销售。

1)盆花

(1)分级和定价　出售的盆花应根据运输路途的远近,运输工具的速度以及气候条件等情况,来选择花朵适度开放的盆花准备出售,然后按照品种、株龄和生长情况,结合市场行情定价。

观花类盆花主要分级依据是株龄的大小、花蕾的大小和着花的多少。观叶盆花大多按照主干或株丛的直径、高度、冠幅的大小、株形以及植株的丰满程度来分级,而苏铁及棕榈状乔木树种,则常按老桩的重量及叶片的数目来分级。观果类花卉主要根据每盆植株上挂果的数量,确定出售价格。出售或推广优良品种时,价格可高些。

(2)包装　盆花在出售时大多数不需要严格的包装。大型木本或草本盆花在外运时需将枝叶拢起后绑扎,以免在运输途中折断或损伤叶片。幼嫩的草本盆花在运输中容易将花朵碰损或震落,有的需要用软纸把它们包裹起来,有的则需设立支柱绑扎,以减少运输途中晃动。

用汽车运输时,在车厢内应铺垫碎草或沙土,否则容易把花盆颠碎。用火车作长途运输时,都必须装入竹筐或木框,盆间的空隙用毛纸或草填衬好,对于一些怕相互挤压的盆花,还要用铅丝把花盆和筐、框加以连接固定,否则火车站不给办理托运手续。

瓜叶菊、蒲包花、四季海棠、紫罗兰、樱草等小型盆花,在大量外运时为了减少体积和重量,大多脱盆外运,并且用厚纸逐棵包裹,然后依次横放在大框或网篮内,共可摆放 3 ~ 5 层。各类桩景或盆花则应装入牢固的透孔木箱内,每箱 1 ~ 3 盆,周围用毛纸垫好并用铅丝固定,盆土表面还应覆盖青苔保湿。

包装外的标签必须易于识别,要写清楚必要的信息,如生产者、包装场、生产企业的名称、种类、品种或花色等。若为混装,标记必须写清楚。

2)切花

(1)分级　切花的分级通常是以肉眼评估,主要基于总的外观,如切花形态、色泽、新鲜度和健康状况,其他品质测定包括物理测定和化学测定,如花茎长度、花朵直径、每朵花序中小花数量和重量等。在田间剪取花枝时,应同时按照大小和优劣把它们分开,区分花色品种,并按一定的记数单位把它们放好,以减少费用和损失。

肉眼的精确判断需要一个严格制定并被广泛接受的质量标准。现国际上广泛使用的是欧洲经济委员会(ECE)标准和美国标准,见表 12.1。对某一特定花种的分级标准除上述要求外,还包括一些对该种的特殊要求,如对香石竹,注意其茎的刚性和花萼开裂问题。对于月季,最低要求是切割口不要在上个生长季茎的生长起点上。

表 12.1　一般外观的 ECE 切花分级标准

等级	对切花的要求
特级	切花具有最佳品质,无外来物质,发育适当,花茎粗壮而坚硬,具备该种或品种的所有特性,允许切花的 3% 有轻微的缺陷
一级	切花具有良好品质,花茎坚硬,其余要求同上,允许切花 5% 有轻微缺陷
二级	在特级和一级中未被接受,但满足最低质量要求,允许切花的 10% 有轻微缺陷

美国标准其分级术语不同于 ECE 标准,采用"美国蓝、红、绿、黄"称谓,大体上相当于 ECE 的特级、一级和二级分类。我国农业部于 1997 年对月季、唐菖蒲、菊花、满天星、香石竹等切花的质量分级、检测规则、包装、标志、运输和贮藏技术等都做出了行业标准。

(2)切花的包装　出场的切花要按品种、等级和一定的数量捆扎成束,捆扎时既不要使花束松动,也不宜太紧将花朵挤伤。每捆的记数单位因切花的种类和各地的习惯而不同,通常根据切花大小或购买者的要求以 10,12,15 或更多捆扎成束。总之,凡是花形大、比较名贵和容易碰损的切花,每束的支数要少,反之每束的支数可多。

大多数切花包装在用聚乙烯膜或抗湿纸衬里的双层纤维板箱或纸箱中,以保持箱内的湿度。包装时应小心地将用耐湿纸或塑料套包裹的花束分层交替、水平放置于箱内,各层间要放置衬垫,以防压伤切花,直至放满。对向地性弯曲敏感的切花,如水仙、唐菖蒲、小苍兰、金鱼草等,应以垂直状态贮运。

12.2 花卉生产管理

12.2.1 花卉生产计划的制定

花卉生产计划是花卉生产企业经营计划中的重要组成部分,通常是对花卉企业在计划期内的生产任务作出统筹安排,规定计划期内生产的花卉品种、质量及数量等指标,是花卉日常管理工作的依据。生产计划是根据花卉生产的性质,花卉生产企业的发展规划,生产需求和市场供求状况来制定的。

制定花卉生产计划的任务就是充分利用花卉生产企业的生产能力和生产资源,保证各类花卉在适宜的环境条件下生长发育,进行花卉的周年供应,保质、保量、按时提供花卉产品,并按期限完成订货合同,满足市场需求,尽可能地提高生产企业的经济效益,增加利润。

花卉生产计划通常有年度计划、季度计划和月份计划,对花卉每月、季、年的花事做好安排,并做好跨年度花卉连续生产。生产计划的内容包括花卉的种植计划、技术措施计划、用工计划、生产用物资供应计划及产品销售计划等。其具体内容为种植花卉的种类与品种、数量、规格、供应时间、工人工资、生产所需材料、种苗、肥料农药、维修及产品收入和利润等。季度和月份计划是保证年度计划实施的基础。在生产计划实施过程中,要经常督促和检查计划的执行情况,以保证生产计划的落实完成。

花卉生产是以盈利为目的的,生产者要根据每年的销售情况、市场变化、生产设施等,及时对生产计划作出相应地调整,以适应市场经济的发展变化。

12.2.2 花卉生产技术的管理

花卉生产技术管理是指花卉生产中对各项技术活动过程和技术工作的各种要素进行科学管理的总称。技术工作的各种要求包括:技术人才、技术装备、技术信息、技术文件、技术资料、技术档案、技术标准规程、技术责任制等技术管理的基础工作。技术管理是管理工作中重要的组成部分。加强技术管理,有利建立良好的生产秩序,提高技术水平,提高产品质量,降低产品成本等,尤其是现代大规模的工厂化花卉生产,对技术的组织、运用工作要求更为严格,技术管理就愈显重要。但技术管理主要是对技术工作的管理,而不是技术本身。企业生产效果的好坏决定于技术水平,但在相同的技术水平条件下,如何发挥技术,则取决于对技术工作的科学组织及管理。

1)花卉技术管理的特点

(1)多样性 花卉种类繁多,各类花卉有其不同的生产技术要求,业务涉及面广,如花卉的繁殖、生长、开花、花后的贮藏、销售、花卉应用及养护管理等。形式多样的业务管理,必然带来不同的技术和要求,以适应花卉生产的需要。

(2)综合性 花卉的生产与应用,涉及众多学科领域,如植物与植物生理、植物遗传育种、土壤肥料、农业气象、植物保护、规划设计等。因此,花卉技术管理具有综合性。

(3)季节性　花卉的繁殖、栽培、养护等均有较强的季节性,季节不同、采用的各项技术措施也相应不同,同时还受自然因素和环境条件等多方面的制约。为此,各项技术措施要相互结合,才能发挥花卉生产的效益。

(4)阶段性与连续性　花卉有其不同的生长发育阶段,不同的生长发育阶段要求不同的技术措施,如育苗期要求苗全、苗壮及成苗率高,栽植期要求成活率高,养护管理则要求保存率高和发挥花卉功能。各阶段均具有各自的质量标准和技术要求,但在整个生长发育过程中,各阶段不同的技术措施又不能截然分开,每一个阶段的技术直接影响下一阶段的生长,而下一阶段的生长又是上一阶段技术的延续,每个阶段都密切相关,具有时间上的连续性,缺一不可。

2)花卉技术管理的内容

(1)建立健全技术管理体系　其目的在于加强技术管理,提高技术管理水平,充分发挥科学技术优势。大型花卉生产企业(公司)可设以总工程师为首的三级技术管理体系,即公司设总工程师和技术部(处),部(处)设主任工程师和技术科,技术科内设各类技术人员。小型花卉企业可不设专门机构,但要设专人负责,负责企业内部的技术管理工作。

(2)建立健全技术管理制度

①技术责任制:为充分发挥各级技术人员的积极性和创造性,应赋予他们一定职权和责任,以便很好地完成各自分管范围内的技术任务。一般分为技术领导责任制、技术管理机构责任制,技术管理人员责任制和技术员技术责任制。

技术领导的主要职责是:执行国家技术政策、技术标准和技术管理制度;组织制定保证生产质量、安全的技术措施,领导组织技术革新和科研工作;组织和领导技术培训等工作;领导组织编制技术措施计划等。

技术管理机构的主要职责是:做好经常性的技术业务工作,检查技术人员贯彻技术政策、技术标准、规程的情况;管理科研计划及科研工作;管理技术资料,收集整理技术信息等。

技术人员的主要职责是:按技术要求完成下达的各项生产任务,负责生产过程中的技术工作,按技术标准规程组织生产,具体处理生产技术中出现的问题,积累生产实际中原始的技术资料等。

②制定技术规范及技术规程:技术规范是对生产质量、规格及检验方法作出的技术规定,是人们在生产中从事生产活动的统一技术准则。技术规程是为了贯彻技术规范对生产技术各方面所作的技术规定。技术规范是技术要求,技术规程是要达到的手段。技术规范及规程是进行技术管理的依据和基础,是保证生产秩序、产品质量、提高生产效益的重要前提。

技术规范可分为国家标准、部门标准及企业标准,而技术规程是在保证达到国家技术标准的前提下,可以由各地区、部门企业根据自身的实际情况和具体条件,自行制定和执行。

12.2.3　生产成本核算

花卉种类繁多,生产形式多样,其生产成本核算也不尽相同,通常在花卉成本核算中分为单株、单盆和大面积种植核算。

1）单株、单盆成本核算

单株、单盆成本核算,采用的方法是单件成本法,核算过程是根据单件产品设制成本计算单,即将单盆、单株的花卉生产所消耗的一切费用,全都归集到该项产品成本计算单上。单株、单盆花卉成本费用一般包括种子购买价值,培育管理中耗用的设备价值及肥料、农药、栽培容器的价值、栽培管理中支付的工人工资,以及其他管理费用等。

2）大面积种植花卉的成本核算

进行大面积种植花卉的成本核算,首先要明确成本核算的对象。成本核算对象就是承担成本费用的产品,其次是对产品生产过程耗费的各种费用进行认真的分类。其费用按生产费用要素可分为:

①原材料费用:包括购入种苗的费用,在生长期间所施用的肥料和农药等。

②燃料动力费用:包括花卉生产中进行的机械作业、排灌作业,遮阳、降温、加温供热所耗用的燃料费、燃油费和电费等。

③生产及管理人员的工资及附加费用。

④折旧费:在生产过程中使用的各种机具及生产设备按一定折旧率提取的折旧费用。

⑤废品损失费用:在生产过程中,未达到产量质量要求的,应由成品花卉负担的费用。

⑥其他费用:指管理中耗费的其他支出,如差旅费、技术资料费、邮电通讯费、利息支出等。

花卉生产管理中,可制成花卉成本项目表,科学地组织好费用汇集和费用分摊,以及总成本与单位成本的计算,还可通过成本项目表分析产品成本的构成,寻求降低花卉成本的途径等。

复习思考题

1. 花卉的产业结构包括哪几部分? 花卉经营的特点有哪些?
2. 花卉产品的营销渠道有哪些? 怎样做好花店经营的可行性研究报告?
3. 花卉包装有什么意义? 怎样做好切花的分级包装工作?
4. 花卉生产技术管理的内容有哪些? 如何管理?
5. 作为一个花卉公司的经理,怎样做才能盈利? 采取怎样的花卉生产及经营管理措施?

13 实训指导

实训1　花卉识别

1. 实训目的

了解常见花卉的种类,熟悉并掌握150种花卉的形态特征、生态习性,掌握它们的繁育方法、栽培要点与观赏用途。

2. 实训时间

8学时。

3. 材料与工具

(1)材料　一、二年生草本花卉、宿根花卉、球根花卉、切花花卉、盆栽花卉、名贵花卉等。
(2)工具　钢卷尺、直尺、卡尺、铅笔、笔记本。

4. 实训内容

教师现场讲解、指导学生学习,学生课外复习。
①教师现场教学讲解每种花卉的名称、科属、生态习性、繁殖方法、栽培要点、观赏用途。学生作好记录。
②学生分组进行课外活动,复习花卉名称、科属及生态习性、繁殖方法、栽培要点、观赏

用途。

5. 作业要求

将 150 种花卉按种名、拉丁学名、科属、观赏用途记录在表 13.1 中。

表 13.1　花卉识别统计表

序号	花卉名称	科名	属名	形态特征				花卉类型	主要用途
				根	茎	叶	花		
1									
2									
3									
⋮									

实训2　花卉种子识别

1. 实训目的

花卉种类繁多,各类种子的形态特征各有不同。通过学习,熟悉各类种子的形态特点,在生产生活过程中对种子有较深的印象,认识一些常见的种子。

2. 材料与工具

(1)材料　常见的露地花卉种子。
(2)工具　显微镜、镊子、种子瓶、硬纸板、透明胶布等。

3. 实训内容与技术操作规程

1)各类花卉种子成熟的外观形态特征比较

(1)大小　按粒径大小分类(以长轴为准)。
①大粒种实:粒径在 5.0 mm 以上者,如牵牛、牡丹等。
②中粒种实:粒径在 2.0 ~ 5.0 mm,如紫罗兰、矢车菊等。
③小粒种实:粒径在 1.0 ~ 2.0 mm,如三色堇等。
④微粒种实:粒径在 0.9 mm 以下者,如四季秋海棠、金鱼草等。
(2)形状　有球形(如紫茉莉)、卵形(如金鱼草)、椭圆形(如四季秋海棠)、肾形(如鸡冠

花)、线形、披针形、扁平状以及舟形等。

（3）色泽　以种实颜色及有没有光泽为分类依据。

（4）附属物　按种实有没有附属物及附属物的不同分类,附属物有毛、翅、钩、刺等。通常与种实营养及萌发条件的关系不大,但有助于种实传递。

（5）质感　按种皮厚度及坚韧度分类。

种实表皮厚度常与萌发条件有关。为了促进种实萌发,可采用浸种、刻伤种皮等处理方法。种实分类的目的在于正确无误地识别种实,以便正确实施播种繁殖和进行种实交换;正确地计算出千粒重及播种量;防止不同种类及品种种实的混杂,清除杂草种子及其他夹杂物,保证栽培工作顺利进行。

2）显微镜下微观特征的鉴别

在显微镜下观察各类种子的微观结构特征。特别要注意细小的种子显微镜放大的倍数。

4. 注意事项

种子形态特征相近的,要仔细区分,尤其是小粒的种子。注意有特殊结构的种子在播种时要特殊对待。

实训3　一、二年生草花的播种育苗

1. 实训目的

了解一、二年生草花种子的播前处理方法,掌握一、二年生草花播种育苗的全过程,并能独立完成播种育苗工作。

2. 材料与工具

（1）材料　一、二年生草花种子（大粒、中粒、小粒）,药品、各种肥料、农药、营养土。

（2）工具　浸种容器、水桶、喷壶、喷雾器、耙子、细筛、镇压板、塑料薄膜或草帘或玻璃盖板、花钵、移植铲、铁锹、育苗床（箱）。

3. 实训内容与技术操作规程

1）草花播种育苗营养土的配制

（1）营养土　花卉的种类很多,不同种类的花卉对土壤的要求有很大的差别。一般而言,多数花卉要求土壤富含腐殖质,疏松肥沃,排水良好,透气性强,土壤的 pH 值在 7.0 左右。营养土以园土、中沙、腐叶土及有机肥为主体,一般将腐叶土、中沙、园土混合,其比例以种子的大小而定。细小种子按 5:3:2 的比例混合;中粒种子按 4:2:4 的比例混合;大粒种子按 5:1:4 的比例混合。播种前要进行土壤消毒。简单的做法是:用铁锅蒸炒土壤或蒸汽消毒,高温消毒 30 min,即可杀死大部分的病菌和虫卵;也可向土壤中喷洒 800 倍稀释的托布津、1 000 ~ 2 000 倍稀释的乐果,或 100 倍稀释的高锰酸钾药液消毒,喷洒药液后放置 3 ~ 6 d,再用清水喷过后即可使用。

(2)栽培介质　近年来栽培所用的介质,趋向于使用无土或少土的介质。无土介质多属园艺无毒类型,质量轻、质地均匀、价格便宜、易干燥。无土介质,不含或少含养分,要及时施用营养液。常用的无土介质有:甘蔗渣、树皮、木屑、刨花、谷壳、焦糠、泥炭、珍珠岩、蛭石、陶粒、河沙、煤渣、岩棉、火山灰等。

(3)栽培介质的配制　根据花卉的种类、介质材料和栽培管理经验不同,介质配方有较大的区别,但要求容重低,孔隙度大,持水力强,无毒副作用。

2)苗床(箱)的准备

根据花卉种类的不同选择不同规格的苗床(箱)。

(1)苗床播种育苗

①清理圃地:清除圃地上的树枝、杂草等杂物,填平起苗后的坑穴,使耕作区达到基本平整,为耕作打好基础。

②浅耕灭茬:浅耕深度一般在 5 ~ 10 cm。

③耕翻土壤:耕翻土壤的深度一般在 20 ~ 25 cm。

④耙地:耙碎土块,混合肥料,平整土地,清除杂草,一般在耕地后立即进行。

⑤镇压:适用于土壤孔隙度大、早春风大地区及小粒种子育苗等,黏重的土地或土壤含水量较大时,一般不镇压,防止土壤板结,影响出苗。

⑥作床:作床时间在播种前 1 ~ 2 周进行,作床前应先选定基线,量好床宽及步道宽,钉桩拉绳作床。要求床面平整,一般苗床宽 100 ~ 150 cm,步道宽 30 ~ 40 cm,长度不限,以方便管理为度。苗床走向以南北向为宜。在坡地应使苗床长边与等高线平行,在播种前要充分灌水。高床床面高出畦床 15 ~ 20 cm,床面宽 100 cm,步道一般宽约 40 cm,高床有利于侧方灌溉与排水,一般设在降雨较多、低洼积水或土壤黏重的地区。低床床面低于步道 15 ~ 20 cm,床面宽 100 ~ 150 cm,步道宽 40 cm,低床有利于灌溉,保墒性能好,一般用设在降水较少、无积水的地区,如图 13.1 所示。

(2)苗箱播种育苗　清洗苗箱,在苗箱内放入营养土,稍作平整镇压后,使土面距苗箱上边缘 2 ~ 3 cm 为宜。播种在苗箱浸水、播种土湿透后进行。除用育苗床和育苗箱播种以外,还可用浅木箱、花盆、育苗钵、育苗块、育苗盆等容器,如图 13.2 所示。

3)净种

种子清选:通过清选来清除种子中的杂物。

(1)风选　适用于中、小粒种子,利用风、簸箕或簸扬机净种。少量种子多用簸箕扬去杂物。

(2)筛选　用不同大小孔径的筛子,先将大于或小于种子的夹杂物除去,再用其他方法将与种子大小等同的杂物除去。

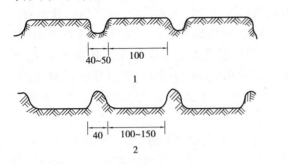

图 13.1　苗床形式(单位:cm)

1—高床;2—低床

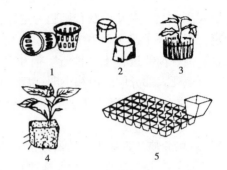

图 13.2　各种育苗容器

1—塑料钵;2—纸钵;3—草钵;4—育苗土块;5—穴盘

(3)水选　一般适用于大而重的种子,利用水的浮力,使杂物及空瘪种子漂出,饱满的种子留于下面。水选一般用盐水或黄泥水,其密度为 $1.1 \sim 1.25 \text{ g/cm}^3$,可把更多漂浮在溶液表面的瘪粒和杂质捞出。水选的时间不宜过长。水选后不能暴晒,要阴干。可结合浸种进行催芽,及时播种。

(4)挑选　也叫粒选,对大粒、少量的种子可以用手逐粒将饱满的种子挑出或将杂质挑除。

4)种子消毒

消毒方法如下:

(1)物理消毒法　将种子进行日光暴晒、紫外光照射、温汤浸种等。

(2)化学消毒法　目前用于浸种处理的化学药剂有:氰胍甲汞、醋酸甲氧乙汞、福尔马林、高锰酸钾、多菌灵、福美双、硫酸亚铁、硫酸铜、退菌特等。浸种后需要放置在通风、避光的环境下,后贮藏于密封的仓库中 24 h 后才可播种。

5)播种与覆土

(1)播种时期　一、二年生草花的播种时期主要根据本身的生物学特性和当地气候条件,以及应用的目的和时间来确定,一般分为春播、夏播、秋播、冬播。

(2)播种工序　播种前要根据种子的具体情况进行适当处理,种皮较厚者可进行温水浸泡、硫酸浸泡,或进行沙藏等。要根据土壤的湿润状况,确定是否提前灌溉。根据单位苗床(箱)的播种用量,用手工或播种机进行播种,播种方法有撒播、条播、点播等几种。细小的种子宜采用撒播法,可以与细沙混合撒播,也可以单独撒播。播种不可过密,为使播种均匀,可分数次播种,要近地面操作,以免种子被风吹走。中粒或种子品种较多,而每一品种种子的数量又较少时,宜用条播。播种时用小木条或小棒,按一定行距划浅沟,将种子均匀地撒在沟底,开沟后应立即播种,以免风吹日晒土壤干燥。大粒或量少的种子宜采用点播,播种时,按一定株、行距,用小棒开穴,再将 2 ~ 4 粒种子播入小穴中,如图 13.3 所示。

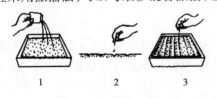

图 13.3　播种示意图

1.撒播　2.点播　3.条播

6)覆土

(1)覆土　播种后应立即覆土。覆土的厚度视种子大小、土质、气候而定,对于撒播的细小种子,播种后可以覆极薄的一层细沙土,厚度为 0.5 ~ 1 cm,也可不覆土,但浇水后的苗箱和器皿上方一定要盖一层薄膜或玻璃以增加湿度,防止种子干燥,当小苗长至高 2 cm 左右时应及时间苗;中、小粒种子一般以不见种子为度,覆土厚度为 1 ~ 3 cm,播种后应注意苗箱和器皿的湿度,定期喷水;大粒种子覆土深度为种子厚度的 2 ~ 3 倍,厚度为 3 ~ 5 cm。要求覆土均匀。

(2)镇压　播种覆土后应及时镇压,将床面压实,使种子与土壤紧密结合,便于种子从土壤中吸收水分而发芽,对疏松干燥的土壤进行镇压显得更为重要。若土壤黏重或潮湿,不宜镇压。在播种小粒种子时,有时可先将床面镇压一下再播种、覆土。

(3)覆盖　镇压后,视情况决定是否覆盖,需要用草帘、薄膜等覆盖在床面上,以提高地温,保持土壤湿度,促使种子发芽,出苗后应揭开薄膜等遮盖物,以避免幼苗黄化、弯曲或出现高脚苗等现象,撤除覆盖物后应及时遮阳。

7)保湿

播种初期,土壤宜保持较大的湿度,以使种子充分吸水,而后保持适当的湿润状态,土壤干燥时,可用细孔喷壶喷水,小粒种子可用喷雾器喷水。幼苗出土以后,组织幼嫩,需要进行遮阳保护,晴天遮阳时间为上午 10 时—下午 5 时,早晚要将遮阳材料揭开。每天的遮阳时间应随小苗的生长逐渐缩短,一般遮阳 1 个月左右。

8)移苗(上钵)

(1)间苗　又称"疏苗",播种出苗后,幼苗拥挤,应该间苗,扩大营养面积。若不及时间苗,幼苗生长柔弱,易引起病虫害。间苗的同时可以进行除草。间苗一般分两次进行。首先,间苗要在雨后或灌溉后进行,用手拔出。其次,间苗在苗出齐后进行,每墩留 2 ~ 3 株,间苗时要细心操作,不可牵动留下的幼苗,以免损伤幼苗的根系,影响生长。第 2 次间苗是在幼苗长出 3 ~ 4 片真叶时进行,一般将最强壮的苗留下。可将间下的苗补植缺株,还可另行栽植。每次间苗后应灌溉一次,使土壤与根系密切接触,有利于苗株的生长。

(2)移苗(上钵)　当小苗长出 5 ~ 8 片真叶时,进行移苗(上钵)。进行移苗前,先浇透水,保护根系。移植时可用左手手指夹住一片子叶或真叶,右手拿一竹签插入基质中把整个苗撬起,不要伤根,尽量带土,然后移至容器中(上钵)。栽植深度要与未移植时的深度相同,覆土之后浇定根水。根据苗木的不同情况,采取遮阳、喷水(雾)等保护措施,等幼苗完全恢复生长后及时进行叶面追肥和根系追肥,同时进行松土除草、灌溉、排水、施肥、病虫害防治等。

9)定植

定植时间选择在无风的阴天进行最为理想,若天气炎热,则需在午后或傍晚日照不过于强烈时进行,并且在移植时应边栽植边喷水,以保持湿润,防止萎蔫。降雨前栽植,成活率更高。

(1)起苗　应在土壤湿润状态下进行,以使湿润的土壤附在根群上,同时避免掘苗时根系受伤。如天旱土壤干燥,应在起苗前一天或数小时充分灌水。栽植前避免根群长时间暴露于强烈日光下或受强风吹干,以免影响成活。

(2)栽植　栽植方法可分为沟植法和穴植法。沟植法是以一定的行距开沟栽植,穴植法是以一定的株行距掘穴或以移植器打孔栽植。要使根系舒展于沟中或穴中,然后覆土。为了使根系与土壤密接,必须妥为镇压,镇压时压力应均匀向下,不应用力按压茎的基部,以免压伤。栽植完毕后,以细喷壶充分灌水。栽植大苗常采用畦面漫灌的方法。第 1 次充分灌水后,在新根未生出前,亦不可灌水过多,否则根部易腐烂。同时注意后期的灌溉、施肥、中耕除草。

4. 注意事项

①注意播种营养土的配方,对于不同的草花品种,选择不同的营养土配方。
②注意修整苗床时要平整,避免积水,同时也要给苗床、苗箱浇透水。
③播种时要注意种子种粒大小,选择播种方法,注意覆土厚度。
④小苗出土后要注意遮阳。

实训4　多年生花卉的分株繁殖

1. 实训目的

掌握多年生花卉的分株繁殖技术与操作规程。

2. 材料与工具

(1)材料　宿根花卉:萱草、荷兰菊、芍药等;花灌木:玫瑰、黄刺玫、菊花、君子兰等。
(2)工具　铁锹、剪刀等。

3. 实训内容与技术操作规程

1)分株繁殖的意义与作用

分株繁殖是最简单可靠的繁殖方法,具有成活率高、成苗快、开花早的特点,但繁殖系数低,短期内产苗量较少。分株繁殖是分割自母株发生的根蘖、吸芽、走茎、匍匐茎和根茎等,进行栽植形成独立植株的方法。此法适用于丛生萌蘖性强的宿根花卉及木本观赏植物,如:菊花、君子兰、牡丹等分割萌蘖;石莲花等分割吸芽;吊兰、吉祥草等分割走茎;狗芽根等分割匍匐茎;麦冬、铃兰等分割根茎。分株法一般分为全分法和半分法。全分法是指将母株连根全部从土中挖出,用手或剪刀分割成若干小株丛,每一小株丛可带1~3个枝条,下部带根,分别移栽到他处或花盆中,经3~4年后又可重新分株。半分法是指不能将母株全部挖出,只在母株的四周、两侧或一侧把土挖出,露出根系,用剪刀剪成带1~3个枝条的小株丛,下部带根,这些小株丛移栽别处,就可以长成新的植株。

2)分株繁殖的技术要点

(1)分株繁殖进行的时间　落叶类花卉的分株繁殖应在休眠期进行。南方在秋季落叶后进行,此时空气湿度较大,土壤也不冻结。北方由于冬季严寒,并有干风侵袭,秋后分株易造成枝条受冻抽干,影响成活率,故最好在开春土壤解冻而尚未萌动前进行分株。常绿类花卉由于没有明显的休眠期,在秋季大多停止生长而进入休眠状态,这时树液流动缓慢,因此多在春暖旺盛生长之前进行分株,北方大多在移出温室之前或出温室后立即分株。

(2)分株繁殖的类型

①分株:将根际或地下茎发生的萌蘖切下栽植,使其形成独立的植株,如萱草、玉簪等。此外,宿根福禄考、蜀葵等可自根上发生"根蘖"。禾本科中的一些草坪地被植物也可用此方法。

②吸芽:为某些植物根际或地上茎叶腋间自然发生的短缩、肥厚呈莲座状的短枝。吸芽的下部可自然生根,故可自母株分离而另行栽植,如芦荟、景天等在根际处常着生吸芽。

③珠芽及零余子:这是某些植物所具有的特殊形式的芽,生于叶腋间或花序中,百合科的一些花卉都具有,如百合、卷丹、观赏葱等。珠芽及零余子脱离母株后自然落地即可生根。

④走茎:走茎为地上茎的变态,从叶丛中抽生出来的节,并且在节上着生叶、花、不定根,同时能产生幼小植株,这些小植株另行栽植即可形成新的植株,这样的茎叫走茎,用走茎繁殖的花卉有虎耳草、吊兰等。

⑤根茎:一些花卉的地下茎肥大,外形粗而长,与根相似,这样的地下茎叫根状茎,根状茎贮藏着丰富的营养物质,它与地上茎相似,具有节、节间、退化的鳞叶、顶芽和腋芽,节上常产生不定根,并由此处发生侧芽且能分枝进而形成株丛,可将株丛分离,形成独立的植株,如美人蕉、鸢尾、紫菀等。

⑥鳞茎:鳞茎是指一些花卉的地下茎短缩肥厚近乎于球形,底部具有扁盘状的鳞茎盘,鳞叶着生于鳞叶盘上。鳞茎中贮藏着丰富的有机物质和水分,其顶芽常抽生真叶和花序,鳞叶之间可发生腋芽,每年可从腋芽中形成一至数个子鳞茎并从老鳞茎旁分离,通过分栽子鳞茎来繁殖,如百合、郁金香、风信子、水仙等。

(3)分株繁殖的技术要点　露地花木类分株前大多需将母株丛从田内挖掘出来,并多带根系,然后将整个株丛用利刀或斧头分劈成几丛,每丛都带有较多的根系。还有一些萌蘖力很强的花灌木和藤本植物,在母株的四周常萌发出许多幼小的株丛,在分株时则不必挖掘母株,只挖掘分蘖苗另栽即可。由于有些分株苗、植株幼小,根系也少,因此需在花圃地内培育1年,才能出园。盆栽花卉的分株繁殖多用于多年生草花。分株前先把母本从盆内脱出,抖掉大部分泥土,找出每个萌蘖根系的延伸方向,并把团在一起的团根分离开来,尽量少伤根系。然后用刀把分蘖苗和母株连接的根茎部分割开,立即上盆栽植。文殊兰、龙舌兰等一些草木花卉,能经常从根茎部分蘖滋生幼小的植株,这时可先挖附近的盆土,再用小刀把与母本的连接处切断,然后连着幼株将分蘖苗提出另栽,具体如图13.4所示。

①块根类分株繁殖:如大理花的根肥大成块,芽在根茎上多处萌发,可将块根切开(必须附有芽)另植一处,即繁殖成一新植株。

②根茎类的分株繁殖:埋于地下向水平横卧的肥大地下根茎,如美人蕉、竹类,在每一长茎上用利刀将带3~4芽的部分根茎切开另植。

图13.4　分株繁殖法

③宿根植物分株繁殖:丛生的宿根植物在种植3~4年,或盆植2~3年后,因株丛过大,可在春、秋二季分株繁殖。挖出或结合翻盆,根系多处自然分开,一般分成2~3丛,每丛有2~3个主枝,再单独栽植,如萱草、鸢尾、春兰等花卉。

④丛生型及萌蘖类灌木的分株繁殖:将丛生型灌木花卉,在早春或深秋掘起,一般可分2~3株栽植,如腊梅、南天竹、紫丁香等。另一类是易于产生根蘖的花灌木,将母体根部发生的萌蘖,带根分割另行栽植,如文竹、迎春、牡丹等。

(4)技术要点　以鹤望兰为例介绍分株繁殖的技术要点。鹤望兰又名天堂鸟,为市场紧俏名贵切花,花枝是高档的切花材料。现将分株繁殖技术介绍如下:

①母株的选择:母株应选分蘖多的、叶片整齐、无病虫害的健壮成年植株。用于整株挖起分株的母株一般选择生长3年以上的具有4个以上芽、总叶片数不少于16枚的植株。分株后用于盆栽的可选择有较多带根分蘖苗的植株。

②分株时间:栽植于大棚内,时间为5—11月,最适宜时间为5—6月。大田苗用于盆栽的,适宜时间也为5—6月。

③分株方法:不保留母株分株法:即整株挖起分株,此法适用于地栽苗过密有间苗需要时。将植株整丛从土中挖起(尽量多带根系),用手细心扒去宿土并剥去老叶,待能明显分清根系及芽与芽间隙后,根据植株大小在保证每小丛分株苗有2~3个芽的前提下合理选择切入口,用利刀从根茎的空隙处将母株分成2~3丛。尽量减少根系损伤,以利植株恢复生长。切口应沾草木灰,并在通风处晾干3~5 h,过长的根可进行适当短截,切口亦需蘸一些草木灰即可进行种植。在分株过程中应注意新株根系不应少于3条,总叶数不少于8~10枚,一般需有2~3个芽。如果根系太少或侧芽太少,可几株合并种植。保留母株分株法:地栽苗中如生长过旺又无需间苗时,可不挖母株,直接在地里将母株侧面植株用利刀劈成几丛(方法同上)。这样对原母株的生长和开花影响比较小。如需盆栽应只从母株剥离少数生长良好的侧株种植。已盆栽茂盛的植株,可结合换盆进行分株繁殖。

④定植:鹤望兰要求肥沃、排水透气性好的微酸性沙壤土。单行种植密度一般畦宽60~80 cm,畦高20~30 cm,株距100~120 cm。也可畦宽100~120 cm,双行种植。种植沟宽60 cm,深50 cm。施足基肥,每个180 m² 拱棚施用发酵后豆饼肥600 kg,过磷酸钙40 kg,呋喃丹1 kg结合中耕翻入土中,按选定的株行距采用品字形交叉定植。为了使鹤望兰多萌发侧芽,有利于分株,应适当浅栽,按鹤望兰的根系形状使其舒展,以根系不露出床土为宜。覆土分层踩实并浇足水。栽后及时起畦沟,确保不积水。栽植苗的下部叶要剪半,拔去花枝以减少养分消耗,提高分株苗成活率。

3)分株繁殖后的养护管理

(1)分株繁殖后的养护管理　丛生型及萌蘖类的木本花卉,分栽时穴内可施用些腐熟的肥料。通常分株繁殖上盆浇水后,先放在荫棚或温室蔽光处养护一段时间,如出现有凋萎现象,应向叶面和周围喷水来增加湿度。在秋季分栽的,入冬前宜截干或短截修剪后埋土防寒保护越冬。如春季萌动前分栽,则仅适当修剪,使其正常萌发、抽枝,但花蕾最好全部剪掉,不使其开花,以利植株尽快恢复长势。

对一些宿根性草本花卉以及根茎类花卉,在分栽时穴底可施用适量基肥,基肥种类以含较多磷、钾肥者为宜。栽后及时浇透水、松土,保持土壤适当湿润。对秋季移栽种植的种类浇水不要过多,来年春季增加浇水次数,并追施稀薄液肥。

(2)分株繁殖的养护管理　以鹤望兰为例进行介绍:

①肥水管理:定植后第1周每天浇1次水,以后见干就浇。栽植后若出现凋萎现象应经常向叶面和周围地面喷水,以增加环境湿度,让植株尽快恢复长势,有条件的可安装喷头喷水。秋

季分株的,成活后浇水不可过多。栽植1个月后可追施稀薄液肥(以人粪尿或氮肥为主)1~2次,而后进入常规肥水管理。

②光照和温度管理:分株苗栽植后,应拉遮阳网适当遮阴,防止阳光过强灼伤叶片。待恢复长势后撤去遮阳网,于全光照下管理。秋季分株的,应注意保温。11—3月应拉大棚,盖1~2层塑料薄膜。来年3月气温上升后中午注意通气,大棚在4—5月即可拆除。盆栽的可在冬季进温室或大棚管理。

③病虫害防治:在排水不良的地方易发生立枯病,应注意排水。在梅雨季节若发生根腐病,需及时喷施农药,严重病衰植株要拔除并消毒原植穴。虫害主要有金龟子、蚧壳虫、蜗牛,可用相应药剂进行防治。

综上所述,采用分株法繁殖鹤望兰只要注意分株处理、控制温度和光照、加强肥水管理、防治好病虫害,较大分株苗种植并在春季移栽的一般当年秋、冬季即可开花,管理良好的有些优株也会萌出新芽;秋季移栽的来年5—6月也可开花。

4. 注意事项

①注意分株母株的选择。
②注意根据分株材料来选择分株时间。
③注意根据不同的分株材料选择不同的分株方法。
④注意加强分株后小植株的栽培管理。

实训5 花卉的扦插繁殖

1. 实训目的

掌握花卉的扦插繁殖技术与操作规程,了解插穗的抽芽和生长发育规律。

2. 材料与工具

(1)材料 选用本地区常用的花卉植物4~6种,插穗各若干,一般的苗床或沙床,生根粉或奈乙酸、酒精等。

(2)工具 修枝剪、切条器、钢卷尺、盛条器、测绳、喷水壶、铁锹、平耙等。

3. 实训内容与技术操作规程

1)扦插繁殖的特点

扦插是营养体繁殖的主要方法之一,有繁殖速度快、方法简单、操作容易等优点。扦插繁殖多用于双子叶植物,有些单子叶植物也可进行扦插繁殖,如百合科的天门冬属植物、鸭跖草种植物等。

(1)扦插繁殖的优点   能获得与母体具有相同遗传性的新个体,生育、开花、结果均比实生苗提前,技术简单,成活率高,繁殖迅速。

(2)扦插繁殖的缺点   比实生苗和嫁接的植物根系浅,并且寿命短,在植物中,也有用这种扦插方法不能成活的。

2)扦插繁殖的类型

通常依选取植物器官的不同、插穗成熟度的不一而将扦插分为叶插(全叶插、片叶插)、茎插(叶芽法扦插、硬枝扦插、半硬枝扦插、嫩枝扦插、肉质茎扦插和草质茎扦插)、根插。

(1)叶插

①叶插:常用于草本植物,在叶脉、叶柄、叶缘等处产生不定根和不定芽,从而形成新的植株。叶插常在生长期进行,根据叶片的完整程度又分全叶插和片叶插2种。

②全叶插:以完整叶片为插穗,依插穗位置分为2种方法:一种方法是平置法,切去叶柄,将叶片平铺沙面上,以铁针或竹针固定于沙面上,下面与沙面紧接;另一种方法是直插法,将叶柄插入沙中,叶片立于沙面上,叶柄基部就发生不定芽。这种方法常用于根茎类秋海棠,如蟆叶秋海棠、铁十字秋海棠,苦苣苔科的非洲堇、大岩桐等植物。对过大或过长的叶片可适当剪短或沿叶缘剪除部分,使叶片容易固定,减少叶片水分蒸发,有利于叶柄生根。全叶插在室温20~25℃条件下,秋海棠科植物一般25~30 d愈合生根,到长出小植物需50~60 d,个别种类需70~100 d。苦苣苔科植物自扦插至生根需10~25 d。胡椒科植物插后15~20 d愈合生根,30 d后长出小植物。若用0.01%吲哚丁酸溶液处理叶柄1~2 s,可提早生根,有利于不定芽的产生。

③片叶插:将一个叶片分切为数块,分别进行扦插,使每块叶片上形成不定芽。这种方法常用于如虎尾兰属的虎尾兰、短叶虎尾兰,秋海棠属的蟆叶秋海棠、彩纹秋海棠,景天科的长寿花、红景天等,可用叶片的一部分作为扦插材料,使其生根并长出不定芽,形成完整的小植株。片叶插在室温20~25 ℃条件下,虎尾兰可剪成5 cm一段,插后约30 d生根,50 d长出不定芽。蟆叶秋海棠可将全叶带叶脉剪成4~5小片,插后25~30 d生根,60~70 d长出小植物。长寿花叶插后20~25 d生根,40 d长出不定芽,如图13.5所示。

(2)茎插   最常见的茎插方法有叶芽法扦插、硬枝扦插、半硬枝扦插、嫩枝扦插、肉质茎扦插和草质茎扦插。

①叶芽法扦插:即用完整叶片带腋芽的短茎作扦插材料,如山茶花、常春藤、大丽菊、天竺葵、橡皮树、龟背竹、绿萝等。常在春、秋季扦插,成活率高,草本植物比木本植物生根快,如图13.6所示。

②硬枝扦插:常用于落叶灌木,如月季。待冬季落叶后剪取当年生枝条作插穗,有条件的可

在温室内扦插或插穗沙藏,于翌年春季扦插,如图13.7所示。

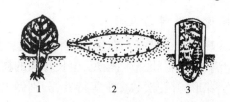

图13.5　全叶插及片叶插
1. 全叶插(立插)　2. 全叶插(平插)　3. 片叶插

③半硬枝扦插:主要是常绿木本花卉的生长期扦插。取当年生的半成熟顶梢,长短为8 cm左右,剪下后将插穗下部的叶片摘去,仅留顶端2张叶片即可,如图13.8所示。

④嫩枝扦插:一般用半木质化的当年生嫩枝作插穗,以常绿灌木为多,如比利时杜鹃、扶桑、龙船花、茉莉等。尤以梅雨季扦插最为理想,生根快,成活率高,如图13.9所示。

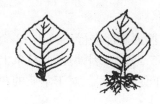

图13.6　叶芽法扦插

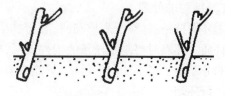

图13.7　硬枝扦插

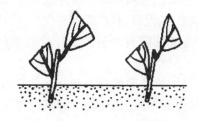

图13.8　嫩枝扦插

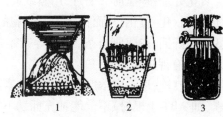

图13.9　嫩枝扦插
1. 塑料棚扦插　2. 大盆密插　3. 暗瓶水插

⑤肉质茎扦插:肉质茎一般比较粗壮,含水量高,有的富含白色乳液。因此,扦插时切口容易腐烂,影响成活率。如蟹爪兰、令箭荷花等,须将剪下的插穗先晾干后再扦插;而垂榕、变叶木、一品红等插条切口会外流乳汁,必须将乳液洗清或待凝固后再扦插。

⑥草质茎扦插:这在盆栽花卉中应用十分广泛,如四季秋海棠、长春花、非洲凤仙、矮牵牛、一串红、万寿菊、菊花、香石竹、网纹草等,一般剪取较健壮、稍成熟枝条,长5~10 cm,在适温18~22 ℃和稍遮阴条件下,5~15 d生根,如图13.10所示。

(3)根插　即用根作为插穗,仅限于易从根部发生新梢的种类,如芍药、紫苑、凌霄、垂盆草等,如图13.11所示。

图13.10　肉质茎及草质茎扦插

图13.11　根插

3）插穗的选择与处理

（1）插穗的选择　在生长健壮、无病虫害的幼龄母株上选择当年生、中上部、向阳生长的叶芽饱满、枝条粗壮、节间较短、生长势强的枝条作插穗。在采集花木类枝条时，如品种很多，应按花色、花形，开花次数多少等特性，分别做出标志，注明品种名称，扦插后仍应将品种记载清楚。因花卉植物和扦插方法的不同，所采枝条也不完全一样。如接骨木、蔷薇、十姐妹等可采生长正常、组织充实的长条，但勿使用徒长枝。其他树种像玫瑰、木香、月季、金丝桃等花灌木类，以枝条顶梢为最好。当玫瑰、月季用花枝作为扦插材料时，无论是在花前还是花后，在扦插之际都应将花朵连带一两个叶片剪去。杨树类也是采用新发生的嫩梢为扦插材料，加杨选用树根基部萌发的枝条成活率较高。

（2）插穗的处理

①环剥枝条：针对于木质花卉，在母株生长期间，用小刀对插穗基部进行环剥，1~2个月后剪枝扦插。环剥时要割断枝条的内外皮层，但不要割伤木质部。经过环剥处理后，枝条上部制造的养分及生长素不能向下运输，只能滞留在环剥部分，有利于促进生根。对于草质的花卉一般不进行环剥。

②黄化处理：扦插前一个月，用黑纸或黑薄膜等将枝条包起来，使其在黑暗中生长。枝条因缺乏光照会软化、黄化，从而促进根原细胞的发育而延缓芽组织的发育，扦插后容易生根。

③带踵扦插：在剪取山茶、杜鹃等花木的穗条时，让穗条基部带有少量的上年生枝条（即踵），对生根有促进作用。

④激素浸泡：用一定浓度的植物生长素浸泡插穗基部，可加快细胞的分生和分化。有的生长激素（如ABT生根粉）不仅能补充插穗不定根形成所需的外源物质，还能促进插条内源生长素的合成。浸泡方法：将植物生长调节剂（PGR）或ABT生根粉配成50~100 mg/kg溶液，再把已剪好的插穗基部（约2 cm）浸入药液中浸泡0.5~2 h，取出后插入基质中即可（嫩枝扦插用50 mg/kg药液，硬枝用100 mg/kg）。将吲哚乙酸（LAA）、吲哚丁酸（IBA）或萘乙酸（NAA）粉剂倒入酒精中，溶解后稀释到适当浓度浸泡。浸泡的浓度和时间是：软枝扦插用20~100 mg/kg浸泡6~8 h，硬枝扦插用80~150 mg/kg浸泡12 h。

4）扦插基质的配制

扦插基质对插条生根影响很大，根据扦插基质不同可分为壤插（基质扦插）、水插和喷雾扦插（气插）。壤插又称基质扦插，是应用最广的扦插方式，其扦插基质主要有珍珠岩、泥炭、蛭石、沙等材料。根据不同植物对基质湿度和酸碱度的要求，按不同比例配制扦插基质，酸性植物如杜鹃、山茶等植物用泥炭的比例大，珍珠岩的比例适当减少，否则珍珠岩的比例可大一些。珍珠岩、泥炭、黄沙的比例一般为1:1:1。扦插一般植物均适合。泥炭可以保持水分，同时，泥炭中含有大量的腐殖酸，可促进植物生根。要选择半腐殖化、较粗糙的泥炭再配上粗沙和大颗粒的珍珠岩为好。配制的基质有利于通气和排水，也有利于根系的形成。

5）扦插用的介质

（1）园土　即普通的田间壤土，经过暴晒、敲松、耙细后即可待用。

（2）扦插营养土　在园土内混以黄沙、泥炭、草木灰等，即成为扦插营养土，使之疏松，有利排水和插穗的插入，如香石竹、象牙红的扦插多用这种混合土。

（3）黄沙　即普通的河沙，中等粗细，这是一种优良的扦插介质，它排水良好、透气性好，如供水均匀,则易于生根。由于沙内无营养物质,生根后应立即移植。一般温室都备有沙床,可供一般温室植物随时扦插用。

（4）腐殖质土　一般腐殖质土都为微酸性,通常用山泥作成插床。喜酸植物如山茶、杜鹃等,多用该介质。

（5）蛭石或珍珠岩常和泥炭混合作扦插介质,效果良好。

（6）水插即用水作为扦插基质,将插条基部 $1 \sim 2$ cm 插入水中。水必须保持清洁,且需经常更换。

（7）喷露扦插(气插)也称无机质扦插。适用于皮部生根类型的植物,方法是木质化或半木质化的枝条固定于插条架上,定时向插条架喷雾。能加速生根和提高生根率。但在高温高湿条件下易于感病发霉。

6)扦插的基本要点

（1）扦插时期　扦插繁殖最适宜的时期,要根据花卉的种类、品种、气候管理方法的不同而定。通常分为生长期的软枝扦插和休眠期的硬枝扦插两大类。

①生长期软枝扦插　是采用一些木本和草本花卉的半硬枝或嫩枝作插穗进行扦插。多数木本花卉一般在当年生新枝第 1 次生长结束,或开花后 1 个月左右,在 5—6 月,可进行半硬枝扦插。草本花卉对扦插繁殖的适应力较强,大多可在春、夏、秋等季节扦插。

②休眠期硬枝扦插　一些落叶木本花卉的硬枝扦插,应选择在植株枝条中养分积累最多的时期,在秋、冬季进入休眠后或春季萌发前的 11 月到次年 2—3 月进行。如果在温室扦插、加快繁殖,则应将插条先置于 5 ℃左右的地方进行低温处理 $20 \sim 30$ d,然后再扦插,有利其通过生理休眠而发芽。温室花卉在温室生长的条件下,周年保持生长状态,因此不论草本或木本花卉可在四季内随时进行扦插繁殖。但从其生长习性讲,以春季为最佳,其次是秋季,再次为夏季和冬季。当然只要各方面条件措施跟上,也可得到理想效果。

（2）扦插繁殖的基本要点　扦插繁殖的设备,可根据规模大小及要求不同相应选择。大量繁殖时宜在温室中进行,以便调节室温,有利扦插成活。扦插床一般高 $70 \sim 80$ cm,宽约 100 cm,深 $20 \sim 30$ cm,面向玻璃窗或塑料薄膜,床底必须设排水孔。扦插箱为更理想的扦插设备,种类很多,一般有保持空气湿度的玻璃罩,有自动调节温度器。露地插床应用最广,宜选沙质而排水良好的土壤,以半阴地为好。少量繁殖则在浅盆、浅箱或一般花盆中进行。

扦插繁殖时首先要选择好插穗,枝插时把选好的枝条剪成长 $10 \sim 15$ cm、有 $3 \sim 4$ 个节的插穗,下端剪口在近节处平截,因为这个部位的分生组织活跃,易于生根。上端剪口从顶芽上部 1 cm 处剪成 $45° \sim 50°$ 斜面,以防顶部积水造成腐烂。

在扦插繁殖中要保持插床内适宜的温度、湿度、光照及空气等条件。多数花卉软枝扦插的适宜生根温度为 $20 \sim 25$ ℃;半硬枝和硬枝扦插温度为 $22 \sim 28$ ℃;叶插及芽插的温度因种类而异,适温为 $20 \sim 28$ ℃。应尽量保持适宜温度,特别是夏天要防止高温危害,要打开覆盖物,并在叶面喷雾降温。湿度一般以 $50\% \sim 60\%$ 的土壤含水量为宜,水分过多常招致插穗腐烂。为避免插穗枝叶水分的过分蒸发,要求插床保持较高的空气湿度,通常以 $80\% \sim 90\%$ 的相对湿度为好。为此应及时运用叶面喷雾及调节覆盖物的方法来控制掌握。另外插穗所带的顶芽和叶片只有在日光下才能进行光合作用,并产生生长素以促进生根,但由于其已从母株分离,故应适当遮阴,一般遮阴度以 70% 为宜。生根后可逐渐增加光照,以利生长。氧气也是插穗生根所必需,因此,除疏松的基质外,还要注意插床的通风换气。

对于水插繁殖，木本花卉应选半木质化枝条，草本花卉应选成熟健壮枝条。将当年生或两年生的健壮结实枝条，切成 6～10 cm 长的插穗，上部留 2～5 片叶，枝条下端用刀削成马蹄形。插前用 0.1% 高锰酸钾溶液浸泡 6～24 h，也可用 100 mg/L 的吲哚丁酸和 100 mg/L 的萘乙酸混合液浸渍基部 6～24 h，或用 1 000 mg/L 吲哚丁酸速浸 3～5 s，然后插入玻璃瓶中，每 1～2 d 换清水 1 次，置于 20～25 ℃的培养室中，10～30 d 便可生根。等根系发育完善，可将生根的插条取出上盆，后置遮阴处缓苗。此法特别适用于草本花卉，可大大减少沙土扦插中的腐烂现象，提高生根率。

7) 促进扦插生根的方法

促进扦插生根的方法很多，可区分为物理的与化学的两类。目前在生产上利用较多的为植物生长素(激素)处理和增高底温法。

(1)植物生长素处理　植物生长素(激素)在生产上已广泛应用。促进扦插生根的生长素种类很多，栽培中常用的有吲哚乙酸、吲哚丁酸、萘乙酸及 2,4-D 等，对扦插生长有显著作用。生长素应用的方法很多，如粉剂处理、液剂处理、脂剂处理、采条母株的喷射或注射，以及扦插基质的处理等。在花卉栽培中，采用粉剂处理最为方便。粉剂处理，是将生长素混入滑石粉、木炭粉、面粉或豆粉中，其中以滑石粉应用最为普遍。应用时将插穗基都蘸一些此粉后，再行扦插。混入生长素之量视扦插种类及扦插材料而异：吲哚乙酸、吲哚丁酸及萘乙酸等应用于易生根的插穗，其配量为 500～2 000 mg/kg。对于软枝扦插及半硬材扦插等生根较难的插穗，应为 10 000～20 000 mg/kg。

(2)增高底温法　如在温室内，通常将扦插床或扦插箱设置在暖气管道或烟道上，以增加底温，使插床温度适宜。

8) 扦插后养护管理

(1)温度　在气温较高地区，盖一层塑料膜为好，气温较低的北方，最好盖双层。但要看气温的变化，注意棚内温度不宜太高，以免新芽生长过快，并要通风换气。在 0 ℃下要注意保温，保证新芽不受冻害。

(2)浇水　扦插后保持土壤及空气的湿润是提高成活率的关键。无论是露地扦插，还是温床扦插，插后都必须立即灌水，露地扦插后 1 周内每天最少灌水 1 次，1～2 周期间可隔 1～2 d 灌水 1 次，以后灌水的间隔可再延长。生根后视天气及土壤情况确定灌水周期。第 1 次水要足要透，其后以不干为度。生根后灌水间隔延长，但每次的灌溉量要大。温床扦插者，插后两三周内每日要喷水 4 次，自早七点开始，每隔 3～4 h 喷 1 次，以保持床内空气湿润。苗床必须密闭，不得透风，待 3～4 周后已经生根时，可减少喷水次数。最简单的方法是用手抓一把基质，握紧，指缝不滴水，手松开后基质不散开或稍有裂缝，表明基质含水量适宜；如果握紧时指缝滴水，含水量过高，应控制浇水；基质散开，含水量过低，应补水。不同植物对湿度的适应性不同。在扦插时，应根据植物对湿度的需求分区扦插。

(3)排水　雨季注意排除积水。温床内要防止雨水流入。

(4)遮阴　新插穗忌强光照射，为防止烈日暴晒减少蒸发，维持温、湿度的均衡应建立遮阴设施。如在 5 月上旬以前扦插，阳光尚弱，可不遮阴，6—7 月时阳光强烈，露地扦插在中午需遮阴 3～5 d。露地扦插，应设立固定天棚，长期覆盖，仅透露稀疏阳光即可，否则温度变化激烈，湿度很难保持均衡，但每天早、晚，可略见斜光。至秋季阳光减弱时，宜拆除遮阴设备，以利光照，增加地温。

（5）通风　露地或温床扦插的苗木,生根后要逐渐使其通风,降低湿度,促进组织发育。开始时启口应较小,时间也短,其后要逐渐加大启口,时间也应延长,直至全部揭开床盖或覆盖物。连日阴天时,虽未全部生根也要打开床盖,有防霉烂霉菌的功效。

（6）移植　沙床扦插苗木生根后(插后30～40 d),要移出温床。若苗株嫩弱,宜先栽于小花盆内,在温床中暂放3～5 d,使适应新环境后再栽于露地苗床中。若直接栽于露地时,应在根部已经变黄褐色并趋于黑色时即接近木质化程度方可。凡新移于露地栽植者,最初1周应加遮阴设施,勤于灌溉。

（7）追肥　插于露地或移至露地业已生根的苗株,新枝生长到一定程度后可以适当追施淡薄液肥3～5次,促其加速生长。

（8）越冬防寒　月季、木香等小苗抗寒力弱,来春又不需移植时,冬季应用树叶、覆土防寒,以保安全越冬。凡须移植者可掘苗假植于沟中或贮藏于窖内。但玫瑰、加杨等植物抗寒力较强,冬季不加管理也可。

4. 注意事项

①注意插穗的选择。
②注意扦插基质的配制。
③注意扦插后的管理,避免插穗根系腐烂。
④注意根据不同的植物选择不同的扦插方法。

实训6　球根花卉栽培

1. 实训目的

掌握球根类花卉的整体生产技术与操作规程,并能实际应用。

2. 材料与工具

（1）材料　大丽花、美人蕉、鸢尾、唐菖蒲、百合、马蹄莲、君子兰、朱顶红等球根花卉。
（2）工具　栽植箱、栽植盆、贮藏箱、化学消毒剂、化学除草剂、喷壶、切割刀、支柱、铁锹、剪刀、温度计、湿度计、遮阴网等。

3. 实训内容与技术操作规程

1) 球根类花卉的特点

球根类花卉的地下部分具有肥大的变态茎或变态根,贮藏了一定的营养,植物学上称为根茎、球茎、鳞茎、块茎等,园林植物生产中总称为球根。在球根类花卉进入休眠后,可将其球根挖出,贮藏在适宜的条件下。由于球根贮藏着大量营养,保存着芽体或生长点,多数球根在贮藏期间进行花芽分化。

2) 球根类花卉的分类

(1)根茎　一些多年生花卉的地下茎肥大呈粗而长的根状,并贮藏营养物质。根茎与地上茎在结构上相似,具有节、节间、退化鳞叶、顶芽和腋芽。节上常形成不定根,并发生侧芽而分枝,继而形成新的株丛。用根茎繁殖时,上面应具有 2~3 个芽才易成活;易繁殖种类具隐芽也可成株,如美人蕉、香蒲、紫菀等。

(2)球茎　一些花卉的地下茎短缩肥厚近球形,贮藏营养物质,球茎萌发后在基部形成新球,新球旁常生子球,生产上可以分栽新球及子球,如唐菖蒲、小苍兰、慈姑等。

(3)鳞茎　有缩短而扁盘状的鳞茎盘,肥厚多肉的鳞叶就着生在鳞茎盘上,鳞茎中贮藏丰富的有机物质和水分,借以度过不利的气候条件。

(4)块茎　为多年生花卉的地下变态茎,外形不一,多近于块状,贮藏一定的营养物质,根系自块茎底部发生,块茎顶端通常具有几个发芽点,块茎表面也分布一些芽眼可生侧芽,可以分切块茎进行繁殖。

3) 球根类花卉栽培土壤的选择

球根类花卉可以种植在玻璃温室或塑料大棚内,或者直接作畦栽培,或者种在箱子里。设施栽培能保证作物不受恶劣气候的影响,同时也容易控制环境。只有在那些栽培期内气候都适合的地区,才能进行球根类花卉的户外栽培。

球根类花卉对土壤的疏松度及耕作层的厚度要求较高。因此栽植球根类花卉的土壤应适当深耕(30~40 cm,甚至 40~50 cm),以改良土壤结构。这样能使土壤中的水分含有充足的氧气,增加了上层土的通气性。除了水分和养分之外,土壤中的氧气对球根类花卉的生长发育也非常重要。表土熟化不够的土地应用稻草、稻糠、松叶、草炭等混合物进行改进。

栽植球根类花卉施用的有机肥必须充分腐熟,否则会导致球根腐烂。磷肥对球根的充实及开花极为重要,钾肥需要量中等,氮肥不宜多施。

同时适当的土壤 pH 值对球根类花卉根系的发育和矿质营养的吸收非常重要。如果 pH 值太低,会导致吸收过多的矿质营养,如锰、硫和铁;然而 pH 值过高,又会导致磷、锰和铁的吸收不足,产生缺素症。要针对不同的球根类花卉来合理调节土壤的 pH 值。我国南方及东北等地区土壤呈酸性,需施入适量的石灰加以中和。

种植球根类花卉的土壤必须没有病原菌,可用普通的土壤消毒剂每年进行一次土壤消毒。蒸汽、淹水或化学药剂消毒都是有效的土壤消毒方法。温度、处理时间和处理浓度都是影响土壤消毒效果的重要因素。

蒸汽消毒，在 25~30 cm 深处对土壤进行蒸汽消毒，保持 70~80 ℃的温度至少 1 h。低压蒸汽消毒比高压蒸汽消毒的效果好。除了腐霉菌需用另外方法控制外，该法可解决大部分的土壤病菌问题。对 pH 值低的含沙土，蒸汽消毒会引起土壤中锰的过量积累。对于施用石灰而提高了 pH 值的疏松土和干土，用蒸汽消毒将有助于限制锰的过量积累。

土壤化学消毒，在土壤中施用甲基溴化物进行土壤化学消毒，施用剂量为 1~2 g/m²，保持土温 10~12 ℃。然后用塑料薄膜覆盖土壤，7~10 d(夏季 3 d)后揭开塑料薄膜。所有使用的消毒药剂都应施在表土至 20 cm 深的土壤内，并且必须混匀。

由于盆土也能被腐霉菌侵染，但新鲜盆土感染不常见，而重复使用的盆土感染率很高。因而应预先施用能控制腐霉菌的土壤消毒剂来消毒盆土。若需要，在栽培期间可使用有效的药剂对作物进行灌溉，方法同上。

4) 球根类花卉的栽前处理

(1) 常规栽培的栽前处理 常规栽培指的是一般的栽培方法，即没有对球根类花卉进行过冷处理的栽培方式。它需要在种植后接受自然环境提供的冷处理后，才能正常抽茎开花。常规的栽培方法比较简单，对环境的控制要求也不高。

栽培前的准备，在种植球根类花卉前，需要制定一个完整的生产计划。计划包括选择整理种植场地、如何获得球根类花卉种球、生产用具准备，盆栽的还得准备配制盆土和容器。球根类花卉应该种植在土层深厚、肥沃的土壤中，其根系生长较忌积水，选择的地势一定要排水通畅。种植畦畦宽一般是 1.2~1.5 m，沟深 30 cm，地势平坦的地方开沟应深一些。第 1 年种植的土壤如果土质较黏，可以每 100 m³ 用 2 m³ 泥炭和 5 kg 复合肥作为底肥进行土壤改良。不宜连作的球根类花卉最好不再连作。种植球根类花卉前一个月应对土地进行深翻暴晒，消灭病菌孢子，并除去杂草。然后选择晴朗天气，用 40% 福尔马林 100 倍液浇灌(深度达 10 cm 以上)土壤后用薄膜覆盖进行消毒，覆盖时间在 1 周左右。揭膜之后，耙土整细，准备种植。在种植之前，将球根类花卉放入配制好托布津 1 000 倍溶液和除螨特 1 000 倍溶液的混合液中，浸泡 30 min，进行消毒灭菌处理。但在处理前，如果鳞茎带皮，建议鳞茎去皮，去皮有利于根系的均一生长，同时使根系提前形成。去皮时，注意避免使上部的种球种皮也去掉，保留上面的种皮可以使种球与土壤有一个间隔，可以在一定程度上有助于防止病菌感染。

(2) 促成栽培的栽前处理 通过人为控制环境条件，促使球根类花卉比自然环境下提早或推迟开花的栽培技术称为促成栽培。促成栽培的关键主要在于对球根类花卉的低温冷处理上。根据这种方法，可以控制球根类花卉的开花时间。球根到货以后，应立即把球根种到润湿的土壤里。没有冰冻的球根(新植株 12—次年 2 月)和解冻的球根应在当天或晚一天种植。冰冻的球根应缓慢地解冻，一般是把塑料袋打开放在 10~15 ℃下解冻。一旦球根解冻后，就不能再冰冻，因为这会有冻害的危险。若不能一次种植完没有冰冻和已解冻的球根，则可以把它们放在 0~2 ℃下保存，但最多只能存放 2 周；在 2~5 ℃下保存，最多只能存放 1 周，同时塑料袋要打开。由于球根呼吸的缘故，箱内温度会高于贮存空间的温度，应及时降温。

在条件适宜时，也就是植物生长期有足够的阳光和充分低的温度时，最好使用最小的球根。但若阳光短缺的冬季或是在温度太高的夏季栽培，则应该用较大的球根。另外，球根大小的选择也取决于所要求的花的质量。温室中的土壤要有良好的土壤团粒结构和良好的排水性能。土壤在球根类花卉种植前应该经过仔细消毒，盆栽土可按照园土、腐殖土、细沙(珍珠岩或蛭石)比例为 4∶2∶4 配制而成。

在种植之前,将球根类花卉放入配制好托布津 1 000 倍液和除螨特 1 000 倍液的混合液,浸泡 30 min,进行消毒灭菌处理。

5) 球根类花卉的栽培要点

①应将球根类花卉栽植在无病的土壤中,确保土壤充分的凉爽湿润,但不能过湿,避免腐烂。

②栽植时间,在温暖的季节,只在上午或傍晚种植;在气温较高时,应推迟 1 d 或 2 d 种植。

③在光照充足、温度高的月份,种植密度要大;在缺少阳光的时节(冬天)或在光照条件差的情况下,种植密度就应小一些。

④栽植深度一般为球高的 3 倍,但晚香玉及葱兰以覆土到球根顶部为宜,朱顶红需要将球根的 1/4 ~ 1/3 露出土面,百合类中的多数种类要求栽植深度为球高的 4 倍以上。

⑤栽植的株行距依球根种类及植株体量大小而异,如大丽花为 60 ~ 100 cm,风信子、水仙为 20 ~ 30 cm,葱兰、番红花等仅为 5 ~ 8 cm。

⑥球根栽植时应分离侧面的小球,将其另外栽植,以免分散养分,造成开花不良。

⑦球根花卉的多数种类吸收根少而脆嫩,折断后不能再生新根,所以在生产期间球根栽植后不宜移植。

⑧球根花卉多数叶片较少,栽培时应注意保护,避免损伤,否则影响养分的合成,不利于开花和新球的成长,也影响观赏。

⑨做切花栽培时,在满足切花长度要求的前提下,剪取时应尽量多保留植株的叶片,以滋养新球。

⑩花后及时剪除残花不让其结实,以减少养分的消耗,不利于新球的充实。以收获种球为主要目的的,应及时摘除花蕾。对枝叶稀少的球根花卉,应保留花梗,利用花梗的绿色部分合成养分供新球生长。

⑪开花后正是地下新球膨大充实的时期,要加强肥水管理。

6) 球根类花卉栽培后的管理

(1)立桩 根据季节和栽培品种的不同,在球根类花卉生长阶段用桩支撑植株是十分必要的,尤其是在冬季,更应立桩保护植株。另外,当所栽品种的高度已超过 80 cm 时,立桩也是很有必要的。在收获季节,若是将植株拔出而不是将其割断,则余下的要栽桩以防倒伏。

(2)营养 无论是在营养丰富还是贫瘠的地块,都应增施氮肥。每 100 m² 施 1 kg 硝酸钙,一般在种植后 3 周施下,分 3 次撒施,每 2 次之间间隔 1 周。在球根类花卉生长期,若由于氮素不足而导致植株瘦弱,则可追施氮肥(每 100 m² 施 1 kg 速效氮肥),直到采收前 3 周停止。追肥方法既可通过灌溉系统也可用人工施用。使用灌溉系统追肥时,为避免烧叶,施氮后要及时用清水洗净植株。另外,在使用灌溉系统施肥时,所用的肥料必须是可溶的,而且在肥料之中不能含有纤维。为防止叶片变焦,应在施用营养液后要用清水洗净叶片。

(3)浇水 在种植之前就应保持土壤湿润,以便种植后植株能够快速生根。在种植后要立即进行几次大量浇水,以保土壤肥力。同时,浇透水还能使球根的根与土壤结合更加紧密,这一点十分重要。由于植株根系是在土壤上层生长,所以必须经常保持上层土壤湿润。当然,土壤也不能过于潮湿,因为这样会对根的氧分供应产生不利的影响,导致根系生长缓慢。球根类花卉的浇水量应取决于土壤类型、温室内气候条件、栽培品种、植株生长情况和土壤含盐量。在干旱时节,水的消耗量会增加到每天 $8 \sim 9$ L/m²。一个检测土壤润湿度的好方法是用手紧握一把土,若几乎能挤压出水滴来则表明湿度刚好。此外,还要经常检查种植地块水分的分布情况。浇水时间最好是在上午,这样正好可以供应植株一天的需水量。

(4)杂草的控制 必要时可使用化学除草剂,最好在种植前除草或通过土壤处理(熏蒸、淹水等措施)来防止杂草的生长。在植株已经出芽但叶子还没有展开之前,通过喷施合理的除草剂可以清除户外或温室中的小杂草。施用除草剂之后,在傍晚用足够量的水喷作物,第 2 天上午要用灌溉系统把作物冲洗干净以防污染。除草剂有长期的效应,因此要注意以下几点:在同一地块一年最多只能喷 2 次;每次都要喷特定的地方;要避免对下茬作物造成损害。

(5)温度控制 为获取高质量的产品,良好的根系是十分重要的,要牢记:对前 1/3 个生长周期内或至少在茎根长出之前,初始生根的温度应尽量低。但温度过低会不必要地延长生产周期,而温度过高则会导致产品质量降低。在较暖的月份里,应使土壤保持在一定的温度范围之内。在前 1/3 个生长周期结束之后,可以慢慢提高土壤温度。

(6)相对湿度 合适的相对湿度是 80% 左右。相对湿度应避免太大的波动,而且变化应缓慢进行。迅速改变会引起胁迫,使敏感品种的叶片变焦。利用遮阴、及时通风和浇水可以防止这些问题发生。当户外相对湿度很低时,不宜在非常冷或非常暖和的白天通风,最好在室外相对湿度较高的早晨通风。在温室内相对湿度很低的白天大量浇水也是不恰当的。在这种情况下,最好是早晨浇水。在温和、少光、无风或潮湿的气候条件下,相对湿度常是非常高的,这时必须用加热和通风的方法以降低相对湿度。

(7)通风 当考虑控制温度和降低空气湿度时,通风换气是十分重要的手段。最关键的一点是温室内湿度的下降速度不能太快,因为湿度下降过快会引起叶片变焦和降低产品质量。

(8)遮阴 遮阴对温室内的温度、空气湿度和光照条件都有影响。一般要选择透气透水好的遮阴材料。

(9)病虫害防治

病害防治:常见病害有叶枯病、灰霉病、根腐病、鳞茎腐烂病和疫病,防治方法主要是以预防为主,应做到几点:

①选择无病种球;

②用 25% 多菌灵 500 倍液对种球和栽培基质进行必要的消毒;

③防止土壤过湿,经常保持叶面干燥;

④发现病株及时拔除销毁;

⑤定期用 20% 百菌清烟剂熏杀灭菌。

虫害防治:虫害主要是蚜虫,防治方法:

①清除盆内和周边杂草;

②用 40% 乐果乳剂 $800 \sim 1\,000$ 倍液或 2.5% 溴氯菊酯 $2\,000 \sim 4\,000$ 倍液喷杀。

(10)球根的贮藏 越冬球根主要指春植球根。球根种类不同,贮藏时要求的环境条件也不同,可分为湿藏和干藏两种。

湿藏要求有湿润的基质和较低的温度。这类球根主要有大丽花、美人蕉等。美人蕉块茎起挖并适当干燥后,然后用湿润的基质和沙子、锯末、蛭石或苔藓等埋藏,贮藏在 $5 \sim 7$ ℃的条件下,并注意通风。量少时可放在瓦盆、木箱中贮藏,量大时可在室内堆藏或窖藏。大丽花起球时,将块根挖出(如果分割,必须带部分根茎,并涂以草木灰),适当干燥 $2 \sim 3$ d 后贮藏,方法与美人蕉基本相同。百合类要求低温和微湿的条件。百合虽为秋植球根,但其花期较晚,休眠期较短,夏秋收获的球根,必须经过一定的低温冷藏才能解除休眠。否则,栽种后植株生长不一致。冷藏温度随品种不同而略有差异,一般为 0 ~ 10 ℃,百合鳞茎无皮,易失水干缩,所以贮藏时须用微潮的沙子埋藏,但又要防止由于潮湿而染病腐烂。

　　干燥低温下贮藏的球根类,主要有唐菖蒲、晚香玉等。这些球根在贮藏期间如果环境湿度较大,极易染病霉烂,对栽种后的生长造成严重影响。因此贮藏时务必保持环境干燥,通风良好,同时维持适当的低温。球根贮藏时需搭架,架上放竹帘、苇帘或竹筛,而且贮藏期间要经常翻动、检查,防止发生霉烂。温度要求与具体贮藏方法随球根种类而不同。唐菖蒲起球消毒后要晾晒 1 周,然后架藏于 2 ~ 4 ℃ 的条件下。温度低于 0 ℃,球茎易霉烂,高于 4 ℃,则易出芽。晚香玉北方冬季被迫休眠后起球,再将叶片和球茎下部长须根的薄层部分切去,并及时晾晒,待外皮干燥后上架贮藏。最初室温 25 ~ 26 ℃,2 周后维持在 15 ~ 20 ℃。

　　越夏球根主要指秋植球根。球根良好越夏的关键是保持贮藏环境的干燥与凉爽,防止闷热与潮湿,温度要适合花芽分化,起球时先将球根充分干燥,贮藏时最好搭架,也可将球根摊开,贮藏期间经常翻动检查,务必保持通风良好。郁金香起球后,要防止碰伤或暴晒,晾晒分级后贮藏于黑暗、通风、凉爽的环境下。不论越冬球根,还是越夏球根,贮藏时不能与水果、蔬菜等混合放置,同时谨防鼠害。

4. 注意事项

　　①注意栽植土壤的选择。
　　②注意栽植前种球的处理。
　　③注意栽植要点。
　　④注意栽植后的管理环节。

实训 7　盆栽花卉营养土的配制

1. 实训目的

　　掌握温室花卉营养土的配制方法及其配制操作规程。

2. 材料与工具

　　(1)材料　园土、腐叶土、沙子、蛭石、草炭土、珍珠岩、山泥、草木灰、骨粉、木屑、刨花、苔藓等。实生苗、扦插苗、观叶植物、观花植物、盆景、球根类花卉等。
　　(2)工具　略。

3. 实训内容与技术操作规程

1)常用花卉营养土的组成成分

室内及温室花卉大多栽植在盆内。由于花盆体积有限,植株生长期又长,所以一方面要求营养土有足够的营养物质,另一方面要求其空隙适当,有一定的保水功能和通气性,因此需要人工配土,这种混合土称为营养土。花卉种类繁多,生长习性各异,营养土应根据花卉生长习性和材料的性质调配。

(1)园土　园土因经常施肥耕作,肥力较高,富含腐殖质,团粒结构好,是营养土的主要成分。用作栽培月季、石榴及草花效果良好。缺点:表层易板结,通气透水性差,不宜单独使用。

(2)腐叶土　腐叶土是利用各种植物叶子、杂草等掺入园土,加水和人粪尿发酵而成。pH值呈酸性,暴晒后使用。以落叶阔叶树林下的腐叶土最好,特别是栎树林下的腐叶土,它具有丰富的腐殖质和良好的物理性能,有利于保肥和排水,土质疏松、偏酸性。其次是针叶树和常绿阔叶树下的腐熟叶片,也可集落叶堆积发酵腐熟而成。

(3)沙子　沙子可选用一般粗沙,是营养土的基础材料。掺入一定的比例河沙有利于土壤通气排水。

(4)蛭石　蛭石是硅酸盐材料在 800 ~ 1 100 ℃下加热形成的云母状物质。在加热中水分迅速失去,矿物膨胀相当于原来体积的 20 倍,其结果是增加了通气孔隙和持水能力。蛭石容重为 100 ~ 130 kg/m^3,呈中性至碱性(pH 值为 7 ~ 9),每 m^3 蛭石能吸收 500 ~ 650 L 的水,蒸汽消毒后能释放出适量的钾、钙、镁。蛭石长期栽培植物后,容易致密,使通气和排水性能变差,因此最好不要用作长期盆栽植物的介质。

(5)草炭土　草炭土又称泥炭、泥煤。它是古代湖沼地带的植物被埋藏在地下,在淹水和缺少空气的条件下,分解不完全的特殊有机物。泥炭根据其形成条件、植物群落的特性和理化性状,又可分为以下 3 种类型:

①低位泥炭　低位泥炭分布于地势低洼处。主要生长着需要矿质养分较多的植物,如苔草属、芦苇属等。一般分解程度较高,酸度较低,呈微酸性反应,灰分元素和氮素含量较高,持水量小,稍风干后即可使用,我国多为这种泥炭。

②高位泥炭　高位泥炭多分布于高寒地区,水源主要靠含矿质养料少的雨水补给,生长着对营养条件要求低的植物,如羊胡子草属以及水鲜属。这种泥炭分解程度差,氮和灰分元素含量较低,酸度高,呈酸性或强酸性,每 m^3 加 4 ~ 7 kg 碾碎过的白云石可以调整 pH 到花卉所需的生长范围,这种泥炭具有很高的阳离子代换量和持水量,并不需要粉碎就能提供良好的通气性,欧洲和加拿大等多数是这种泥炭。

③中位泥炭　中位泥炭是介于以上两类间的过渡类型。泥炭容重为 0.2 ~ 0.3 g/cm^3,孔隙率高达 77% ~ 84%,含氮量虽甚丰富(1.5% ~ 2.5%),但速效氮、磷、钾较低,对水和氨有很强的吸附能力,是垫圈保肥的良好材料,也是配制营养土、营养钵较理想的材料。

(6)珍珠岩　珍珠岩是天然的铝硅化合物,即粉碎的岩浆岩加热到 1 000 ℃以上所形成的膨胀材料,具封闭的多孔性结构。珍珠岩较轻,容重为 100 kg/m^3,通气良好,无营养成分,质地均一,不分解,阳离子代换量较低,pH 值为 7.0 ~ 7.5,对化学和蒸汽消毒都是稳定的。珍珠岩含有钠、铝和少量的可溶性氟。氟能伤害某些植物,在使用前经过 2～3 次淋洗,能使可溶性氟淋失。珍珠岩较轻,容易浮在混合介质的表面。

(7)山泥　山泥是一种由树叶腐烂而成的天然腐殖质土。特点是疏松透气,呈酸性,适合种植兰花、栀子、杜鹃、山荷等喜酸性土壤的花卉。

(8)草木灰　草木灰是稻壳等作物秸秆燃烧后的灰,富含钾元素。加入营养土中,可使之排水良好,疏松透气。

(9)骨粉　骨粉是由动物骨磨碎发酵而成,含大量磷元素,加入量不超过 1%。

(10)木屑　将木屑发酵后,掺入营养土中,能改变土壤的松散度和吸水性。

(11)刨花　刨花在组成上和木屑近似,只是个体较大些,可以提供更高的通气性。持水量和代换量较低。盆栽介质中含有 50% 刨花,植物仍能生长良好。

(12)苔藓　苔藓晒干后掺入营养土,可使土壤疏松,排水、透气性好。

(13)焦糠　焦糠又称熏碳,是谷壳经炭化处理而成的无土介质,容重为 240 kg/m³,通气孔隙度可达 30%,pH 值呈微碱性,但经几次浇水后可显中性,吸收养分能力较差,和等量的泥炭混合作育苗的盆栽介质,能取得满意的结果。

(14)树皮　树皮包括松树皮和硬木树皮,具有良好的物理性质,能够部分代替泥炭作为盆栽介质。新鲜树皮的主要问题是碳氮比较高,有些树皮如桉树皮等含有对植物的毒性成分,应该通过堆腐或淋洗降解毒性。树皮首先要粉碎,粒子直径可以大到 1 cm,一般直径是 1.5～6 mm。对粒子大小进行筛选,细小的粒子可作为田间土壤改良剂,粗的粒子最好作为盆栽介质。硬木树皮微生物分解时,氮的需要量为 1.1%～1.4%,软木树皮的需要量在 0.3%～1.3%。在加氮、加水处理后,至少要堆腐 2 个月以上,其间还要进行数次回堆后才能使用。

(15)岩棉　岩棉是 60% 辉绿岩和 20% 石灰岩的混合物,再加入 20% 的焦炭,在约 1 600 ℃ 的温度下熔化制成。熔融的物质喷成 0.05 mm 的纤维,用苯酚树脂固定,并加上吸水剂。容重为 100 kg/m³,总孔隙为 96%。岩棉空隙度均匀,因此,可以根据岩棉块的高度,调节岩棉块中水分和空气的比例。新岩棉的 pH 值比较高,加入适量酸,pH 值即可降低。岩棉块有两种类型的制品,一种能排斥水的称格罗丹蓝,另一种能吸水的称格罗丹绿。

(16)甘蔗渣　甘蔗渣多用在热带地区,具有高碳氮比,必须加入氮,才能满足微生物迅速分解的需要。甘蔗渣有很高的持水量,在容器中分解迅速,容易致密,造成通气和排水不良,因此很少用在盆栽混合介质中。经过堆腐的甘蔗渣,混入田间土壤,特别是对黏土,可起到改良作用。

(17)陶粒　陶粒是黏土经假烧而成的大小均匀的颗粒。不会致密,具有适宜的持水量和阳离子代换量。陶粒在盆栽介质中能改善通气性。无致病菌,无虫害,无杂草种子。容重为 500 kg/m³,不会分解,可以长期使用。虽然按体积比 100% 陶粒可以用作栽培介质,但一般作为盆栽介质只用占总体积的 20% 左右的陶粒。

2) 不同种类花卉的营养土配比

通常盆栽介质是由两种以上的介质按一定比例配合而成的。配合起来的介质在理化性质上比单独的要好。选择介质时因花卉的种类、介质材料和栽培管理经验不同,不可能有统一的介质配方,但其总的趋向是要降低介质的容重,增加总孔隙度和空气和水分的含量(任何材料若和土壤混合,要显示该材料的作用,用量至少等于总体积的 1/3～1/2)。下面简单介绍几种盆栽介质配制方法:

（1）针对于实生苗　2 份沙子,4 份园土,4 份腐叶土。

（2）针对于扦插苗　对于扦插成活的幼苗,移苗至花盆中时,营养土的配制比例为:沙子 2 份,园土 4 份,腐叶土 4 份。针对于为母本生产的高架苗床,硬底苗床混合介质:泥炭:沙子 = 3:1;金属网底苗床混合介质:泥炭:珍珠岩 = 3:1。

（3）针对于盆景

①江浙一带:观花观叶类,山黄泥 3 份,腐叶土 2 份,焦泥灰 2 份,沙子 3 份。松树类,土、沙子各半,甚至可以土、沙子比为 4:6。

②北方:松柏类,沙子 1 份,泥炭土 4 份,园土 4 份,腐叶土 1 份,适量草木灰。杂木类,沙子 1 份,泥炭土 3 份,园土 3 份,腐叶土 3 份,适量草木灰。

（4）针对于球根类花卉　园土 4 份,腐叶土或泥炭土 2 份,干牛粪 1 份,沙子 2 份,骨粉 1 份。

（5）针对于仙人掌类和多肉类植物　壤土 2 份,粗沙 2 份,木炭屑 2 份,草木灰 2 份,骨粉 2 份。

（6）营养土和栽培介质的消毒　为保证花卉健康生长,达到增产多收的目的,对营养土和栽培介质消毒是极重要的措施之一。除了已经消毒的袋装介质之外,即使是一般属于园艺无毒的介质,也应在配制之后进行消毒,存贮应用。比较简单又节约开支的消毒办法是利用温室的蒸汽加温设备,或另购蒸汽锅炉,在水泥地坪上敷设导管,倒入营养土栽培介质,覆盖尼龙布,通气消毒。多数病原微生物在 60 ℃时经 30 min 蒸汽加热死亡,超过 80 ℃,只需 10 min。故在营养土或介质达到 95 ~ 100 ℃时,经 10 min 即可完成消毒。

4. 注意事项

①营养土配制要因地制宜选择当地的资源,配比因环境和植物的不同不尽相同。
②培养不同花卉材料要选择不同的营养土。

实训 8　温室盆栽花卉栽培

1. 实训目的

掌握温室盆栽花卉的生产技术与操作规程。

2. 材料与工具

（1）材料　营养土、园林植物。
（2）工具　花盆、花铲、筛子、碎瓦片、喷壶、竹片、小铁耙等。

3. 实训内容与技术操作规程

1) 温室花卉的分类

(1) 一、二年生花卉   如瓜叶菊、蒲包花等。

(2) 宿根花卉   如非洲菊、文竹、天竺葵等。

(3) 球根花卉   如仙客来、马蹄莲、朱顶红等。

(4) 多浆植物   指茎叶具有发达的贮水组织,呈肥厚多汁变态状的植物,包括仙人掌科及景天科、龙舌兰科等各种植物,如昙花、令箭荷花等。

(5) 蕨类植物   如铁成蕨、鸟巢蕨、鹿角蕨等。

(6) 兰科植物   分为地生兰(如春兰、蕙兰、建兰等)、附生兰(如兜兰、卡特兰等)、腐生兰(生于阴湿林下腐烂的植物体上,不能自养,依靠真菌共生)。

(7) 食虫植物   如猪笼草、瓶子草等。

(8) 凤梨科植物   如水塔花、凤梨花等。

(9) 棕榈科植物   在北方如蒲葵、椰子等。

(10) 水生花卉   如王莲、睡莲等。

(11) 花木类   分为乔木、灌木及藤本,如扶桑、山茶花、茉莉等。

2) 各类花卉的繁殖方法

(1) 一、二年生花卉   一般以播种繁殖为主,也可以用扦插繁殖。

(2) 宿根花卉   一般用播种、分株、组织培养的方法,也可以用扦插繁殖的方法。

(3) 球根花卉   一般采用播种、分球、分割块茎繁殖的方法,也可以用扦插繁殖的方法。

(4) 多浆类植物   一般采用扦插、嫁接、播种繁殖的方法。

(5) 蕨类植物   以分株繁殖为主,也可以采用播种孢子、分栽块茎繁殖的方法。

(6) 兰科植物   一般采用分株繁殖的方法,也可采用播种、组织培养的繁殖的方法。

(7) 水生花卉   一般采用分株繁殖的方法,也可以采用播种繁殖的方法。

(8) 花木类   一般采用扦插、播种、压条的繁殖方法,也可以采用嫁接、分生的繁殖方法。

3) 温室花卉的养护管理

(1) 上盆   上盆是指把繁殖的幼苗或购买来的苗木,栽植到花盆中的工作。此外,如露地栽植的植株移到花盆中也是上盆。具体做法如下:

①选盆:按照苗木的大小选择合适规格的花盆,还应注意栽植用盆和上市用盆的差异。栽植用盆要用通气性的盆,如陶制盆、木盆等;上市用盆选用美观的瓷盆、紫砂盆或塑料盆。

②上盆操作:用碎瓦片或纱窗网盖于盆底排水孔,凹面向下,盆底部填入一层粗粒营养土、碎瓦片或煤渣,作为排水层,再填入一层营养土。植苗时,用左手持苗,放于盆口中央适当的位置,右手填营养土,用手压紧。填完营养土后,土面与盆口应有适当距离。然后,用喷壶充分灌水、淋洒枝叶,放置到遮阴处缓苗数日。待苗恢复生长后,逐渐放于光照充足处,如图 13.12所示。

(2) 换盆   换盆有 3 种情况:一是随着幼苗的生长,根系在原来较小的盆中已无法伸展,根系相互盘叠或穿出排水孔;二是由于多年养植,盆中的土壤养分丧失,物理性质恶化;另外,植株根系老化,需要更新时,盆的大小可不变,换盆只是为修整根系和换新的营养土。一、二年生花卉生长迅速,从播种到开花要换盆3~4次。

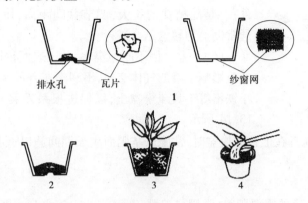

图13.12　上盆

1.垫盖排水孔　2.垫排水层与底土层　3.栽植　4.浇透水

换盆时间随植株的大小和发育期而定,一般安排在3~5片真叶时、花芽分化前和开花前。开花前的最后一次换盆称为定植。多年生草本花卉多为一年一换盆,木本花卉2~3年换一次。换盆时,左手按在盆面植株基部,将盆提起倒置,轻扣盆边取出土球。一、二年生花卉换盆时,把盆底填好排水层,把原土球放入盆中,营养土填在四周,填压即可。宿根及球根类则去除原土球部分土,并剪去盆边老根,有时结合分株,然后再栽入盆中。木本花卉换盆一般适当切除原土球,并进行修根或修剪枝叶,再植入盆中。修根或修枝要适度,一般可剪除大部分老根,生长慢或生根难的种类,可轻度修剪根和枝叶,如苏铁、棕榈类等。树液极易通过伤口外流的种类可不修剪。

巨型盆的换盆较费力,一般先把盆搬抬或吊放在高台上,再用绳子分别在植株茎基部和干的中部绑扎结实,轻吊起来,然后把盆倾斜,慢慢扣出花盆。再把植株修根后,植入新换营养土的盆中,最后立起花盆,压实灌水。换盆后立即充分灌水使根与土壤密切接触。此后浇水,以保持湿润为度。浇水可多次少浇,不宜灌水过多,易引起根部腐烂。要待新根生长后,再逐渐增加灌水量。换盆后数日置阴处缓苗,如图13.13所示。

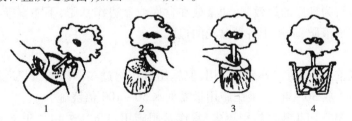

图13.13　换盆

1.扣盆　2.取出植株　3.去除肩土、表土　4.栽植

(3)盆花摆放　喜光花卉应靠近光线充足的透光屋面,但要与透光屋面保持一定的距离,防止灼伤或冻伤盆花的顶部或花蕾。耐阴或对光照要求不严格的花卉置于保护地后部或半阴处。一般矮株摆放在前,高株摆放在后,以防相互遮光。门窗处温度较低,喜温花卉放于热源近处,较耐寒的置于近门或侧窗处。

（4）转盆　为防止由于趋光性植株生长偏向光线射入方向，一般每隔20～40 d转盆1次。

（5）倒盆　经过一段时间后，将温室内摆放的花盆调换摆放位置。目的有两个：一是使不同的花卉和不同的生长发育阶段得到适宜的光、温度和通风条件；二是随植株的长大，调节盆间距离，使盆花生长均匀健壮。通常倒盆与转盆结合进行。

图13.14　松盆

（6）松盆　因不断地浇水，盆土表面往往板结，伴生有青苔，严重影响土壤的气体交换，不利于花卉的生长。因此要用竹片、小铁耙等工具疏松盆土，以促进根系发展，提高施肥肥效，如图13.14所示。

（7）施肥　温室花卉在上盆和换盆时，常施以基肥而生长期间施以追肥。主要分为有机肥和无机肥。

①有机肥：

a.饼肥：为盆栽花卉的重要肥料，常用作追肥，有液施和干施之分。液肥配制的体积比为：饼肥末2份，加水10份，另加少量过磷酸钙，腐熟后为原液，施用时，按花卉种类加以稀释。需肥较多的生长强壮的花卉，原液加水10倍施用；花木及野生花卉，原液加水20～30倍施用；高山花卉、兰科植物，原液加水100～200倍施用。作干肥施用时，加水4成使之发酵，而后干燥，施用时埋入盆边的四周，经浇水慢慢分解供应养分。

b.人粪尿：大粪充分腐熟后，晒干压碎过筛，制成粪干末。粪干末与营养土混合可作基肥，混合的标准大致是：小苗宜混入1成，一般草花2成，木本花卉3成。粪干末又可作追肥，混入盆土表面，或埋入盆边四周。用作液肥施用，易被植物吸收，即人粪尿加水10倍，腐熟后取其清液施用。

c.牛粪：牛粪充分腐熟后，取其清液用作盆花追肥。

d.油渣：榨油后的残渣，一般用作追肥，混入盆土表面，特别适用于木本花卉。液施把牛粪加水腐熟后，取其清液作追肥。

e.米糠：含磷肥较多，应混入堆肥发酵后施用，不可直接用作基肥。

f.鸡粪：鸡粪含水少，含磷多，适用于各种花卉，施用前，混入土壤1～2成，加水湿润，发酵腐熟，可作基肥，亦可加水50倍作液肥。

g.蹄片和羊角：为良好的迟效肥，通常放在盆底或盆边作基肥，不能直接与根系接触，两者都可加水发酵，制成液肥，适用于各种盆花的追肥。

②无机肥：

a.硫酸铵：温室月季、菊花等都可应用，但施用量切勿过多。硫酸铵仅适用于幼苗生长，一般用作基肥时1 m² 放30～40 g，液肥施用量需加水50～100倍浇施。

b.过磷酸钙：温室切花栽培施用较多，常作基肥施用，1 m² 放40～50 g，作追肥时，则加水100倍施用。由于过磷酸钙易被土壤固定，可以采用2%的水溶液进行叶面喷洒。

c.硫酸钾：切花及球根花卉需要较多，基肥用量为1 m² 放15～20 g，追肥用量为1 m² 放2～7 g。

（8）浇水

①花卉种类不同需水量不同，蕨类植物、兰科植物要求丰富的水分，则需水量多；多浆类植物要求水分较少，则需水量少。

②生育期不同需水量不同,休眠期少浇水或不浇水,从休眠期进入生长期浇水量逐渐增加;旺盛生长期需水量充足,多浇水;开花前减少浇水,盛花期适当增多,结实期减少。

③不同季节需水量不同,春季浇水量应多于冬季,春季一般草花每隔 1~2 d 浇 1 次,花木类 3~4 d 浇 1 次。夏季增加浇水量,注意早晚浇水。秋季转凉,浇水量减少至 2~3 d 浇 1 次。冬季针对与不同温度的温室浇水量不同,低温温室的盆花每 4~5 d 浇 1 次,中温及高温温室的盆花每 1~2 d 浇 1 次,在日光充足而温度较高之处,浇水要多些。

④花盆与植株大小不同需水量不同,小盆或植株较大的盆,干燥快,需浇水次数多一些。

浇水多用喷壶,在春、夏、秋三季室外盆花养护阶段使用,浇水以渗水快、不积水、半干水为宜。

喷水是对一些生长缓慢或要求空气湿度较大的植物进行全株或叶面喷水。一些花卉小苗必须用极细的喷壶进行浇水。

找水是指寻找个别的缺水植株,对它们进行补充浇水,以免发生凋萎,多在室外进行,冬季养护阶段也多采用。

放水是指生长旺季结合施肥加大浇水量,以满足枝叶生长需要。

勒水是指连阴久雨或浇水量过大时,为防止根系缺氧腐烂,应停止浇水而进行松土,待盆干后再浇水。

扣水是在换盆后,根系修剪或损伤处尚未愈合时,或花芽分化及盆栽入室前后,少浇水或不浇水。

此外,植株已因干旱脱水时,切勿浇大水而应放阴处稍浇些水后,待枝叶恢复原状后再浇透水。如植株发生涝害时,则应使植株脱盆,将土团置阴凉通风处,3~5 d 后再重新上盆。盆花浇水时间一般在早晨或晚上,冬季温室浇水以上午 9 时至 10 时为宜。

(9)整形修剪　整形常用的方法有绑扎、做弯和捏形,有时为了造型可设立各种形状的支架或采用多盆在一起造型。

修剪,按进行修剪的时期不同,可分为生长期修剪和休眠期修剪。生长期修剪幅度要轻些,而休眠期修剪可适当加重。

4. 注意事项

①有机肥的种类繁多,各地要因地制宜发掘肥源,条件成熟时尽量使用各类专用有机肥。
②给盆花浇水要遵循“先浇根,后浇叶”的原则。

实训 9　露地花卉整形修剪

1. 实训目的

了解花卉生长发育规律,了解露地花卉修剪整形的目的和作用,掌握不同露地花卉整形、修剪的技术方法。

2. 实训时间

2 学时。

3. 材料与工具

(1)材料　需要修剪的露地花卉材料。
(2)工具　花枝剪、剪枝剪、刀片、细绳、米尺、扫帚、塑料袋。

4. 实训内容与技术操作规程

选定草花或木本花为材料,由教师根据花卉种类研究整形修剪方案及修剪内容,并指导学生分组进行整形修剪。
(1)普通修剪　修剪枯枝、残花、残叶,再修剪徒长枝、过弱枝、砧木萌蘖。
(2)根据培养计划修剪　剪去多余枝叶,根据花期及花枝数,确定摘心、抹芽。

5. 作业要求

以月季为例,整理周年整形、修剪的时间和技术处理要点。
操作要点:
①摘心要及时、彻底,对于植株矮小、分枝又多的三色堇、石竹和主茎上着花多且朵大的球头鸡冠花、凤仙花等,以及要求尽早开花的花卉,不易摘心。
②抹芽时不要损伤叶片和嫩茎。
③剥蕾时不可碰到主蕾,保证花朵的质量。
④折枝时要轻折轻捻,使枝梢折曲而不断裂。
⑤疏剪时要注意选择剪除枯枝、病弱枝、交叉枝、过密枝、徒长枝等。
⑥重剪时要剪去枝条的2/3,轻剪时将枝条剪去1/3,生长期的修剪多采用轻剪。

实训 10　花卉主要病虫害识别与防治

1. 实训目的

了解并识别花卉主要病害症状,掌握病害诊断防治的方法;识别和掌握花卉常见食叶害虫、汲汁害虫及蛀干害虫的形态特征、分类地位与主要危害,掌握各种花卉害虫的防治方法。

2. 实训时间

2 学时。

3. 材料与工具

(1)材料　白粉病、煤污病、褐斑病、灰霉病、病毒病、细菌性腐烂病、锈病、花叶病、肿瘤病、丛枝病、溃疡病、烂皮病、立枯病、根癌病、根朽病等病害症状标本;主要食叶害虫、汲汁害虫、蛀干害虫的生活史标本及各虫态标本。

(2)工具　XTL-1 型实体连续变倍显微镜、双目实体显微镜、体视显微镜、放大镜、镊子、解剖针、培养皿等。

4. 实训内容与技术操作规程

(1)花卉主要病害的识别与防治
①观察各种典型花卉病害病症的标本,明确不同病症的特点。
②对照典型病症,比较观察所给标本的病症属于哪种类型。
③根据病害类型,确定使用何种药剂防治。
(2)花卉主要虫害的识别与防治
①观察各种害虫标本,掌握各种花卉害虫的特征和主要危害。
②根据害虫类型,确定使用何种药剂防治。

5. 作业要求

①试述花卉病害病症在病害诊断上的意义,并举例说明病状和病症的区别。
②花卉常见病害的防治措施。
③试述花卉害虫的主要危害。
④花卉常见害虫的防治措施。

实训 11 鲜切花的采收与加工

1. 实训目的

掌握鲜切花的采收与加工以及相关的操作规程。

2. 材料与工具

(1)材料 营养土、各类切花植物材料等。
(2)工具 喷壶、保鲜桶、保鲜剂。

3. 实训内容与技术操作规程

1)切花花枝的剪取

具体要做好的几个环节:采收—分级—预处理—包装。

(1)采收 切花应在适宜的时期进行采收,采收过早或过晚,都会影响切花的观赏寿命。在能保证开花的前提下,应尽早采收。采收后的花应尽快放入水中以防花萎蔫,并应使用清洁的设施:如清洁的水,清洁的桶及保持工作间的清洁。最好使用白色的桶,可轻易发现灰尘。有条件的地方,使用的水最好含杀菌剂,水的 pH 值最好为 3.5~4,同时放花的溶液的量应适宜,并要经常更换新水。

①花期采收:有些花适宜在花期采收,如在蕾期采收,则花朵不能完全开放,如月季、菊花、唐菖蒲等。

②蕾期采收:在满足采收后能开花的前提下,有些花在蕾期采收,也能较好开花,花卉的观赏期也较长。采收时花蕾也不能太小,应在花茎达 1.8~2.4 cm 时采收,否则会影响开花度。目前,蕾期采收多用于香石竹、月季、菊花、唐菖蒲、非洲菊、鹤望兰、满天星、郁金香、金鱼草等。

(2)分级 收获后的切花因其质量参差不齐,必须按一定的标准分级。分级依据花柄的长度、花朵质量和大小、开放程度、小花数目、叶片状态等进行分级。

(3)贮运前预处理 从温室采收的花应尽快进行预处理,以保持花的品质。预处理包括以下几个步骤:

①采后调理:花茎在离开植株后,会出现因水分亏损而萎蔫的现象。为使花朵有较好外形,应在其采收后,尽快放入水中进行调理,防止花水分损失造成萎蔫。刚开始萎蔫的花,在水中浸 1 h 左右就能恢复正常的细胞膨压。

②预处理:

a.保鲜液:切花贮藏及运输时品质及生命力的保持,可通过在贮藏、运输前,用保鲜液快速处理,得到提高。在此溶液中,最常见的化合物是糖(大多数是蔗糖)、杀菌剂[柠檬酸,8-羟基奎啉柠檬酸(8-HQC)或8-羟基奎啉硫酸(8-HQS)及硫酸铝]、乙烯活性抑制剂(STS)及生长类调节剂(主要是 BA,NAA 及 CA)等物质。

b.蔗糖:加入蔗糖补充贮运时因内源的呼吸而消耗完的蔗糖。也可推迟衰老症状的出现,如蛋白质、类脂及核糖核酸的降解。膜完整性的损失及线粒体结构,功能的退化,也推迟了乙烯高峰期的到来,蔗糖也增强了水的平衡及引起气孔关闭。

c.疾病控制:疾病控制可防止花卉采后品质的损失,贮藏及运输的花应远离可见的侵染,如灰霉病侵染使贮藏的花损失很大。为减少花的疾病,除降低贮运温度外,杀菌剂也被广泛用于喷洒及深度处理。

③预冷:预冷是为了在运输或贮藏前快速去除植物田间热量,这样可大大减少运输中的腐烂、萎蔫。产品在收获后尽快地放入理想的贮藏温度下,它的保存时期就越长。预冷的方法很多,最简单的是在田边设立冷室,冷室内不包装花枝或不封闭包装箱,使花枝散热,直到理想的温度。预冷的温度为 0 ~ 1 ℃,相对湿度为 95% ~ 98%。预冷的时间随花的种类、箱的大小和采用预冷的方法而不同,预冷后,花枝应始终保持在冷凉处,使花保持恒定的低温。在生产上的预冷方法还有:

a.水冷:让冰水流过包装箱而直接吸收产品的热,达到冷却的目的。最好在水中加入杀菌剂。

b.气冷:让冷气通过未封盖的包装箱以降低温度,预冷后再封盖。以色列国家广泛应用此法。

(4)包装　预冷后用于消费的花应进行包装。可依花卉品种、贮藏及运输方法的不同,采用各种包装设施和包装方法。通常的贮运方法有两种:

湿藏是将花的茎部浸入充满水或保护液的容器中,可保持花卉充足的水分,但运输较困难,这种方法适于短期贮藏及运输,可保持花的形态,防止机械损伤,但运输需占用较多设备,费用较大。有些切花种类(香石竹、百合、非洲菊、金鱼草)可在湿藏时保存几星期。

干藏在实际生产中应用较多,各种种类的包装箱被用来作切花的干藏或运输,包装的湿度由箱中包装的蜡层或提供各种类型的箔膜来保证。包装材料多以柔质塑料为宜,主要有低密聚乙烯塑料薄膜、高密聚乙烯塑料薄膜和聚丙烯塑料薄膜等。试验证明,高密聚乙烯塑料薄膜效果最好,保鲜时间最长。袋内若装入蓄冷剂(冰块),保鲜效果更好。干藏法常用于长期贮藏,例如康乃馨、菊花,在花苞期干藏比湿藏的效果好,保存期更长。花在密封气体的聚乙烯袋中也能较好贮藏。在这些包装内,花呼吸制造一个气调环境(MA)。降低了 O_2 浓度,提高了 CO_2 浓度,这使贮藏期延长。

包装后的切花,勿使切花与包装容器直接碰触,常以 12 支或 25 支为 1 束。包装通常是花束内部用油纸、放水纸等包裹,外部依据花枝要求制成的纸箱装运,每箱多为整百花枝。包装箱的尺寸还应考虑既可节省贮运空间,又能保证足够的通风量防止花衰败。包装还要从经济角度考虑,还应考虑辅助设备直接或间接的经济费用。如包装应考虑是否适应产品尺寸,通风方法及是否稳固;包装材料及其他保护设施的选择等。由于观赏植物种类很多,不同种类有不同特性,因而包装实现高度标准化是不现实的,但应牢记标准化在技术及经济上的优势。应鼓励标准化制定者制定明确、合理的标准。在可能的情况下,以下方面应以标签或发货单方式标注于产品上,以利售后服务。如识别标记(包括包装者或分销者、生产者姓名、地址或官方的识别标记)、产品特性(品种及适应性等)、原产地(原产国家,生产区域)、商业特性(等级、尺寸等)。

2)鲜切花的贮运

(1)保鲜方法

①冷藏、保鲜:花从生产基地运到消费基地后,应立即放入冷库中贮藏以待销售,一般把花贮藏在 2~8 ℃的冷库中。据实验观察,在相对湿度为 85%~90%,温度 0 ℃时,菊花切花可保鲜 30 d,2 ℃保鲜 14 d,20~25 ℃保鲜 7 d。各种花卉的贮藏温度不同。一般来说,起源于温带的花卉适合的温度为 0~1 ℃,起源于热带及亚热带的花卉适合的冷藏温度分别为 7~15 ℃和 4~7 ℃,适宜的湿度为 90%~95%。

②调气贮藏保鲜:包括气调贮藏保鲜(MA)及调气贮藏保鲜(CA)两种:

a. MA 贮藏:即产品放入气体不能自由流动的环境中(包装或房间内),由于产品的呼吸,空气的成分发生了改变。MA 及 CA 贮藏必须保持适当的温度及相对湿度。MA 可用在短期贮存及用于鲜销及加工的长期贮存。各种类型塑料袋中的贮藏(不同原料、标识、个体密封包装)及低压贮藏是 MA 贮藏的其他类型。

b. CA 贮藏:指调节贮藏室的气体成分比例到理想的比例。在 CA 贮藏时,可获得理想的气体浓度。对 CA 贮藏来说,房间必须是隔离的,就像冷却时必须密封一样,以保持理想大气组成。通过调整,使产品保持理想的大气组成,或者通过大气发生器改变大气组成(后者更快,仅需 1~2 d,而前者需 14~20 d,取决于产品的量及房间尺寸)。目前,CA 贮藏可通过去除 O_2,补充液态 N_2 或从分离器(N_2 发生器)中补充 N_2。有各种方法去除 CO_2(如可用水、石灰水或用碳酸钾及碳酸氢钾的混合物,分子筛及活性炭)。通过控制切花贮藏的 O_2 及 CO_2 的含量,可达到降低呼吸速率,减少养分消耗,抑制乙烯产生,延长切花寿命的目的。由于切花品种不同,CO_2 的量控制在 0.35%~10%,O_2 的含量控制在 0.5%~1%,可达到良好的保鲜效果。氮气也有较好的保鲜效果,水仙花在含氮 10%,温度 4.5 ℃条件下,贮藏 3 周后花色依然艳丽,枝叶挺拔。CA 房间内的大气成分对人类是有害的。在没有适宜的呼吸设备下,在 CA 房间内工作有生命危险,在门上应贴上危险警示。当进入房间时,在任何时间都应至少有 2 名携带呼吸设备的人共同前往。

③减压贮藏保鲜:将气压降低到标准大气压之下,可延缓贮存室内切花的衰老过程,与常压下相比,其寿命延长很多。实验证明,唐菖蒲在常压 0 ℃下,可存放 7~8 d,而在 60 mmHg(1 mmHg=133 Pa)下,贮藏在 -2~1.7 ℃条件下可存放 30 d。

④化学保鲜:

a. 使用抗蒸腾剂:可减低切花蒸腾作用,抗蒸腾剂可阻止植物气孔开张,从而增强了切花的抗旱能力,达到延长寿命的目的。

b. 使用切花保鲜剂:切花保鲜剂是近几年发展起来的一种切花保鲜方法,它利用保护性化学药剂解决切花体内的生理障碍,可分为 3 种:

预处理液:在切花采收运输前,进行预处理所用的保鲜液。其主要目的是促进花枝吸水,灭菌及减少运输贮藏时乙烯的伤害。

开花液:又称催花液,可促使蕾期采收的切花开放。

瓶插液:又称保持液,是切花在瓶插观赏期所用的保鲜液。其配方成分、浓度随切花种类而异,种类繁多。

c. 保鲜剂成分:

水:是保鲜剂中不可少的成分。由于水中钠、钙、镁、氟等离子对一些种类的切花有毒害作用,如钠离子对月季、香石竹有害。因此,应尽量使用蒸馏水或去离子水,可增加切花的瓶插寿命。

糖:最常用的是蔗糖。不同切花,不同保鲜剂糖的浓度不同,一般处理时间越长,糖的浓度越低。所以不同保鲜剂种类糖浓度大小顺序为预处液 > 开花液 > 瓶插液。糖的主要作用是补充能量,改善切花营养状况,促进生命活动。

杀菌剂:为降低微生物对花枝的影响,各保鲜剂配方中均含有杀菌剂,如 8-羟基奎啉(8-HQ),可杀死各类真菌和细菌,同时还能减少花茎维管束组织的生理堵塞。

无机盐:许多无机盐类能增加溶液的渗透势和花瓣细胞的膨压,有利于花枝的水分平衡,延长瓶插寿命。如铝盐能促进气孔关闭,降低蒸腾作用,利于水分平衡。

有机酸及其盐类:保鲜剂 pH 值对切花有一定影响,低 pH 值可抑制微生物滋生,阻止花茎维管束的堵塞,促使花枝吸水。有机酸可降低保鲜液的 pH 值,有些还有抑制乙烯产生的作用。

乙烯抑制剂和拮抗剂:如 Ag^+,STS,AVG,AOA,乙醇等,可抑制乙烯产生和干扰其作用,延缓切花衰老进程。

植物生长调节物质:切花的衰老是通过激素平衡控制的。在保鲜剂中添加一些植物生长调节物质,能延迟切花的衰老,并改善切花的品质。在切花保鲜上应用较广的是细胞分裂素,如 KT(激动素)、BA(6-苄基嘌呤)、IPA(异戊烯基腺苷)等。它们能延缓香石竹、月季、郁金香、菊花等许多切花的衰老。

(2)鲜切花贮运 贮存运输的关键措施是低温、高湿、快速。长距离以空运为主,亦有陆运、海运。运输常用恒温花卉专业箱装运。

当前用于鲜切花近距离运输的工具主要是卡车及船运,海上船运或卡车运输比飞机运输经济,但需时较长。较长期运输的问题与长期贮藏相同,如叶、花褪色,脱落,花苞不能开放,疾病的快速发展与传播等。

对长距离销售,植物需有非常好的品质,有无害虫的根系统。植物应在运输前一天浇水,冷藏室的相对湿度保持高于 90% 以防植物退化。

长期运输前,用乙烯活性抑制剂(STS)处理植物,可减少乙烯的危害。对一些植物,用 NAA 处理,还可减少各种植物器官的脱落,起到了 NAA 与 STS 协同效果。完全开放的花比花苞期的花对乙烯更敏感,因而,鲜切花在花苞期运输是非常重要的。

4. 注意事项

①注意鲜切花采收的操作规程。
②注意鲜切花分级包装的操作过程。
③注意鲜切花保鲜的操作。

实训 12　温室的结构设计与应用

1. 实训目的

　　了解温室的分类及其结构与性能;学会各类生产温室的设计,掌握各类温室在园林苗圃生产中的应用技术;掌握温室内植物生长的各环境因子的调控技术,掌握园林植物在温室内生产的技术方法。要求学生根据当地实际,设计适合本地实际的经济实用的温室,掌握温室的建造与生产应用技术。

2. 材料与工具

　　略。

3. 实训内容与技术操作规程

　　温室是比较完善的保护地设施,在高纬度地区的园林植物生产中占有重要的位置。温室的类型因所处的纬度不同,栽培目的与栽培方式不同,生产季节不同,技术手段的发展而有很大的差异。设计和使用要根据当地具体情况而定。温室的类型如下:
　　(1)根据温室的不同用途分类
　　①栽培用生产温室:是最常用的一种温室类型,用于花卉等园艺作物的生产育苗和栽培。要求保温好,采光好,节约能源,以降低生产成本。
　　②科研用实验温室:多建设在农林院校、科研院所,专供开展各种植物栽培实验和教学之用。这种温室设备较全,具有较完备的加温、通风、供水、降温和照明补光设施。一般在温室后侧设有相应的实验室、办公室,以备教学、科研之用。
　　③繁殖温室:专供利用播种或无性繁殖幼苗之用。繁殖温室要求温度较高,尤其是地温较高,最好设置土壤电热线加温设备。分别设置播种床,无性繁殖育苗床。温室的附属建筑应有种子贮藏室、插条、球根等贮藏窖。
　　④杂交育种温室:专供各种园艺植物的杂交育种和新品种选育之用。这种温室要求有隔离设施,如双重门、双重窗、玻璃隔断、隔离网纱门窗等用以防虫,同时要求有良好的通风降温设施。
　　⑤病虫害研究、检疫温室:专供培养各种病原菌、昆虫以供观察发病的生态条件、害虫的生活习性、病虫害危害症状,以及相应的药剂防治技术,生物防治技术,是对外来植物进行检疫、消毒、隔离防治等的专用温室。该温室要求远离居民区和其他温室建筑群,并在当地季候风的下风向。在建筑结构上要求严密,一般应以空调调节室内的温湿度,少用风窗,主要出入口应设双重门,并加设纱门。温室内应设置消毒间,以便进行熏蒸消毒。消毒间应有抽风排气设备。温

室还应设门厅、更衣室等,以便更衣换鞋,做到无菌操作,防止感染。

⑥观赏、展览温室:也叫陈列温室,一般建设在公园、植物园或其他展览馆等公共场所。要求造型美观,形成公园的主要景点之一。温室要造型独特,保温性好,采光好,有较多的隔断,生态环境控制强,在一个温室内可以浏览热带、亚热带、温带、寒带等多种植物群落。

⑦环境保护专用温室:专供环境保护科学研究之用。对城市、工矿区各种有害气体和污水对动植物的影响进行实验研究与观察防范的温室。该类温室的要求与病虫害研究、检疫温室基本相同。要远离水源,防止污染饮用水和地下水。

(2)根据温室结构分类

①土木结构温室:后墙、侧墙均用土砌筑,包括"干打雷"土墙、擦墙、土坯、拉合辫、草袋块砌筑土墙。屋架、门等为木结构。土木结构温室建筑成本低。前屋面多用玻璃、塑料薄膜覆盖,是目前农村应用较多的类型,用于花卉、蔬菜、果树育苗和栽培。

②砖木结构温室:后墙和侧墙用砖或石料砌筑,屋架、门窗用木结构,前屋面用玻璃或塑料薄膜覆盖,为永久式温室。

③钢筋混凝土结构温室:后墙和侧墙用砖和石料砌筑,屋架及前屋面用角铁,钢筋混凝土结构门窗用木结构。前屋面用玻璃覆盖,为永久式温室。

④钢架结构温室:屋架、门窗及其他骨架全部用各种型钢或铝型材制作,国外引进的大型现代化连栋式温室均属此种,建筑面积大,环境控制能力强。各种设备齐全,适宜工厂化生产,是我国将来温室发展的方向。

(3)根据温室的外形分类

①单斜面温室:单斜面温室前窗透明屋面只有一个,前窗或与地面垂直,或与地面呈一定倾斜角。后屋面可设维护结构屋架,也可不设屋架,透明屋面直接与温室后墙相连,但须修建成半地下式,培养床(架)呈阶梯状,这种形式尤其适合种植盆栽花卉。结构简单,施工容易,造价低廉(见图13.15)。

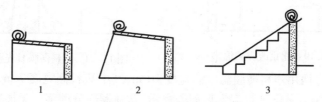

图13.15　单斜面温室

②不等斜面温室:这是我国北方最为常用的温室形式之一。它是由南北各不相等的屋面构成,北屋面为不透明的屋架,起防寒与维护作用,南屋面为透明覆盖物,主要用玻璃、塑料膜、PVC板、阳光板等制作。这类温室类型较多,一般为地上式,前屋面长,后屋面短,大致比例为3:1。

a.一面坡式土温室:属临时性简易温室,透明屋面用玻璃或塑料膜覆盖,与地平面夹角呈32°,后墙与侧墙用土砌筑。温室空间较矮,投资少,保温性好(见图13.16)。

b.立窗式土木结构温室:温室宽度可达6~7 m,透明屋面常用玻璃覆盖,后墙与侧墙用砖石或用土砌筑,温室前沿设一立窗,与地面夹角为80°~90°,玻璃屋顶与地面夹角为27°~29°。可用火炉烟道加温,也可用暖气管道加温。该温室空间大,作业方便,适合于种植各类花卉和其他园艺作物(见图13.17)。

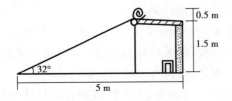

图 13.16　一面坡式土温室

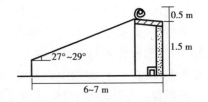

图 13.17　立窗式土木结构温室

c.无立柱钢筋混凝土结构温室:温室后墙与侧墙用砖石砌筑,后墙用水泥预制板或其他防寒良好的建筑材料覆盖。透明屋面宽度为 5 ~ 8 m,多玻璃覆盖。适用于园艺作物的育苗与生产(见图 13.18)。

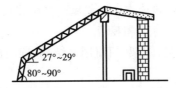

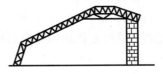

图 13.18　无立柱钢筋水泥结构温室

d.北京改良式温室:是我国传统的温室类型,多为土木结构,也有砖石结构。玻璃覆盖,玻璃屋面由两个角度构成,地窗角度 45°,天窗角度 22°,天窗与地窗长度比例为 2:1。加温方式多为烟道加温,适于育苗和蔬菜生产。保温性能较差,适于冬季较温暖的华北地区(见图 13.19)。

e.塑料薄膜日光照温室:土木结构简易温室,后墙侧墙用土塔头、拉合辫等砌筑,墙厚 1 ~ 1.5 m。为了提高保温性,后墙还堆放农作物桔梗,或墙用砖石砌成夹层墙,透明屋面用塑料薄膜覆盖,夜间覆盖草苫或棉被,室内无加温设备,该类型温室用于育苗和生产(见图13.20)。

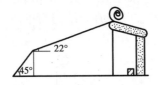

图 13.19　北京改良式温室

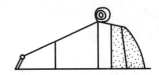

图 13.20　塑料薄膜日光照温室

f.种养结合温室:两用塑料薄膜温室总宽度 10 m,其中塑料棚宽度 7 m,后面畜禽舍部分 3 m,高度 3 m,为镀锌钢管装配式。温室后面养畜禽,塑料棚部分种菜。无加温设备,热源来自太阳辐射和牲畜放出的热量(见图 13.21)。

g.依托式节能温室:以住房下部的墙为依托,只砌筑两面侧墙即可。为地下式,中柱高度以冬季太阳高度为依据,不遮住屋阳光为前提,后屋面用防寒效果好的轻便建筑材料,可用土暖气加温,与住屋同用。该类型温室,可用于育苗,花卉和蔬菜常年栽培,塑料薄膜覆盖,夜间覆盖棉被保温(见图 13.22)。

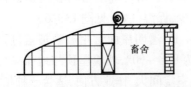

图 13.21　种养结合两用塑料薄膜温室

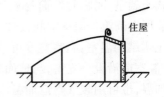

图 13.22　依托式温室

h.山坡温室:利用山坡或丘陵向阳坡地,铲平后,依地势利用切削的山坡为后墙和侧墙,只需加盖后屋面,覆盖塑料薄膜即可。由于节省了3面墙,不但降低了建筑成本,而且由于地势干燥向阳,保温性能良好,适于种植多种作物及育苗。北方高寒地区可在温室南侧设烟道进行加温(见图13.23)。

③双屋面温室:温室由左右对称的两个屋面构成,金属骨架玻璃或PVC板覆盖,室内光照充足,温度均匀,但冬季取暖费用较高。多用于科学研究和园林观赏植物的种植(见图13.24)。

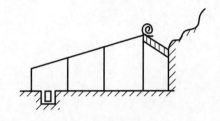
图13.23 山坡温室

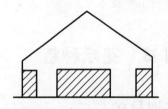
图13.24 双屋面温室

④景观异性形温室:展览型温室造型新颖别致,温室屋面多为多重檐形、多角形、拱形等(见图13.25、图13.26、图13.27)。

图13.25 重檐形温室

图13.26 多角形温室

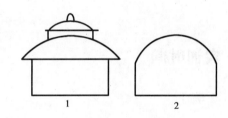
图13.27 拱形温室

⑤连栋式温室:由数个双屋面温室连接而成,适宜大面积温室建设,面积可达数平方千米,温室内设有先进的加温、通风、灌溉、降温、加湿、CO_2 施肥等设施。通常借助计算机进行环境因子的调控。该温室造价高,维护费用高(见图13.28)。

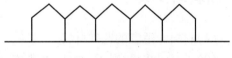
图13.28 连栋式温室

4. 注意事项

①温室的结构与形式与当地的气候条件和生产者的经济状况关系密切,要根据自身的条件和使用要求来具体选择应用,避免因盲目照搬而造成损失。

②温室覆盖材料的选择要根据温室透光面的材料不同而定,一般情况下,玻璃温室多用草帘覆盖,而塑料温室则多用棉被、纸被等材料覆盖。

③温室是否取暖,决定于生产的性质,经、纬度的高低,温室的结构等情况,是否取暖以及怎样取暖,取暖时间长短都要根据当时、当地的具体情况而定。

5. 综合练习

①了解温室的分类及其结构与性能。

②在掌握各类温室性能特点的基础上,分析当地什么样的园林植物能适合在此生产,并掌握相应的生产技术。

实训 13　花坛种植

1. 实训目的

了解花坛的种类,了解花坛中植物的配植,掌握花坛施工的程序,掌握花坛植物栽植的方法。

2. 实训时间

2 学时。

3. 材料与工具

(1)材料　适宜的花卉材料。

(2)工具　皮尺、绳子、木桩、木椎、铁锹、石灰、移植铲、耙子、喷壶、营养钵、水桶等。

4. 实训内容与技术操作规程

每组种植一个花坛。

(1)种植床土壤准备　深翻后施足底肥,做出适当的排水坡度。

(2)施工放线　用石灰按照图纸进行放线,标记好种植植物的位置。

(3)植物栽植　按照标记好的位置,进行栽植,保持株行距及花苗整齐度,栽后浇透水。

5. 作业要求

①调查栽植的成活率。

②做好花坛的日常管理。

6. 附录

表 13.2 花坛种植考核标准

序号	考核要求 / 测定标准	整地放样后开始计时,60 min,20 m² / 评分标准	满分	检测点					得分
				1	2	3	4	5	
1	种植顺序	单面观赏花坛由后向前种植;四周观赏由内向外种植	20						
2	种植方法	选择花卉整齐,除去烂根、枯叶、残花,种植深度适宜,排列整齐均匀,种植浇足水分	30						
3	种植效果	花坛内花卉整齐美观,不同品种间的界限分明,图案清晰,充分符合设计效果	30						
4	清场	不浪费材料、工完清场,种植、浇水等工具整齐、完好、无损,严格执行安全操作规范	20						
	总分	100	实际得分						

操作要点:

①最好选择阴天或傍晚,花蕾露色时移栽。

②栽前两天浇透水,以便起苗时带土。

③栽种时先栽中心部分,高的深栽,矮的浅栽

④株距以花株冠幅相接,不露出土面为准。

实训 14 拟订年度花卉生产计划和成本核算

1. 实训目的

掌握制订花卉生产计划的基本方法,提高参与生产管理的意识;调查了解温室年度生产投入及产出情况,掌握分析存在的问题的能力,提高管理认识。

2. 实训时间

2 学时。

3. 材料与工具

(1)材料　温室前两年生产记录、工具用品、药品、肥料、水电状况。
(2)工具　记录笔、调查记录夹。

4. 实训内容与技术操作规程

1)拟订年度花卉生产计划

①根据当地花卉生产实际,选择花卉生产企业,调查生产规模、生产花卉种类、以往生产经营情况及市场需求情况。

②根据所调查的情况,制订本企业下一年度生产计划及具体实施策略。

③有条件的可请专业管理人员探讨所制订生产计划的可行性及存在的问题。

2)拟订年度花卉生产成本核算

①实地调查温室年生产任务、时间、投入成本构成、产出情况及产生的效益。

②对温室各成本构成进行分析,找出有利和不利投入,提出建议。

5. 作业要求

根据调查和分析结果,写1份该温室年度成本构成的利弊分析报告。

主要参考文献

[1] 王华芳.花卉无土栽培[M].北京:金盾出版社,1997.

[2] 车代弟,王先杰.观赏园艺学[M].哈尔滨:东北农业大学出版社,1997.

[3] 韦三立.观赏植物花期控制[M].北京:中国农业出版社,1996.

[4] 北京市农业学校.植物及植物生理[M].3版.北京:中国农业出版社,1993.

[5] 北京林业大学园林系花卉教研组.花卉学[M].北京:中国林业出版社,1990.

[6] 卢思聪.室内盆栽花卉[M].北京:金盾出版社,1997.

[7] 石万方.花卉园艺工(中级)[M].北京:中国社会劳动保障出版社,2003.

[8] 龙雅宜.切花生产技术[M].北京:金盾出版社,1994.

[9] 刘庆华,王奎玲.花卉栽培学[M].北京:中央广播电视出版社,2001.

[10] 成海钟,蔡曾煜.切花栽培手册[M].北京:中国农业出版社,2000.

[11] 朱加平.园林植物栽培养护[M].北京:中国农业出版社,2001.

[12] 江苏省苏州农业学校.观赏植物栽培[M].北京:中国农业出版社,2000.

[13] 何正清.花卉生产新技术[M].广州:广东科技出版社,1991.

[14] 何生根,冯常虎.切花生产与保鲜[M].北京:中国农业出版社,1996.

[15] 吴少华,郑诚乐,李房英.鲜切花周年生产指南[M].北京:科学技术文献出版社,2000.

[16] 吴志行,侯喜林.蔬菜的集约化栽培[M].合肥:安徽科学技术出版社,1997.

[17] 吴志行.实用园艺手册[M].合肥:安徽科学技术出版社,1999.

[18] 张伟玉,杜长城,等.花卉工厂化生产的特点和未来[J].天津:天津农林科技,2002(5).

[19] 张彦萍.设施园艺[M].北京:中国农业出版社,2003.

[20] 张随榜.园林植物保护[M].北京:中国农业出版社,2001.

[21] 李天来.我国工厂化农业的现状与展望[J].中国科技成果,2003(24):27-31.

[22] 杜莹秋.宿根花卉的栽培与应用[M].北京:中国林业出版社,2002.

[23] 杨先芬.工厂化花卉生产[M].北京:中国农业大学出版社,2002.

[24] 邱强,李贵宝,员连国,等.花卉病虫原色图谱[M].北京:中国建材工业出版社,2001.

[25] 陈有民.园林树木学[M].北京:中国林业出版社,1990.

[26] 陈俊愉,程绪珂.中国花经[M].上海:上海文化出版社,1990.

[27] 陈俊愉.中国花卉品种分类学[M].北京:中国林业出版社,2001.

［28］周以良.黑龙江树木志［M］.哈尔滨:黑龙江科学技术出版社,1986.

［29］昆明市科学技术协会.花卉采后技术［M］.昆明:云南科技出版社,2001.

［30］金波,秦魁杰.切花栽培与保鲜及插花艺术［M］.北京:中国林业出版社,1995.

［31］金波.鲜切花栽培技术手册［M］.北京:中国农业大学出版社,1998.

［32］金波.花卉资源原色图谱［M］.北京:中国农业出版社,1999.

［33］金波.常用花卉图谱［M］.北京:中国农业出版社,1998.

［34］陕西省农林学校,上海市农业学校.观赏植物栽培学［M］.北京:中国农业出版社,1989.

［35］俞平高.生产园艺［M］.北京:中国农业出版社,2001.

［36］施振周,刘祖祺.园林花木栽培新技术［M］.北京:中国农业出版社,1999.

［37］胡绪岚.切花保鲜新技术［M］.北京:中国农业出版社,1996.

［38］赵兰勇.商品花卉生产与经营［M］.北京:中国农业出版社,1999.

［39］唐祥宁.花卉园艺工(高级)［M］.北京:中国社会劳动保障出版社,2003.

［40］夏春森,刘忠阳.细说名新盆花194种［M］.北京:中国农业出版社,1999.

［41］姬君兆,黄玲燕.花卉栽培学讲义［M］.北京:中国林业出版社,2000.

［42］徐公天.园林植物病虫害彩色图谱［M］.北京:中国农业出版社,2001.

［43］袁爱梅.设施农业［M］.郑州:中原农民出版社,2000.

［44］贾梯.庭院种花［M］.北京:中国农业出版社,1998.

［45］康亮.园林花卉学［M］.北京:中国建筑工业出版社,1999.

［46］曹春英.花卉栽培［M］.北京:中国农业出版社,2001.

［47］黄献胜.看土养仙人掌［M］.福州:福建科学技术出版社,2004.

［48］蒋卫杰.蔬菜无土栽培技术［M］.北京:金盾出版社,1998.

［49］谢国文.园林花卉学［M］.北京:中国农业科学技术出版社,2005.

［50］鲁涤非.花卉学［M］.北京:中国农业出版社,1998.

［51］熊丽.观赏花卉的组织培养与大规模生产［M］.北京:化学工业出版社,2003.

［52］翟洪武.切花养花300例［M］.天津:天津科学技术出版社,1995.

［53］魏智龙.蔬菜与花卉的工厂化育苗技术［J］.北京:北京农业科学,2000:17～18.

［54］闫永庆.园林植物生产、应用技术与实训［M］.北京:中国劳动社会保障出版社,2005.

［55］彭东辉.园林景观花卉学［M］.北京:机械工业出版社,2008.

［56］北京林业大学园林学院花卉教研室.花卉识别与栽培图册［M］.安徽:安徽科学技术出版社,1995.

［57］吴志华.花卉生产技术［M］.北京:中国林业出版社,2005.

［58］古润泽.高级花卉工培训考试课程［M］.北京:中国劳动社会保障出版社,2006.

［59］陈俊愉,刘师汉.园林花卉［M］.上海:上海科学技术出版社,1980.

［60］广东省农科院花卉所徐晔春.中国花卉图片网［OL］∥www.fpcn.net.

［61］刘燕.园林花卉学［M］.北京:中国林业出版社,2003.

［62］刘奕清,王大来.观赏植物［M］.北京:化学工业出版社,2009.

［63］柏玉平,陶正平,王朝霞.花卉栽培技术［M］.北京:化学工业出版社,2009.

［64］彭东辉.园林景观花卉学［M］.北京:机械工业出版社,2008.

［65］董丽.园林花卉设计应用［M］.北京:中国林业出版社,2003.